理科物理实验教程

第2版

力学、热学、电磁学、光学实验分册

吴　平　陈　森　邱红梅
张师平　赵雪丹　单艾娴
裴艺丽　黄妙逢　李　莉
编著

清华大学出版社
北京

内容简介

本书内容是根据《物理学类教学质量国家标准》《高等学校应用物理学本科指导性专业规范》《高等学校物理学本科指导性专业规范》等指导性文件,对理科物理实验课程体系、实验项目设置及内容进行逐一梳理、研究和多轮教学实践锤炼后确定的。教材内容注重与当前科学研究方法、手段、内容的衔接,凝聚和固化了北京科技大学物理学科教师近年来取得的许多物理实验教学研究成果和科学研究实践成果,一些实验项目由我们的教学研究和科学研究实践转化而来。本书内容包括物理实验课的作用与任务、测量误差与实验数据处理、力学实验、热学实验、电磁学实验和光学实验。教材编写尝试采用我们提出的兴趣引导的反溯教学方法,从科技发展反溯到其应用的基本物理学概念、原理和物理现象,为物理实验课程内容增添现代科技色彩,以激发学生的好奇心和兴趣,推动他们变“要我学”为“我想学”。

本书可作为高等院校理科学生以及希望进一步学习物理实验课程的工科学生物理实验教学用书或参考书,也可供相关研究生或其他人员参考。

图书在版编目(CIP)数据

理科物理实验教程:第2版.力学、热学、电磁学、光学实验分册/吴平等编著.—北京:清华大学出版社,2022.4
ISBN 978-7-302-60321-4

Ⅰ.①理…　Ⅱ.①吴…　Ⅲ.①物理学—实验—高等学校—教材　Ⅳ.①O4-33

中国版本图书馆 CIP 数据核字(2022)第 041382 号

责任编辑:朱红莲　赵从棉
封面设计:傅瑞学
责任校对:赵丽敏
责任印制:宋　林

出版发行:清华大学出版社
　　　　网　　　址:http://www.tup.com.cn,http://www.wqbook.com
　　　　地　　　址:北京清华大学学研大厦 A 座　　邮　　编:100084
　　　　社 总 机:010-83470000　　邮　　购:010-62786544
　　　　投稿与读者服务:010-62776969,c-service@tup.tsinghua.edu.cn
　　　　质量反馈:010-62772015,zhiliang@tup.tsinghua.edu.cn
印 装 者:三河市龙大印装有限公司
经　　销:全国新华书店
开　　本:185mm×260mm　　印　张:25　　　　　字　　数:603 千字
版　　次:2022 年 4 月第 1 版　　　　　　　　　印　　次:2022 年 4 月第 1 次印刷
定　　价:75.00 元

产品编号:092358-01

前言

FOREWORD

本套教材是在北京科技大学物理实验课程历任教师的教学实践和历届物理实验教材、讲义的基础上编写的，融入了他们多年来的实验教学研究成果和科学研究成果，集中了物理实验课程教师和实验技术人员的集体智慧。

本套教材内容是根据《物理学类教学质量国家标准》《高等学校应用物理学本科指导性专业规范》《高等学校物理学本科指导性专业规范》等指导性文件，对理科物理实验课程体系、实验项目设置及内容进行逐一梳理、研究和多轮教学实践锤炼后确定的。从培养学生实际工作能力和创新思维角度出发，精选实验项目选题及内容，努力使其具有时代性和先进性，并切实给学生提供发挥其创造力的空间。每个实验项目的要求与内容都经过多次教学实践中反复修改、调整与完善，在重视基本知识、方法与技能学习的同时，突出创新意识和研究思维的培养与训练。教材涵盖物理实验课的作用与任务、测量误差与实验数据处理、力学实验、热学实验、电磁学实验、光学实验、近代物理实验、现代物理实验和课题型实验。教材内容涉及许多科研、生产所应用的基本物理原理、测试方法，以及一些仪器装置的使用方法，并随课程的进行循序渐进地加强了研究性实验内容的强度，特别是现代物理实验和课题型实验从实验方法、内容到装置为开展有一定深度的研究型实验搭建了平台。在课题型实验阶段，学生可以综合应用本教材前面已经学习过的实验知识、方法、技能以及所用过的实验仪器和设备，完成综合性的研究课题。每一个课题型实验都可以让学生经历一个从文献阅读、具体研究问题的提出、研究方案设计、实验到分析讨论与总结的完整的研究过程，并在这个过程中掌握各种相关的仪器设备与测试方法的原理与使用。课题型实验的选题均取自我们的科研课题，如磁电阻薄膜制备与磁电阻特性研究、梯度薄膜的制备与应力研究、透明电极材料电学性质的研究、高 K 介电薄膜材料介电特性研究、陶瓷薄膜材料的制备及电绝缘特性研究等，这些选题也是近年来物理、材料研究领域受到人们关注的问题。现代物理实验所涉及的实验装置还是一个通用、开放的实验平台，学生可自行提出和展开更多课题型实验项目。

本书是本套教材的力学、热学、电磁学和光学实验分册。书中测量误差与实验数据处理部分是编著者根据多年来教授"误差理论及数据处理"和"物理实验"课程的教学经验以及多年来从事科学研究的实践编写的，简洁明了地给出了有关实验数据处理和测量结果表示的基本规定和处理方法，我们希望这部分内容在学生未来从事科学研究和生产实践活动时仍然可以作为他们工作中有关实验数据处理和测量结果表示的快速检索手册。书中各实验的编写尝试采用我们所提出的兴趣引导的反溯教学方法，从科技发展反溯到其应用的基本物理学概念、原理和物理现象，为物理实验课程内容增添现代科技色彩，从而激发学生的好奇心和兴趣，推动他们变"要我学"为"我想学"。

在本书的编写过程中，参考了大量我国物理教学工作者编著的教材及发表的最新研究成果,有些已在参考文献中列出,有些则未能列出,在此向作者一并表示衷心的感谢。

参加本书编写的有:吴平(前言,第1章,第2章,实验3.2、3.3、3.4、4.1、4.3、4.4、4.5、5.14、6.1、6.2、6.5、6.6、6.7、6.9、6.11、6.13),陈森(实验5.8、5.16),邱红梅(实验4.2、4.6、5.3、5.6、5.9、6.10),张师平(实验3.6、3.7、3.8、5.1、5.2、5.5、5.11、6.8),赵雪丹(实验3.5、5.4、5.7、5.10、5.13、5.15),单艾娴(实验6.3、6.12),裴艺丽(实验5.12),黄妙逢(实验6.4),李莉(实验3.1)。教材的体系框架、内容方案、统稿和定稿由吴平完成。

由于编者水平有限,书中难免存在错误和不妥之处,恳请读者批评指正。

编　者

2021 年 7 月于北京科技大学

目录
CONTENTS

第1章

绪　　论

1.1　物理实验课的地位、作用和教学任务

物理学是人类在探索自然现象及其规律过程中形成的一门以实验为基础的科学。无论是物理规律的发现，还是物理理论的验证，都离不开物理实验。例如，牛顿运动定律、库仑定律和毕奥-萨伐尔定律都是通过实验总结出来的；赫兹的电磁波实验使麦克斯韦电磁场理论获得普遍承认；杨氏双缝干涉实验使光的波动学说得以确立；卢瑟福 α 粒子散射实验揭开了原子的秘密；近代高能粒子对撞实验使人们得以深入到物质的最深层——原子核和基本粒子的内部——来探索其规律，等等。可以说，没有物理实验，就没有物理学本身。从物理实验之于物理学的重要性而言，学习物理实验课程的必要性、重要性不言而喻。

实验课是实验技能和科学研究能力培养的一个重要载体。教育部高等学校物理与天文学教学指导委员会物理基础课程教学指导分委员会发布的《理工科类大学物理实验课程教学基本要求》中对物理实验课的地位和作用有明确的阐述。《理工科类大学物理实验课程教学基本要求》指出：**物理实验是科学实验的先驱，体现了大多数科学实验的共性，在实验思想、实验方法以及实验手段等方面是各学科科学实验的基础。**物理实验课是高等理工科院校对学生进行科学实验基本训练的必修基础课程，是本科生接受系统实验方法和实验技能训练的开端。物理实验课程所涉及的知识、方法和技能是学生进行后继实践训练的基础，也是他们毕业后从事各项科学实践和工程实践的基础。物理实验课覆盖面广，具有丰富的实验思想、方法和手段，同时能提供综合性很强的基本实验技能训练，是培养学生科学实验能力、提高其科学素质的重要基础课程。它在培养学生严谨的治学态度、活跃的创新意识、理论联系实际和适应科技发展的综合应用能力等方面具有其他实践类课程不可替代的作用。

《高等学校物理学本科指导性专业规范》和《高等学校应用物理学本科指导性专业规范》将物理学专业和应用物理学专业本科实验分成基础物理实验和专业方向实验课程。基础物理实验由普通物理实验（含力学、热学、电磁学、光学和近代物理实验）组成；专业方向实验根据专业方向的设置开设。本书面向的是基础物理实验课程。

基础物理实验课程的任务是：通过基础物理实验的教学，使学生掌握基本物理实验方法、基本仪器的使用、常用物理量的测量、数据处理及误差和不确定度分析的基础知识、基础性测量的搭建等，还要求学生掌握常用的实验操作技术。

为实现物理实验课的培养目标，希望同学们在学习物理实验课程的过程中，有意识地锻炼自己下述各方面的能力和素质，为未来的学习和工作积蓄力量。

（1）**独立学习能力**：能够自行阅读与钻研实验教材和资料，必要时自行查阅相关文献资料，掌握实验原理及方法，做好实验前的准备。

（2）**独立实验操作能力**：能够借助教材或仪器说明书，正确使用常用仪器及辅助设备，独立完成实验内容，逐步形成自主实验的基本能力。

（3）**分析与研究能力**：能够融合实验原理、设计思想、实验方法及相关的理论知识对实验结果进行分析、判断、归纳与综合，掌握通过实验进行物理现象和物理规律研究的基本方法，具有初步的分析与研究的能力。

（4）**书写表达能力**：掌握科学与工程实践中普遍使用的数据处理与分析方法，建立误差与不确定度概念，正确记录和处理实验数据，绘制曲线，分析说明实验结果，撰写合格的实验报告，逐步培养科学技术报告和科学论文的写作能力。

（5）**理论联系实际能力**：能够在实验中发现问题、分析问题并学习解决问题的科学方法，逐步提高综合运用所学知识和技能解决实际问题的能力。

（6）**创新与实验设计能力**：能够完成符合规范要求的设计性、综合性内容的实验，能进行初步的具有研究性或创意性内容的实验，逐步培养创新能力。

1.2 物理实验课的三个基本环节

基于实验课的特点，要上好物理实验课应安排好下面三个基本环节。

1. 实验前的预习

实验课前的预习极为重要。每次实验课前，同学们要认真阅读教材和有关参考资料，并在阅读和分析的基础上认真思考：①本次实验要研究的问题是什么？②为了澄清所要研究的问题，实验方案是如何设计的？③弄清实验所涉及的原理和测量方法。④了解实验所要使用的仪器、实验的主要步骤及注意事项。⑤对未来实验中可能出现的现象、结果等要有大致的预测。⑥记录不理解或不清楚的问题，留待实验课课堂上与指导教师讨论。同学们要把自己放在实验工作负责人的位置上，主动思考，在实验课前对整个实验工作尽可能地进行规划、安排，对进入实验室后如何开展实验工作做到心中有数。

在预习的基础上写出预习报告，预习报告可以简明扼要地写出：①实验名称；②实验任务；③原理图、线路图或光路图；④测量公式（包括公式中各物理量的含义和单位）；⑤关键实验步骤；⑥原始实验数据记录表格。

2. 实验操作

做实验不是简单地测量几个数据，计算出结果就行，更不能把这一重要实践过程看成只动手不动脑的机械操作。通过实验的实践，要有意识地培养自己使用和调节仪器的本领、精密正确的测量技能、观察和分析实验现象的科学素养、整洁清楚地做好实验记录（包括实验中发现的问题、观察到的现象、原始测量数据等）的良好习惯，并逐步培养自己设计实验的能力。在实验过程中不仅要动手进行操作和测量，**还必须积极地动脑思考。珍惜独立操作的机会。记录实验数据时不能使用字迹可擦除的铅笔。**实验完毕，应先将数据交给教师审查签字，征得教师同意后，才能关闭仪器。要特别注意，**将仪器、凳子归整好以后才能离开实验室，这也是培养同学们未来良好工作习惯的一个重要细节，大家不要忽视。**

3. 实验报告

实验报告是实验工作的最后环节,是整个实验工作的重要组成部分。通过撰写实验报告,可以锻炼总结工作的能力和科学技术报告的写作能力,这是未来从事任何工作都需要的能力。实验报告要用实验报告纸书写,下面给出一种参考格式:

物理实验报告

实验名称:

班级: **实验日期:**   年   月   日

姓名: **学号:**   **同组人姓名:**

目的要求:

仪器: 写出主要仪器的名称、规格和型号。

原理: 对实验原理进行高度概括总结,用自己的语言,简明扼要地写出实验原理(实验的理论依据)和测量方法要点,说明实验中必须满足的实验条件。写出数据处理时必须要用的一些主要公式,标明公式中各物理量的意义(不要推导公式)。画出必要的实验原理示意图、测量电路图或光路图。

实验步骤: 根据自己的实际实验过程,简明扼要地写出实验步骤。注意文字表述的准确性和各实验步骤间的逻辑关系。

数据和数据处理: 首先,根据要研究的问题的需要设计好实验数据表格,在表格中列出测量数据,表格必须要有标题。其次,按被测量最佳估值的计算、被测量的不确定度计算和被测量的结果表示的顺序,正确计算和表示测量结果。**一般要按先写公式,再代入数据,最后得出结果的程序,进行每一步的运算。**要求作图的,应按作图规则画图,图必须有图题。

分析讨论: 这里是展示同学们独特视点、个性化思考和创造性思维的地方。要对实验中观察到的现象、实验结果进行分析、讨论和评价,常常需要查阅文献,以使分析讨论更为深入和有说服力。

结论: 认真思考本次实验得到了哪些**重要的实验事实、规律或测量结果**,用高度概括的语言把它们明确地写出来,让读你报告的读者一下子就能抓住你的工作的关键要点。

1.3   物理实验规则

在实验室做实验,要遵守实验室规则,注意细节,养成良好的工作习惯。具体如下:

(1)在整个实验过程中要注意安全,树立安全第一的观念。

(2)课前应充分预习,实验时态度认真严肃,注意保持实验室安静。

(3)实验时,如缺少仪器、用具、材料等,应向指导教师或实验室人员提出。

(4)爱护仪器设备,如有损坏、丢失,应立即报告教师。由于粗心大意或违反操作规程而损坏仪器者,除应按规定赔偿外,严重者还应做出书面检讨。

(5)凡使用电源的实验,必须经过教师检查线路并同意后才能接通电源。

(6)做完实验,测量数据要交教师审查签字。离开实验室前应将仪器整理还原,桌面收拾整洁，凳子摆放整齐。

（7）实验报告连同教师签字的原始数据应在做实验后一周之内一起交给任课教师。

［参考文献］

［1］ 教育部高等学校物理学与天文学教学指导委员会物理基础课程教学指导分委员会.理工科类大学物理实验课程教学基本要求[M].北京：高等教育出版社,2011.

［2］ 葛维昆.教学的平台，探索的基地，求知的乐园——实验物理教学的追求[J].物理与工程,2014,24(3)：3-8.

［3］ 王惠棣,柴玉英,邱尔瞻,等.物理实验[M].天津：天津大学出版社,1989.

［4］ 教育部高等学校教学指导委员会.普通高等学校本科专业类教学质量国家标准(上)[M].北京：高等教育出版社,2018.

［5］ 教育部高等学校物理学与天文学教学指导委员会物理学类专业教学指导分委员会.高等学校物理学本科指导性专业规范[J].物理与工程,2011,21(4)：3-26.

［6］ 教育部高等学校物理学与天文学教学指导委员会物理学类专业教学指导分委员会.高等学校应用物理学本科指导性专业规范[J].物理与工程,2011,21(4)：27-50.

［7］ 吴平.理科物理实验教程[M].北京：冶金工业出版社,2010.

［8］ 吴平.大学物理实验教程[M].2版.北京：机械工业出版社,2015.

第2章

测量误差与实验数据处理

本章将介绍测量误差与实验数据处理的基础知识和有关规定。这一章的内容在物理实验课程中的每一个实验中都会用到,即其贯穿了整个课程。实际上,本章介绍的误差计算和实验数据处理方法,在同学们未来的科学研究和工程实践中也会用到。

2.1 测量与测量误差

2.1.1 测量

用实验的方法确定物理量量值的过程叫测量。量值是指用数和适宜的单位表示的量,例如:1.5m、17.5℃、3.5kg 等。被测的物理量数不胜数,测量的方法也千变万化。这里,我们依据获取物理量量值方法的不同把测量分成两类:直接测量和间接测量。

(1) **直接测量**。凡使用量仪或量具直接测得(读出)被测量数值的测量叫作直接测量,如用米尺测量长度,用温度计测量温度,用秒表测量时间以及用电表测量电流和电压等。

(2) **间接测量**。很多物理量没有直接测量的仪器,常常需要根据一些物理原理、公式,由直接测量量计算出所要求的物理量,这种用间接的方法得到被测量数值的测量称为间接测量。如测量铜环的体积时,由直接测量测出铜环的内径 D_1、外径 D_2 和高 H,然后根据公式

$$V = \frac{\pi}{4}(D_2^2 - D_1^2)H \tag{2.1-1}$$

计算出体积 V。铜环体积的测量即为间接测量。

在实际测量某一个物理量时,我们常常需要进行多次重复测量,这时就要搞清楚什么是等精度测量,什么是不等精度测量,才能正确地进行测量。

用同一个仪器在相同条件下对某一个物理量进行多次重复测量时,我们没有理由认为某一次测量比其他次测量更为精确,因此可以说这些测量是具有相同精度的,称为等精度测量;反之,就是不等精度测量。我们在实验中进行多次重复测量时应尽量保持精度相等。

2.1.2 测量误差

通过测量,就可以得到物理量的量值。例如,用电子天平测出一个物体的质量是17.3克,我们会说"这个物体的质量是17.3g"。那么,这句话有什么含义呢?是不是意味着这个物体的质量是17.300000…g,其中可以有无穷多个零?任何测量仪器、测量方法、测量环境、

测量者的观察力等都不可能做到绝对严密,这样就使测量不可避免地伴随有误差产生。在这个例子中,物体的质量是17.3g,并不意味着这个物体的质量是17.300000…g,它可能意味着物体的质量"在17.1g和17.5g之间"。同样,"我的体重是60kg"可能意味着体重"在57kg和63kg之间"。对于这种情形,我们可以方便简洁地写成"17.3±0.2（g）"和"60±3（kg）",其中的±0.2或3就是测量结果的不确定程度,反映了可能存在的误差分布范围,称为误差（限）或不确定度。

测量结果都具有误差,误差自始至终存在于一切科学实验和测量的过程之中。因此,分析测量中可能产生的各种误差,尽可能地消除其影响,并对测量结果中未能消除的误差做出估计,就是物理实验和许多科学实验中必不可少的工作。许多同学发现,估算测量中的不确定度是最具挑战性和最令人头痛的事了,所以同学们一定要认真学习和掌握本章内容,为后面的学习打好基础。

我们先来明确一下误差的概念。测量误差就是测量结果与被测量的真值（或约定真值）的差值。测量误差的大小反映了测量结果的准确性,测量误差可以用绝对误差表示,也可以用相对误差表示。

$$绝对误差 = 测量结果 - 被测量的真值 \qquad (2.1\text{-}2)$$

$$相对误差 = \frac{测量的绝对误差}{被测量的真值} \times 100\% \qquad (2.1\text{-}3)$$

被测量的真值是一个理想概念,一般说来真值是不知道的。在实际测量中常用准确度高的被测量实际值或修正过的算术平均值来代替真值,称为约定真值。由于真值一般来说是不知道的,因此一般情况下是不能计算误差的,只有在少数情况下可以用足够准确的实际值作为约定真值,这时才能计算误差。

在测量工作中,人们当然希望所进行的测量是精确的,但这并不意味着测量结果越精确越好。因为高精确度的测量结果必然要对测量仪器和测量环境条件等提出相应的高要求,这从经济上来讲是不利的。因此,不能对任何一项测量都要求高精确度,而是应该根据被测量的精度要求,在最经济的条件下,选择最适宜的测量方法、测量仪器和测量环境条件,尽可能消除和减小误差,选择最适宜的数据处理方法,得出在该条件下被测量的最可信赖值,以及对它的精确度做出正确的估计。

2.2 误差的分类

测量中的误差主要分为两类：系统误差和随机误差。两类误差的性质不同,处理方法也不同。

2.2.1 系统误差

系统误差是在每次测量中都具有一定大小、一定符号,或按一定规律变化的测量误差分量。它来源于：仪器构造上的不完善,仪器未经很好校准,测量时外部条件的改变,以及测量者的固有习惯和测量所依据的理论的近似、测量方法和测量技术的不完善,等等。系统误差的减少是个复杂的问题,只有在很好地分析了整个实验所依据的原理、方法以及测量过程的每一步和所用的各项仪器,从而找出产生误差的各个原因后,才有可能设法在测量结果中减少它的影响。尽管如此,在某些可能的情况下也存在一些减小系统误差(固定的和变化的)的方法。

1) 对测量结果引入修正值

这通常包括两方面内容,一是对仪器或仪表引入修正值,可通过与准确度级别高的仪器或仪表作比较而获得;二是根据理论分析,导出补正公式,例如,精密称衡的空气浮力补正,量热学实验中的热量补正等。

2) 选择测量方法

选择适当的测量方法,使系统误差能够被抵消,从而不将其带入测量结果之中。常用的方法有以下几种:

(1) 交换法。就是将测量中的某些条件(例如:被测物的位置)相互交换,使产生系统误差的原因对测量的结果起相反的作用,从而抵消系统误差。如用滑线电桥测量电阻时把被测电阻与标准电阻交换位置进行测量,天平的复称法等。

(2) 补偿法。如量热实验中采用加冰降温的办法使系统的初温低于室温以补偿升温时的散热损失,又如用电阻应变片测量磁致伸缩时的热补偿等。

(3) 替代法。即在一定的条件下,用某一已知量替换被测量以达到消除系统误差的目的。例如,用电桥精确测量电阻时,为了消除仪器误差对测量结果的影响,就可以采用替代法,不过这里要求"指零"仪器应有较高的灵敏度。

(4) 半周期偶数测量法。按正弦曲线变化的周期性系统误差(如测角仪的偏心差)可用半周期偶数测量法予以消除。这种误差在 $0°$、$180°$、$360°$ 处为零,而在任何差半个周期的两个对应点处误差的绝对值相等而符号相反,因此,若每次都在相差半个周期处测两个值,并以平均值作为测量结果就可以消除这种系统误差,在测角仪器(如分光仪、量糖计等)上广泛使用此种方法。

2.2.2　随机误差

一般情况下,在相同条件下,对同一物理量进行多次重复测量时,在极力消除或改正一切明显的系统误差之后,每次测量结果仍会出现一些无规律的随机性变化(实际上系统误差未消除时,这种随机性变化也同样会表现出来)。如果测量的灵敏度或分辨能力足够高,就可以观察到这种变化,我们将这种随机性变化归结于随机误差的存在。和系统误差不同的是,随机误差的出现,从表面上看是毫无规律的,似乎是偶然的,但如果测量次数很多,测量结果就显现出明显的规律。例如,误差值一定的数值出现的概率是相同的,绝对值小的误差较绝对值大的误差出现的概率大,误差值的算术平均值随着测量次数的增加而越来越趋近于零等。

综上所述,随机误差是在对同一被测量在重复性条件下进行多次测量的过程中,绝对值与符号以不可预知的方式变化着的测量误差分量。这里,重复性条件包括:相同的测量程序;相同的观测者;在相同的条件下使用相同的测量仪器;相同地点;在短时间内重复测量等。这种误差是由实验中各处因素的微小变动性引起的。例如实验装置和测量机构在各次测量调整操作上的变动性,测量仪器指示数值上的变动性,以及观测者本人在判断和估计读数上的变动性,等等。这些因素的共同影响就使测量值围绕着测量的平均值发生涨落变化,这种变化量就是各次测量的随机误差。

随机误差的出现,就某一次测量值来说是没有规律的,其大小和方向都是不可预知的,但对于一个量进行足够多次的测量时,则会发现随机误差是按一定的统计规律分布的。常见的统计分布有正态分布、t 分布、平均分布等。

随机误差的分布特性与处理:

(1) 在多次测量时,正负随机误差大致可以抵消,因而用多次测量值的算术平均值表示测量结果可以减小随机误差的影响。

(2) 测量值的分散程度直接表现为随机误差的大小,测量值越分散,测量的随机误差就越大。因此,必须对测量的随机误差做出估计才能表示出测量的精密度。

2.2.3　粗差

粗差是由实验当中的差错造成的,例如:读错数、记错数或不正确地操作仪器等。为防止粗差出现,实验时要注意理论上的约束条件,明确观测对象,安排仪器时要防止互相干扰,并注意做好数据表格和记录好原始数据。含有粗差的测量值称为坏值或异常值,在实验测量过程中或数据处理时应尽量剔除,判断一个测量数据是否是坏值或异常值的方法可参阅2.3.1 节中的介绍。

2.2.4　随机误差与系统误差的关系

系统误差的特性是其确定性,而随机误差的特性则是其随机性,二者经常是同时存在于科学实验中的。它们之间也是互相联系的,有时难于严格区分。我们经常把一些不可定的系统误差看作随机误差,也常常把一些可定的但规律过于复杂的系统误差当作随机误差来处理,即使系统误差随机化,从而使得部分误差被抵偿以得到较为准确的结果。有时系统误差与随机误差的区分还与空间和时间因素有关。时间因素有两方面的含义:一是指时间的长短,例如校验仪表所用的标准,它的温度在校验仪表所需的短时间内可保持恒定或缓慢变化,但在长时间中(例如一个月)它却是在其平均值附近作不规则的变化,因而环境温度对标准仪表的影响在短时间内可看成是系统误差,而在长时间内则为随机误差;二是指随着科学技术的发展,人们对误差来源及其变化规律认识加深,就有可能把过去认识不到而归于随机误差的某些误差确定为系统误差。相反,由于没有认识到,也会把系统误差当作随机误差,并在数据上进行统计分析处理。

测量中,常用精密度来描述重复测量结果之间的分散程度,如果一个物理量在等精度测量时所得到的测量数据分散程度小,彼此接近,即随机误差小,则称这种测量结果的精密度高。常用测量的准确度来描述测量数据的平均值和真值偏离的程度,它是系统误差的反映,如果测量的系统误差小,则称这种测量准确度高。测量的精确度是指测量数据集中于真值附近的程度,如果测量的平均值接近真值,且各次测量数据又比较集中,即测量的系统误差和随机误差都比较小,则称其精确度高,说明这种测量既准确又精密。

2.3　随机误差的统计处理

2.3.1　正态分布

正态分布(又称高斯分布)是误差理论中最重要的一种分布。由概率论的"中心极限定理"可知,一个随机变量如果是大量相互独立的、微小因素影响的总效果,这个随机变量就近似地服从正态分布。在物理实验中,多次独立测量得到的测量值,往往是观察者不能控制的大量随机因素共同作用的结果,所以大多数物理测量服从正态分布。这样我们就可以采用正态分布来讨论随机误差问题。

正态分布的概率密度函数(也称为分布函数)为

$$f(x) = \frac{1}{\sqrt{2\pi}\sigma_x} \exp\left[-\frac{(x-\mu)^2}{2\sigma_x^2}\right], \quad -\infty < x < +\infty \tag{2.3-1}$$

其中

$$\mu = \lim_{n \to \infty} \frac{\sum x_i}{n} \tag{2.3-2}$$

$$\sigma_x = \lim_{n \to \infty} \sqrt{\frac{\sum (x_i - \mu)^2}{n}} \tag{2.3-3}$$

式中,μ 和 σ_x 为分布参数;n 为测量次数。图 2.3-1 所示为正态分布曲线。μ 为正态分布的数学期望,是 x 出现概率最大的值,消除系统误差后,μ 通常就是 x 的真值。σ_x 为正态分布的均方根差,也称标准差,它决定了分布线型的宽窄。σ_x 越小,分布曲线越窄,数据越集中,重复性越好,随机误差越小;σ_x 大,则正好相反,分布曲线宽,数据分散,重复性差。所以,σ_x 直接反映了数据的分散程度,可以用来表征随机误差。实际测量的任务就是通过测量数据求得 μ 和 σ_x 的值。

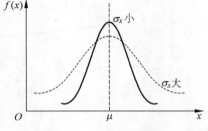

图 2.3-1 正态分布曲线

$P = \int_{x_1}^{x_2} f(x)\mathrm{d}x$ 是随机变量 x 出现在 $[x_1, x_2]$ 区间的概率,称为置信概率。与置信概率对应的区间称为置信区间。显然,置信区间扩大,置信概率将提高。对于正态分布,以下三个置信区间及其相应的置信概率在实验误差与数据处理中具有重要意义:

$$\begin{cases} [\mu - \sigma_x, \mu + \sigma_x], & P = 0.6826 \\ [\mu - 2\sigma_x, \mu + 2\sigma_x], & P = 0.9545 \\ [\mu - 3\sigma_x, \mu + 3\sigma_x], & P = 0.9974 \end{cases} \tag{2.3-4}$$

以上数据的含义是,对服从正态分布的物理量进行测量时,测量值将有 68.26% 的概率落在 $[\mu - \sigma_x, \mu + \sigma_x]$ 区间,95.45% 的概率落在 $[\mu - 2\sigma_x, \mu + 2\sigma_x]$ 区间,而当置信区间扩大到 $[\mu - 3\sigma_x, \mu + 3\sigma_x]$ 时,测量值落在此区间的概率达到 99.74%,而落在该区间以外的概率不超过 0.26%,可见 $|x - \mu| \geqslant 3\sigma_x$ 的可能性很小,所以 $3\sigma_x$ 通常称为极限误差。拉依达准则简称为 $3\sigma_x$ 准则,是最常用和最简单的判断可疑测量值的剔除准则。该准则规定,如果某一测量值 $|x - \mu| \geqslant 3\sigma_x$,则认为该 x 含有粗大误差,将其剔除。需要注意的是,拉依达准则在测量次数较多时可以使用,在测量次数较小时,如小于十几次时,"弃真"概率较大,最好不用。另一种推荐的粗大误差判断准则是 t 分布检验,详见参考文献[1],该方法既适用于测量次数 $n \leqslant 10$ 的情形,也适用于 n 比较大的情形。

对某一物理量 x 在重复性条件下进行了 n 次独立测量,设已消除了测量的系统误差,

得到 n 个测量值 $x_1, x_2, \cdots, x_n$，可以把 n 个测量值看成随机变量 x 的随机样本。那么，它们的算术平均值是

$$\bar{x} = \frac{\sum\limits_{i=1}^{n} x_i}{n}, \quad i = 1, 2, \cdots, n \tag{2.3-5}$$

显然，算术平均值 $\bar{x}$ 也是一个随机变量。引用"中心极限定理"可以证明，如果物理量 x 服从正态分布，那么算术平均值 $\bar{x}$ 也服从正态分布，且其数学期望为真值 μ，其标准差 $\sigma_{\bar{x}} = \frac{1}{\sqrt{n}} \sigma_x$。算术平均值 $\bar{x}$ 的标准差是单个测量值标准差的 $\frac{1}{\sqrt{n}}$ 倍，说明算术平均值的离散程度比单个测量值的分散程度要小，所以，我们将来会用算术平均值和它的标准差来表示测量结果。

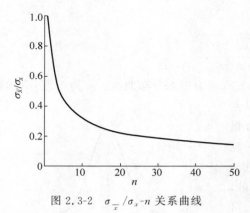

图 2.3-2 $\sigma_{\bar{x}} / \sigma_x$-$n$ 关系曲线

增加测量次数可以改善平均值的精密度。图 2.3-2 给出了 $\sigma_{\bar{x}} / \sigma_x$-$n$ 的关系曲线，可以看到，随着测量次数 n 的增加 $\sigma_{\bar{x}} / \sigma_x$ 逐渐减小，但当 $n > 10$ 以后，变化趋于平缓，再增加测量次数的影响变得不明显。测量的精密度是由测量仪器的精度、测量方法、环境和观测者决定的，超出这些条件单纯追求测量次数是不能提高测量精度的，但必要的测量次数还是需要的。n 不必过大，一般重复 10 次即可。

2.3.2 t 分布

前面的讨论都是在正态分布下进行的，其结果只有在测量次数趋于无穷或者足够多的情况下才能应用。因为只有在这样的情况下，测量量的分布才接近正态分布。但是，实际测量只能进行有限次，因此，我们必须解决在有限次测量时，测量结果及其分散程度的估算。

可以证明，测量值的算术平均值 $\bar{x}$ 是真值的无偏估计，因此我们可以用它来作为真值的最佳估值。

每一次测量值 x_i 与平均值 $\bar{x}$ 之差叫作残差，即

$$\Delta x_i = x_i - \bar{x}, \quad i = 1, 2, \cdots, n \tag{2.3-6}$$

显然，这些残差有正有负，有大有小。

可以证明，σ_x 可用标准差 s_x 来估值，即 s_x 是 σ_x 的无偏估计。s_x 用下面的贝塞尔公式来计算：

$$s_x = \sqrt{\frac{\sum\limits_{i=1}^{n} (\Delta x_i)^2}{n-1}} = \sqrt{\frac{\sum\limits_{i=1}^{n} (x_i - \bar{x})^2}{n-1}} \tag{2.3-7}$$

当测量结果采用测量值的算数平均值来表征时，相应地其分散程度要由 $\sigma_{\bar{x}}$ 来表征。

由于 $\sigma_{\bar{x}} = \dfrac{1}{\sqrt{n}}\sigma_x$，相应地 $\sigma_{\bar{x}}$ 可用式（2.3-8）来估算：

$$s_{\bar{x}} = \frac{1}{\sqrt{n}}s_x \qquad\qquad (2.3\text{-}8)$$

　　至此，测量量的真值和测量的分散程度都能够用有限次测量进行估值了，似乎测量结果的表征问题都解决了。但是我们前面提到，只有当测量次数无穷多时，测量误差的分布才接近正态分布，在测量次数有限时，特别是测量次数较小时，随机变量的分布已经偏离正态分布，因此用式（2.3-7）和式（2.3-8）的估值代入式（2.3-4）来表征置信区间时，对应的置信概率并不是式（2.3-4）中所给出的值，需要进行修正。

　　令 $t = \dfrac{\bar{x} - \mu}{s_x/\sqrt{n}}$，可以证明统计量 t 服从自由度 $\nu = n-1$ 的 t 分布，t 分布又称为学生分布。

　　t 分布的概率密度函数为

$$f_\nu(t) = \frac{\Gamma\left(\dfrac{\nu+1}{2}\right)}{\sqrt{\nu\pi}\,\Gamma\left(\dfrac{\nu}{2}\right)}\left(1 + \frac{t^2}{\nu}\right)^{-\frac{\nu+1}{2}}, \qquad -\infty < t < +\infty \qquad (2.3\text{-}9)$$

　　t 分布的概率密度函数是个复杂函数，我们把它的曲线图画出来，如图 2.3-3 所示。$f_\nu(t)$ 曲线不仅跟随机变量有关，还跟 ν 有关，也就是还与测量次数 n 有关。从图中可以看出，t 分布曲线也是左右对称的，$\nu=\infty$ 的 t 分布曲线与正态分布曲线相同，但 $\nu=1$ 和 $\nu=5$ 的 t 分布曲线与正态分布曲线有差异，比正态分布曲线矮而宽，这意味着 t 分布的分散程度比正态分布大，ν 越小，差异越大。一般来讲，当 $n>30$ 时，t 分布趋于正态分布。事实上，当 $n>10$ 时，t 分布就很接近正态分布了。

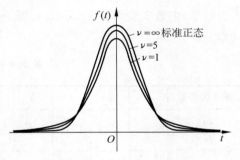

图 2.3-3　t 分布曲线

　　由于 t 分布曲线比正态分布曲线矮而宽，对于同样的置信概率，例如我们在前面讨论正态分布时给出的三个置信概率，t 分布相应的置信区间要比正态分布的置信区间宽一些，我们可以引入一个大于 1 的因子加以修正。在 t 分布下，测量量的真值用测量值的算数平均值来估值，对于置信概率 P，所给出的置信区间是 $\left(\bar{x} - t_P\dfrac{s_x}{\sqrt{n}}, \bar{x} + t_P\dfrac{s_x}{\sqrt{n}}\right)$，其中系数 t_P 是一个大于 1 的因子，称为 t 因子，其值既与测量次数有关，也与置信概率 P 有关。物理实验中常用 0.95 置信概率表示测量结果，表 2.3-1 中给出了置信概率为 0.95 时的 t 因子。

表 2.3-1　置信概率 $P=0.95$ 时的 t 因子

ν	1	2	3	4	5	6	7	8	9	10	15	20	∞
$t_{0.95}(\nu)$	12.71	4.30	3.18	2.78	2.57	2.45	2.36	2.31	2.26	2.23	2.13	2.09	1.96

2.4 直接测量结果的表示

根据国家计量技术规范,参考 ISO、IUPAP 等 7 个国际组织 1993 年联合颁布的《不确定度表示指南》规定,物理实验教学采用一种简化的具有一定近似性的不确定度评定方法,其要点如下:

(1) 测量结果应给出被测量的量值 $\bar{x}$,并标出扩展不确定度 U,写成

$$x = \bar{x} \pm U \quad (\text{单位}) \tag{2.4-1}$$

它表示被测量的真值在区间 $(\bar{x} - U, \bar{x} + U)$ 内的可能性(概率)约等于或大于 95%。实验教学中,扩展不确定度也简称为不确定度。

(2) U 分为两类分量:A 类分量 U_A 用统计学方法计算;B 类分量 U_B 用非统计学方法评定。两类分量用方和根法合成为总不确定度 U,即

$$U = \sqrt{U_A^2 + U_B^2} \tag{2.4-2}$$

(3) U_A 由实验标准差 s_x 乘以因子 $\dfrac{t_P}{\sqrt{n}}$ 求得,即 $U_A = \left(\dfrac{t_P}{\sqrt{n}}\right) s_x$,式中 s_x 是用贝塞尔公式 (2.3-7) 计算出的标准差,测量次数 n 确定后,因子 $\dfrac{t_P}{\sqrt{n}}$ 可由表 2.4-1 查出。表 2.4-1 中的 P 为概率,多数实验中有 $5 < n < 10$,因子 $\dfrac{t_P}{\sqrt{n}} \approx 1$,则有 $U_A \approx s_x$。

表 2.4-1 $P = 0.95$ 时的 $\dfrac{t_P}{\sqrt{n}}$

测量次数 n	2	3	4	5	6	7	8	9	10	15	20	$n \to \infty$
$\dfrac{t_P}{\sqrt{n}}$	8.98	2.48	1.59	1.24	1.05	0.93	0.84	0.77	0.72	0.55	0.47	$\dfrac{1.96}{\sqrt{n}}$
$\dfrac{t_P}{\sqrt{n}}$ 的近似值	9.0	2.5	1.6	1.2	当 $6 \leqslant n \leqslant 10$, $P > 0.94$ 时,可取 $\dfrac{t_P}{\sqrt{n}} \approx 1$					当 $n > 10$, $P \approx 0.95$ 时,取 $\dfrac{t_P}{\sqrt{n}} \approx \dfrac{2}{\sqrt{n}}$		

(4) 在多数直接测量中,U_B 近似取量具或仪器仪表的误差限 $\Delta_仪$。教学中的仪器误差限一般简单地取计量器具的允许误差限(或示值误差限,或基本误差限),有时也由实验室根据具体情况近似给出。

在物理实验教学中,一般可用下式计算 U:

$$U = \sqrt{\left(\dfrac{t_P}{\sqrt{n}}\right)^2 s_x^2 + \Delta_仪^2} \tag{2.4-3}$$

如果因为 s_x 显著小于 $\dfrac{1}{2}\Delta_仪$,或因估计出的 U_A 对实验最后结果的不确定度影响甚小,或因条件限制而只进行了一次测量时,U 可简单地用仪器的误差限 $\Delta_仪$ 来表示。当实验中只要求测量一次时,根据实验条件,可由实验室给出 U 的近似值。

〔**例 2.4-1**〕　某位同学用 50 分度游标卡尺(游标卡尺的仪器误差为 0.02mm)测量一截铜管,得到的测量结果如下:

测 量 次 数	1	2	3	4	5	6
铜管内径/cm	2.520	2.522	2.524	2.520	2.522	2.526
铜管外径/cm	4.150	4.152	4.148	4.152	4.150	4.148
铜管高/cm	6.230	6.224	6.232	6.228	6.228	6.226

试给出铜管内、外径和高的测量结果。

〔**解**〕

(1) 铜管内径 D_1 的平均值及不确定度:

$$\overline{D}_1 = \sum_{i=1}^{6} D_{1,i}/6 = (2.520 + 2.522 + 2.524 + 2.520 + 2.522 + 2.526)/6\,\text{cm} = 2.522\,\text{cm}$$

测量次数 $n=6$,查表可知 $\dfrac{t_P}{\sqrt{n}} \approx 1$,则

$$U_{D_1} = \sqrt{\left(\left(\frac{t_P}{\sqrt{n}}\right)s_x\right)^2 + \Delta_{\text{仪}}^2} = \sqrt{\left(1 \times \sqrt{\frac{\sum\limits_{i=1}^{6}(D_{1,i}-\overline{D}_1)^2}{6-1}}\right)^2 + \Delta_{\text{仪}}^2}$$

$$= \sqrt{\frac{(2.520-2.522)^2 + (2.522-2.522)^2 + (2.524-2.522)^2 + (2.520-2.522)^2 + (2.522-2.522)^2 - (2.526-2.522)^2}{6-1} + 0.002^2}\,\text{cm}$$

$$\approx 0.003\,\text{cm}$$

铜管内径的测量结果为

$$D_1 = \overline{D}_1 \pm U_{D_1} = 2.522 \pm 0.003\,(\text{cm})$$

(2) 铜管外径 D_2 的平均值及不确定度:

$$\overline{D}_2 = \sum_{i=1}^{6} D_{2,i}/6 = (4.150 + 4.152 + 4.148 + 4.152 + 4.150 + 4.148)/6\,\text{cm} = 4.150\,\text{cm}$$

$$U_{D_2} = \sqrt{\left(\left(\frac{t_P}{\sqrt{n}}\right)s_x\right)^2 + \Delta_{\text{仪}}^2} = \sqrt{\left((1) \times \sqrt{\frac{\sum\limits_{i=1}^{6}(D_{2,i}-\overline{D}_2)^2}{6-1}}\right)^2 + \Delta_{\text{仪}}^2}$$

$$= \sqrt{\frac{(4.150-4.150)^2 + (4.152-4.150)^2 + (4.148-4.150)^2 + (4.152-4.150)^2 + (4.150-4.150)^2 + (4.148-4.150)^2}{6-1} + 0.002^2}\,\text{cm}$$

$$\approx 0.003\,\text{cm}$$

铜管外径的测量结果为

$$D_2 = \overline{D}_2 \pm U_{D_2} = 4.150 \pm 0.003\,(\text{cm})$$

(3) 铜管高的平均值及不确定度:

$$\overline{H} = \sum_{i=1}^{6} H_i/6 = (6.230 + 6.224 + 6.232 + 6.228 + 6.228 + 6.226)/6\,\text{cm} = 6.228\,\text{cm}$$

$$U_H = \sqrt{\left(\left(\frac{t_P}{\sqrt{n}}\right)s_x\right)^2 + \Delta_{\text{仪}}^2} = \sqrt{\left((1) \times \sqrt{\frac{\sum_{i=1}^{6}(H_i - \overline{H})^2}{6-1}}\right)^2 + \Delta_{\text{仪}}^2}$$

14

$$= \sqrt{\frac{(6.230-6.228)^2 + (6.224-6.228)^2 + (6.232-6.228)^2 + (6.228-6.228)^2 + (6.228-6.228)^2 + (6.226-6.226)^2}{6-1} + 0.002^2} \text{ cm}$$

$$\approx 0.003\text{cm}$$

铜管高的测量结果为

$$H = \overline{H} \pm U_H = 6.228 \pm 0.003(\text{cm})$$

2.5　间接测量结果的表示和不确定度的合成

在很多实验中，我们进行的测量都是间接测量。间接测量的结果是由直接测量的结果根据一定的数学公式计算出来的。这样一来，直接测量结果的不确定度就必然影响到间接测量结果，这种影响的大小可以由相应的数学公式计算出来。

设直接测量量分别为 $x, y, z, \cdots$，它们都是互相独立的量，其最佳估计值分别为 $\overline{x}, \overline{y}, \overline{z}, \cdots$，相应的不确定度分别为 $U_x, U_y, U_z, \cdots$。间接测量量为 φ，φ 与各直接测量量之间的关系可以用函数形式（或称测量式）表示：

$$\varphi = F(x, y, z, \cdots) \tag{2.5-1}$$

间接测量量 φ 的最佳估计值 $\varphi_{\text{最佳}}$ 可由将各直接测量量的最佳估计值代入函数关系式(2.5-1)得到：

$$\varphi_{\text{最佳}} = F(\overline{x}, \overline{y}, \overline{z}, \cdots) \tag{2.5-2}$$

φ 值也有相应的不确定度 U_φ。由于不确定度都是微小的量，相当于数学中的"增量"，因此间接测量的不确定度的计算公式与数学中的全微分公式基本相同，区别在于要用不确定度 U_x 等替代微分 $\mathrm{d}x$ 等，要考虑不确定度合成的统计性质。

在物理实验教学中，可以用以下公式计算间接测量量的不确定度 U_φ：

$$U_\varphi = \sqrt{\left(\frac{\partial F}{\partial x}\right)^2 (U_x)^2 + \left(\frac{\partial F}{\partial y}\right)^2 (U_y)^2 + \left(\frac{\partial F}{\partial z}\right)^2 (U_z)^2 + \cdots} \tag{2.5-3}$$

上式称为误差传递公式。每一个直接测量量不确定度前面的偏导数可以看作该测量量不确定度的权重因子。求偏导时要注意把同一个直接测量量的偏导数项先合并起来，再取平方。

当函数为乘、除或指数形式时，对函数取对数，计算相对不确定度会更为方便：

$$\frac{U_\varphi}{\varphi} = \sqrt{\left(\frac{\partial \ln F}{\partial x}\right)^2 (U_x)^2 + \left(\frac{\partial \ln F}{\partial y}\right)^2 (U_y)^2 + \left(\frac{\partial \ln F}{\partial z}\right)^2 (U_z)^2 + \cdots} \tag{2.5-4}$$

表 2.5-1 列出了几个常见函数的误差传递公式，方便以后使用。这些公式同学们可以利用式(2.5-3)或式(2.5-4)自行导出。

应当注意，不要将测量结果不确定度与测量误差混淆。不确定度表征的是被测量真值所处的量值范围的评定，或者是由于测量误差的存在而对被测量值不能肯定的程度。

表 2.5-1 几个常见函数的误差传递公式

函　　数	误差传递公式
$\varphi = x \pm y$	$U_{\varphi} = \sqrt{U_x^2 + U_y^2}$
$\varphi = x \cdot y$ 或 x/y	$\dfrac{U_{\varphi}}{\varphi} = \sqrt{\left(\dfrac{U_x}{x}\right)^2 + \left(\dfrac{U_y}{y}\right)^2}$
$\varphi = x^k y^m$	$\dfrac{U_{\varphi}}{\varphi} = \sqrt{\left(k\dfrac{U_x}{x}\right)^2 + \left(m\dfrac{U_y}{y}\right)^2}$

[**例 2.5-1**] 用 50 分度的游标卡尺测量一截铜管,卡尺的仪器误差为 0.02mm,直接测量结果为:内径 $D_1 \pm U_{D_1} = 4.505 \pm 0.005(\text{cm})$,外径 $D_2 \pm U_{D_2} = 5.150 \pm 0.006(\text{cm})$,高 $H \pm U_H = 3.400 \pm 0.004(\text{cm})$,求间接测量量铜管的体积 V 和不确定度 U_V。

[**解**] 铜管的体积计算公式为

$$V = \frac{\pi}{4}(D_2^2 - D_1^2)H$$

将直接测量量的最佳值代入上式得

$$V = \frac{3.1416}{4} \times (5.150^2 - 4.505^2) \times 3.400\,\text{cm}^3 = 16.630\,\text{cm}^3$$

要计算体积的不确定度 U_V,用式(2.5-4)计算更方便,铜管体积的对数及其微分分别为

$$\ln V = \ln\left(\frac{\pi}{4}\right) + \ln(D_2^2 - D_1^2) + \ln H$$

$$\frac{\partial \ln V}{\partial D_2} = \frac{2D_2}{D_2^2 - D_1^2}; \quad \frac{\partial \ln V}{\partial D_1} = -\frac{2D_1}{D_2^2 - D_1^2}; \quad \frac{\partial \ln V}{\partial H} = \frac{1}{H}$$

则有

$$\left(\frac{U_V}{V}\right)^2 = \left(\frac{2D_2 U_{D_2}}{D_2^2 - D_1^2}\right)^2 + \left(-\frac{2D_1 U_{D_1}}{D_2^2 - D_1^2}\right)^2 + \left(\frac{U_H}{H}\right)^2$$

$$= \left(\frac{2 \times 5.15 \times 0.006}{5.150^2 - 4.505^2}\right)^2 + \left(-\frac{2 \times 4.505 \times 0.005}{5.150^2 - 4.505^2}\right)^2 + \left(\frac{0.004}{3.400}\right)^2$$

$$= (9.92 \times 10^{-3})^2 + (7.23 \times 10^{-3})^2 + (1.18 \times 10^{-3})^2$$

$$= 1.521 \times 10^{-4}$$

$$\frac{U_V}{V} = 1.2 \times 10^{-2} = 1.2\%$$

所以

$$U_V = V\left(\frac{U_V}{V}\right) = 16.630 \times 0.012\,\text{cm}^3 = 0.20\,\text{cm}^3$$

最后结果应为

$$V \pm U_V = 16.63 \pm 0.20(\text{cm}^3)$$

2.6 实验数据的有效位数

在实验中我们所测的被测量的数值都是含有误差的,对这些数值不能任意取舍,应反映出测量值的准确度。例如,用300mm长的毫米分度钢尺测量某物体的长度,正确的读法是除了确切地读出钢尺上有刻线的位数之外,还应估计一位,即读到 $\frac{1}{10}$ mm。比如,测出某物长度是123.5mm,这表明123是确切的数字,而最后的5是估计数字,前面的三位是准确数字,后面一位是存疑数字。又如,测出某铜环的体积为 $V \pm U_v = 16.63 \pm 0.20 (\text{cm}^3)$,这表明16.63的前两位是准确数字,后两位是存疑数字。准确数字和1～2位存疑数字称为有效数字。

2.6.1 有效位数的概念

有效位数的定义为：对没有小数位且以若干个零结尾的数值,从非零数字最左一位向右数得到的位数减去无效零(即仅为定位用的零)的个数,就是有效位数；对其他十进位数,从非零数字最左一位向右数而得到的位数,就是有效位数。

2.6.2 有效位数的确定规则

实验数据的有效位数的确定是实验数据处理中的一个重要问题。下面从读数、运算和结果表示三个方面来讨论有效位数的确定。

1. 原始数据有效位数的确定

通过仪表、量具读取原始数据时,一定要充分反映计量器具的准确度,通常要把计量器具所能读出或估出的位数全读出来。

(1) 游标类量具,如游标卡尺、带游标的千分尺、分光仪角度游标度盘等,一般应读到游标分度值的整数倍。

(2) 数显仪表及有十进制步进式标度盘的仪表,如电阻箱、电桥等,一般应直接读取仪表的示值。

(3) 指针式仪表一般应估读到最小分度值的 1/10～1/4,或估读到基本误差限的 1/5～1/3。

2. 中间运算结果的有效位数的确定

通过运算得到的数据的有效位数的确定原则是：可靠数字与可靠数字的运算结果为可靠数字,存疑数字与可靠数字或存疑数字的运算结果为存疑数字,但进位为可靠数字。

下面给出的有效位数的确定规则是根据误差理论总结出来的,能够近似地确定运算结果的有效位数。在参与运算的各量为直接测量量时,运算结果的有效位数的确定原则如下：

(1) 加减运算。以参与运算的末位数量级最高的数为准,和、差都比该数末位多取1～2位。

(2) 乘除运算。以参与运算的有效位数最少的数为准,积、商都比该数多取1～2位。

（3）函数值的有效位数。设 x 的有效位数已经确定，取函数（乘方、开方、三角函数、对数等）时应如何确定其有效位数呢？一般来说可由改变 x 末位一个单位，通过函数的误差传递公式计算出函数值的误差，然后根据测量结果与不确定度的末位数字要对齐的原则来确定函数值的有效位数。

［例 2.6-1］ 已知 $x=56.7$，$y=\ln x$，求 y。

［解］ 因 x 的有误差位是在十分位上，所以取 $\Delta x \approx 0.1$，利用 $\Delta y = \sqrt{\left(\dfrac{\partial y}{\partial x}\right)^2 \Delta x^2}$ 估计

y 的误差 $\Delta y = \dfrac{\Delta x}{x} = \dfrac{0.1}{56.7} \approx 0.002$，说明 y 的误差位在千分位上，故

$$y = \ln 56.7 = 4.038$$

［例 2.6-2］ 已知 $x=9°24'$，$y=\cos x$，求 y。

［解］ 取 $\Delta x \approx 1' \approx 0.00029$，$\Delta y = \sin x \Delta x = 0.0000475 \approx 0.00005$，所以

$$y = \cos 9°24' = 0.98657$$

确定数据的有效位数时应注意：

（1）运算公式中的常数，例如 $\rho = \dfrac{4m}{\pi(d_2^2 - d_1^2)h}$ 中的"4"和"π"，不是因为测量而产生的，从而不存在有效位数问题，在运算中需要几位就取几位，可以直接按计算器上的按键取用。对物理常数，其有效位数应比直接测量量中有效位数最少的数多取 1～2 位，参与式中的运算。

（2）在由一个中间运算结果计算得到下一个中间运算结果时，有效位数不要再多取 1～2 位。

3. 测量结果表示中的有效位数规定

（1）不确定度的有效位数最多为 2 位。

（2）表示测量值最后结果时，最后结果与不确定度的末位数字要对齐。

（3）相对误差或相对不确定度的有效位数一般也只取 1～2 位。

注意：如果在实验中不作不确定度的估算，则最后结果的有效位数的取法如下：一般来说，在乘除的情况中它与参加运算的各量中有效位数最少的大致相同；在代数和的情况中，则取参与加减运算各量的末位数中数量级最大的那一位为结果的末位。

2.6.3 数值修约的进舍规则

数值修约就是去掉数据中多余的位。当拟舍去的那些数字中的最左一位小于 5 时，舍去；大于 5 时（包含等于 5 而其后尚有非零的数），进 1；等于 5（其后无数字或皆为零）时，若保留的末位数为奇数，则进 1，为偶数则舍去。负数修约时先把绝对值按上述规定修约，然后在修约值前加负号。

例如：2.764 和 2.736 若有效位数只保留两位，则应分别写成 2.8 和 2.7。又如 3.252，若只需保留两位有效位数，则应记作 3.3。再如，4.15 和 4.25 要保留两位有效位数时，则都应记作 4.2。

2.7 常用实验数据处理方法

实验中记录下来的原始数据一般要经过适当的处理和计算后，才能反映出物理量的变化规律或得出测量值，这种过程就叫作数据处理。下面介绍几种常用的数据处理方法。

2.7.1 列表法

有的时候实验的观测对象是互相关联的两个（或两个以上）物理量之间的变化关系。例如，研究弹簧伸长量与所加砝码质量之间的关系，研究非线性电阻电压与电流的关系，研究温度与温差电偶输出电压的关系，等等。在这一类实验中，通常是控制其中一个物理量（例如砝码质量）使其依次取不同的值，从而观测另一个物理量所取的对应值，得到一列 X_1，$X_2, \cdots, X_n$ 和另一列对应的 $Y_1, Y_2, \cdots, Y_n$ 值。对于这两列数据，我们可以将其记录在适当的表格里，以直观地显示它们之间的关系，这种实验数据处理方法叫作列表法。表 2.7-1 给出了一个列表法的例子。

表 2.7-1　硅管 U_F-T 曲线测量数据表

n	U_F/V	t/℃	$T=(273.2+t)$/K
1	0.043	30.1	303.3
2	0.037	33.2	306.4
3	0.031	36.2	309.4
4	0.025	39.5	312.7
5	0.019	44.2	317.4
6	0.013	49.4	322.6

列表时应注意：

（1）应精心设计实验数据表格，例如表格中的物理量及具体形式，以便于观察、发现和表现物理量之间的内在联系和规律。

（2）各栏目中均应标明物理量的名称和单位。

（3）表格中的数据应用有效数字填写。

（4）表格应有表序号及标题，一般在表格的上方给出。

2.7.2 作图法

把实验数据绘制成图，更形象直观地显示出物理量之间的关系，这种实验数据处理方法叫作作图法。

在物理实验课程中，作图必须用坐标纸。常用的坐标纸有直角坐标纸、单对数坐标纸、双对数坐标纸、极坐标纸等。直角坐标纸的两个坐标轴都是分度均匀的普通坐标轴，见图 2.7-1。单对数坐标纸的一个坐标轴是分度均匀的普通坐标轴，另一个坐标轴是分度不均匀的对数坐标轴。图 2.7-2 所示为一单对数坐标纸，其横坐标为对数坐标，注意轴上顺序标出的整分度值为真数，也即在此轴上，某点与原点的实际距离为该点对应数的对数值，但是在该点标出的值是真数。图 2.7-3 所示为一双对数坐标纸，双对数坐标纸的两个坐标轴都是对数标度。一般而言,在所考察的两个变量中,如果其中一个变量的数值在所研究的范围内发生了几个数量级的变化,或需要将某种函数(如指数函数 $y = a\mathrm{e}^{bx}$)变换为直线函数关系,可以考虑选用单对数坐标纸。另外,在自变量由零开始逐渐增大的初始阶段,当自变量的少许变化引起因变量极大变化时,如果使用单对数坐标纸,可将曲线的初始部分伸长,从而使图形轮廓清楚。当所考察的两个变量在数值上均变化了几个数量级,或需要把某种非线性关系(如幂函数 $y = ax^b$)变换为线性关系时,可以考虑选用双对数坐标纸。相对于直角坐标系而言,双对数坐标系也具有将曲线开始部分展开的特点。

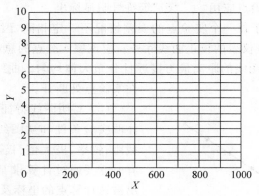

图 2.7-1　直角坐标纸

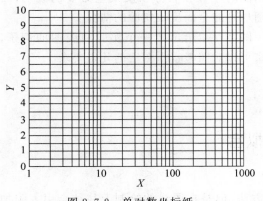

图 2.7-2　单对数坐标纸

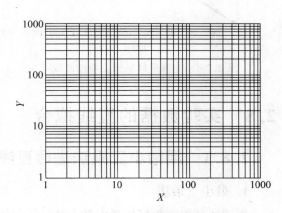

图 2.7-3　双对数坐标纸

物理实验中使用作图法处理实验数据时一般有两类目的:

(1)为了形象直观地反映物理量之间的关系。

(2)要由实验曲线求其他物理量,如求直线的斜率、截距等。下面给出作图的一般规则。

作图规则:

(1)选择合适的坐标分度值。①如果是为了形象直观地反映物理量之间的关系,作图时,一般能够定性地反映出物理量的变化规律就可以了,坐标分度值的选取可以有较大的随意性。②如果要由实验曲线求其他物理量,如求直线的斜率、截距等,对于这类曲线的图,坐标分度值的选取应以图能基本反映测量值或所求物理量的不确定度为原则。一般用 1mm

或 2mm 表示与变量不确定度相近的量值,如水银温度计的 $U_t \approx 0.5℃$,则温度轴的坐标分度值可取为 $0.5℃/mm$。坐标轴的比例的选择应便于读数,不宜选成 1:1.5 或 1:3。坐标范围应包括全部测量值,并略有富余。最小坐标值应根据实验数据来选取,不必都从零开始,以使作出的图线大体上能充满全图,布局美观、合理。

（2）标明坐标轴。以自变量（即实验中可以准确控制的量,如温度、时间）为横坐标,以因变量为纵坐标。用粗实线在坐标纸上描出坐标轴,在轴上注明物理量名称、符号、单位,并按顺序标出轴上整分度的值,其书写的位数可以比量值的有效位数少一或两位。

（3）标实验点。实验点应用"+""⊙"等符号明显标出。

（4）连成图线。由于每一个实验点的误差情况不一定相同,因此不应强求曲线通过每一个实验点而连成折线（仪表的校正曲线除外）,应该按实验点的总趋势连成光滑的曲线,做到图线两侧的实验点与图线的距离最为接近且分布大体均匀。曲线正穿过实验点时,可以在实验点处断开。

（5）写明图线特征。利用图上的空白位置注明实验条件和从图线上得出的某些参数,如截距、斜率、极大值、极小值、拐点和渐近线等。有时需要通过计算求某一特征量,图上还须标出被选计算点的坐标及计算结果。

（6）写图名。一般在图的下方或空白位置写出图的序号和名称以及某些必要的说明,要使图尽可能全面反映实验的情况。

图 2.7-4 给出了一个实验曲线图的例子,大家可以对照考察作图法的几点要求。

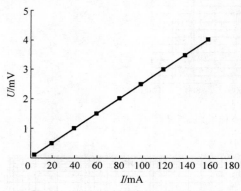

图 2.7-4 金薄膜样品伏安特性曲线

2.8 实验数据的直线拟合

2.8.1 用最小二乘法进行直线拟合

1. 最小二乘法

作图法虽然在数据处理中是一种很便利的方法,但是在图线的绘制上往往会引入附加误差,尤其在根据图线确定常数时,这种误差有时会很明显。为了克服这一缺点,在数理统计中研究了直线拟合问题（或称一元线性回归问题）,常用一种以最小二乘法为基础的实验数据处理方法。由于某些曲线的函数可以通过数学变换改写为直线,例如对函数 $y = a e^{-bx}$ 取对数得 $\ln y = \ln a - bx$,$\ln y$ 与 x 的函数关系就变成直线型了,因此,这一方法也适用于这类曲线型的情况。

设在某一实验中,可控制的物理量取 $x_1, x_2, \cdots, x_n$ 值时,对应的物理量依次取 $y_1, y_2, \cdots, y_n$ 值。假定对 x_i 值的观测误差很小,可以忽略,而主要误差都出现在 y_i 的观测上。直线拟合实际上就是用数学分析的方法从所有这些观测到的实验数据中求出一个误差最小的最佳经验式 $y = a + bx$。按这一最佳经验式作出的图线虽不一定能够通过每一个实验点,但却是以最接近这些实验点的方式平滑地穿过实验点的。对应于每一个 x_i 值,观测值 y_i 和

最佳经验式的 y 值之间存在的偏差 Δy_i 被称为观测值 y_i 的残差,即

$$\Delta y_i = y_i - y = y_i - (a + bx_i), \quad i = 1, 2, \cdots, n \tag{2.8-1}$$

最小二乘法的原理就是:若各观测值 y_i 的误差互相独立且服从同一正态分布,则当 y_i 的残差的平方和为最小时,即得到最佳经验式。根据这一原理可求出常数 a 和 b。

设以 S 表示 Δy_i 的平方和,它应满足:

$$S = \sum (\Delta y_i)^2 = \sum [y_i - (a + bx_i)]^2 = S_{\min} \tag{2.8-2}$$

式(2.8-2)中的各 y_i 和 x_i 是测量值,都是已知量,而 a 和 b 是待求的,因此 S 实际上是 a 和 b 的函数。令 S 对 a 和 b 的偏导数为零,即可解出满足上式的 a 和 b 的值:

$$\frac{\partial S}{\partial a} = -2 \sum (y_i - a - bx_i) = 0, \quad \frac{\partial S}{\partial b} = -2 \sum (y_i - a - bx_i)x_i = 0 \tag{2.8-3}$$

即

$$\sum y_i - na - b \sum x_i = 0, \quad \sum x_i y_i - a \sum x_i - b \sum x_i^2 = 0 \tag{2.8-4}$$

其解为

$$a = \frac{\sum x_i y_i \sum x_i - \sum y_i \sum x_i^2}{\left(\sum x_i\right)^2 - n \sum x_i^2} \tag{2.8-5}$$

$$b = \frac{\sum x_i \sum y_i - n \sum x_i y_i}{\left(\sum x_i\right)^2 - n \sum x_i^2} \tag{2.8-6}$$

将得出的 a 和 b 代入直线方程,即得到最佳的经验公式 $y = a + bx$。

下面给出相关系数 r 的定义式:

$$r = \frac{\sum \Delta x_i \Delta y_i}{\sqrt{\sum (\Delta x_i)^2} \sqrt{\sum (\Delta y_i)^2}} \tag{2.8-7}$$

式中 $\Delta x_i = x_i - \bar{x}, \Delta y_i = y_i - \bar{y}$。当 x 和 y 两者为互相独立的变量时,Δx_i 和 Δy_i 的取值和符号彼此无关(即无相关性),此时

$$\sum \Delta x_i \cdot \Delta y_i = 0, \quad 即 \quad r = 0$$

在直线拟合中,x 和 y 一般并不互相独立,这时 Δx_i 和 Δy_i 的取值和符号就不再无关而是有关(即有相关性)的。例如,若函数形式为 $x \mp y = 0$,即 $y = \pm x$,Δx 和 Δy 之间就有 $\Delta y = \pm \Delta x$ 的关系,将这一关系代入式(2.8-7),可得

$$r = \frac{\sum \Delta x_i (\pm \Delta x_i)}{\sqrt{\sum (\Delta x_i)^2} \sqrt{\sum (\Delta x_i)^2}}$$

$$= \pm \frac{\sum (\Delta x_i)^2}{\sum (\Delta x_i)^2}$$

$$= \pm 1$$

由此可见,相关系数表征了两个物理量之间对于线性关系的符合程度。r 愈接近于 1,y_i 和 x_i 间线性关系愈好。物理实验中 r 如达到 0.999,就表示实验数据的线性关系良好,各实验点聚集在一条直线附近。相反,相关系数 $r = 0$ 或趋近于零,说明实验数据很分散,y_i

和 x_i 间互相独立，无线性关系。因此，用直线拟合法处理实验数据时常常要计算相关系数，以考察两个物理量之间是否存在线性关系以及对线性关系的符合程度。

2. 直线拟合结果的表示

上面介绍了用最小二乘法进行直线拟合时求经验公式中常数 a、b 以及相关系数 r 的方法。用这种方法计算的常数值 a 和 b 可以说是"最佳的"，但并不是没有误差，它们的误差估算比较复杂，这里只给出计算公式，不介绍其推导过程。

由于 y 的残差平方和 $S = \sum [y_i - (a + bx_i)]^2$ 是随数据个数的增加而增加的，不能很直观地反映出拟合直线与实验数据点 (x_i, y_i) 的符合程度，因此通常用因变量的标准差 s_y 作为表征拟合直线与实验数据点 (x_i, y_i) 的符合程度的一个参量：

$$s_y = \sqrt{\frac{S}{n-2}} = \sqrt{\frac{\sum [y_i - (a + bx_i)]^2}{n-2}} \qquad (2.8\text{-}8)$$

截距 a 和斜率 b 的标准差分别为

$$s_a = s_y \sqrt{\frac{\overline{x}^2}{\sum \Delta x_i^2} + \frac{1}{n}} = s_y \sqrt{\frac{\overline{x}^2}{\sum (x_i - \overline{x})^2} + \frac{1}{n}} \qquad (2.8\text{-}9)$$

$$s_b = \frac{s_y}{\sqrt{\sum \Delta x_i^2}} = \frac{s_y}{\sqrt{\sum (x_i - \overline{x})^2}} \qquad (2.8\text{-}10)$$

多数情况下，对于直线拟合结果的表示只要求计算 A 类不确定度 $U_{a,A}$ 和 $U_{b,A}$，结果写成 $A = a_0 \pm U_{a,A}$ 和 $B = b_0 \pm U_{b,A}$ 的形式（a_0、b_0 为由式(2.8-5)和式(2.8-6)求出的 a、b 的具体值），即简化地将 A 类分量不确定度 $U_{a,A}$ 和 $U_{b,A}$ 作为总的不确定度 U_a 和 U_b。

$U_{a,A}$ 和 $U_{b,A}$ 分别由下式计算：

$$U_{a,A} = t_{0.95}(\nu) \cdot s_a \qquad (2.8\text{-}11)$$

$$U_{b,A} = t_{0.95}(\nu) \cdot s_b \qquad (2.8\text{-}12)$$

式中 $t_{0.95}(\nu)$ 是概率为 0.95、自由度为 ν 时的 t 分布因子，可由表 2.3-1 查得。自由度 ν 等于拟合时的方程数目（即数据点的个数）n 减去待求未知量的个数（即 2），也就是 $\nu = n - 2$。

因变量 y_i 一般是直接测量量，设测量仪器的误差限值为 $\Delta_{y仪}$，当标准差 s_y 显著小于 $1/2\Delta_{y仪}$ 时，A 类不确定度可能已经不是截距 a 和斜率 b 的不确定度的主要分量了。在这种情况下，直线拟合结果表示的上述简化做法就不适合了，需要进一步分析 B 类不确定度成分的影响，详细分析与考虑参见文献[1,8]。

在本课程中，在不能忽略 B 类不确定度成分的影响时，可用式(2.8-13)粗略地估计截距 a 的不确定度：

$$U_a = \sqrt{(U_{a,A})^2 + (U_{a,B})^2} = \sqrt{(t_{0.95}(\nu) \cdot s_a)^2 + (\Delta_{y仪})^2} \qquad (2.8\text{-}13)$$

采用文献[8]的建议，斜率 b 的不确定度可用式(2.8-14)进行粗略估计：

$$U_b = \sqrt{(U_{b,A})^2 + \left(\frac{\sqrt{3}}{2} \frac{U_{y,B}}{\mid x_i - \overline{x} \mid_{\max}}\right)^2} = \sqrt{(t_{0.95}(\nu) \cdot s_b)^2 + \left(\frac{\sqrt{3}}{2} \frac{\Delta_{y仪}}{\mid x_i - \overline{x} \mid_{\max}}\right)^2}$$

$$(2.8\text{-}14)$$

2.8.2　用 Excel 软件进行直线拟合

具有曲线拟合功能的软件很多,例如 Excel、Origin、MATLAB 等。Excel 软件是微软 Office 办公套件的一个组件,一般来说,安装了 Word 软件的计算机,也安装了 Excel,因此 Excel 软件很容易获得。鉴于此,本节简单介绍如何用 Excel 进行直线拟合。应用 Excel 软件提供的现成函数可以方便地进行直线拟合,这里介绍三种较为简单的方法。

1. 用 LINEST 函数求解

LINEST 函数是 Excel 软件提供的多元回归分析函数。直线拟合只是多元回归的特例,所以也可以用 LINEST 函数进行直线拟合,其函数句型和相应的参数选择列于表 2.8-1 中。LINEST 函数不仅可以直接给出拟合直线的截距、斜率、相关系数和因变量标准差等参量,还可以直接给出斜率标准差、截距标准差和残差平方和等参量,是非常方便的拟合工具。

表 2.8-1　Excel 软件中的 LINEST 函数

参　　量	LINEST 函数
斜率 b	INDEX(LINEST($y_1:y_n, x_1:x_n$,1,1),1,1)
截距 a	INDEX(LINEST($y_1:y_n, x_1:x_n$,1,1),1,2)
相关系数 r	INDEX(LINEST($y_1:y_n, x_1:x_n$,1,1),3,1)^0.5
因变量标准差 s_y	INDEX(LINEST($y_1:y_n, x_1:x_n$,1,1),3,2)
斜率标准差 s_b	INDEX(LINEST($y_1:y_n, x_1:x_n$,1,1),2,1)
截距标准差 s_a	INDEX(LINEST($y_1:y_n, x_1:x_n$,1,1),2,2)
残差平方和 S	INDEX(LINEST($y_1:y_n, x_1:x_n$,1,1),5,2)

在使用 LINEST 函数时,首先在 Excel 表格中输入原始数据,然后在任一空白单元处输入函数,就可得到计算结果。

［例 2.8-1］　在汞原子第一激发电位测量实验中,得到的板极电流峰数 n 及与板极电流峰值对应的栅极电压 V 列于表 2.8-2。用 LINEST 函数拟合直线方程 $V = nV_0 + V_c$(其中斜率 V_0 为汞原子第一激发电位,截距 V_c 为接触电位差),并计算不确定度。

表 2.8-2　板极电流峰数 n 与对应的栅极电压 V

n	V/V	n	V/V
1	8.6	4	22.9
2	13.0	5	27.7
3	18.0	6	32.8

［解］　首先在 Excel 表格中输入原始数据,将 n 输入到 A 列,将 V 输入到 B 列,然后在任一空白单元处输入 LINEST 函数,由 INDEX(LINEST($y_1:y_n, x_1:x_n$,1,1),1,1)函数得到直线斜率(具体输入见图 2.8-1 中" $f_x =$ "后的显示),得到 V_0;由 INDEX(LINEST($y_1:y_n, x_1:x_n$,1,1),1,2)函数得到直线截距 V_c,如图 2.8-2 所示;由 INDEX(LINEST($y_1:y_n, x_1:x_n$,1,1),2,1)函数得到斜率标准差 s_b,如图 2.8-3 所示;由 INDEX(LINEST($y_1:y_n, x_1:x_n$,1,1),2,2)函数得到截距标准差 s_a,如图 2.8-4 所示。

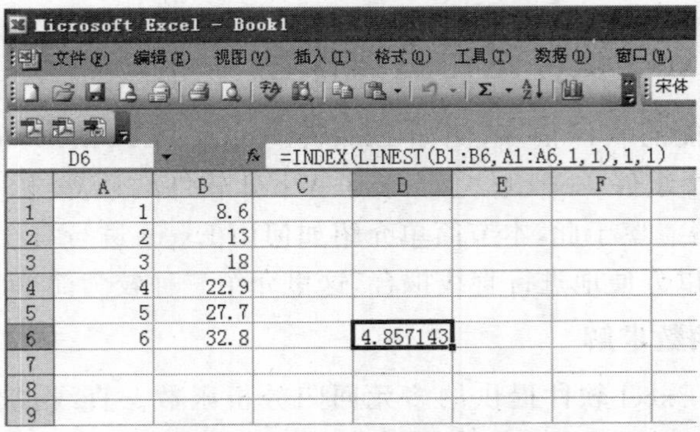

24

图 2.8-1　由 LINEST 函数得到拟合直线的斜率

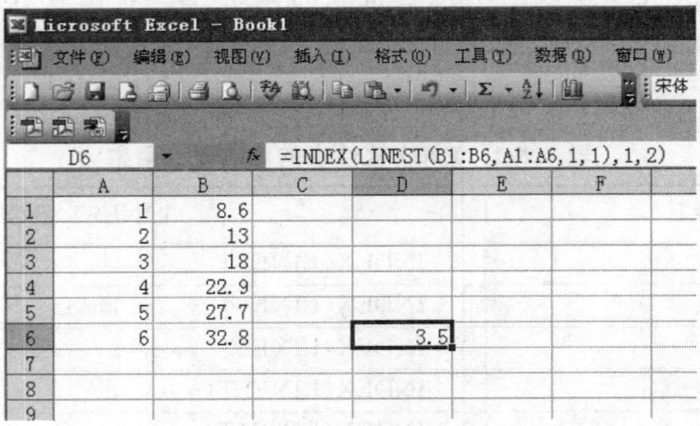

图 2.8-2　由 LINEST 函数得到拟合直线的截距

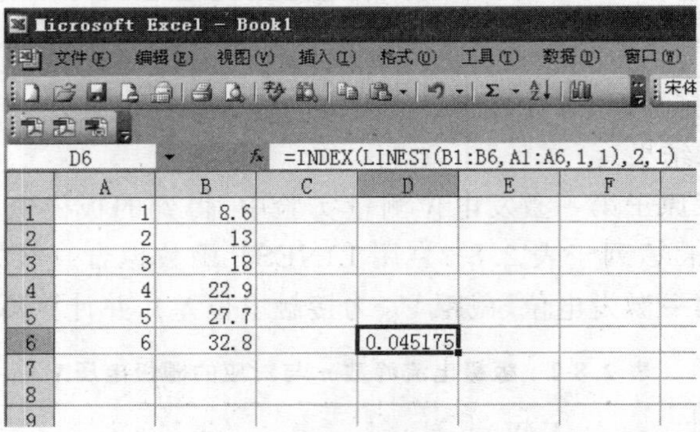

图 2.8-3　由 LINEST 函数得到拟合直线的斜率的标准差

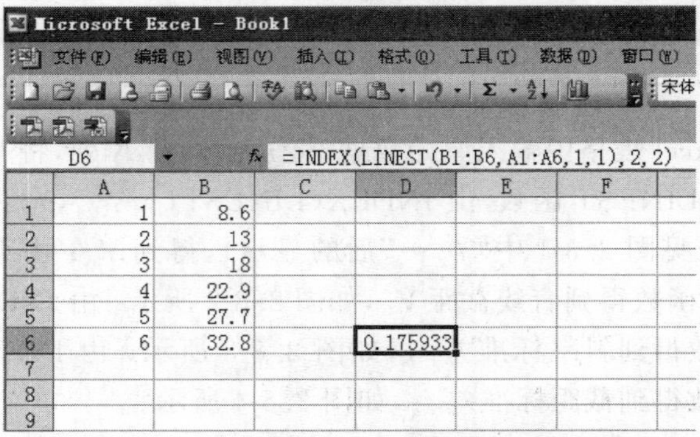

图 2.8-4　由 LINEST 函数得到拟合直线的截距的标准差

参与拟合的方程数目为 6,待求未知量的个数为 2,则自由度 $\nu = 6 - 2 = 4$,查表 2.3-1,得到 $t_{0.95}(4) = 2.78$,由此算出:

$$U_{V_0} = t_{0.95}(4) \cdot s_b = 2.78 \times 0.045 \text{V} = 0.13 \text{V}$$

$$U_{V_C} = t_{0.95}(4) \cdot s_a = 2.78 \times 0.18 \text{V} = 0.5 \text{V}$$

$$V_0 = 4.86 \pm 0.13 (\text{V})$$

$$V_C = 3.5 \pm 0.5 (\text{V})$$

2. 直接求出拟合参量

Excel 软件还提供了直接求出斜率、截距、相关系数和因变量标准差等拟合参量的函数,函数的句型列于表 2.8-3 中。

表 2.8-3　Excel 软件中直接求拟合参量的函数

参　　量	Excel 函数
斜率 b	SLOPE$(y_1:y_n, x_1:x_n)$
截距 a	INTERCEPT$(y_1:y_n, x_1:x_n)$
相关系数 r	CORREL$(y_1:y_n, x_1:x_n)$
因变量标准差 s_y	STEYX$(y_1:y_n, x_1:x_n)$

3. 利用"图表"功能中的"添加趋势线"功能给出拟合参数

这种方法可以给出拟合直线的截距、斜率和相关系数等参数。具体做法如下:选定数据 (x_i, y_i) 后,使用 Excel 软件工具栏或"插入"下拉菜单"图表"功能"XY 散点图"中的"平滑散点图"作图,然后将鼠标指针移到图中的直线上右击,从弹出的快捷菜单中选择"添加趋势线"命令,进而选择"添加趋势线"标签中"类型"栏中的"线性"及"选项"栏中的"显示公式"和"显示 R 平方值",在曲线图中就自动添加出方程 $y = a + bx$ 及相关系数的平方 r^2。

2.8.3　用 Origin 软件进行直线拟合

Origin 是美国 OriginLab 公司开发的一款功能强大的数据分析和绘图软件,是科研人员和工程师常用的高级数据分析和制图工具。利用该软件可以方便地完成直线拟合和获得相关参数,还可以方便地进行许多非线性曲线拟合。Origin 软件调整图形的外观很方便,许多期刊文章的实验曲线图都是利用这个软件绘制的。

仍以汞原子第一激发电位测量实验数据处理为例,首先将实验数据输入到 Origin 工作表格 Data 窗口中,如图 2.8-5 所示。打开 Plot 下拉菜单,选择 Scatter,在弹出的对话框中分别选中 A 列对应 X,B 列对应 Y,单击 OK 按钮,得到 Graph1,然后单击图中的 X Axis Title 和 Y Axis Title 将 X 轴和 Y 轴物理量换为 n 和 V,如图 2.8-6 所示。然后选择 Analysis 下拉菜单中的 Fit Linear,则 Origin 完成数据点的直线拟合,同时在窗口中给出拟合参数,如图 2.8-7 所示。图 2.8-8 是拟合结果窗口,拟合结果为 $Y = A + BX$,其中 A 栏为截距 A 的值及截距的标准差 s_a,B 栏为斜率 B 的值及斜率 B 的标准差 s_b,R 为相关系数,SD 为拟合变量 Y 的标准差 s_y,N 为数据点数,P 值是将观察结果认为有效的犯错概率。

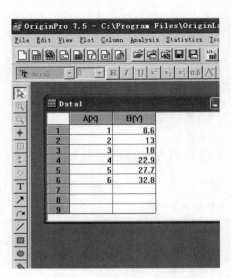

图 2.8-5　输入数据

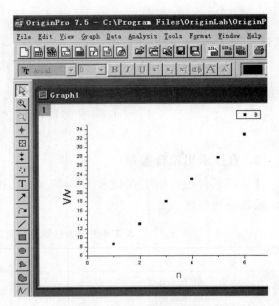

图 2.8-6　*V-n* 散点图

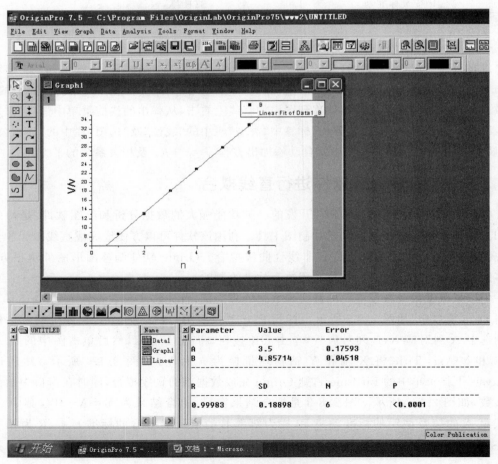

图 2.8-7　直线拟合窗口

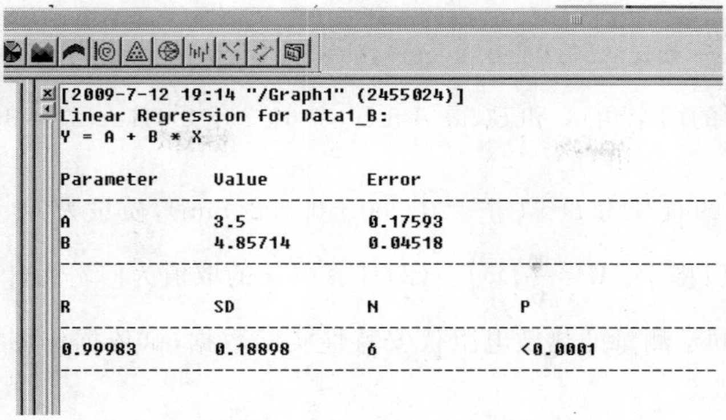

图 2.8-8　回归结果窗口

课后作业

1. 把测量结果写成"$X \pm U_X$（单位）"的物理意义是什么？某物体密度的测量结果为 $\rho = 2.702 \pm 0.006(\text{g/cm}^3)$，其含义是什么？

2. 下列数据中，有五位有效数字的测量值是_____。

a. 0.0108cm　　　　b. 10.800mm　　　　c. 0.1080cm　　　　d. 0.010800m

3. 按有效位数确定规则计算下列各式：

(1) $302.1 + 3.12 - 0.385 =$

(2) $1.584 \times 2.02 \times 0.86 =$

(3) $963.69 \div 12.3 =$

(4) $\dfrac{97.02 - 88.58}{90.06} =$

4. 根据误差理论和有效数字运算规则，判断下列各式正确与否。如错误，在括弧内说明错误的原因：

(1) $N = 5.400 \pm 0.2(\text{cm})$（　　　　　）

(2) $N = 28000 \pm 800(\text{mm})$（　　　　　）

(3) $0.0221\text{m} \times 0.25\text{m} = 0.005525\text{m}^2$（　　　　　）

(4) $20.0\text{cm} = 200.0\text{mm}$（　　　　　）

(5) $\rho = 2.7 \pm 0.0006(\text{g/cm}^3)$（　　　　　）

5. 在长度测量中，用千分尺测量一个圆柱的直径（以 cm 为单位），数据如下：

$$1.3270；\ 1.3265；\ 1.3272；\ 1.3267；\ 1.3269；\ 1.3265$$

已知仪器误差为 0.0004cm，计算测量结果 $D = \overline{D} \pm U_D(\text{cm})$。

6. 推导下列公式中间接测量量的不确定度 U_ρ 或 $\dfrac{U_\rho}{\rho}$ 的计算公式：

(1) $\rho = \dfrac{M}{\dfrac{\pi}{6}D^3}$

(2) $\rho = \dfrac{M}{\dfrac{\pi}{4}(D^2 - d^2)H}$

7. 已知 $f=\dfrac{ab}{b-a}$ 和 $a=20.0\pm0.1(\mathrm{cm})$，$b=50.0\pm0.1(\mathrm{cm})$，求 $f\pm U_f$。

8. 测量三角形的两个角 A 和 B，得 $A\pm U_A=60°2'\pm2'$，$B\pm U_B=30°1'\pm2'$，试求第三个角 $C\pm U_C$。

9. 测得某球体的直径为 $D\pm U_D=20.000\pm0.002(\mathrm{mm})$，质量为 $M=32.70\pm0.06(\mathrm{g})$，(1)计算此球的密度$\left(\text{提示：}V=\dfrac{\pi}{6}D^3\right)$。(2)计算中 π 的取值为何？为什么？

10. 下表是某同学测量的热敏电阻伏安特性实验数据，试依据作图规则绘制该热敏电阻的伏安特性曲线。

热敏电阻的伏安特性

测量值	U/V	1.0	2.0	3.0	4.0	5.0	6.0	7.0	8.0
	I/mA	4.0	7.3	10.5	13.7	17.0	20.1	23.0	24.3
测量值	U/V	9.0	10.0	11.0	12.0	13.0	14.0	15.0	16.0
	I/mA	26.1	26.2	24.0	23.5	23.4	23.2	22.5	20.6
测量值	U/V	17.0	18.0	19.0	20.0	21.0	22.0	23.0	24.0
	I/mA	20.2	19.9	19.5	19.2	18.5	17.8	16.7	16.4
测量值	U/V	25.0	26.0	27.0	28.0	29.0	30.0	31.0	32.0
	I/mA	16.2	15.7	14.6	14.2	13.9	13.9	13.6	13.4

11. 某同学测量了一根弹簧施加不同质量砝码后的指针位置，得到下表。试用计算机软件(如 Excel)对该组数据进行直线拟合，获得弹簧的劲度系数及其不确定度。

砝码质量与指针位置的关系

砝码质量/g	40.00	60.00	80.00	100.00	120.00
指针位置/cm	21.08	27.13	33.14	39.13	45.14

[参考文献]

[1] 朱鹤年.基础物理实验教程[M].北京：高等教育出版社,2003.

[2] 吴思诚,王祖铨.近代物理实验[M].北京：北京大学出版社,1995.

[3] 丁慎训,张孔时.物理实验教程[M].北京：清华大学出版社,1992.

[4] 藤敏康.实验误差与数据处理[M].南京：南京大学出版社,1989.

[5] 皇甫练真.物理实验[M].西安：陕西科学技术出版社,1990.

[6] 中国国家标准化管理委员会.数值修约规则与极限数值的表示和判定：GB/T 8170—2008[S].北京：中国标准出版社,2008.

[7] 中国国家标准化管理委员会.测量不确定度评定与结果表示：GB/T 27418—2017[S].北京：中国标准出版社,2017.

[8] 朱鹤年.新概念基础物理实验讲义[M].北京：清华大学出版社,2013.

[9] 刘才明.大学物理实验中测量不确定度的评定与表示[J].大学物理,1997,16(8)：21-23.

[10] 吴平.理科物理实验教程[M].北京：冶金工业出版社,2010.

第3章

力 学 实 验

实验 3.1　单摆、复摆与双摆的运动特性研究

［引言］

　　摆的发展与研究有着悠久的历史。1582—1583 年,意大利物理学家和天文学家伽利略在观察比萨教堂中的吊灯摆动时发现,摆长一定的摆,其摆动周期不因摆角而变化,即摆具有等时性。1656 年,荷兰物理学家和天文学家惠更斯首先将摆引入时钟,利用摆的等时性原理发明了第一个标准计时器——钟摆。在人们了解摆的动力学原理后,经过不断改进,又将其用来测量重力加速度、刚体的转动惯量,验证平行轴定理,观察混沌现象等。

　　单摆是物理学中最简单的模型之一,传统的力学分析中,一般会忽略摆线的质量,只讨论单摆在摆幅很小的条件下作简谐振动、阻尼振动和受迫振动的特征。但当摆幅逐渐增大后,单摆有时还会产生转动模式,其振动及转动的次数、位置和方向看起来越来越貌似随机和不确定,最后会形成混沌现象。与单摆的情况类似,复摆的“摆线”的长度也是固定点到质心的距离,但区别是复摆需要考虑“摆线”(即摆杆)的质量与形状。双摆则是分析力学的一个典型非线性模型,具有更加丰富的物理现象,包括混沌现象。从实际应用角度考虑,机器人的机械手就是一种双摆。针对双摆的研究在机器人及机械臂、引力波探测、航空航天等领域有广泛的应用意义及巨大的发展潜力。

　　双摆有两个自由度,其摆锤运动的混沌行为是一种有趣且有重要意义的现象。混沌现象是非线性系统中演化最复杂的一种经典运动形式,其共同特征是原来遵循简单物理规律的有序运动形态,在某种条件下突然偏离预期的规律性而变成了无序的形态。混沌来源于非线性系统对初值的敏感依赖性,完全确定的系统经过长期演化后成为不可预测的。气象学家洛伦兹提出的所谓“蝴蝶效应”就是对这种敏感性的突出而形象的说明。像许多其他知识一样,混沌和混沌行为的研究产生于数学和纯科学领域,但混沌却普遍地存在于自然界与人们的日常生活中,如行星运动、气象变化、汇率预测、决策理论等。对混沌的认识使人们对非线性动力学系统的长期演化行为的研究进入了一个前所未知的世界,把经典力学体系的动力学推进到了一个新的阶段。

［实验目的］

（1）了解单摆、复摆、双摆的结构及运动特性。

（2）掌握单摆与复摆的物理模型的分析方法。

（3）学习使用单摆或复摆测量重力加速度的方法。

（4）通过观察双摆的运动，了解混沌现象。

［实验仪器及样品］

单摆与复摆一体仪，单摆摆线（有效长度 0～1000mm），单摆摆球（直径约 20mm），单摆摆球挡板（摆角最大达 15°），复摆摆杆（摆长约 0.7m，摆角最大达 30°），光电探头，光电计时器，双摆，背景刻度板，直尺（精度 1mm），游标卡尺（精度 0.02mm）等。

［预习提示］

（1）了解单摆、复摆与双摆的结构。

（2）学习单摆测量重力加速度的原理和方法，掌握基本公式及式中各物理量的含义。

（3）学习复摆测量重力加速度的原理和方法，掌握基本公式及式中各物理量的含义。

（4）了解混沌现象的概念，掌握双摆产生混沌现象的条件，了解混沌现象的敏感性。

［实验原理］

1. 单摆

单摆是能够产生往复摆动的一种装置。如图 3.1-1 所示，将无重细杆或不可伸长的细绳一端悬于重力场内一定点 O，另一端连接一个小球，就构成了单摆。若小球只限于铅直平面内摆动，则为平面单摆；若小球摆动不限于铅直平面，则为球面单摆。

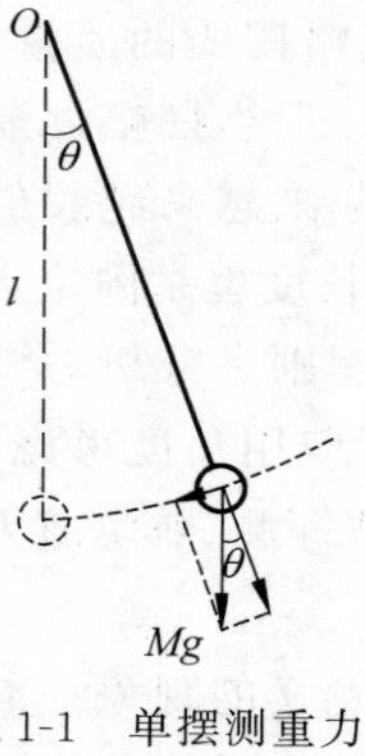

图 3.1-1　单摆测重力加速度示意图

1）单摆测重力加速度的基本原理

如果细绳质量比小球质量 m 小很多，而球的直径 d 又比细绳的长度 l（又称单摆长度或摆长，即点 O 到小球球心的距离）小很多，则将细绳质量忽略不计，该单摆可被认为是一根不计质量的细绳系住一个质点。当小球在重力和细绳拉力的作用下在平衡位置附近来回摆动时，其摆动的摆角 θ 满足如下方程：

$$l \frac{\mathrm{d}^2\theta}{\mathrm{d}t^2} = -g\sin\theta \tag{3.1-1}$$

式中，l 为单摆长度，mm；θ 为单摆摆角，(°)；t 为时间，s；g 为重力加速度，m/s^2。式(3.1-1)左侧为小球的加速度，右侧为重力加速度在小球运动路径方向的分量，负号反映了重力的作用总是力图让小球回到平衡位置的特性。

忽略空气阻力、浮力与细绳的伸长量，在摆角 θ 较小时（在 $\pm5°$ 以内），可以认为单摆作简谐振动，则式(3.1-1)可化简为

$$\frac{\mathrm{d}^2\theta}{\mathrm{d}t^2} = -\frac{g}{l}\theta \tag{3.1-2}$$

其振动周期 T 表示为

$$T = 2\pi\sqrt{\frac{l}{g}} \tag{3.1-3}$$

式中，l 为单摆长度，mm，即从点 O 到小球球心的距离；g 为重力加速度，m/s^2。由式(3.1-3)可推导出重力加速度 g 的表达式为

$$g = 4\pi^2 \frac{l}{T^2} \tag{3.1-4}$$

由式(3.1-4)可知，单摆周期 T 只与单摆摆长 l 和重力加速度 g 有关。实验中，测得单摆摆长 l 与摆动周期 T，可根据式(3.1-4)计算出重力加速度 g。另外，已知单摆摆长 l 和重力加速度 g，也可以计算出摆动周期 T，这样数出单摆摆动的周期次数，就可以得到时间，这也是摆钟计时的原理。

2）单摆初始摆角幅度的影响及结果修正

单摆实验要求初始摆角 θ_0 幅度小于 $\pm 5°$，这样摆的运动才能视为简谐运动，使摆动周期 T 仅与单摆长度 l 和重力加速度 g 有关。实际上，摆动周期 T 与初始摆角 θ_0 幅度有关，图 3.1-2 中给出了单摆摆动周期和初始摆角的关系曲线。摆动周期 T 随初始摆角 θ_0 变化的二级近似式如下：

$$T = 2\pi \sqrt{\frac{l}{g}} \left(1 + \frac{1}{4}\sin^2 \frac{\theta_0}{2}\right) \tag{3.1-5}$$

考虑摆角幅度的影响时，摆角幅度达到 $30°$ 时，$\sin^2(\theta_0/2)$ 与 $(\theta_0/2)^2$ 也只是相差 0.01，所以可以用后者替换前者来简化处理，摆动周期 T 的修正公式可改写为

$$T = 2\pi \sqrt{\frac{l}{g}} \left(1 + \frac{\theta_0^2}{16}\right) \tag{3.1-6}$$

式(3.1-6)说明，在初始摆角 θ_0 的幅度不是很大的情况下，摆动周期 T 与摆角幅度的平方呈线性关系，可用作图法来验证其正确性，只要确定截距是否为斜率数值的 16 倍左右即可，然后由截距得到修正后的重力加速度 g。这一处理过程可以这样理解：初始摆角 θ_0 的幅度使摆动周期 T 偏离式(3.1-5)，摆幅越大，偏离越多，当摆幅趋于零时，式(3.1-6)趋于式(3.1-5)，这称为外推法，是实验中常用的处理手段。

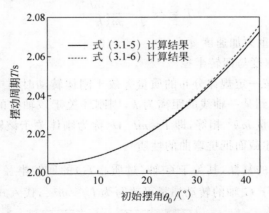

图 3.1-2 摆长 1m 的单摆摆动周期和初始摆角的关系曲线

2. 复摆

复摆是一个刚体（即摆杆）绕固定水平轴在重力作用下作微小摆动的动力运动体系，又称物理摆。如图 3.1-3 所示，复摆的转轴 O 与过刚体质心 G 并垂直于转轴的平面的交点称

为支点或悬挂点。摆动过程中,复摆的摆杆质量不可忽略,复摆受摆杆的重力和转轴的反作用力,这里重力力矩起回复力矩的作用。

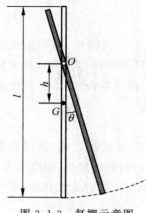

图 3.1-3 复摆示意图
l—复摆长度;G—复摆质心;
h—质心 G 与转轴 O 的距离;
θ—复摆的摆角

1) 复摆的摆动周期

如图 3.1-3 所示,复摆的刚体(即摆杆)绕转轴 O 在竖直平面内作左右摆动。若规定方向向右的转角为正,则刚体所受力矩 M 与角位移 θ 方向相反,刚体所受力矩可表示为

$$M = -mgh\sin\theta \tag{3.1-7}$$

根据转动定律,又有

$$M = I\ddot{\theta} \tag{3.1-8}$$

式中,m 为刚体质量,kg; g 为重力加速度,m/s²; h 为质心 G 到转轴 O 的距离,m;θ 为复摆的摆角,(°);I 为该刚体的转动惯量,kg·m²。联立式(3.1-7)与式(3.1-8)可得

$$\ddot{\theta} = -\omega^2\sin\theta \tag{3.1-9}$$

式中,令 $\omega^2 = mgh/I$。当摆角 θ 很小时(在 ±5° 以内),近似有

$$\ddot{\theta} = -\omega^2\theta \tag{3.1-10}$$

式(3.1-10)说明该复摆在小角度下作简谐振动,其振动周期为

$$T = 2\pi\sqrt{\frac{I}{mgh}} \tag{3.1-11}$$

设 I_G 为复摆关于一个平行于转轴 O 且过复摆质心 G 的转轴的转动惯量,根据平行轴定律可知

$$I = I_G + mh^2 \tag{3.1-12}$$

将其代入式(3.1-11)得

$$T = 2\pi\sqrt{\frac{I_G + mh^2}{mgh}} \tag{3.1-13}$$

利用式(3.1-13)可测量重力加速度 g。

2) 复摆测重力加速度与回转半径

物理上认为,刚体按一定规律分布的质量等效于刚体转动时集中在某一点上的等效质点的质量。若等效质点到某一轴线的距离为 k,则刚体关于该轴线的转动惯量 I 与等效质点关于该轴线的转动惯量 mk^2 相等,即 $I = mk^2$,k 称为刚体关于该轴线的回转半径。它可以用于计算惯性矩(描述截面抵抗弯曲的性质)。

对于密度均匀分布的复摆,其关于 G 轴(过质心 G)的回转半径可写为 $k = \sqrt{I_G/m}$,则式(3.1-12)中的复摆关于 G 轴的转动惯量可改写为 $I_G = mk^2$,代入式(3.1-13),则有

$$T = 2\pi\sqrt{\frac{mk^2 + mh^2}{mgh}} = 2\pi\sqrt{\frac{k^2 + h^2}{gh}} \tag{3.1-14}$$

式中,k 为复摆关于 G 轴的回转半径,mm;h 为质心 G 到转轴 O 的距离,mm;m 为刚体质量,kg;g 为重力加速度,m/s²。

对式(3.1-14)取平方,并改写为

$$T^2 h = \frac{4\pi^2}{g}k^2 + \frac{4\pi^2}{g}h^2 \tag{3.1-15}$$

设 $y = T^2 h$，$x = h^2$，则式(3.1-15)可改写为

$$y = \frac{4\pi^2}{g}k^2 + \frac{4\pi^2}{g}x \tag{3.1-16}$$

测出 n 组 (x,y) 的数值，用作图法或最小二乘法求直线的截距 A 和斜率 B。因截距 $A = \frac{4\pi^2}{g}k^2$，斜率 $B = \frac{4\pi^2}{g}$，则有

$$g = \frac{4\pi^2}{B}, \quad k = \sqrt{\frac{Ag}{4\pi^2}} = \sqrt{\frac{A}{B}} \tag{3.1-17}$$

由式(3.1-17)可求得重力加速度 g 和复摆关于 G 轴的回转半径 k。

3. 双摆与混沌现象

1) 双摆及其运动方程

双摆是将一个单摆连接在另一个单摆的尾部所构成的系统，如图 3.1-4 所示。摆杆质量忽略不计，围绕固定的转轴 O_1 旋转的单摆为内摆，内摆摆杆长度为 l_1，内摆摆球质量为 m_1。连接在内摆末端并围绕内摆上的转轴 O_2 旋转的单摆为外摆，外摆摆杆长度为 l_2，外摆摆球质量为 m_2。内摆与垂直线之间的夹角为摆角 θ_1，外摆与垂直线之间的夹角为摆角 θ_2。双摆有两个摆角，即有两个自由度，是多自由度振动系统的最简单的力学模型之一。双摆的结构非常简单，但其系统行为却异常复杂，不计算摩擦损耗情况下系统能量、动量守恒，而摆的端点轨迹在相空间(又称状态空间)中对系统初始状态敏感，且摆动行为会呈现混沌现象。因此，双摆也是一种混沌现象的实例。

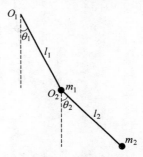

图 3.1-4　双摆装置示意图

经典力学最初的表述形式由牛顿建立，它着重于分析位移、速度、加速度、力等矢量间的关系，又称为矢量力学。拉格朗日引入了广义坐标的概念，又运用达朗贝尔原理，求得与牛顿第二定律等价的拉格朗日方程。利用拉格朗日方程可获得双摆的运动方程组。摆杆质量忽略不计，假设内摆摆球的坐标为 x_1 和 y_1，外摆摆球的坐标为 x_2 和 y_2，那么 x_1、y_1、x_2、y_2 和摆角 θ_1 和 θ_2 之间有如下关系：

$$\begin{cases} x_1 = l_1 \sin\theta_1 \\ y_1 = -l_1 \cos\theta_1 \\ x_2 = l_1 \sin\theta_1 + l_2 \sin\theta_2 \\ y_2 = -l_1 \cos\theta_1 - l_2 \cos\theta_2 \end{cases} \tag{3.1-18}$$

根据拉格朗日量的公式有 $L = T - V$，其中，T 为系统动能，V 为系统势能，则有

$$L = \frac{m_1}{2}(\dot{x}_1^2 + \dot{y}_1^2) + \frac{m_2}{2}(\dot{x}_2^2 + \dot{y}_2^2) - m_1 g y_1 - m_2 g y_2 \tag{3.1-19}$$

其中，左侧两项分别为两个摆球的动能，右侧两项分别为两个摆球的势能。

对于摆角 θ_1 和 θ_2，拉格朗日方程为

$$\frac{\mathrm{d}}{\mathrm{d}t}\frac{\partial L}{\partial \dot{\theta}_1} - \frac{\partial L}{\partial \theta_1} = 0, \quad \frac{\mathrm{d}}{\mathrm{d}t}\frac{\partial L}{\partial \dot{\theta}_2} - \frac{\partial L}{\partial \theta_2} = 0 \tag{3.1-20}$$

联立式(3.1-18)、式(3.1-19)与式(3.1-20)，整理后可获得双摆的运动方程：

$$l_1[(m_1+m_2)l_1\ddot{\theta}_1+m_2l_2\cos(\theta_1-\theta_2)\ddot{\theta}_2+m_2l_2\sin(\theta_1-\theta_2)\dot{\theta}_2^2+(m_1+m_2)g\sin\theta_1]=0$$

$$m_2l_2[l_2\ddot{\theta}_2+l_1\cos(\theta_1-\theta_2)\ddot{\theta}_1-l_1\sin(\theta_1-\theta_2)\dot{\theta}_1^2+g\sin\theta_2]=0 \qquad (3.1\text{-}21)$$

2) 双摆的混沌现象

当双摆的两个初始摆角较小时，如图3.1-5(a)~(c)所示，可认为双摆作简谐振动。当初始摆角增大后，如图3.1-5(d)~(f)所示，双摆的运动轨迹呈现出混沌现象。混沌现象是指发生在确定性系统中的看似随机的不规则运动行为，表现为不确定性、不可重复、不可预测，是非线性系统的固有特性。双摆对于初始条件（两个摆的初始摆角和起动速度）十分敏感，每个摆都会影响另一个摆的运动，因而使整个运动混沌无序，无法预测。简单来说，对于初始情况相差极小的两种情况，在运行过程中，它们的差别会不断变大，直到最后完全看不出相似性。气象学家洛伦兹在1963年研究简化大气对流模型时作出的混沌吸引子的相图图像（被描述为"蝴蝶效应"）就是对这种初始条件敏感性的突出而形象的说明。

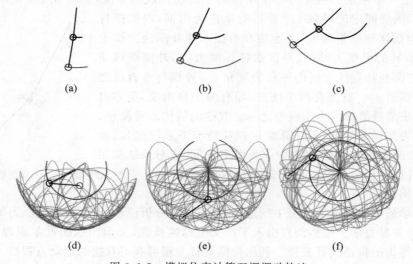

图 3.1-5　模拟仿真计算双摆摆动轨迹

(a) $\theta_1=10°,\theta_2=10°$；(b) $\theta_1=30°,\theta_2=30°$；(c) $\theta_1=60°,\theta_2=60°$；
(d) $\theta_1=80°,\theta_2=80°$；(e) $\theta_1=110°,\theta_2=110°$；(f) $\theta_1=179°,\theta_2=179°$

(内摆与外摆摆长比为1:1，内摆摆球与外摆摆球质量比为1:1，摆球初始速度为零，重力加速度 $g=9.8\text{m/s}^2$。摆杆质量与空气阻力忽略不计)

3) 奇异吸引子

混沌的产生是系统整体稳定性和局部不稳定性共同作用的结果，局部的不稳定性使它具有对初值的敏感性，整体的稳定性则使它在相空间表现出一定的分形结构，这种结构被称为奇异吸引子，又称混沌吸引子。简单来说，当系统发生混沌现象时，相空间分析常出现奇异吸引子。奇异吸引子是混沌运动的主要特征之一，是一个抽象数学概念，还没有发展出完善的理论模型。

奇异吸引子的一个著名例子就是洛伦兹吸引子，它是美国气象学家洛伦兹最早在研究天气预报中的大气对流问题时，根据洛伦兹模型得到的。如图3.1-6所示，洛伦兹吸引子由

"浑然一体"的左右两簇构成,各自围绕一个不动点。当运动轨道在一个簇中由外向内绕到中心附近后,就随机地跳到另一个簇的外缘继续向内绕,然后在达到中心附近后再突然跳回到原来的那一个簇的外缘,如此构成随机性的来回盘旋。由此可知,奇异吸引子具有不同属性的内外两种运动模式:从整体上讲,在奇异吸引

图 3.1.6　洛伦兹吸引子

子外的一切运动都趋向(吸引)到吸引子,即聚集轨迹线,属于"稳定"的方向;从局部上讲,一切到达奇异吸引子内的运动都互相排斥产生不稳定的变化,是轨迹线发散的过程,对应于"不稳定"方向。奇异吸引子常常成对出现,两个奇异吸引子同时对轨迹线的作用,共同构筑了混沌系统一定程度上的有序性。

［实验内容与测量］

1. 用单摆测量重力加速度

1）测量单摆长度 l（图 3.1-7）

（1）调节摆线长度为 80～90cm,并调节单摆线盒、光电探头的水平高度,使摆球的挡光杆在摆动过程中经过光电探头。

（2）观察水准泡,调节支架的水平调节螺钉,将实验仪器的支柱调节至铅直,使摆线与立柱平行。

（3）测量摆线悬点 O（即单摆线盒下表面）与摆球质心之间的距离——单摆长度 l。由于摆球质心位置难找,可用米尺测悬点 O 到摆球最低点（不包含挡光杆）的距离 L,用千分尺测量摆球的直径 d,则单摆长度 $l = L - d/2$。

2）测量单摆摆动周期 T 与计算重力加速度 g

（1）使单摆作小角度摆动。小球的摆幅可通过挡板在水平方向的位置确定。调节挡板的水平位置,使其距立柱的距离 a 小于摆长 l 的 1/12（当小球的振幅小于摆长的 1/12 时,摆角 $\theta < 5°$）。使用游标卡车测量挡板与立柱的距离 a。

（2）从挡板方向平稳放开小球,小球开始自由摆动。

（3）待摆动稳定后,用光电计时器测量摆动周期 T。

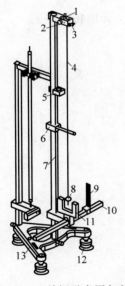

图 3.1-7　单摆示意图与单摆实验仪结构图

1—线盒锁紧螺钉;2—单摆线盒;3—摆线固定螺钉;4—摆线;5—水平泡机构（用于指示立杆垂直度）;6—挡杆（开展单摆周期叠加探究性实验用）;7—立杆;8—摆球;9—挡板;10—水平尺（测量摆角）;11—光电探头 ;12—水平调节机脚;13—三角底座

将光电探头与计时器传感器 I 相连;开机通电后,选择"周期测量"功能后,按"确认"键;接着通过"设置周期数 n:xx",设置测量周期为 xx=30 个;选择"开始测量",按"确认"键准备计时;等小球第一次经过光电门挡光时,计时开始,小球每遮挡光电探头一次,计数加 1,一个周期内共挡光两次,所以在第 61 次挡光时停止计时,显示 30 个周期的总时间 t 和单个平均周期 T。

（4）用式(3.1-4)计算重力加速度。

3）改变单摆摆角 θ 测定摆动周期 T

（1）改变挡板位置,使 θ 分别约为 5°、10°、15°,并从挡板方向平稳放开小球,用计时器测摆动周期 T。

（2）分别用式（3.1-3）与式（3.1-6）计算摆动周期 T，其中，g 取当地标准值，$g_{北京} = 9.801\text{m/s}$。

（3）将理论计算值与实验测量数据进行比较，绘制单摆的摆动周期 T 和摆角 θ 的关系曲线。

2. 用复摆测量重力加速度

（1）复摆装置示意图如图 3.1-8 所示。将光电探头安装至测量复摆周期的位置，使用摆杆固定座固定摆杆，使用米尺测量摆杆上端(不含螺母)至摆杆下端(不含挡光杆)的距离，即摆长 l。

（2）将光电探头与计时器传感器 I 相连；开机通电后，选择"周期测量"功能，按"确认"键；接着通过"设置周期数 n：xx"，设置测量周期为 xx＝30 个；选择"开始测量"，按"确认"键准备计时。

（3）将摆杆固定于悬挂点 O。共测量 7 个悬挂点，依次使摆杆质心 G 距离悬挂点 O 的距离 h 为 60mm、80mm、100mm、120mm、140mm、160mm、180mm。

（4）使摆杆转动微小的摆角 θ（摆角 $\theta < 5°$）。平稳放开细杆，细杆开始自由摆动，并使用光电计时器测量摆动周期 T。重复测量 2 次摆动周期 T。

（5）根据实验数据，用作图法或最小二乘法，求得重力加速度 g 和回转半径 k。

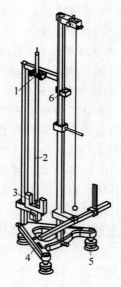

图 3.1-8　复摆装置示意图

1—摆杆固定座；2—摆杆；3—光电探头；4—三角底座；5—水平调节机脚；6—水准泡

3. 观测双摆的混沌运动

（1）双摆装置示意图如图 3.1-9 所示。取下单摆线盒锁紧螺钉的摆线固定螺钉。

（2）将背景刻度板安装在单摆线盒上，将双摆通过其固定螺钉固定在单摆线盒上。

（3）转动双摆的摆球，观察双摆的摆动。

（4）改变双摆两个摆角的初始角度，使 $\theta_1 = \theta_2 = 30°$、$60°$、$90°$、$150°$、$180°$，使用相机或手机拍摄双摆摆球的运动轨迹。使用 Tracker 软件分析摆球的位移与速度矢量，绘制不同摆角条件下摆球的运动轨迹图，分析初始摆角对双摆形成混沌现象的影响。

（5）分别使 $\theta_1 = \theta_2 = 179°$、$180°$ 与 $181°$，观察双摆摆球的运动并使用相机或手机拍摄记录，使用 Tracker 软件分析双摆摆球运动轨迹，讨论混沌现象对初始条件的敏感性。

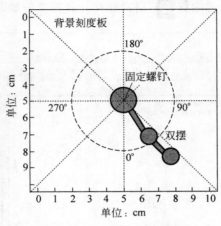

图 3.1-9 双摆装置示意图

[注意事项]

（1）注意小摆角的实验条件，控制摆角 $\theta < 5°$。

（2）注意使小球始终在同一个竖立平面内摆动，防止形成"锥摆"。

（3）注意调整摆长或转轴高度，使摆锤末端的挡光杆在摆动过程中可以遮挡光电探头的光路。

[讨论]

（1）在单摆测重力加速度的实验中，为什么单摆的摆长越长越好？

（2）讨论单摆测重力加速度的实验中空气阻力对单摆周期的影响。

（3）讨论复摆测重力加速度的实验中复摆摆杆的实际长度对复摆周期及重力加速度的影响。

（4）讨论双摆实验中双摆摆角的初始角度对双摆运动状况的影响。若内摆与外摆的初始摆角不相等，双摆在什么条件下会发生混沌现象？

[结论]

通过对实验现象与实验结果的分析，你能得到什么结论？

[思考题]

（1）复摆测量重力加速度的实验方案有多种，试举例一二，哪种测量方法更准确？为什么？

（2）当系统发生混沌现象时,相空间分析常出现奇异吸引子。双摆是混沌摆的一种,初始摆角较大时双摆的运动轨迹表现出了混沌现象,在双摆的相空间中是否能观察到奇异吸引子?

［附录］ 使用 Tracker 软件分析摆球运动轨迹

（1）双击 Tracker 软件的图标 ，启动软件。软件界面如图 3.1-10 所示。

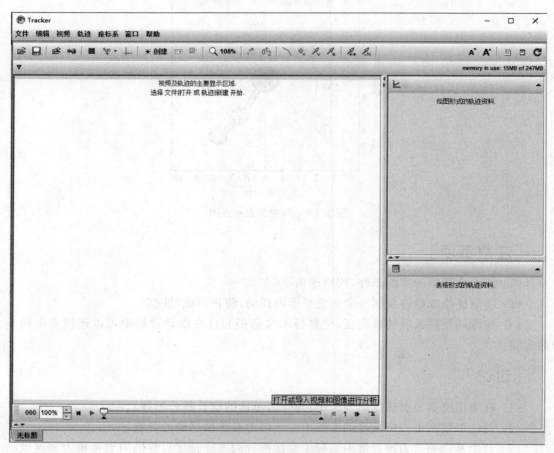

图 3.1-10　Tracker 软件界面截图

（2）选择"文件"菜单中的"打开"命令,或单击"打开"命令图标 ,在弹出的 Open 对话框中选择待处理的视频文件,然后单击"打开"按钮(图 3.1-11)。

（3）设置坐标轴。单击"坐标轴"图标 ,视频影像中显示坐标轴。选中坐标轴,单击并拖动原点或输入原点的像素坐标(x,y),可调整原点位置,单击并拖动坐标轴(或设置水平方向夹角)可旋转坐标轴(图 3.1-12)。

（4）对图像进行定标。设置物体实际尺寸与图像像素的比例关系。单击"定标"图标 ,选择"定标尺",视频影像中显示定标尺。分别选中并拖动定标尺的两端,调整定标尺在图中显示的像素长度(单位:pixel)。在定标尺工具栏中设置定标尺的实际长度(单位:m)。例如,定标尺的像素长度为 100pixel,设置实际长度为 1.00m,则图中物体实际尺寸与图片

图 3.1-11　选择待处理视频文件

图 3.1-12　设置坐标轴

像素的比例为 0.0100m/pixel（图 3.1-13）。

（5）根据需要，适当截取视频时长。在界面下方的时间进度条上右击，弹出快捷菜单，选择"视频剪辑设定"命令，在弹出的子菜单中设置"起始帧"与"结束帧"的数值。设置起始

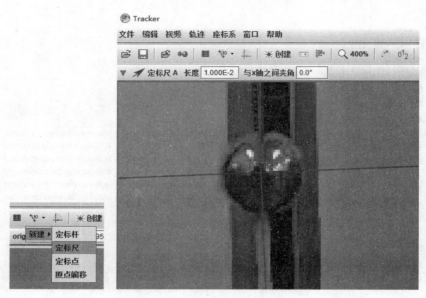

图 3.1-13　对图像进行定标

帧对应的时间，即起始时间为 0.000s。帧率与帧时间间隔默认为原始视频的参数，可改变其数值进行调整(图 3.1-14)。

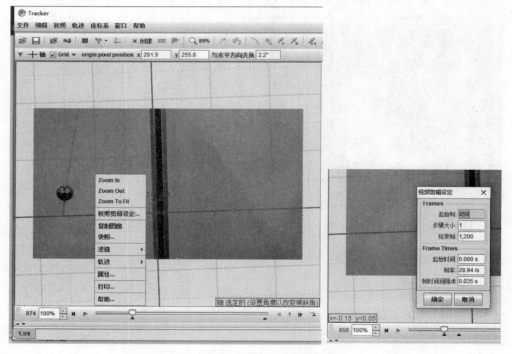

图 3.1-14　适当截取视频时长

（6）选择并识别待分析的物体。在"起始帧"处，单击图标 ，选择创建"质点"，系统自动弹出"轨迹控制"窗口。单击"轨迹控制"窗口的"质点 A"，可设置质点 A 的质量(单位：kg)(图 3.1-15)。

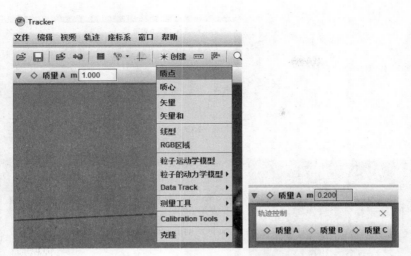

图 3.1-15　选择并识别分析的物体

右击"轨迹控制"窗口中的"质点 A",在弹出的快捷菜单中选择"自动追踪"命令,系统自动弹出 Tracker 对话框(图 3.1-16)。

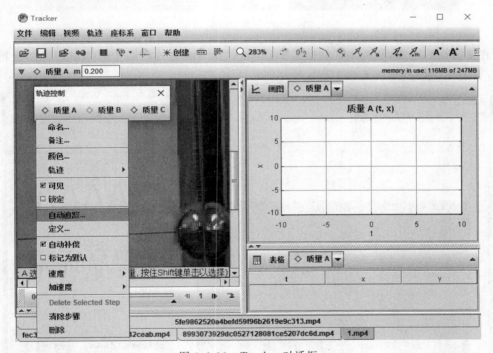

图 3.1-16　Tracker 对话框

然后,同时按下 Ctrl+Shift 键,鼠标指针会变成一个圆圈。选中要识别的物体,可调整选取区域的大小,注意应包括要识别物体的边界。当前选取区域内的物体将在 Tracker 对话框中被设置为模板,用于与其他帧数的图像对比并识别物体(图 3.1-17)。

(7) 单击"搜索"按钮,软件从开始时间逐帧识别物体并读取坐标信息。数据结果,包括时间 t(单位:s)、x 轴坐标(单位:m)、y 轴坐标(单位:m),将同步显示在画图与表格区域。

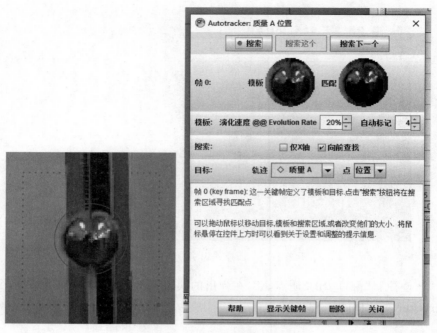

图 3.1-17　选中识别物体

选中表格数据后右击，从弹出的快捷菜单中选择"复制选定的数据"→"如格式"或"全精度"命令，将数据结果粘贴至 Excel 等数据处理软件中（图 3.1-18）。

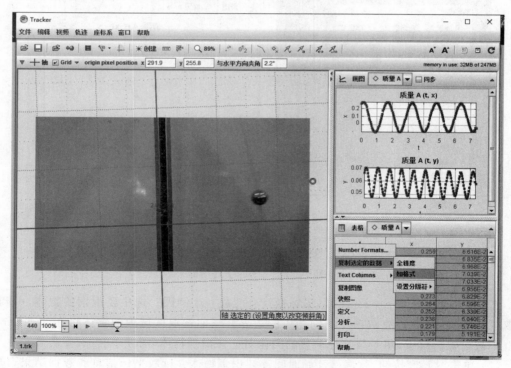

图 3.1-18　读取坐标信息

（8）保存工况。单击图标 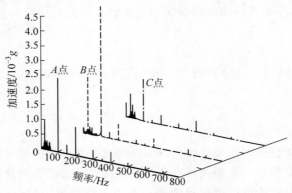,保存当前的工况文件（含设置参数与数据结果等）。

[参考文献]

[1] 薛德胜,周钊,高美珍.单摆近似周期的新形式及构造分析[J].大学物理,2010,29(8)：25-28.

[2] 毛瑞全,刘翠红,郑卿.复摆方程的一种求解方法[J].物理实验,2008,28(3)：45-46.

[3] 陈贤隆,林祥龙.复摆的空气阻尼修正[J].大学物理,1991,10(12)：24-25＋35.

[4] 詹姆斯·格莱克.混沌：开创新科学[M].上海：上海译文出版社,1990.

[5] HYRY S.用 Python 做科学计算[M/OL].(2010-01-15)[2021-07-20]. https://docs. huihoo. com/scipy/scipy-zh-cn/double_pendulum. html.

[6] 江锦,李浩.平面双摆振动特性研究[J].中国造船,2010,51(A02)：66-72.

[7] LORENZ N. Deterministic Nonperiodic Flow[J]. Journal of the Atmospheric Sciences,1962,20(2)：130-141.

[8] 杭州大华仪器制造有限公司.DH4605MRL 单摆与复摆一体仪使用说明书[Z].2018.

实验 3.2　弹簧振子运动规律的实验研究

[引言]

物体在一定位置（平衡位置）附近作来回往复的运动称为机械振动。振动是自然界中最普遍的一种运动形式,例如心脏的跳动、小提琴弦的颤动、地震、微风中树梢的摆动、摆的运动、气缸中活塞的运动等。这种运动的共同特征是在时间、空间上具有周期性。机械振动按振动规律的不同可分为简谐振动、非简谐振动、随机振动等。物体运动时,如果离开平衡位置的位移（或角位移）按余弦（或正弦）规律随时间变化,这种运动就称为简谐振动。简谐振动是最简单、最基本的振动,许多实际的小振幅振动可以近似看成简谐振动,任何复杂的振动都可以分解为一些简谐振动的叠加。图 3.2-1 所示为对一台 200kV·A 变压器绕组不同位置振动信号做傅里叶变换得到的频谱图,可以看到振动信号频率主要集中在 100Hz,在 200Hz 处有占比较小的振动信号存在,存在小于 100Hz 的振动信号。正常运行的变压器绕组振动信号为电网频率的 2 倍,即 100Hz,小于 100Hz 的振动信号主要来源于变压器中冷却设备的运行。变压器是电网的关键设备,监测振动信号的变化可以为变压器故障诊断提供参考。有关振动的研究和应用在今天仍然随处可见。高铁是我们国家强势崛起的一张靓

图 3.2-1　200kV·A 变压器顶部不同位置振动信号频谱图

丽名片,是中国速度的代表。高速列车和线路的安全性至关重要,振动在这里也可以被利用起来,例如通过钢轨模态振动研究高铁车辆车轮高阶多边形磨耗的形成机理与演化规律,通过车辆振动响应监测判断轨道损伤等。从复杂的转子碰摩振动信号中合理提取并识别故障特征信息进行航空发动机转子碰摩故障诊断,研究船舶电力推动系统永磁同步电机振动噪声特征,为消噪和故障诊断提供依据等是振动研究在航空及航海领域的应用例子。

　　振动也是微观分子、原子的基本运动形式,例如分子中的原子的振动、晶体中原子的振动。图 3.2-2(a)所示为一个三原子分子模型示意图,图 3.2-2(b)所示为晶体中的原子模型示意图,原子可以在其平衡位置附近振动,它们之间就好像通过弹簧连接起来一样(本质上原子间的作用力是电作用力)。由于原子所进行的振动都是振幅非常小的微振动,因此可视为简谐振动。在热学当中,研究振动自由度对热容的贡献时,就利用了简谐运动平均动能与平均势能相等的关系,给出了一个振动自由度对热容的贡献。所以,对于简谐振动运动规律和能量变化的研究和理解,无论在宏观上还是微观上都是非常重要的。

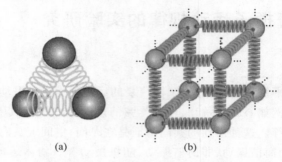

图 3.2-2　分子、原子相互作用示意图
(a) 三原子分子模型;(b) 晶体中的原子模型

本实验将通过对弹簧振子运动的实验观测与研究,获得对简谐振动的深入了解。

[实验目的]

　　(1) 通过本实验项目,学习和体验如何设计实验方案,用实验的方法研究物理现象。

　　(2) 获得弹簧振子运动规律和能量转换规律,加深对简谐振动运动规律和能量变化规律的理解。

　　(3) 学习作图法,正确地作出实验曲线和对实验数据进行回归。

[实验仪器]

　　秒表,钩码(20g)(1 个),砝码(每个 20g)(5 个),支架和镜尺,劲度系数不同的弹簧(4 个)等。

[预习提示]

　　(1) 本实验的具体任务是用实验研究的方法研究弹簧振子的运动行为及规律。

　　(2) 实验的观测对象由一个弹簧和一个与其连接在一起的小物体组成。当弹簧质量比小物体质量小很多,小物体可以近似视为质点并可忽略摩擦力时,这个体系就叫作弹簧振子,小物体即是振子。弹簧振子是一种理想化模型,忽略了摩擦力和弹簧质量,这种忽略次要因素、抓住主要因素的方法，即理想化的科学方法，在物理学中经常用到。

弹簧振子的周期性运动是简谐运动吗？如何确定是还是不是？

（3）什么是控制变量法？振动周期与弹簧劲度系数 k、振子质量 m 都有关系，思考如何设计实验方案找出这些物理量之间的相互影响关系。

（4）如何计算弹簧振子的势能、动能和机械能？

［实验原理］

1. 弹簧劲度系数 k 的测量

在弹性限度内，弹簧的伸长量 x 与所受的拉力 F 成正比，即

$$F = kx \tag{3.2-1}$$

这就是胡克定律，比例系数 k 就是弹簧的劲度系数，它与材料的性质及形状有关。

根据胡克定律，测量出弹簧的伸长量 x 及对应的弹簧所受拉力 F，就可以通过式(3.2-1)计算得到弹簧的劲度系数。

本实验装置如图 3.2-3 所示，用砝码作为振子，取弹簧振子上的某一点（不能取砝码的上表面，为什么？）作为标识弹簧长度的指针 P。设弹簧未悬挂砝码 m 时，其指针 P 位于 O' 处。挂上 m 后，弹簧伸长，假设指针静止于 O 点，这一点就是平衡点，此时作用于砝码 m 上的弹性力与重力平衡，即 $kx_0 = mg$，由此可求出 k 值。为了提高测量的准确度，可以测出弹簧在一系列不同拉力作用下的伸长量，通过适当的数据处理（如用作图法求直线斜率或直线拟合方法），获得其劲度系数。

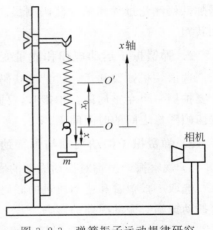

图 3.2-3　弹簧振子运动规律研究
实验装置示意图

2. 弹簧振子运动规律和能量变化规律的研究

取如图 3.2-3 所示的 Ox 坐标系，并取 O 点为弹性势能和重力势能的零点，测量振子在一个周期内不同时刻的位置，该位置就是振子偏离平衡位置的位移。对这些实验数据进行处理，就可以得到振子位移与时间的关系，即振子运动方程。对于简谐振动，振子的位移随时间是呈余弦（或正弦）变化的，由此我们可以确认弹簧振子的振动是否为简谐振动。

基于振子位移与时间的实验数据，我们还可以计算得到一个周期内不同时刻不同位移时振子的速度和加速度，进而获得振子在一个周期内受力随时间的变化规律，动能、势能和机械能随时间的变化规律，动能和势能的相互转化以及一个周期内振子的平均动能、平均势能等，使我们获得对简谐振动的深刻理解。

3. 弹簧振子振动周期与弹簧劲度系数和振子质量的关系

弹簧振子的运动是周期运动，可以通过实验测量振动周期。振子质量和弹簧劲度系数都会影响振动周期，如何通过实验观测研究它们之间的关系？物理学中对于多因素（多变量）的问题，常常采用控制因素（变量）的方法，把多因素的问题变成多个单因素的问题，只改变其中的某一个因素，从而研究这个因素对事物的影响，各个因素分别加以研究，最后再综

合分析，获得这些物理量之间的相互影响规律，这种方法叫作控制变量法。控制变量法是科学探究中的重要思想方法，广泛地运用在各种科学探索和科学实验研究之中。在振动周期与弹簧劲度系数和振子质量的关系研究中，观测方法是使某一个因素如弹簧劲度系数 k 固定不变，令另一个因素振子质量 m 依次变化，从而找出振动周期 T 随 m 的变化关系。然后使 m 固定不变，改变 k，观察 T 随 k 的变化规律。最后，综合分析实验数据，找出振动周期与振子质量和弹簧劲度系数之间关系的经验公式。

［实验内容与测量］

1. 测量弹簧劲度系数 k

将所用弹簧由粗到细依次编号，分别为 1# 弹簧、2# 弹簧、3# 弹簧和 4# 弹簧，选取如图 3.2-3 所示的坐标系，逐次测量指针位置。实验中使用镜尺测量指针的位置，为了消除视差，测量时应使眼、指针和指针在镜内的像三者在一条直线上，即指针与其像重合时读数。读数时应估读到最小分度的 1/10 左右。测出施加不同砝码时对应的指针位置 x。（可设计增加砝码测量过程和减少砝码测量过程，在增加（或减少）砝码测量过程中，可不可以中途倒转？）

2. 弹簧振子运动规律和能量变化规律研究实验

选取一根弹簧和适当质量的砝码，利用手机的高速拍摄功能拍摄弹簧振子振动过程，至少要拍摄一个完整周期。拍摄时，要同时拍摄秒表的时间示数，以便后期图像数据处理时确定两帧图像之间的时间间隔。

3. 弹簧振子振动周期与弹簧劲度系数和振子质量关系实验

1）观察振动振幅对振动周期的影响

选取一根弹簧和适当质量的砝码，测量不同振幅下弹簧振子振动 50 个周期的时间，观察振动振幅对振动周期的影响。

2）测量不同质量的砝码挂在同一弹簧下时的振动周期

为了寻求周期 T 和质量 m 及劲度系数 k 之间的关系，可以先固定一个因素不变，找出周期与另外一个因素之间的关系，然后再研究周期与其他因素的关系。我们先使弹簧的劲度系数固定不变，即采用同一个弹簧。一般说来，为了研究某一个因素的影响，这个因素应取不少于 3～5 个不同的值。为此，同学们应考虑选取多少个不同的质量进行实验。

3）测量相同质量的砝码挂在不同弹簧下时的振动周期

使砝码质量 m 固定不变，改变弹簧的劲度系数，即使用不同的弹簧，测出弹簧在悬挂相同质量时的振动周期。本实验提供了粗细不同的 4 个弹簧。

［数据处理与分析］

注意：在开始作图之前，先复习 2.7.2 节"作图法"和 2.8 节"实验数据的直线拟合"。

1. 求弹簧劲度系数 k

（1）用作图法求 k 值。用一张 8 开坐标纸，以砝码质量 $m(g)$ 为纵坐标，以弹簧的指针位置 $x(cm)$ 为横坐标，根据实验数据，在坐标纸上标出各实验数据点，作直线，每条直线上要标明弹簧的编号。

由式(3.2-1)可知,k 是 mg 关于位移 x 的直线的斜率,可从直线上求得 k 值。方法是在直线上靠近两端各取一点(注意应是直线上的两点而不是原始数据的实验点),将其坐标值 (x, mg) 标注在点旁,则

$$k = \frac{\Delta m}{\Delta x} \cdot g = \frac{|m_A - m_B|}{|x_A - x_B|} \cdot g \, (\mathrm{N/m}) \qquad (3.2\text{-}2)$$

k 值要用有效数字正确表示。

(2)用实验数据直线拟合求 k 值。以砝码质量 m(g)为纵坐标,以弹簧的指针位置 x(cm)为横坐标,用坐标纸作图,并计算直线斜率,进而计算劲度系数 k。

2. 弹簧振子运动规律和能量变化规律的研究

对实验获得的弹簧振子振动过程视频进行图像分析,可用 Tracker 软件获得振子位移与时间的实验数据,通过数据拟合获得振子运动方程。Tracker 软件的使用参见实验 3.1 的附录。

基于振子位移与时间关系的实验数据或振子运动方程,得到一个周期内不同时刻振子的速度、加速度、振子受力以及动能、势能和机械能,绘制曲线,计算一个周期内振子的平均动能、平均势能,为后续的综合分析做好数据方面的准备。

3. 弹簧振子振动周期与弹簧劲度系数和振子质量的关系

首先由实验测得的弹簧振子振动 50 个周期的时间计算振动周期 T,注意思考周期 T 的有效位数如何确定。为了分析周期 T 与振子质量 m 和劲度系数 k 之间的关系,分别画出周期 T 与振子质量 m 的关系曲线,周期 T 和劲度系数 k 的关系曲线。可以发现,这些关系曲线不是直线,所以不容易直观地看出周期 T 与振子质量 m、周期 T 和劲度系数 k 之间的关系。在科学研究中,为了寻找实验规律或物理量之间的关系,常常将曲线直线化。这里为了减轻同学们的负担,对于本实验的具体情况,提示:①用周期 T 与振子质量的平方根 $\sqrt{m}$ 来作图;②用周期 T 与 $1/\sqrt{k}$ 来作图;③进行数据拟合,获得 T 与 m 以及 T 与 k 之间的经验关系式。

[讨论]

(1)基于"数据处理与分析"第 2 部分的数据,分析讨论弹簧振子的运动规律和能量变化规律。

(2)基于"数据处理与分析"第 3 部分的数据,综合分析弹簧振子振动周期 T 与弹簧劲度系数 k 和振子质量 m 的关系,并与相关理论研究结果进行对比讨论。

(3)讨论其他自己感兴趣的问题。

[结论]

写出通过本实验的研究,你得到的主要结论。

[研究性题目]

(1)在实验过程中,常常发现弹簧振子振动时会偏离垂直方向摆动。试设计实验方案,

研究这种情况下弹簧振子的运动。

(2) 设计实验方案,研究弹簧质量对弹簧振子振动周期的影响。

[思考题]

(1) 在测量弹簧劲度系数 k 时,加砝码前,平衡位置可以和镜尺的"0"点对齐,也可以任意选取,都不影响用作图法求 k 值,为什么?

(2) 用作图法求 k 值时,能否在直线上只取一个点?什么情况下可以?什么情况下不可以?

(3) 根据实验数据计算周期时,周期的有效位数应如何选取?

[参考文献]

[1] YOUNG H D,FREEDMAN R A,FORD A L. 西尔斯当代大学物理(上)[M]. 吴平,刘丽华,译. 13 版. 北京:机械工业出版社,2020.

[2] 张师平,闫丹,杨金光,等. 高速相机在弹簧振子实验中的应用[J]. 物理与工程,2014,增刊:131-133.

[3] 吴平. 大学物理实验教程[M]. 2 版. 北京:机械工业出版社,2015.

[4] 李琪菡,雷勇,闫志强,等. 基于快速傅里叶分析法的油浸式变压器绕组振动特性分析[J]. 科学技术与工程,2017,17(28):211-218.

[5] 李大地. 基于钢轨模态振动的车轮多边形机理研究[D]. 成都:西南交通大学,2017.

[6] 宋纾崎. 基于车辆响应的轨道病害辨识研究[D]. 成都:西南交通大学,2018.

[7] 刘洋. 基于傅里叶分解算法的航空发动机转子碰摩故障诊断研究[D]. 南昌:南昌航空大学,2018.

[8] 耿文杰. 船舶电力推动系统永磁同步电机振动噪声分析和试验验证[D]. 哈尔滨:哈尔滨工程大学,2017.

实验 3.3　用拉伸法测材料的弹性模量

[引言]

弹性模量是工程材料的一个重要物理参数。从宏观角度来说,它表征了材料抵抗弹性形变的能力,弹性模量越大,材料越不易变形,材料的刚度越大。在进行机械设计及材料的使用时,它是一个必须考虑的重要参量。从微观角度来说,弹性模量反映了原子、离子或分子之间的键合强度,在材料的研究中,常常关注这个重要的物理特性。例如,镍-钛合金具有伪弹性,在变形过程中可以发生应力诱发马氏体相变以及马氏体的逆相变,使其弹性变形范围扩大。在扩大的弹性变形阶段,弹性模量将会随应变发生变化,呈现非线性弹性变形现象。可以通过弹性模量对这种非线性弹性行为进行研究。图 3.3-1 所示为两次重复拉伸的矫牙用镍-钛合金丝室温应力-应变曲线,第一次拉伸的弹性模量为 22.5GPa,第二次拉伸的弹性模量为 18.2GPa。为了弄清这种现象产生的原因,采用光杠杆法对试样的弹性变形过程进行了测试,测试时试样在每个载荷下保持一定时间,保证样品中相变能够充分进行,测量结果如图 3.3-2 所示。从图 3.3-2 中可以看到,由于加载速度缓慢,在应变不足 0.005 时曲线已经发生弯曲。因此,在应变小于 0.005 时的弹性模量可以认为是母相的弹性模量,此值为 24.0GPa。此外,还得到马氏体相时的弹性模量为 11.6GPa。将这些结果与图 3.3-2 的测量结果对比,可以推测,第二次拉伸弹性模量降低的原因可能与第二次变形时母相中含有一定量的应力诱发马氏体相有关。

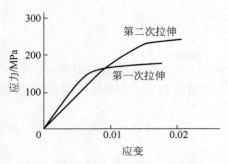

图 3.3-1 矫牙用镍-钛合金丝室温
应力-应变曲线

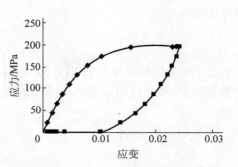

图 3.3-2 用光杠杆法测定的矫牙用镍-钛合
金丝应力-应变曲线

材料弹性模量有多种测量方法,如静态拉伸法、动态共振法、梁弯曲法以及超声波测量法等。其中,静态拉伸法又可分为光学测量和电学测量两大类;动态共振法可分为普通共振法、负载动态法、激光双光栅法等几类;梁弯曲法可分为激光光杠杆放大测量法、单缝衍射法、霍尔传感器测量法及光纤布拉格传感器法等。

静态拉伸法是一种测量准确度较高的方法,本实验将采用这种方法测量钢丝的弹性模量。

[实验目的]

(1) 学习用拉伸法测量材料的弹性模量。

(2) 了解一种光杠杆的结构及利用其测量微小长度变化的原理,掌握其使用方法。

(3) 掌握各种测量长度量具的正确使用方法及仪器误差。

(4) 学习用逐差法处理实验数据。

(5) 学习直接测量量和间接测量量不确定度的计算,学习正确地表示测量结果。

[实验仪器及样品]

弹性模量仪(包括实验架、望远镜、数字拉力计等),千分尺(25mm,0.01mm),游标卡尺(13cm,0.02mm),钢卷尺(3m,1mm),钢丝。

[预习提示]

(1) 了解用光杠杆测出微小长度变化量的原理和方法。

(2) 了解用拉伸法测量材料弹性模量的原理、方法、实验过程与步骤。

(3) 了解游标卡尺、千分尺等测量长度量具的原理和使用方法。

[实验原理]

1. 测量原理

物体受力时发生形变,当外力撤去后能恢复原状的物体就是弹性体,相应的形变称为弹性形变。实验结果表明,在弹性限度内,应力和应变成正比,这就是胡克定律。

对于长度为 L 的细长物体,其均匀截面积为 A,沿长度方向受拉力 F 时伸长 ΔL,根据

胡克定律得

$$\frac{F}{A} = E\frac{\Delta L}{L} \tag{3.3-1}$$

式中，F/A 为作用在单位面积上的力，称为应力；$\Delta L/L$ 为单位长度上的形变，称为应变；比例系数 E 称为材料的弹性模量，单位是 N/m^2。对钢材而言，拉伸和压缩时弹性模量相同。

由式(3.3-1)可得

$$E = \frac{F/A}{\Delta L/L} \tag{3.3-2}$$

若施加的拉力 $F = mg$（g 为重力加速度），对于直径为 d 的钢丝，其弹性模量可写成

$$E = \frac{F/A}{\Delta L/L} = \frac{mg\left/\left(\frac{1}{4}\pi d^2\right)\right.}{\Delta L/L} = \frac{4mgL}{\pi d^2 \Delta L} \tag{3.3-3}$$

本实验用拉伸法测量钢丝弹性模量时，使用拉力计(参见附录1)施加拉力。式(3.3-3)中的 F 可由施加在钢丝上的数字拉力计显示的质量 m 求出，即 $F = mg$（注：为了保持文字描述与实验中拉力计的显示一致，在不引起理解分歧的情况下，后文将直接使用"拉力 m"的说法），L 可用米尺量出，钢丝直径 d 可用千分尺测出。钢丝伸长量 ΔL 数值很小，一般在十分之几毫米量级，用一般量具不易测出，本实验将采用光杠杆方法(一种光放大法)来测量。

2. 用光杠杆方法测量钢丝伸长量 ΔL 的原理

拉伸法测量弹性模量实验装置如图 3.3-3 所示。A 形底座上装有两根立柱，立柱的顶部装有横梁，紧贴横梁中心上方是一个夹头，用来夹紧钢丝的上端，称此夹头为上夹头。在横梁上还固定有一托盘，用于承托 LED 灯箱及标尺。在立柱的中部有一个平台，用来承托光杠杆。平台上有一个方形孔，孔中有方形的夹头，用来夹紧钢丝的下端，称这个夹头为下夹头。光杠杆动足尖自由地放置在下夹头的平滑表面上，可随下夹头上下微小移动。下夹头下面与 S 形拉力传感器的上端相连。拉力传感器的下方有一固定横板，一螺栓穿过横板中心的孔与拉力传感器下端相连，螺栓另一端在固定横板下方套有螺母。通过旋转该螺母，使拉力传感器受到来自螺栓的向下的拉力，该拉力等于钢丝受到的拉力 F，其等效的质量 $m = F/g$ 通过数字拉力计显示出来，可直接读取。

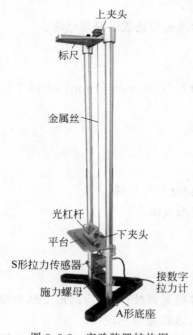

图 3.3-3 实验装置结构图

光杠杆由平面镜、平面镜转轴支座和与平面镜固连的动足组成，本实验采用的光杠杆如图 3.3-4 所示。平面镜可绕水平中心转轴转动。光杠杆放大原理：将光杠杆和望远镜按图 3.3-5 放置好，按实验仪器调节步骤调好全部装置后，就可以在望远镜中看到经由光杠杆平面镜反射的标尺刻度的像。设开始时，光杠杆的平面镜法线与水平方向成某一夹角(约 45°)，在望远镜中看到标尺刻度 x_1 的像。当钢丝受力后，产生微小伸长 ΔL，光杠杆动足

尖便随着下夹头上表面一起下降,从而带动光杠杆平面镜转动角度 θ,由光的反射定律——入射角等于反射角——可知,在出射光线(即进入望远镜的光线)不变的情况下,入射光线转动了 2θ,在标尺上对应刻度为 x_2,这样,从 x_2 处发出的光经光杠杆平面镜反射后进入望远镜就会被观察到。

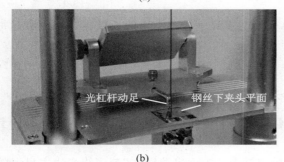

图 3.3-4　光杠杆
(a) 光杠杆正面；(b) 光杠杆背面

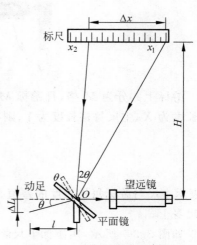

图 3.3-5　光杠杆放大原理图

用 l 表示光杠杆前后支脚间垂直距离。由于 $l \gg \Delta L$,所以 θ 和 2θ 很小。由图 3.3-5 所示的几何关系可以看出

$$Ox_2 \approx H, \quad \Delta L \approx l\theta, \quad \Delta x \approx H \cdot 2\theta \tag{3.3-4}$$

故有

$$\Delta x = \frac{2H}{l} \cdot \Delta L \tag{3.3-5}$$

式中, $2H/l$ 称作光杠杆的放大倍数； H 为平面镜转轴到标尺的垂直距离。在本实验装置中 $H \gg l$,这样就将微小量 ΔL 放大成较大的容易测量的 Δx。根据待测微小量的具体情况,光杠杆也可以采用其他光路结构,其放大关系式也需要依据具体光路导出。

将式(3.3-5)代入式(3.3-3),得

$$E = \frac{8mgLH}{\pi d^2 l} \cdot \frac{1}{\Delta x} \tag{3.3-6}$$

这样,通过测量式(3.3-6)等号右边的各参量即可得到被测钢丝的弹性模量。

3. 游标卡尺与千分尺的原理及使用方法

卡尺、千分尺(螺旋测微计)是最基本的长度测量仪器。实际应用中,常用量程和分度值来描述这些仪器的规格。根据这些仪器的原理扩展而制作的角游标尺、读数显微镜等仪器

在其他物理量的测量中也被广泛使用。

1) 游标卡尺

游标卡尺(简称卡尺)是一种利用游标原理制成的测量长度的量具,它由米尺(主尺)和附加在米尺上并能沿着米尺滑动的游标构成。游标卡尺有 0.1mm(10 分度游标)、0.05mm(20 分度游标)、0.02mm(50 分度游标)等几种规格。

游标卡尺如图 3.3-6 所示,外量爪(刀口向内)用于测量物体长度或外径,内量爪(刀口向外)用于测量内径,尾部的深度尺用于测量孔深。

图 3.3-6　游标卡尺

游标上共分为 M 格,且游标 M 格的总长度与主尺上 $M-1$ 格的长度相等。设游标每格长度为 X,主尺每格长度为 Y,则有

$$MX = (M-1)Y \tag{3.3-7}$$

$$\delta = Y - X = \frac{Y}{M} \tag{3.3-8}$$

δ 表示主尺与游标每格长度的差值,这个值就是游标卡尺的最小分度值,常常标记在游标卡尺尺身上。

如图 3.3-7 所示,用游标卡尺测量长度的方法是:先读出游标"0"刻度线左边主尺上的整毫米读数,然后读出游标与主尺重合的那条刻度线的读数,此读数为物体长度的小数部分,主尺上的读数与游标上的读数相加即为待测长度。按这样的读数方法,图中所示测量值为 $(18+0.62)\text{mm}=18.62\text{mm}$。游标上标出的刻度值是格数$\times\delta$ 的数值,所以我们从游标上读出的读数实际上是游标与主尺重合的那条刻度线的格数乘以 δ,这个长度正是物体长度不足整毫米部分的长度。

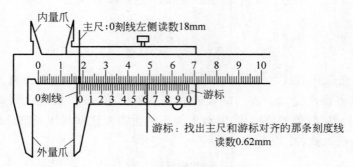

图 3.3-7　游标卡尺读数示意图

注意,测量前应检查游标的"0"刻度线与主尺的"0"刻度线是否重合,不重合时,先读出初读数 L_1,然后对末读数 L_2 进行修正,测量值 $L=L_2-L_1$。

用游标卡尺读数时,判断游标的哪条刻度线与主尺某条刻度线重合时最多可有一小格的不同,因而其示值误差不超过一小格,即最小分度。因此,游标卡尺的仪器误差取其最小分度值。

应用游标可以提高测量精度。除了测量长度，测量角度时也可采用游标装置（弯游标），读数原理是一样的。

2）千分尺（螺旋测微计）

千分尺是根据螺旋测微原理制成的更精密的测量长度的工具，如图 3.3-8 所示。螺旋测微原理的依据就是，微分筒旋转一周时，测微螺杆沿轴向移动一个螺距 t，若微分筒转动 $1/n$ 周，则螺杆移动一个螺距的 $1/n$。将微分筒周长等分成 n 格，当微分筒旋转一小格时，测微螺杆移动的距离为 t/n，这就是千分尺的最小分度。实验室常用的千分尺的量程为 25mm，主尺上有两套毫米刻度线，两套毫米刻度线相距 0.5mm。螺距为 0.5mm，将微

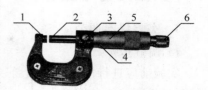

图 3.3-8　千分尺结构

1—测砧测量面；2—测微螺杆测量面；3—调校手轮；4—主尺；5—副尺（微分筒）；6—棘轮

分筒分为 50 格，则最小分度为 0.5mm/50＝0.01mm。也有的螺旋测微计主尺为毫米刻度线，螺距为 1mm，将微分筒分为 100 格，则最小分度仍为 0.01mm。1 级螺旋测微计的示值误差为 ±0.004mm。

千分尺的尾部设有控制力度的装置——棘轮，它是靠摩擦带动微分筒的。当测砧和测微螺杆的两个测量面（或两测量面同时与物体）接触时，微分筒无法前进，顺时针转动棘轮时，它会自动打滑，既防止两测量面将被测物夹得过紧损坏测微计的精密螺纹，也防止夹得过紧或过松给测量结果带来较大误差。测量时先转动微分筒，使测微螺杆沿轴向移动，当两测量面（或两测量面同时与物体）快要接触时，改为转动棘轮，听到"嗒嗒"的声音时，表明测砧和测微螺杆的两个测量面已接触或已与待测物接触，即可开始读数。

如图 3.3-9 所示，用千分尺读数时，先以微分筒边缘为标记读出主尺上的读数，然后以固定套筒中心线为标记读出微分筒上的读数。注意：由于千分尺的螺旋结构的原因，当主尺上的某条刻度线刚刚露出微分筒边缘时需要进行判断，否则会多读 0.5mm。如果主尺该条刻度线确实露出微分筒边缘，则微分筒上的读数应该很小；但如果此时微分筒上的读数较大，则主尺该条刻度线实际上并没有露出来。此外，也是由于千分尺的螺旋结构的原因，当千分尺的两测量面接触时，固定套筒的中心线与微分筒"0"刻线不一定重合，所以用千分尺测量长度时需要先读出初读数。千分尺初读数有正值也有负值，其读数方法如图 3.3-10 所示，当千分尺的两测量面接触时，微分筒"0"刻线相对于固定套筒中心线的读数就是初读数。实际测量时，先读初读数，再转动螺杆，测出末读数，则待测长度 L＝末读数－初读数。

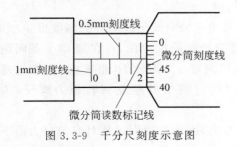

图 3.3-9　千分尺刻度示意图

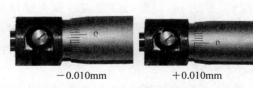

−0.010mm　　　＋0.010mm

图 3.3-10　千分尺初读数

53

注意：测量完毕，千分尺的两个测量面之间应留有一定的空隙，避免受热膨胀时损坏千分尺的精密螺纹。

[实验内容与测量]

1. 实验仪器调节

1）调节实验架

实验前应进行检查，确保上下夹头均夹紧钢丝，防止钢丝在受力过程中与夹头发生相对滑移，且平面镜能自由转动。

（1）将光杠杆动足尖自由地放置在下夹头上表面，使动足尖能随之一起上下移动，但不能碰触钢丝。

（2）将 LED 灯箱电源线连接到数字拉力计面板上的直流电源插孔上（关于施力测力系统的介绍见附录 1），将拉力传感器信号线接至拉力计传感器接口上。打开数字拉力计，LED 灯箱点亮呈黄绿色，标尺刻度清晰可见。数字拉力计面板上显示此时加到钢丝上的力。

（3）旋转施力螺母，给钢丝施加一定的预拉力 m_0（2.00kg 左右），将钢丝原本可能存在弯折的地方拉直。

2）调节望远镜

（1）粗调望远镜。关于望远镜系统的介绍详见附录 2。使望远镜镜筒大致水平，且望远镜镜筒中心线与平面镜转轴等高；使望远镜前沿与平台板边缘的水平距离为 20～30cm。

（2）细调望远镜。调节目镜视度调节手轮，使望远镜视场中的十字分划线清晰可见；调节调焦手轮，使得视野中标尺的像清晰可见；调节支架螺钉，使十字分划线横线与标尺刻度线平行，并对齐≤3.5cm 的某刻度线（避免后期实验测量超出标尺量程）。水平移动望远镜支架，使十字分划线纵线对齐标尺中心线。

2. 实验测量

（1）用钢卷尺测量钢丝原长 L，将钢卷尺始端放在钢丝上夹头的下表面（即横梁上表面），另一端对齐平台的上表面。用钢卷尺测量平面镜转轴到标尺（即横梁下表面）的垂直距离 H。用游标卡尺测量光杠杆常数 l，将光杠杆取下，让它的三支脚在平铺的白纸上扎出三个小孔，将三个小孔连接成三角形，用游标卡尺测出光杠杆前后支脚间的垂直距离 l。以上各物理量只测量一次。此外，对这些一次测量量，需要根据实际测量条件，给出各量的估计误差。

（2）用千分尺测量钢丝直径 d，在不同位置测量，测量 6 次。

（3）测量标尺刻度 x 与拉力 m。记录初始状态与十字分划线横线对齐的刻度值 x_0 和钢丝所受拉力 m_0。然后缓慢旋转施力螺母加力，使钢丝所受拉力在 m_0 的基础上等间距（约 0.50kg）增加，记录每个拉力 m_i 以及对应的标尺刻度 x_i，测量 10 组数据（注意钢丝上所加的最大拉力不要超过 12.00kg）。注意加力的过程中要避免回转施力螺母，为什么？

然后，反向旋转施力螺母，逐渐减小钢丝受到的拉力，读出与加力过程对应的拉力值下的标尺刻度值。减力过程中也要避免回转施力螺母。

测量过程中,不能再调整望远镜,尽量避免实验桌震动,以保证望远镜稳定。

(4) 实验完成后,旋松施力螺母,使钢丝处于不受力状态,并关闭数字拉力计。

[注意事项]

光学零件表面应使用软毛刷、镜头纸轻擦,切勿用手指触摸镜片。

[实验数据处理]

(1) 一次测量量的不确定度估算。对于一次测量量,不评定 A 类不确定度 U_A,所以不确定度 U 取 B 类不确定度 U_B,即 $U=U_B$。对于这种测量的一种处理方法是:根据实际测量条件,估计该测量量的估计误差,然后与所使用仪器的仪器误差限进行比较,取两者之中大者作为该测量量的不确定度。写出各一次测量量的完整结果表示。

(2) 多次测量量的不确定度计算。钢丝直径 d 是一个多次测量量,所以它的不确定度 U 既有 A 类不确定度分量,也有 B 类不确定度分量。A 类不确定度用贝塞尔公式来计算,B 类不确定度采用仪器误差限,然后合成总不确定度 U,写出钢丝直径 d 的完整结果表示。

(3) 采用逐差法处理钢丝伸长量。将 $\bar{x}_i$ 数据分成个数相同的两组:$\bar{x}_1 \sim \bar{x}_5$ 和 $\bar{x}_6 \sim \bar{x}_{10}$。两组数据的对应项相减,得到 $\Delta x_1 = |\bar{x}_6 - \bar{x}_1|$,$\Delta x_2 = |\bar{x}_7 - \bar{x}_2|$,$\Delta x_3 = |\bar{x}_8 - \bar{x}_3|$,$\Delta x_4 = |\bar{x}_9 - \bar{x}_4|$ 和 $\Delta x_5 = |\bar{x}_{10} - \bar{x}_5|$,求其平均值及不确定度,分析与诸 Δx_i 对应的钢丝上施加的拉力增量为多少。

(4) 由式(3.3-6)计算弹性模量 E。

(5) 弹性模量 E 为一个间接测量量,由式(3.3-6)推导其误差传递公式,计算其不确定度。

(6) 写出弹性模量 E 的完整结果表示 $E \pm U_E$。

[讨论]

本实验中选用不同测长仪器的原则是什么?根据实验测量数据,讨论各测量量对弹性模量不确定度的影响。

[结论]

通过对实验现象和实验结果的分析,你能得到什么结论?

[研究性题目]

试自行搭建实验条件,测量橡皮筋的弹性模量。

[思考题]

(1) 前面提到,从游标上读出的读数实际上是游标与主尺重合的那条刻度线的格数乘以 δ,这个长度正是物体长度不足整毫米部分的长度,请根据游标卡尺的结构说明为什么是这样的。

(2) 材料相同,但粗细、长度不同的两根钢丝,它们的弹性模量是否相同?

(3) 光杠杆有什么优点?怎样提高光杠杆测量的灵敏度?

[附录1] 施力测力系统

数字拉力计包含S形拉力传感器和信号处理及显示部分,显示的物理量为质量,单位为kg。数字拉力计电源：AC220V；测量范围：0～19.99kg；分辨率：0.01kg；误差限：1%±1个字。数字拉力计面板如图 3.3-11 所示。

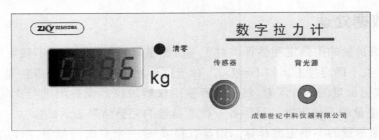

图 3.3-11 数字拉力计面板

通过与数字拉力计上的背光源接口连接,给 LED 灯箱供电。传感器接口为拉力传感器提供工作电源,并接收来自拉力传感器的信号。短按"清零"按键显示清零。

[附录2] 望远镜系统

望远镜系统包括望远镜支架和望远镜,如图 3.3-12 所示。通过底座调节螺钉可以对望远镜镜筒方位进行微调。望远镜放大倍数为 12 倍,最近视距 0.3m,含有目镜十字分划线(纵线和横线)。从目镜看去,可见十字分划线,旋转目镜视度调节手轮可以调节分划线的清晰程度。望远镜镜身可 360°转动。通过升降支架可调升降、水平转动及俯仰倾角。

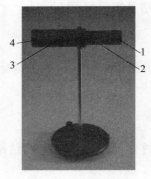

图 3.3-12 望远镜

1—目镜；2—目镜视度调节手轮；3—物镜调焦手轮；4—物镜

[参考文献]

[1] 成都世纪中科仪器有限公司.ZKY-1204 近距转镜杨氏模量仪实验指导及操作说明书[Z].2020.

[2] 吴平.大学物理实验教程[M].2 版.北京：机械工业出版社,2015.

[3] 张蓓,赵雪丹,吴平,等.镍-钛合金弹性模量的测定[J].理化检验——物理分册,2007,49(9)：437-438+443.

[4] 段阳,杨浩林,伍泓锦,等.杨氏弹性模量测量实验综述[J].物理与工程,2020,30(3)：89-102.

实验 3.4　用扭摆法测物体的转动惯量

[引言]

转动惯量是衡量刚体转动时惯性大小的量度,是表征刚体特性的一个物理量。转动惯量是研究、设计和控制转动物体运动的重要参量,如设计电机转子、陀螺仪转子、机械臂等,以及控制、发射导弹、卫星及枪弹等。

转动惯量作为转动物体的一个基本参量,是转动动力学领域研究的一个重点内容。转动惯量除了与物体质量有关外,还与转轴的位置和质量分布(即物体的形状、大小和密度分布)有关。如果刚体形状简单,且质量分布均匀,则可以利用积分 $\int_V r^2 dm$ 直接计算出刚体绕特定转轴的转动惯量。对于形状复杂、质量分布不均匀的刚体,计算将会很复杂,通常采用实验测定的方法来得到其转动惯量。

在实际工程项目中,常用的测量方法主要有扭摆法、线摆法、复摆法、落体法等。这些测量方法中,扭摆法具有负载能力强、测量精度高等优点,是转动惯量测量领域最常使用的测量方法。目前,国内外主要根据扭摆法的原理,针对不同大小的物体设计出转动惯量测试系统。表 3.4-1 列出了一些扭摆法测量装置及其精度。

表 3.4-1　扭摆法测量装置及精度

序号	设备型号	特　　点	最大质量或最大转动惯量	生　产　商	测量误差/%
1	GB3300	气浮轴承	1500kg	美国空间电子公司(全球最大同类产品生产商)	0.1
2	KSR1320	气浮轴承	750kg	美国航空航天管理局(NASA)Langley 研究中心	0.25
3	M RC-MK-VII-16	气浮轴承真空环境下使用	2720kg	加拿大航天署 David Florida 实验室	—
4	—	卧式	600kg	南京理工大学	0.5
5	MPTB-100	—	100kg·m²	西北工业大学	0.5
6	—	气浮轴承真空环境下使用	—	美国航空航天管理局(NASA)Goddard 宇航中心	—
7	—	气浮轴承	1500kg·m²	哈尔滨工业大学	0.5
8	—	机械轴承	100kg·m²	郑州工程机械研究所	0.5

本实验将采用一种扭摆法测量装置测量物体的转动惯量。

[实验目的]

(1) 学习用扭摆测定刚体转动惯量的方法。

(2) 测定几种规则形状物体的转动惯量,并与理论值进行比较,考察所用实验装置的可靠性和准确性。

(3) 验证转动惯量平行轴定理。

[实验仪器]

扭摆，塑料圆柱体，金属空心圆筒，实心圆球，金属细长杆，两个可以在金属细长杆上滑动的空心圆柱滑块。

ZG-2 转动惯量周期测定仪，测时精度 0.01s。

DJ2000A 型电子天平，称量 2000g，分度值 0.1g。

游标卡尺、米尺等。

[预习提示]

(1) 怎样用扭摆测定刚体的转动惯量？需要测量哪些物理量？列出主要实验步骤。

(2) 怎样测出所用扭摆弹簧的扭转常数？写出思路，列出主要实验步骤，给出计算公式。

(3) 怎样验证转动惯量平行轴定理？

(4) 阅读实验 3.3 中有关千分尺、游标卡尺的原理与使用方面的内容。

[实验原理]

1. 用扭摆测量物体的转动惯量

对于转动惯量的测量，一般是使刚体以一定形式运动，利用这种运动的特征物理量与转动惯量之间的关系，将转动惯量的测量转换为对这种运动的特征物理量的测量，即通过转换测量得到物体的转动惯量。本实验是使物体作扭摆运动，通过测量摆动周期得到物体的转动惯量。

图 3.4-1 扭摆构造图

扭摆构造如图 3.4-1 所示。在垂直轴的下半部装有一个薄片状螺旋弹簧，用以产生恢复力矩，在轴的上半部可以装上各种待测物体。垂直轴与支座间装有轴承，使摩擦力矩尽可能小。

将物体在水平面内转过 θ 角度后，在弹簧的恢复力矩作用下，物体就开始绕垂直轴作往返扭转运动。根据胡克定律，弹簧受扭转而产生的恢复力矩 M 与所转过的角度 θ 成正比，即

$$M = -K\theta \tag{3.4-1}$$

式中，K 为弹簧的扭转常数。根据刚体定轴转动定律有

$$M = I\beta \tag{3.4-2}$$

式中，I 为物体绕转轴的转动惯量；β 为角加速度。由式(3.4-2)得

$$\beta = \frac{M}{I} \tag{3.4-3}$$

令 $\omega^2 = \dfrac{K}{I}$，并忽略轴承的摩擦阻力矩，由式(3.4-1)与式(3.4-2)可得

$$\beta = \frac{\mathrm{d}^2\theta}{\mathrm{d}t^2} = -\frac{K}{I}\theta = -\omega^2\theta \qquad (3.4\text{-}4)$$

式(3.4-4)表明,扭摆运动具有角简谐振动的特性,即角加速度与角位移成正比,且方向相反。此方程的解为

$$\theta = A\cos(\omega t + \varphi) \qquad (3.4\text{-}5)$$

式中,A 为简谐振动的角振幅;φ 为初相位角;ω 为角速度。此简谐振动的周期为

$$T = \frac{2\pi}{\omega} = 2\pi\sqrt{\frac{I}{K}} \qquad (3.4\text{-}6)$$

测得扭摆摆动周期后,利用式(3.4-6),当 I 和 K 中任何一个量已知时,即可计算出另一个量。

本实验中,首先使用一个几何形状规则的物体(其转动惯量可以根据物体质量和几何尺寸用理论公式计算得到)测量并计算出仪器弹簧的扭转常数 K 值。测定其他物体的转动惯量时,只需将待测物体安放在仪器顶部的各种夹具上,测定摆动周期,由式(3.4-6)即可算出物体绕转动轴的转动惯量。

附录 1 给出了本实验中用到的一些物体的转动惯量的理论计算公式。

2. 弹簧扭转常数 K 的测定

将一个几何形状规则的物体(例如圆柱体)放在金属载物圆盘上。设 I_0 为金属载物圆盘绕转轴的转动惯量,I_1' 为物体绕转轴的转动惯量的理论值,T_0 为测得的金属载物圆盘的摆动周期,T_1 为物体放在金属载物圆盘上时测得的摆动周期,由式(3.4-6)得

$$\frac{T_0}{T_1} = \frac{\sqrt{I_0}}{\sqrt{I_0 + I_1'}} \qquad (3.4\text{-}7)$$

或

$$\frac{I_0}{I_1'} = \frac{T_0^2}{T_1^2 - T_0^2} \qquad (3.4\text{-}8)$$

则弹簧扭转常数

$$K = 4\pi^2 \frac{I_1'}{T_1^2 - T_0^2} \qquad (3.4\text{-}9)$$

3. 刚体转动惯量平行轴定理

对于不同的转轴,同一刚体的转动惯量不同。刚体转动平行轴定理描述了一个刚体对不同的轴的转动惯量之间的一般关系:用 m 表示刚体的质量,I_c 表示它对通过其质心 C 的轴的转动惯量,若另一个轴与此轴平行并且相距为 d,则此刚体对于后一轴的转动惯量为

$$I = I_c + md^2 \qquad (3.4\text{-}10)$$

[实验内容与测量]

1. 实验内容

(1)熟悉扭摆的构造和使用方法,掌握周期测定仪的正确使用要领。

(2)测定扭摆的仪器常数(弹簧的扭转常数)K。

（3）测定塑料圆柱、金属圆筒、球体与金属细长杆的转动惯量，并与理论计算值进行比较，计算百分差。公式为：百分差 $= \dfrac{测量值-理论值}{理论值} \times 100\%$。

（4）将两个滑块对称地放置在细杆两边的凹槽内，设滑块质心离转轴的距离为 d，导出细杆-滑块体系对转轴的转动惯量的理论计算公式。改变滑块在细长杆上的位置，进行测量，验证转动惯量平行轴定理。

2. 实验步骤

（1）用游标卡尺分别测出塑料圆柱体的直径，金属圆筒的内、外径，球体直径，小滑块的内、外径和高（各测量 3 次）；用卷尺测量金属细长杆的长度（测量 3 次）；用天平称出塑料圆柱体、金属圆筒、球体、金属细杆和小滑块的质量（各测量 1 次）。须注意：测量球体和金属细杆的质量时应将支架取下，否则会带来很大误差。

（2）调整扭摆基座的底脚螺钉，使水准泡中气泡居中。

（3）装上金属载物盘，调整光电探头的位置，使载物盘上挡光杆处于其缺口中央，且能遮住发射、接收红外光线的小孔，测定金属载物盘摆动 10 个周期所用的时间 3 次，然后用其平均值计算摆动周期 $\overline{T_0}$。

（4）将塑料圆柱体垂直放在载物盘上，测定塑料圆柱体摆动 10 个周期所用的时间 3 次，然后用其平均值计算摆动周期 $\overline{T_1}$，由圆柱体的转动惯量理论计算公式 $I_1' = \dfrac{1}{8}m\overline{D}_1^2$ 计算圆柱体的转动惯量理论值，将 $\overline{T_0}$、$\overline{T_1}$ 和 I_1' 代入式 $K = 4\pi^2\dfrac{I_1'}{\overline{T}_1^2 - \overline{T}_0^2}$ 和 $I_0 = \dfrac{I_1'\overline{T}_0^2}{\overline{T}_1^2 - \overline{T}_0^2}$ 分别得到扭摆的仪器常数（弹簧的扭转常数）K 和金属载物盘的转动惯量实验测量值 I_0。

（5）取下塑料圆柱体，装上金属圆筒，用与上面相同的方法测出摆动周期 $\overline{T_2}$，得到金属圆筒的转动惯量实验测量值。

（6）取下金属载物盘，装上球支座和球体，用与上面相同的方法测出摆动周期 $\overline{T_3}$，得到实心球的转动惯量实验测量值。

（7）取下球体，装上细杆夹具和金属细杆（金属细杆中心须与转轴中心重合），用与上面相同的方法测出摆动周期 $\overline{T_4}$，得到金属细杆的转动惯量实验测量值。

（8）将两个滑块对称地放置在细杆两边的凹槽内，使滑块的质心离转轴的距离分别为 5.0cm、10.0cm、15.0cm、20.0cm，测定摆动周期，验证转动惯量平行轴定理。

［注意事项］

（1）弹簧扭转常数 K 不是固定常数，与摆动角度略有关系，摆角在 $40°\sim90°$ 间其值基本相同。为了降低实验时由于摆角变化过大带来的系统误差，在测定各个物体的摆动周期时，摆角不宜过小，摆幅变化不宜过大，在整个实验过程中摆角应基本保持在这一范围。

（2）光电探头宜放置在挡光杆的平衡位置处，挡光杆不能和它相接触，以免增大摩擦力矩。

（3）机座应保持水平状态。

（4）摆动期间，被测物体与载物盘之间、载物盘与垂直轴之间都不能有相对滑动。若发现摆动时有响声或摆动数次后摆角明显减少，应将止动螺钉旋紧。

(5) 细杆支架及球体支座的转动惯量很小,在进行转动惯量测量时,其影响可以忽略。

[讨论]

(1) 根据实验结果,对所用实验装置测量的可靠性和准确性进行评价。

(2) 用扭摆法测量刚体的转动惯量时,产生误差的主要原因有哪些?

(3) 实验中测得的各物理量在计算时有效位数应如何选取?

[结论]

通过对实验现象和实验结果的分析,你能得到什么结论?

[研究性题目]

(1) 尝试测出细杆支架和球支座的转动惯量,研究忽略细杆支架和球支座转动惯量时,对测出的物体转动惯量值的影响。

(2) 设计实验方案,研究摆动角度对弹簧扭转常数 K 的影响。

(2) 除了教材中给出的验证平行轴定理的实验方案,你还可以设计出其他方案吗?

[附录 1] 一些物体的转动惯量的理论计算公式

圆柱体的转动惯量理论计算公式为

$$I'_1 = \frac{1}{8} m \overline{D}_1^2$$

圆筒的转动惯量理论计算公式为

$$I'_2 = \frac{1}{8} m (\overline{D}_外^2 + \overline{D}_内^2)$$

实心球的转动惯量理论计算公式为

$$I'_3 = \frac{1}{10} m \overline{D}_3^2$$

金属细杆的转动惯量理论计算公式为

$$I'_4 = \frac{1}{12} m \overline{L}^2$$

小滑块绕通过质心的转轴的转动惯量理论计算公式为

$$I'_5 = \frac{1}{16} m_滑 (D_{滑外}^2 + D_{滑内}^2) + \frac{1}{12} m_滑 H_滑^2$$

[附录 2] ZG-2 转动惯量周期测定仪

ZG-2 转动惯量周期测定仪是一种数字计时器,由主机和光电探头两部分组成。用光电探头检测挡光杆是否挡光,根据挡光次数自动判断是否已达到所设定的周期数。周期数可设定为 5 次或 10 次。

光电探头由红外发射管和红外接收管组成。虽然人眼无法直接观察仪器是否工作正常,但可用纸片遮挡光电探头间隙部位,检查计时器是否开始计时和达到预定次数时计时器是否停止计时,以及按下"复位"钮时仪器是否显示"0000"等。为防止过强光线对光电探头的影响,光电探头不能放置在强光下。

[附录3] DJ2000A 型电子天平操作方法

1. 开机

接通电源,打开 $\dfrac{ON}{OFF}$ 开关,显示窗显示"0.0g",通电预热 20～30min。刚开机时显示有所漂移属正常现象,预热后即可稳定。

2. 回零

如果在空称台情况下显示偏离零点,按"去皮"(T)键使显示回到零点。

3. 校正

如天平已较长时间未使用,应对其进行校正。首先在空称台情况下使天平充分预热(20～30min),然后,在显示零点的情况下按"校正"(P)键,使显示窗出现"CAL"进入校正状态,再将标准砝码放在天平的秤盘上,待稳定后天平显示标准砝码质量符号"g"后校正即告完毕。如按"校正"(P)键显示"CALF",则表示零点不稳定,可重新按"去皮"(T)键使显示回到零点,再按"校正"(P)键进行校正。

天平必须放在平坦、稳定的平台上(天平底壳有四脚可调整水平,以天平上水准泡为准)。电子天平为精密仪器,称重时物件应小心轻放。如被称物件质量超过天平称量范围,天平将显示"F-H"以示警告,属正常现象。

4. DJ2000A 型电子天平功能键

T——回零/去皮键。

F——单位转换键。

S——计数功能键。

P——校正键。

$\dfrac{ON}{OFF}$——开关键。

[参考文献]

[1] 上海同济科教技术物资有限公司.ZG-2型转动惯量测定仪说明书[Z].2011.

[2] 吴平.大学物理实验教程[M].2版.北京：机械工业出版社,2015.

[3] 孙成志,王建平,俞凯,等.增程器发动机飞轮-电机转子转动惯量的匹配[J].新乡学院学报,2019,36(12)：61-63.

[4] 程相文,王志乾.静电陀螺仪两种实心铍转子结构分析[J].机械工程与自动化,2020(1)：18-20.

[5] 张伟,白鑫林,徐志刚.空间转位机械臂转动惯量的地面仿真研究[J].机械设计与制造,2020(3)：43-46.

[6] 潘文松.弹箭参数测试系统研究——静态参数测量[D].南京：南京理工大学,2011.

[7] 庞博,李果,黎康,等.一种带精确补偿的卫星姿态快速机动控制方法[J].宇航学报,2020,41(4)：464-471.

[8] 张元军,赵强.提高某型预制破片弹设计精度的研究[J].现代制造技术与装备,2020(7)：32-33.

[9] 王小三,刘云平,倪怀生,等.转动惯量测量研究的进展及展望[J].宇航计测技术,2019,39(2)：1-5.

实验 3.5 受迫振动

[引言]

共振是一种物理系统在特定频率下,能够比在其他频率下以更大的振幅作振动的现象,这些特定频率称为共振频率,在共振频率下,一个物体小幅度的周期振动便可引发另一个物体产生大幅度的振动。共振现象是日常生活及工程技术领域中一种既重要又普遍的运动形式。在声学中,共振亦称"共鸣";在电学中,振荡电路的共振现象又被称为"谐振";研究物质结构所采用的核磁共振及顺磁共振等,则是利用了物质对电磁场的特征吸收和耗散吸收这一共振现象。在利用共振现象的同时,也要防止共振现象引起的破坏。19世纪初,一队拿破仑部队士兵以整齐划一的步伐通过法国昂热市一座大桥时,因齐步走产生的频率恰好与大桥的固有频率一致,使桥梁发生共振,桥体的振动显著加剧直至最终断裂坍塌。1940年,美国长达860m的塔柯姆大桥因大风引起的共振而损毁,如图3.5-1所示。有效防止受迫共振是建筑及工程技术等领域安全问题的重要目标。对由受迫振动所导致的共振现象进行系统研究,在工程科技领域中具有重要意义。

图 3.5-1 1940 年美国塔柯姆大桥损毁瞬间

表征受迫振动性质的是受迫振动的振幅-频率特性和相位-频率特性(简称幅频特性和相频特性)。本实验采用波尔共振仪定量测定一种机械受迫振动的幅频特性和相频特性,并利用频闪法测定动态的物理量——相差。

[实验目的]

(1)研究波尔共振仪中弹性摆轮受迫振动的幅频特性和相频特性。

(2)研究不同阻尼力矩对受迫振动的影响,观察共振现象。

(3)学习用频闪法测定相差的方法。

(4)学习系统误差的修正方法。

[实验仪器及样品]

ZKY-BG 波尔共振仪。

[预习提示]

(1)了解阻尼振动和受迫振动的性质及特点。

(2)了解共振现象的物理本质。

(3)了解仪器面板各部件的作用,明确阻尼、驱动力频率的调节方法。

(4)了解振动周期、振幅及相差的测量原理和方法。

(5)了解幅频特性曲线和相频特性曲线的变化特点,根据实验预期目的,选择适当的测量范围,合理布置测量点。

[实验原理]

物体在周期性外力的持续作用下发生的振动称为受迫振动,周期性的外力称为驱动力(或强迫力)。如果外力按简谐振动规律变化,那么稳定状态时的受迫振动也是简谐振动,其振幅保持恒定,振幅的大小与驱动力的幅值、驱动力的频率、原振动系统无阻尼固有振动频率以及阻尼系数有关。在受迫振动状态下,系统除了受到驱动力的作用外,同时还受到回复力和阻尼力的作用。所以,在稳定振动状态时物体的位移、速度变化与驱动力变化不是同相的,存在相差。当驱动力频率接近系统的固有频率时,物体振动的振幅将增大。当物体振动振幅达到最大时,称为位移共振。位移共振频率接近振动物体固有频率,但比振动物体固有频率小。阻尼越小,位移共振频率越接近振动物体固有频率。当驱动力频率与振动物体固有频率相同时,受迫振动的速度幅达到最大,产生速度共振,此时物体振动位移比驱动力滞后 $90°$。

本实验所采用的波尔共振仪(具体结构参见本实验"仪器装置"中的相关介绍)中的摆轮可在弹性力矩作用下自由摆动,若同时加上阻尼力矩和驱动力矩,摆轮可作受迫振动。用此仪器来研究受迫振动特性,可直观地显示机械振动中的一些物理现象。

当摆轮受到周期性驱动外力矩 $M = M_0 \cos\omega t$ 的作用,并在有空气阻尼和电磁阻尼的媒质中运动时(阻尼力矩设为 $-\gamma \dfrac{d\theta}{dt}$,$\gamma$ 为阻尼力矩系数),其运动方程为

$$J \frac{d^2\theta}{dt^2} = -k\theta - \gamma \frac{d\theta}{dt} + M_0 \cos\omega t \tag{3.5-1}$$

其中,J 为摆轮的转动惯量;$-k\theta$ 为弹性力矩;k 为弹簧劲度系数;M_0 为驱动力矩的幅值;ω 为驱动力的角频率。令 $\omega_0^2 = \dfrac{k}{J}$,$2\beta = \dfrac{\gamma}{J}$,$m = \dfrac{M_0}{J}$,则式(3.5-1)变为

$$\frac{d^2\theta}{dt^2} + 2\beta \frac{d\theta}{dt} + \omega_0^2\theta = m\cos\omega t \tag{3.5-2}$$

当 $m\cos\omega t = 0$,即在无周期性驱动外力矩作用时,式(3.5-2)即为阻尼振动方程;当阻尼系数 $\beta = 0$,即无阻尼时,式(3.5-2)变为简谐振动方程,ω_0 即为振动系统的固有角频率。

方程(3.5-2)的通解为

$$\theta = \theta_1 e^{-\beta t}\cos(\omega_1 t + \alpha) + \theta_2\cos(\omega t + \varphi) \tag{3.5-3}$$

由式(3.5-3)可见,受迫振动可分为两部分:

第一部分,$\theta_1 e^{-\beta t}\cos(\omega_1 t + \alpha)$ 表示阻尼振动,经过一定时间后振动衰减至可忽略不计。

第二部分,因驱动力矩对摆轮做功,向振动系统传送能量,使系统最终达到稳定的振动状态。此时振幅不变,其值为

$$\theta_2 = \frac{m}{\sqrt{(\omega_0^2 - \omega^2)^2 + 4\beta^2\omega^2}} \tag{3.5-4}$$

它与驱动力矩之间的相差 φ 为

$$\varphi = \arctan\frac{2\beta\omega}{\omega_0^2 - \omega^2} = \arctan\frac{\beta T_0^2 T}{\pi(T^2 - T_0^2)} \tag{3.5-5}$$

由式(3.5-4)和式(3.5-5)可以看出,稳定振动状态的振幅 θ_2 与相差 φ 的数值取决于驱动力矩的幅值 M_0、驱动力的频率 ω、系统的固有频率 ω_0 和阻尼系数 β 四个因素,而与振动的起始状态无关。

受迫振动的振幅与驱动力频率有关,由极大值条件 $\dfrac{\partial \theta}{\partial \omega} = 0$ 可知,当驱动力角频率为

$$\omega_r = \sqrt{\omega_0^2 - 2\beta^2} \tag{3.5-6}$$

时,振幅有极大值

$$\theta_r = \frac{m}{2\beta\sqrt{\omega_0^2 - \beta^2}} \tag{3.5-7}$$

此时,系统产生共振。阻尼系数 β 越小,共振时驱动力角频率越接近系统固有角频率,振幅就越大。

图 3.5-2 和图 3.5-3 所示为阻尼系数 β 取不同值时受迫振动的幅频特性和相频特性。

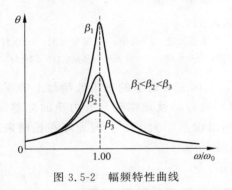

图 3.5-2 幅频特性曲线

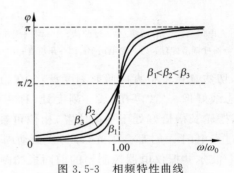

图 3.5-3 相频特性曲线

[仪器装置]

ZKY-BG 波尔共振仪由振动仪与电器控制箱两部分组成。振动仪部分如图 3.5-4 所示。铜质圆形摆轮安装在机架上,弹簧的一端与摆轮的轴相连,另一端用弹簧夹持螺丝固定在机架支柱上,在弹簧弹性力的作用下摆轮可绕轴自由往复摆动。摆轮外沿有一圈重复周期为 $2°$ 的槽型缺口,其中一个最长的长凹槽用来标识平衡位置。在机架上对准长缺口处安装的光电门 A 可以用来测量摆轮的振幅(角度值)和摆轮的振动周期。摆轮的下部嵌在机架下方带有铁芯的一对线圈的空隙中。根据电磁感应原理可知,当线圈中通以直流电流时,摆轮将受到一个电磁阻尼力矩的作用。改变电流的数值即可使阻尼大小发生相应改变。为使摆轮作受迫振动,在一个转速稳定且可调节的电机轴上装有偏心轮,通过连杆机构和摇杆带动摆轮。在电机轴上装有随电机一起转动的带有零度标志线的有机玻璃转盘,由它可以从角度读数盘读出相差 φ。在正对角度读数盘中央上方($90°$)处装有光电门 B,将有机玻璃转盘上零度标志线两端较粗部分作为两个挡光片,可以测量驱动力矩的周期。

摆轮振幅是利用光电门 A 测出摆轮外圈上槽型缺口所移动的个数来得到的,并由电器控制箱的液晶显示屏直接显示数值,精度为 $2°$。

受迫振动时摆轮与外力矩的相差利用频闪法测量。闪光灯受摆轮处光电门 A 控制,每当摆轮上长槽通过平衡位置时,光电门 A 接收光,闪光灯闪光(注意:闪光灯应放置在底座

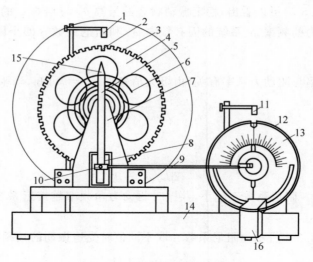

图 3.5-4　振动仪结构示意图

1—光电门 A；2—长凹槽；3—短凹槽；4—铜制摆轮；5—摇杆；6—蜗卷弹簧；7—机架；8—阻尼线圈；9—连杆；
10—摇杆调节螺丝；11—光电门 B；12—角度盘；13—有机玻璃转盘；14—底座；15—弹簧夹持螺丝；16—闪光灯

上，切勿拿在手中直接照射刻度盘）。在稳定振动时，在闪光照射下的有机玻璃盘上的零度标志线好像一直"停在"某一刻度处（称为频闪现象），此数值就是摆轮与外力矩的相差（此时，摆轮长槽恰好处于平衡位置，相位可视为 0°），测量误差不大于 2°。闪光灯在长槽来回通过光电门 A 时都会闪光，即每一振动周期内闪亮两次。

波尔共振仪电器控制箱的前面板如图 3.5-5 所示。

图 3.5-5　电器控制箱前面板图

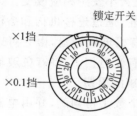

图 3.5-6　电机转速调节
电位器示意图

"强迫力周期"旋钮即电机转速调节旋钮，是一个带有刻度的十圈电位器（见图 3.5-6），改变旋钮刻度即改变电机转速，也即改变驱动力矩的周期。当锁定开关偏离图 3.5-6 中所示的锁定位置时，方可调节电位器的刻度。刻度仅供实验中大致确定与驱动力矩周期值相应的旋钮位置时作参考。

通过控制软件调节阻尼线圈内由恒流源提供的直流电流的大小，来改变摆轮系统的阻尼系数。控制软件中可以选择"阻尼1""阻尼2""阻尼3"三个阻尼挡，实验时视情况选择（可先选择"阻尼2"，若共振时振幅太小则可改用"阻尼1"），应使共振振幅不大于 150°。

为延长闪光灯管的使用时间,采用按钮开关启动闪光灯,仅在测量相差时才需按住"闪光灯"按钮。

[实验内容与测量]

1. 实验仪器调节

手动调节有机玻璃盘上零度标志线,使其指向 0,此时的摆轮应静止于平衡位置。微调光电门 A、B 的位置,使其处于通光且不与他物接触摩擦的状态。打开电源开关,屏幕上出现欢迎及按键说明界面,如图 3.5-7(a)所示。按"确认"键之后选中(通过 ▶ 或 ◀ 键选择,再按"确认"键确定,以下同)"单机模式",进入图 3.5-7(b)所示界面,选中实验类型。

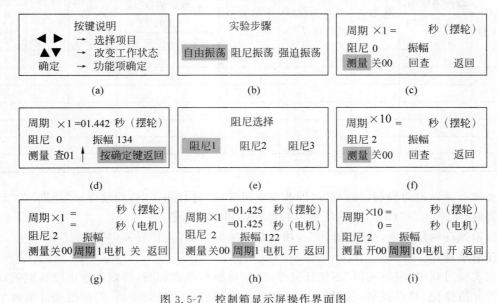

图 3.5-7 控制箱显示屏操作界面图

2. 实验测量

1) 定性观察摆轮的自由振动和阻尼振动

选中进入"自由振荡"(或进入"阻尼振荡")后,再选中"阻尼选择",见图 3.5-7(e)),出现如图 3.5-7(c)(或图 3.5-7(f))所示的测量界面。在"测量"置于默认的"关"状态下,可以直接从屏幕上读出每次振动的振幅和周期,注意观察振幅变化的特点。

数据的自动记录与查询功能:当测量界面中的"测量"处于被选择状态时,可以更改(通过按▲或▼键,以下同)它的状态,将其置于"开"状态,则控制箱可以在摆轮摆动时自动记录屏上所显示的数据。当"测量"回到"关"状态时,可以选中"回查"选项,进入查询界面(见图 3.5-7(d)),通过按▲或▼键查看所有记录的数据,按"确定"键可以退出回查状态。

请思考:在观察摆轮的自由振动和阻尼振动时,阻尼分别怎样设置?

2) 测定受迫振动的幅频特性和相频特性曲线(至少完成一种阻尼下的测量)

选中"阻尼振荡",将"阻尼选择"选中于适当的挡位(如"阻尼 2"),再由测量界面(见图 3.5-7(f))返回到"实验步骤"界面,而后才能选中"强迫振荡"进行测量。进入"强迫振荡"的测量界面如图 3.5-7(g)(默认选择"电机")后,更改"电机"状态令其置于"开"位置,则启动电机,当保持"周期"为"1"时,屏上可以直接显示摆轮和电机的周期、振幅值,如图 3.5-7(h)所示。改变电动机的转速,即改变驱动力矩的频率 ω。设定某一电机转速,当受迫振动稳定后,才可以开始测量(此时摆轮和电机的周期必须趋向一致)。选择"周期",把"周期"更改为"10",再选择"测量",更改其状态为"开"如图 3.5-7(i)所示,控制箱开始自动记录数据。一次测量完成,"测量"状态显示"关",读出摆轮的振幅值 θ,记录驱动力矩 10 次振动周期 $10T$,按住"闪光灯"按钮,利用闪光灯测定受迫振动位移与驱动力间的相差 φ。将所测电机转速刻度值、驱动力矩周期 $10T$、振幅 θ、相差 φ 等数据填入表 3.5-1。

表 3.5-1　幅频特性和相频特性测量数据记录表

阻尼选择_____,振幅极大值 $\theta_r =$ _____,阻尼系数 $\beta =$ _____

电动机转速刻度	驱动力矩 10 次振动周期 $10T$/s	振幅 θ /(°)	弹簧固有振动周期 T_0/s	φ 测量值 /(°)	φ 理论值/(°) $\arctan \dfrac{\beta T_0^2 T}{\pi(T^2 - T_0^2)}$	$\dfrac{\omega}{\omega_0} = \dfrac{T_0}{T}$	$\dfrac{\theta}{\theta_r}$	$\left(\dfrac{\theta}{\theta_r}\right)^2$
·		·		·	·	·	·	·
·		·		·	·	·	·	·

　　每次改变强迫力周期钮的刻度(即改变电机转速)进行测量前,均须返回"周期"为"1"的测量界面(见图 3.5-7(h)),待系统稳定后再进行相应的测量。

　　强迫振荡测量完毕,选中"返回"选项,回到"实验步骤"选择界面(见图 3.5-7(b))。

　　注意事项：

　　在实验过程中"阻尼选择"不能任意改变,或将整机电源切断,否则由于电磁铁剩磁现象将引起 β 值变化,只有在某一阻尼系数 β 的所有实验数据测量完毕后,需要改变 β 值时才可改变"阻尼选择"。

　　请思考：欲测量完整的共振特性曲线,应如何确定数据范围? 在共振点附近由于曲线变化较陡,应如何分布测量数据点(此时电机转速极小变化会引起相差 φ 的很大改变)?

　　提示：测共振特性曲线时,首先找到使摆轮振幅最大、相差接近 90° 的电动机转速刻度,并在此刻度值附近分布数据点(满足 $80° < \varphi < 100°$);然后使电机转速刻度值向两侧有较大偏离,适当分布数据点(满足 $\varphi < 80°$ 及 $\varphi > 100°$)。

　　3) 测定阻尼系数 β

　　在"实验步骤"界面选中"阻尼振荡"选项,将"阻尼选择"置于与"强迫振荡"测量时相同的挡位,按"确定"键进入阻尼测量界面,如图 3.5-7(f)所示。将有机玻璃盘上零度标志线放在 0° 位置,用手将摆轮转动 140°～150°。松手后将"测量"状态更改为"开",控制箱开始自动连续记录摆轮作阻尼振动 10 次的振幅数值 θ_0、θ_1…、θ_9 及周期,将数据记入实验数据记录表格。在"测量"回到"关"时,可以利用回查功能查询记录的数据。利用公式

$$\ln \frac{\theta_0 \mathrm{e}^{-\beta t}}{\theta_0 \mathrm{e}^{-\beta(t+nT)}} = n\beta T = \ln \frac{\theta_0}{\theta_n} \tag{3.5-8}$$

求出 β 值。

式(3.5-8)中,n 为阻尼振动的周期次数,θ_n 为第 n 次振动的振幅,T 为阻尼振动周期的平均值(可以测出 10 个摆轮振动周期值,取其平均值)。重复以上测量 2、3 次。

4)测定振幅 θ 与固有频率 ω_0 的对应关系

将有机玻璃盘上零度标志线保持在"0"处,选中"自由振荡"测量。用手将摆轮拨动到较大偏转处(140°～150°)后放手,可以直接从屏上读出每次振幅值及其相应的摆动周期。若振幅变小时,周期不变,则可不必记录,也即只记录周期值变化时对应的振幅值。重复几次即可作出 θ_n 与 T_{0n} 的对应关系数据表 3.5-2。请注意,表 3.5-2 中记录的振幅幅值范围应该涵盖表 3.5-1 中所测量的振幅值。

表 3.5-2 振幅 θ 与 $T_0(\omega_0)$ 关系数据记录表

振幅 $\theta/(°)$	T_0/s	ω_0/s^{-1}

如果选择控制箱自动记录数据的测量功能(此时只记录摆轮周期值变化时对应的振幅值),则可以利用回查功能对振幅和周期值进行查询。

在"实验步骤"界面,持续按住仪器面板上的"复位"键几秒钟,仪器自动复位,实验数据全部清除,关闭电源,实验结束。

[实验数据处理]

1. 绘制幅频特性和相频特性测量曲线

由式(3.5-8)及表 3.5-2 分别求出阻尼系数 β 和各个振幅所对应的固有振动周期 T_0(频率 ω_0),完善表 3.5-1。作出幅频特性和相频特性曲线(至少作出一种阻尼下的特性曲线)。

2. 计算阻尼系数 β

1)利用作图法或最小二乘法直线拟合求出 β 值

根据式(3.5-8),采用作图法或最小二乘法直线拟合得到线性关系 $\ln(\theta_0/\theta_n)\text{-}n$,由该直线的斜率求出 β 值。

2)利用共振曲线确定 β 值

当受迫振动达到稳定状态时,阻尼振动部分可以认为已衰减至零,因而振动位移只需要考虑强迫振动部分,即式(3.5-3)的第二项。阻尼系数较小(满足 $\beta^2 \leqslant \omega_0^2$ 时),在共振位置附近($\omega=\omega_0$),由于 $\omega_0+\omega=2\omega_0$,由式(3.5-4)和式(3.5-7)可得

$$\left(\frac{\theta}{\theta_r}\right)^2 = \frac{4\beta^2\omega_0^2}{4\omega_0^2(\omega-\omega_0)^2+4\beta^2\omega_0^2} = \frac{\beta^2}{(\omega-\omega_0)^2+\beta^2}$$

当 $\theta=\dfrac{1}{\sqrt{2}}\theta_r$,即 $\left(\dfrac{\theta}{\theta_r}\right)^2=\dfrac{1}{2}$ 时,由上式可得 $\omega-\omega_0=\pm\beta$。

作幅频特性曲线 $(\theta/\theta_r)^2\text{-}\omega$,对应于图中 $\left(\dfrac{\theta}{\theta_r}\right)^2=\dfrac{1}{2}$,$\omega$ 有两个值 ω_1、ω_2,由此求出 $\beta=$

$\dfrac{\omega_2-\omega_1}{2}$。通常把共振幅频特性曲线上相对强度 1/2 处曲线的宽度定义为共振峰的宽度或共振带宽。

3. 求解品质因数 Q

（1）对于无驱动欠阻尼振动系统，振动的振幅满足关系式 $\theta=\theta_1 e^{-\beta t}$，则其能量（正比于振幅平方）满足关系式 $E=E_1 e^{-2\beta t}$。振动系统的能量减小到初始能量的 1/e 所经历的时间为 $\tau=\dfrac{1}{2\beta}$，τ 称为时间常量，或鸣响时间。工程技术上定义鸣响时间内振动次数的 2π 倍为阻尼振动的品质因数 Q，$Q=2\pi\dfrac{\tau}{T}=\omega\tau$。阻尼不严重时，可用振动系统的固有周期或频率计算。

（2）对于共振系统，可由幅频特性共振曲线确定 Q 值，即 $Q=\dfrac{\omega_0}{共振带宽}$。

［误差分析］

本仪器采用石英晶体作为计时部件，测量周期（角频率）的误差可以忽略不计，误差主要来自阻尼系数 β 的测定和无阻尼振动时系统的固有振动频率 ω_0 的确定。

在进行理论分析时认为弹簧的劲度系数 k 为常数，与扭转的角度无关。实际上，由于制造工艺及材料性能的影响，k 值随着角度的改变而有微小的变化（3%左右），因而造成在不同振幅时系统的固有频率 ω_0 发生变化。如果取 ω_0 的平均值，则将在共振点附近使相差的理论值与实验值相差很大。为此可测出振幅与固有频率 ω_0 的对应关系。在公式 $\varphi=\arctan\dfrac{\beta T_0^2 T}{\pi(T^2-T_0^2)}$ 中 T_0 采用对应于某个振幅的数值代入，这样可使系统误差明显减小。

［讨论］

请结合实验现象及所测幅频、相频特性曲线分析受迫振动现象的特性。将用两种方法求得的 β、Q 值进行比较并讨论。

［结论］

通过对实验现象和实验结果的分析，你能得到什么结论？

［研究性题目］

试研究振动系统的阻尼性质对于系统受迫振动特性的影响。

［思考题］

（1）空气中自由振动系统发生共振时，最大振幅会变为无穷大吗？

（2）实验中如何判断受迫振动达到稳定振动状态？

（3）实验中如何判断受迫振动达到共振状态？

（4）阻尼系数计算的两种方法是否针对同样的振动系统？

（5）测量阻尼振动的周期时，测 $10T$ 与测 T 的方法有何区别？

（6）阻尼系数 β、品质因数 Q、能量损耗及共振带宽之间的关系如何？

［参考文献］

［1］　上海同济科教技术物资公司.波尔共振仪说明书及讲义［Z］.2000.

［2］　四川世纪中科光电技术有限公司.波尔共振仪实验指导及操作说明书［Z］.2015.

［3］　张三慧.大学物理学（第四册 波动与光学）［M］.2 版.北京：清华大学出版社，2000.

实验 3.6　振动合成与声速测量

［引言］

在日常生活中，我们会遇到各种各样的振动问题，这些振动几乎都以复杂的振动形式存在，理想的简谐振动几乎是不存在的，但这些复杂振动可以看作几个或很多个简谐振动的合成。这些振动可以通过空气等弹性介质作为媒介进行传播形成声波。很多生物都可以通过听觉器官感受到传播过来的这种声波。我们以人耳为例，图 3.6-1 展示了人耳的结构示意图，进入人耳的声波可以迫使鼓膜发生振动，进而导致听小骨发生振动，听小骨由锤骨、砧骨和镫骨三块连接在一起的细小的骨骼组成，它可以把声波的压强振幅提高十几倍后传给耳蜗，这样就极大地增强了人耳的敏感性。不同生物可以听到的声波的范围是不同的，人耳可以听到的声波频率范围在 $20\sim2\times10^4\,\mathrm{Hz}$ 之间。低于这个频率范围的声波称为次声波，次声波具有不容易衰减、不易被水和空气吸收的特点，而且由于次声波的波长可以很长，因此能绕开某些大型障碍物传播；高于这个频率范围的声波称为超声波，超声波具有方向性好、穿透能力强、能定向传播的优点，可用于测距、测速、清洗、焊接、碎石、杀菌消毒等。

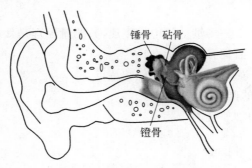

锤骨　砧骨

镫骨

图 3.6-1　人耳的结构示意图

在同一媒质中传播的几列波如果在空间中某处相遇，那么相遇处质点的振动将是各列波单独存在时所引起振动的合成，即在任一时刻，相遇处质点的位移是各列波单独存在时在该点所引起位移的矢量和，这一规律称为波的叠加原理；如果几列波相遇后再行分开，那么每列波都将独立地保持自己原有的特性（包括频率、波长、振动方向等）继续沿原来的方向传播，即互不干扰，这一特性称为波传播的独立性。在日常生活中也会发现，我们可以在嘈杂的环境中分辨出各个说话人的声音，这就是波的叠加原理和波的传播具有独立性的体现。

20 世纪 70 年代,戈尔科夫和尼堡等人给出了声辐射力的理论计算模型,之后声悬浮技术有了迅速的发展。声悬浮技术通过稳定声场产生的声辐射压力抵消重力等外力,使物体在空间中达到稳定的悬浮,如图 3.6-2 所示。声悬浮技术可用于材料制备、分析化学与生物物理学、医药等需要精准控制与定位微小物体的领域。此外,不同于电悬浮、磁悬浮等技术,声悬浮技术不受限于悬浮目标的导电性能,因此可悬浮的物质种类更丰富,具有更为广阔的应用前景。

图 3.6-2　小球在声场作用下达到稳定的悬浮

本实验以超声波作为研究对象,对超声的产生、传播、振动的叠加等做出讨论,并利用驻波法和行波法测量声波的传播速度。

[实验目的]

(1) 了解振动合成与李萨如图形。
(2) 了解压电效应与超声的产生原理。
(3) 理解驻波和李萨如图形的形成原理。
(4) 掌握用驻波法测量声波在空气中的传播速度。
(5) 掌握用李萨如图形和行波法测量空气中声波的传播速度。

[实验仪器]

SV-DH 型声速测定仪,TBS1102B-EDU 型数字存储示波器,SVX 型信号源等。

[预习提示]

(1) 本实验采用什么方法测量空气中的声速,其测量原理是什么?
(2) 声音在空气中传播具有哪些特点?
(3) 掌握驻波和李萨如图形形成的原理和特点。
(4) 熟悉、总结仪器的调节方法和步骤。
(5) 列出需要测量的物理量。

[实验原理]

1. 振动的合成与驻波的形成

1) 振动的合成

两个声波同时传到某一点时,该点处空气质点就将同时参与两个振动。这时质点的运动实际上就是两个振动的合成。

(1) 同方向同频率的简谐振动的合成。

假设质点沿 x 轴同时参与两个独立的同频率的简谐振动,其振动表达式分别为

$$x_1 = A_1\cos(\omega t + \varphi_1) \tag{3.6-1}$$

$$x_2 = A_2\cos(\omega t + \varphi_2) \tag{3.6-2}$$

其中，ω 为两个振动的圆频率；A_1 和 A_2 为这两个振动的振幅；φ_1 和 φ_2 为这两个振动的初相位。则合振动的表达式为

$$x = x_1 + x_2 = A_1\cos(\omega t + \varphi_1) + A_2\cos(\omega t + \varphi_2) \tag{3.6-3}$$

式（3.6-3）可以简化为

$$x = A\cos(\omega t + \varphi) \tag{3.6-4}$$

其中，振幅 A 和初相位 φ 分别为

$$A = \sqrt{A_1^2 + A_2^2 + 2A_1 A_2\cos(\varphi_2 - \varphi_1)}$$

$$\varphi = \arctan\frac{A_1\sin\varphi_1 + A_2\sin\varphi_2}{A_1\cos\varphi_1 + A_2\cos\varphi_2}$$

显然，质点沿 x 轴同时参与两个独立的同频率的简谐振动的合振动仍然为简谐振动。

（2）相互垂直的简谐振动的合成。

如果一个质点同时参与两个相互垂直的同频率的简谐振动，且这两个简谐振动分别发生在 x 轴和 y 轴上，设其振动表达式分别为

$$x = A_3\cos(\omega t + \varphi_3) \tag{3.6-5}$$

$$y = A_4\cos(\omega t + \varphi_4) \tag{3.6-6}$$

其中，ω 为两个振动的圆频率；A_3 和 A_4 为这两个振动的振幅；φ_3 和 φ_4 为这两个振动的初相位。消去时间参量 t，可以得到质点的合成运动轨迹方程

$$\frac{x^2}{A_3^2} + \frac{y^2}{A_4^2} - 2\frac{xy}{A_3 A_4}\cos(\varphi_4 - \varphi_3) = \sin^2(\varphi_4 - \varphi_3) \tag{3.6-7}$$

轨迹的形状与两个分振动的初相位差有关。这里讨论几种特殊情况：

如果 $\varphi_4 - \varphi_3 = 0$，则式（3.6-7）变为 $\dfrac{x}{y} = \dfrac{A_3}{A_4}$，此时，质点的轨迹是一条通过一、三象限的直线，如图 3.6-3(a) 所示。

如果 $\varphi_4 - \varphi_3 = \pi$，则式（3.6-7）变为 $\dfrac{x}{y} = -\dfrac{A_3}{A_4}$，此时，质点的轨迹是一条通过二、四象限的直线，如图 3.6-3(b) 所示。

如果 $\varphi_4 - \varphi_3 = \dfrac{\pi}{2}$，则式（3.6-7）变为 $\dfrac{x^2}{A_3^2} + \dfrac{y^2}{A_4^2} = 1$，此时，质点的轨迹是一个以坐标轴为主轴的椭圆，如图 3.6-3(c) 所示，椭圆上的箭头表示质点的运动方向。

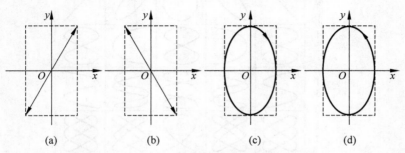

图 3.6-3　两个相互垂直的同频率简谐振动的合成

(a) $\varphi_4 - \varphi_3 = 0$；(b) $\varphi_4 - \varphi_3 = \pi$；(c) $\varphi_4 - \varphi_3 = \dfrac{\pi}{2}$；(d) $\varphi_4 - \varphi_3 = -\dfrac{\pi}{2}$

如果 $\varphi_4 - \varphi_3 = -\dfrac{\pi}{2}$，质点的轨迹仍然是一个以坐标轴为主轴的椭圆，但是质点的运动方向与 $\varphi_4 - \varphi_3 = \dfrac{\pi}{2}$ 时相反，如图 3.6-3(d)所示。

　　如果两个相互垂直的简谐振动的频率不相同，但成简单整数比，那么合成振动的轨迹将形成规则的、稳定的闭合曲线，如图 3.6-4 所示，这些曲线称为李萨如图形。图 3.6-4 所示为 y 轴与 x 轴上分振动频率比为 2∶1 的简谐振动合成的李萨如图形。李萨如图形的形状与两分振动的频率比和初相位差有关，如图 3.6-5 所示。在工程技术中常用李萨如图形测定未知频率。如图 3.6-6 所示，在水平和垂直两个方向分别作两条直线（X 和 Y）与李萨如图形相交，作直线时应避开李萨如图形的交叉点，使直线与李萨如图形的交点数最多。设图中水平方向上的交点数为 N_x，垂直方向上的交点数为 N_y，则有

$$\frac{\omega_x}{\omega_y} = \frac{N_y}{N_x} \tag{3.6-8}$$

根据式(3.6-8)，在已知一个分振动频率的情况下，可以求出另一个分振动的频率。

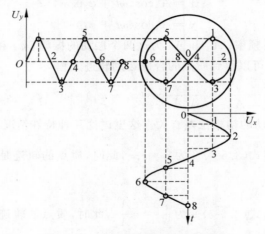

图 3.6-4　李萨如图形合成示意图

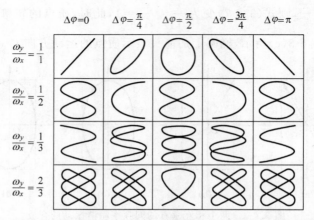

图 3.6-5　几种不同频率比值和不同初相位差的简谐振动合成的李萨如图形

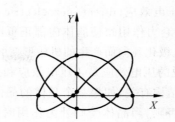

图 3.6-6　李萨如图形二直线画法示意图

2）驻波的形成

设两列振动方向相同、振幅相同、频率相等的平面余弦波沿 x 轴相向传播,其波函数分别为

$$u_1 = A\cos(\omega t - kx) \tag{3.6-9}$$

$$u_2 = A\cos(\omega t + kx) \tag{3.6-10}$$

两列波相遇叠加,根据波的叠加原理,合成波的波函数为

$$u = u_1 + u_2 = A\left[\cos(\omega t - kx) + \cos(\omega t + kx)\right] = 2A\cos kx \cos \omega t \tag{3.6-11}$$

式(3.6-11)中,第一个因子 $2A\cos kx$ 只与坐标有关,与时间 t 无关;第二个因子 $\cos \omega t$ 与时间 t 有关,而与坐标 x 无关。显然,这种波没有相位的传播,没有波形的平移,称为驻波。式中,$2A\cos kx$ 为驻波的振幅,且 $2A\cos kx = 2A\cos\dfrac{2\pi x}{\lambda}$,驻波在不同位置的波形如图 3.6-7 所示。

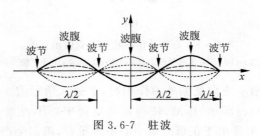

图 3.6-7　驻波

当 $x = \dfrac{\lambda}{4}, \dfrac{3\lambda}{4}, \dfrac{5\lambda}{4}, \dfrac{7\lambda}{4}, \cdots\left(\text{即 } x = \pm(2k+1)\dfrac{\lambda}{4}, k = 0, 1, 2, \cdots\right)$ 时,振幅为 0,这些点在驻波中并不振动,称作波节,相邻两个波节之间的距离为半个波长;当 $x = 0, \dfrac{\lambda}{2}, \lambda, \dfrac{3\lambda}{2}, \cdots$ $\left(\text{即 } x = \pm k\dfrac{\lambda}{2}, k = 0, 1, 2, \cdots\right)$ 时,振幅为 $2A$,这些点在驻波中的振动最为剧烈,称作波腹,相邻两个波腹之间的距离也为半个波长。

2. 超声的产生

由于超声具有良好的指向性,因此本实验中以超声波作为研究对象测量声波的传播速度。在这里,我们需要了解一下压电效应与超声的产生原理。

1）压电效应

有些材料(晶体)在外力作用下产生形变时,其晶体内正负电荷中心相对位置发生移动,从而导致晶体两端出现符号相反的束缚电荷,而且其电荷密度与压力成正比。这种由于压力而产生的电极化现象称为正压电效应(direct piezoelectric effect)。这些具有正压电效应的晶体在外电场作用下,由于库仑力作用致使晶体内部正负电荷中心相对位置发生移动,从而使晶体产生形变。这种由于电极化现象而产生的机械形变的现象称为逆压电效应(converse piezoelectric effect)。而平常所说的压电效应是正压电效应和逆压电效应的统称。

物质的压电效应与其晶体结构有关,如果某个晶体的晶体结构中无对称中心,这种晶体就具有压电效应的产生条件;否则,当晶体受到外力作用时,由于结构对称,在其形变过程中正负电荷中心无法分离,也就无法产生压电现象。石英晶体是最早应用于声呐系统(换能器)使之产生超声波的压电材料,石英晶体的化学成分是 SiO_2,它可以看成由 $+4$ 价的 Si 离子和 -2 价的 O 离子组成。晶体内,两种离子形成有规律的六角形排列,如图 3.6-8(a)所示,其中三个硅正离子组成一个向右的正三角形,正电中心在三角形的重心处;三个氧负离子对(六个负离子)组成一个向左的正三角形,其负电中心也在这个三角形的重心处。当晶体不受力时,两个三角形重心重合,六角形单元是电中性的,而整个晶体由许多这样的六角形单元构成,因此晶体本身也呈电中性。

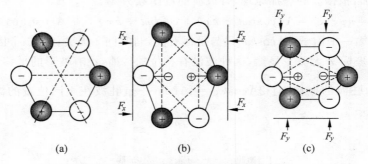

图 3.6-8　石英晶体的正压电效应示意图

(a) 无外力作用时[100]晶面;(b) x 轴方向受压力作用时[100]晶面;(c) y 轴方向受压力作用时[100]晶面

当晶体沿 x 方向或沿 y 方向受到外力作用时,上述六角形沿 x 方向(如图 3.6-8(b)所示)或 y 方向(如图 3.6-8(c)所示)压缩,使得正负电荷中心不再重合。尽管这时六角形单元仍然总体呈现电中性,但是由于正负电荷中心不再重合,因而会产生电偶极矩 p。整个晶体中有许多这样的电偶极矩有序排列,使得晶体整体发生极化,晶体表面出现束缚电荷,发生正压电效应。当外力撤去时,晶体恢复原有形状,晶体极化随之消失。需要指出的是,石英晶体的压电效应是有方向性的,当外力沿 z 轴方向(垂直于图 3.6-8 中的纸面方向)作用时,由于不能造成正负电荷中心的相对移动,因而不能产生压电效应。相反,将一个不受外力的石英晶体放置于电场中,在库仑力的作用下,正负电荷中心向相反的方向移动,最终导致晶体发生宏观形变,即发生逆压电效应。

在压电晶体中还有一类铁电性压电晶体,如钛酸钡($BaTiO_3$)、电陶瓷锆钛酸铅 $Pb(Zr_x Ti_{1-x})O_3$(简称 PZT),在室温下即使不受外力作用其正负电荷中心也不重合,而是具有一个自发偶极矩,在外力作用下这类晶体的自发偶极矩也可以发生变化从而产生压电效应。这类晶体多是由人工制成的陶瓷材料,又称为压电陶瓷。压电陶瓷一般都具有十分稳定的压电性能以及居里温度,已经广泛用于制造超声换能器、水声换能器、电声换能器、陶瓷滤波器、陶瓷变压器、陶瓷鉴频器、高压发生器、红外探测器、声表面波器件、电光器件中的主要部件。

2）超声波产生和接收

本实验中使用压电陶瓷换能器完成声压和电压之间的转换产生和接收超声波,从而实现对超声波在空气中的传播速度这一非电量的测量。压电陶瓷换能器的结构如图 3.6-9 所示,它由后盖反射板、压电陶瓷晶片、正负电极片、辐射头构成。其中压电陶瓷晶片是压电陶瓷换能器的核心,压电陶瓷换能器中的压电陶瓷晶片在交流电的作用下由于

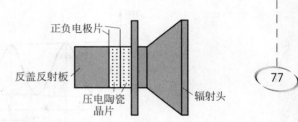

图 3.6-9 压电陶瓷换能器的结构

逆压电效应而产生超声波,从而产生机械振动在空气中激发出声波;压电陶瓷换能器还可以利用压电陶瓷晶片的正压电效应来接收超声波。同一个压电陶瓷换能器既可以用于超声波的发射,也可以用于超声波的接收。本实验使用的压电陶瓷晶片的共振频率为 $35\sim40\text{kHz}$(具体参数需在实验中具体测定),相应的超声波波长为几毫米。当输入的正弦电压信号的频率调到 $35\sim40\text{kHz}$ 的某个特定频率时,电信号频率与压电陶瓷晶片固有频率相同,压电陶瓷晶片发生共振,压电陶瓷晶片的振动幅度达到最大值,此时换能器输出的超声波能量达到最大。这个对应的频率称为压电陶瓷换能器的共振频率。

3. 声速的测量

声速 v 与波长 λ 和频率 f 之间的关系可以表示为

$$v = f\lambda \tag{3.6-12}$$

若可以测得声波的波长和频率,即可得到声速。常用的实验方法有驻波法和行波法。当然,声速 v 与其传播距离 L 和其传播的时间 t 之间也满足 $v = \dfrac{L}{t}$ 的关系,若可以测得声音的传播距离和所对应的时间,也可测得声速,这便是时差法测量声速的基本原理。

1）驻波法

驻波法测量声速的实验装置如图 3.6-10 所示,发射端压电陶瓷换能器发出近似于平面波的声波,经接收端压电陶瓷换能器反射后,再次回到发射端并再次反射,这样声波将在两个换能器的端面间来回反射并且叠加,产生干涉现象,形成驻波。

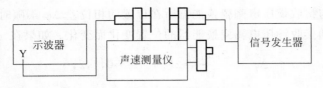

图 3.6-10 驻波法测波长实验装置示意图

实验中,当接收端压电陶瓷换能器端面位置近似为波节时,接收到的声压最大,经接收端压电陶瓷换能器转换成的电信号也最强。声压变化与接收端压电陶瓷换能器位置的关系如图 3.6-11 所示。声压的变化可以使用示波器进行测量,当接收端压电陶瓷换能器端面移动到某个波节位置时,示波器上将会出现最强的电信号;继续移动接收端压电陶瓷换能器,当再次出现最强的电信号时,这两次最强电信号位置点之间的距离为半波长即 $\lambda/2$。这样就可以通过实验测得声压变化和接收端压电陶瓷换能器位置的关系,求得声波的波长。

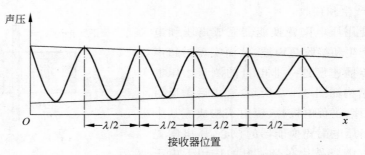

图 3.6-11　声压变化与接收端压电陶瓷换能器位置的关系

2) 行波法

行波法测量声速的实验装置如图 3.6-12 所示，由于发射端压电陶瓷换能器发出的声波近似于平面波，所以空气在发射端与接收端压电陶瓷换能器之间同一截面处各质点的振动情况基本相同。设声源的振动为

$$y_1 = y_0 \cos(2\pi ft + \varphi) \tag{3.6-13}$$

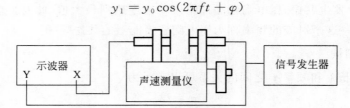

图 3.6-12　行波法测波长实验装置示意图

其中，y_0 为振幅，f 为振动频率，φ 为初相位。距声源为 x 处的任一质点的振动情况，即距声源 x 处接收端压电陶瓷换能器接收到的振动情况为

$$y = y_0 \cos\left[2\pi f\left(t - \frac{x}{v}\right) + \varphi\right] \tag{3.6-14}$$

其中，v 为波速。该位置的振动与声源振动之间的相位差为

$$\Delta\varphi = \frac{2\pi fx}{v} = \frac{2\pi x}{\lambda} \tag{3.6-15}$$

由此可知，发射端与接收端压电陶瓷换能器所在位置的相位差 $\Delta\varphi$ 不随时间变化，只随 x 的变化而变化，即只随接收端压电陶瓷换能器的位置变化而变化。如果在 x_1 处有

$$\Delta\varphi_1 = \frac{2\pi x_1}{\lambda} = 2k\pi, \quad k = 0, 1, 2, \cdots \tag{3.6-16}$$

在 x_2 处有

$$\Delta\varphi_2 = \frac{2\pi x_2}{\lambda} = (2k+1)\pi, \quad k = 0, 1, 2, \cdots \tag{3.6-17}$$

则

$$\Delta\varphi_2 - \Delta\varphi_1 = \frac{2\pi x_2}{\lambda} - \frac{2\pi x_1}{\lambda} = \pi \tag{3.6-18}$$

$$\Delta x = x_2 - x_1 = \frac{\lambda}{2} \tag{3.6-19}$$

根据式(3.6-19)可知，如果测得两个邻近的相位差为 π 的位置点之间的距离 Δx，即可求得

声音的波长 λ。

　　相位差的变化可以使用示波器来进行实验观察,将发射端压电陶瓷换能器发出的信号与接收端压电陶瓷换能器接收到的信号分别加到示波器垂直与水平偏转板上。此时,示波器荧光屏上显示的图形为两个同频率振动合成的李萨如图形,如图 3.6-13 所示,在压电陶瓷换能器的移动过程中,图形从某一方位的直线变为另一方位的直线,相位差 $\Delta\varphi$ 改变了 π,此时压电陶瓷换能器移动距离为 $\Delta x = \lambda/2$。

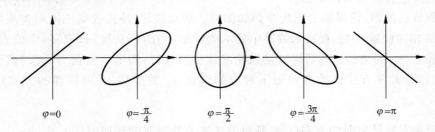

$\varphi=0$　$\varphi=\dfrac{\pi}{4}$　$\varphi=\dfrac{\pi}{2}$　$\varphi=\dfrac{3\pi}{4}$　$\varphi=\pi$

图 3.6-13　行波法中李萨如图形随相位差变化示意图

［实验测量与数据处理］

1. 驻波法

(1) 按图 3.6-14 连线,并使两个压电陶瓷换能器的端面平行。

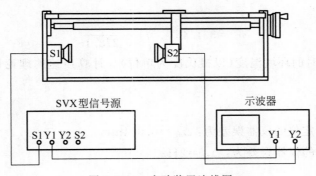

图 3.6-14　实验装置连线图

　　(2) 打开仪器电源开关,并预热 15min,调节波形发生器的输出频率到 $35\sim40\text{kHz}$,并调节示波器使其显示的正弦波形稳定。

　　(3) 测定压电陶瓷换能器的工作频率(共振频率) f_0。略微调节波形发生器的输出频率,同时略微调节接收端压电陶瓷换能器与发声器之间的相对位置,使示波器显示的正弦波形波幅达到最大,此时的频率 f_0 为声速测定仪压电陶瓷换能器的工作频率,并记下此时波形发生器的输出频率值。

　　(4) 记下实验开始时的室温 (t_1)。

　　(5) 测定波节位置。转动鼓轮,使接收端压电陶瓷换能器与发声器之间的相对位置发生改变,观察示波器中显示的波形,当波幅最大时,记下对应的位置 x_1 的坐标,同时记录该位置下示波器显示波形的峰-峰值电压 V_{pp1},然后再转动鼓轮,以同样的方式依次测出 x_2,$x_3,\cdots,x_{10}$,以及 $V_{pp2},V_{pp3},\cdots,V_{pp10}$。

（6）记下实验结束时的室温(t_2)，则驻波法实验测量时的环境温度$t=\dfrac{t_1+t_2}{2}$。

2. 行波法

（1）按图3.6-14连线，检查并使两个压电陶瓷换能器的端面平行，调节波形发生器的输出频率，使其与驻波法中的压电陶瓷换能器的共振频率相同。

（2）记录实验开始时的室温(t_1')。

（3）调节示波器，使屏幕上出现李萨如图形。转动鼓轮，使接收端压电陶瓷换能器与发声器之间的相对位置改变，观察示波器中显示的波形，当图形从椭圆（或圆）变成直线时，记下对应的位置x_1的坐标。然后再转动鼓轮继续移动位置，图形又变化为椭圆（或圆），继而再次变为直线（此时方位已改变），记下对应的位置x_2的坐标，并以同样的方式依次测出$x_3,x_4,\cdots,x_{10}$。

（4）记录实验结束时的室温(t_2')，则行波法实验测量时的环境温度$t'=\dfrac{t_1'+t_2'}{2}$。

3. 用最小二乘法处理数据

使用最小二乘法对驻波法和行波法得到的数据进行处理，并分别求出λ和U_λ，再根据压电陶瓷换能器的工作频率f_0和测出的λ，利用式(3.6-13)分别计算两种方法得到的声速及其不确定度。

声速理论值为

$$v_t=331.45\times\sqrt{1+\frac{t}{273.15}} \tag{3.6-20}$$

其中，t为实验测量时的环境温度（以摄氏度为单位）。计算声速的理论值与测量值间的百分差。

4. 仪器误差

SV-DH声速测定仪的仪器误差为：$\Delta_仪=0.004$mm。

SVX型信号源的仪器误差为：$\Delta_仪=2$Hz。

［讨论］

（1）讨论用测声速的方法计算得到的比热容比的实验方法，并分析其误差来源。

（2）讨论用驻波法测量声速的实验中声压的幅度随着接收端压电陶瓷换能器与发声器之间的相对位置变化。

（3）在实验测量中有时会出现声压极值位置并不是严格地出现在半波长的整数倍的位置，尤其在接收端压电陶瓷换能器与发声器距离较近的位置，分析其中的物理机理。

［结论］

通过对实验现象和实验结果的分析，你能得到什么结论？

［研究性题目］

（1）设计实验并查阅相关材料，用本实验中的实验装置测量液体中的声速。

（2）测量声速的实验方法中除了驻波法和行波法外还可以采用时差法，请设计实验并查阅相关材料，用时差法测量声音在空气中的传播速度，实验中可以选用其他必要的实验设备。

［附录1］　SV-DH型声速测定仪

SVX-6信号源面板如图3.6-15所示，其具体功能如下：

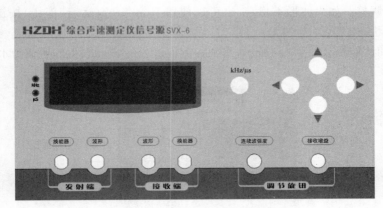

图3.6-15　声速测定仪信号源面板

（1）"kHz/μs"按键：用于切换"连续波"和"脉冲波"模式，切换到相应模式后，数码窗口左边对应指示灯亮。连续波用于相位法和驻波法声速测定实验，脉冲波用于时差法声速测定实验。

（2）在连续波模式时，可通过◀、▶按键改变频率调节步进值，通过▲、▼按键改变频率值。

（3）连续波强度：用于调节发射端换能器接口输出信号电功率。

（4）接收增益：用于调节仪器内部的接收增益，对接收端换能器信号进行放大。

（5）发射端换能器接口：功率信号输出，用于连接"发射换能器"。

（6）发射端波形接口：指示发射信号波形，用于连接示波器进行观测。

（7）接收端换能器接口：用于连接"接收换能器"。

（8）接收端波形接口：指示接收换能器信号放大后波形，用于连接示波器进行观测。

声速测定仪测试架，其外形如图3.6-16所示，主要由发射换能器、接收换能器、丝杠、带有刻度的手摇鼓轮组成。手摇鼓轮每转动一圈，丝杠会带动接收换能器向前或向后移动1mm。手摇鼓轮上共有100个刻度，因此最小刻度对应为0.01mm。使用声速测定仪测试架时应注意避免来回摇动鼓轮，以免在实验中引入空程差。

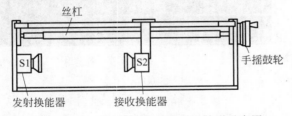

图3.6-16　声速测定仪（测试架）外形示意图

［附录 2］ TBS1102B-EDU 数字存储示波器的简易使用

TBS1102B-EDU 数字存储示波器的前面板如图 3.6-17(a)所示，其前面板包括显示区域、菜单及控制按钮区域、垂直控制面板、水平控制面板、触发控制面板以及输入连接器。按下 Autoset(自动设置)按键，示波器可以自动识别波形的类型并自动调整标度使其显示大小合适。如果波形在屏幕上显示的大小不合适，也可以通过 Position(位置)和 Scale(标度)旋钮自行进行调整。如果波形不稳定，也可以使用 Run/Stop(运行/停止)按键使波形停止在按下时刻的状态。

观察波形时，如图 3.6-17(b)所示，水平控制面板中的 Scale(标度)旋钮为水平标度旋钮，

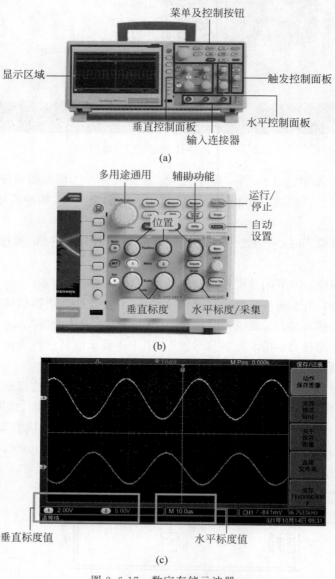

图 3.6-17　数字存储示波器

(a) 示波器的前面板；(b) 示波器的按键功能；(c) 示波器波形的显示

用以调整示波器显示波形的周期数,其单位为 s/格、ms/格或 μs/格等,其数值在图 3.6-17(c) 中的"水平标度值"位置显示;垂直控制面板中的 Scale(标度)旋钮为垂直标度旋钮,用以调整示波器显示波形的"幅度",其单位为 V/格或 mV/格,其数值在图 3.6-17(c)中的"垂直标度值"位置显示。

观察李萨如图形时,可以通过 Utility(辅助功能)按键和 Multipurpose(多用途)通用旋钮选择"XY 显示"模式(不同型号的示波器调整方法不尽相同),如果此时李萨如图形显示不全,可以通过"采集"旋钮将李萨如图形调节清晰。

［参考文献］

［1］ GOR'KOV L P. On the forces acting on a small particle in an acoustical field in an ideal fluid[J]. Sov. Phys. Dokl. ,1962,6：773-775.

［2］ NYBORG W L. Radiation pressure on a small rigid sphere[J]. The Journal of the Acoustical Society of America,1967,42(5)：947-952.

［3］ YOUNG H D,FREEDMAN R A,FORD A L. 西尔斯当代大学物理(上)［M］. 吴平,刘丽华,译. 13 版. 北京：机械工业出版社,2020.

［4］ 吴平. 大学物理实验教程［M］. 2 版. 北京：机械工业出版社,2015.

［5］ 杭州大华仪器制造有限公司. SV-DH 系列声速测定仪使用说明书［Z］. 2018.

实验 3.7 超声波在固体中的传播与超声成像

［引言］

声波可以在气体、液体、固体中传播,当其在流体中传播时,由于流体无法为其传播提供剪切力,因此声波只能以纵波的形式传播;当声波在固体中传播时,情况就不一样了,固体既可以承受压缩应力也可以承受剪切应力,因此其在固体中传播时,既可以是纵波也可以是横波。由于声波在固体中传播的过程中携带着物体性能的很多信息,我们可以使用这些信息表征物体的特性。例如,声速、声波、衰减、声阻抗等传播特性与物体的很多状态参量有关,可以利用这些参量,通过提取声波在物体传播特性中的特征信息量,来实现工业上非声学参数的测量,如密度、厚度、弹性、强度、黏度等。由于超声波具有方向性好、穿透能力强、能定向传播的优点,因此在实际工作中往往以超声波作为载体实现对这些非声学参数的测量。

如果我们可以测得每个位置超声发声与其回声之间的时间差,就可以绘制出一套超声的成像图,这幅图中的每一点用不同的颜色或亮度来表示不同的时间差。如果我们还知道超声在该介质中的传播速度,就可以绘制出具有物理意义的超声成像图了。

如果将超声波射入材料并采集回波信号,将得到的波形在超声检测仪上显示出来,就能判断材料中存在的缺陷或损伤,实现无损检测。这种实现超声波无损检测的方式可以分为以下两种:①探头接收到的回波信号以振幅随时间变化的形式在超声检测仪上显示出来,我们称这种检测为"一维显示",由于振幅的英文首字母为 A,故此种方式称为"A 超";②如果将"A 超"在检测仪上显示的回波曲线用一系列亮度不同的点替代,当探头逐点扫过平面时,就得到一幅明暗不同的"黑白照片",如图 3.7-1 所示,由于亮度英文首字母为 B,故此种方式称为"B超"。"B超"更多地用在医学检测上，是目前进行体检、产检的一种常用的手段。图3.7-1所示为一张怀孕10周的准妈妈做产检时的"B超"影像，从中我们可以清晰地看到子宫内小宝宝的头、身体和四肢。

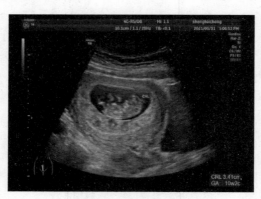

图 3.7-1 "B超"影像

本实验使用 JDUT-2 型超声波实验仪研究超声在固体中传播的性质，用探头探测试块某位置在示波器上得到回波信号即以振幅随时间变化的"A 超"，并移动探头逐点扫过平面得到未知试块内部的超声成像（即"B 超"）的结果。

［实验目的］

（1）了解超声波在固体中的传播规律和测试原理。
（2）通过对固体弹性常量的测量，掌握超声波在测试方面的应用特点。
（3）理解超声成像的基本原理。

［实验仪器］

JDUT-2 型超声波实验仪，示波器，CSK-IB 型铝试块，超声波成像专用试块，直探头，斜探头，5Mφ6 专用直探头，钢板尺，耦合剂（水）。

［预习提示］

（1）了解超声波在物质中传播的原理。
（2）了解超声在铝块中纵波和横波传播时声速的测量方法。
（3）了解超声成像的基本实验步骤。

［实验原理］

1. 超声波在固体中的传播

在气体介质中声波只是纵波，而在固体介质中时，由于固体可以发生剪切形变，声波既可以纵波传播，也可以横波传播。根据时差法，无论材料中传播的声波是纵波还是横波，其速度均可表示为

$$v = \frac{d}{t} \tag{3.7-1}$$

式中，d 为声波传播的距离；t 为声波传播时间。

对于同一种固体材料（弹性介质）而言，其纵波声速和横波声速的大小一般不同。假设声音在一个固体棒中沿轴向传播。对于固体棒，如图 3.7-2 所示，当对它在水平方向施加应力的时候，沿着受力方向固体棒被拉伸了 Δl 的形变量，同时其侧向横截面积会缩小。根据固体的各向同性假设，侧向截面的收缩，对于宽度和高度应该有相同的比例。很显然，在拉伸过程中 Δl 为正，而 Δw 和 Δh 为负，即在拉伸过程中 w 和 h 变小。在应力作用下，沿轴向有一正应变（伸长），沿横向就将有一个负应变（缩短）。横向应变与纵向应变之比被定义为泊松系数（σ），它通常是一个无量纲的正数且小于 0.5，即

$$\frac{\Delta w}{w} = \frac{\Delta h}{h} = -\sigma \frac{\Delta l}{l} \tag{3.7-2}$$

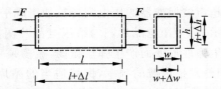

图 3.7-2　在水平方向施加应力的固体棒产生的形变示意图

在这样的固体棒中，以纵波形式传播的声音，由于每一个振动质点的振动方向与传播方向同轴，而使得其纵波声速与材料的弹性模量 E 有关：

$$v_{\mathrm{L}} = \sqrt{\frac{E}{\rho}} \tag{3.7-3}$$

式中，v_{L} 为纵波声速；E 为固体材料的弹性模量，即固体在外力作用下，其长度沿力的方向产生变形，变形时的应力与应变之比；ρ 为材料密度。而以横波形式传播的声音，由于每一个振动质点的振动方向与波的传播方向垂直，而使得横波声速与材料的剪切模量有关：

$$v_{\mathrm{T}} = \sqrt{\frac{G}{\rho}} \tag{3.7-4}$$

式中，v_{T} 为横波声速；G 为固体材料的剪切模量，即固体材料在剪切应力作用下，切应力与切应变的比值；ρ 为材料密度。

而对于各向同性、连续大块固体介质，其在垂直于作用力的方向上受到横向约束，不能自由收缩，因此其弹性模量 E' 通常大于材料本身的弹性模量 E，满足

$$E' = \frac{1-\sigma}{(1+\sigma)(1-2\sigma)}E \tag{3.7-5}$$

式中，E' 为各向同性、连续大块固体介质的弹性模量；σ 为材料的泊松系数。在各向同性固体介质中，剪切模量与材料弹性模量和泊松系数有关，满足

$$G = \frac{E}{2(1+\sigma)} \tag{3.7-6}$$

因此，在各向同性的连续大块固体介质中，不同波型超声波的传播速度为

$$v_{\mathrm{L}} = \sqrt{\frac{E(1-\sigma)}{\rho(1+\sigma)(1-2\sigma)}} \tag{3.7-7}$$

$$v_{\mathrm{T}} = \sqrt{\frac{E}{2\rho(1+\sigma)}} \tag{3.7-8}$$

通过测量材料中的纵波声速和横波声速,利用式(3.7-9)和式(3.7-10)可以计算介质的弹性模量和泊松系数：

$$E = \frac{\rho v_{\mathrm{T}}^2 (3T^2 - 4)}{T^2 - 1} \tag{3.7-9}$$

$$\sigma = \frac{T^2 - 2}{2(T^2 - 1)} \tag{3.7-10}$$

式中,T 为纵横波速度比,即

$$T = \frac{v_{\mathrm{L}}}{v_{\mathrm{T}}} \tag{3.7-11}$$

2. 脉冲超声波的产生及其特点

在本实验中,用于制造超声波换能器的压电陶瓷被加工成平面状,并在正反两面分别镀上银电极,如图 3.7-3(a)所示,称为压电晶片。当给压电晶片两极施加一个电压短脉冲时,由于逆压电效应,晶片将发生弹性形变而产生弹性振荡,振荡频率与晶片的材料、厚度有关。可以通过改变晶片的厚度调整发生声波的频率,保持适当的晶片厚度可以得到超声频率范围的声波。在一次电压短脉冲作用下,压电晶片的振动幅度先迅速增大又迅速降低,从而发射一束超声脉冲波,如图 3.7-3(b)所示。超声波在材料内部传播时,与被检对象相互作用发生散射,散射波被同一压电换能器接收,由于正压电效应,振荡的晶片在两极产生振荡的电压信号,该信号被放大后可以通过示波器检测出来。

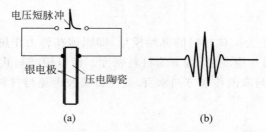

图 3.7-3　脉冲波的产生
(a) 压电晶片示意图；(b) 超声脉冲波示意图

图 3.7-4 所示为超声波在试块中传播及示波器检测到的超声波信号示意图,图中 t_0 是电脉冲施加在压电晶片的时刻,t_1 是超声波传播到试块底面又反射回来被同一个探头接收的时刻。如果不考虑探头延迟时间等其他因素的影响,则超声波传播到试块底面的时间为

$$t = \frac{1}{2}(t_1 - t_0) \tag{3.7-12}$$

如果试块材质均匀,超声波声速 v 一定,则超声波在试块中的传播距离为

$$S = vt \tag{3.7-13}$$

3. 超声波波型及换能器种类

如果压电晶片内部质点的振动方向垂直于压电晶片平面,那么换能器向外发射的超声波为纵波。超声波在介质中传播通常有以下三种不同的波型,取决于介质可以承受何种作用力以及如何对介质激发超声波。

(1)纵波波型。当介质中质点振动方向与超声波的传播方向一致时为纵波波型,任何

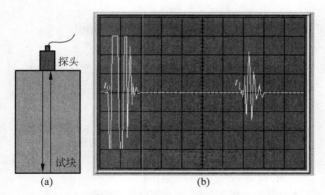

图 3.7-4 脉冲超声波在试块中传播及示波器的接收信号示意图

（a）超声波在试块中传播示意图；（b）示波器显示的接收信号

固体介质其体积发生交替变化时均会产生纵波。

（2）横波波型。当介质中质点的振动方向与超声波的传播方向垂直时为横波波型。由于固体介质除了能承受体积形变外，还能承受切变形变，因此，当有剪切力交替作用于固体介质时会产生横波。

（3）表面波波型。表面波是沿着固体表面传播的既具有纵波性质，又具有横波性质的超声波。表面波可以看成由平行于表面的纵波和垂直于表面的横波合成而来，在距表面1/4波长深处振幅最强，随着深度的增加迅速衰减，在距离表面一个波长以上的地方，质点振动的振幅就已经变得十分微弱。

在实际应用中，通常把超声波换能器称为超声波探头。常用的超声波探头有直探头和斜探头两种，其结构如图3.7-5所示。探头通过保护膜或斜楔向外发射超声波；吸收背衬可以吸收晶片向背面发射的声波，减少杂波的产生；匹配电感可以调整脉冲波的形状。斜探头中的晶片受激发产生超声波后，声波先在探头内部传播一段时间后才到达试块的表面，这段时间称为探头的延迟。直探头一般延迟较小，在测量精度要求不高的情况下可以忽略不计。

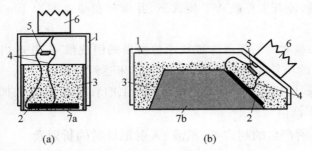

图 3.7-5 直探头和斜探头的结构示意图

（a）直探头；（b）斜探头

1—外壳；2—晶片；3—吸收背衬；4—电极接线；5—匹配电感；6—接插头；7a—保护膜；7b—斜楔

一般情况下，采用直探头产生纵波，而在斜探头中从晶片产生的超声波为纵波，它通过斜楔使超声波折射到试块内部，同时可以使纵波转换为横波。实际上，超声波在两种固体界面上发生折射和反射时，纵波可以折射和反射为横波，横波也可以折射和发射为纵波，超声波的这种现象称为波型转换，如图3.7-6所示。

88

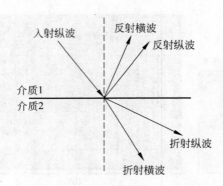

图 3.7-6　超声波的波型转换

反射情况：

$$\frac{\sin\alpha}{v} = \frac{\sin\alpha_{\text{L}}}{v_{1\text{L}}} = \frac{\sin\alpha_{\text{T}}}{v_{1\text{T}}} \tag{3.7-14}$$

折射情况：

$$\frac{\sin\beta}{v} = \frac{\sin\beta_{\text{L}}}{v_{2\text{L}}} = \frac{\sin\beta_{\text{T}}}{v_{2\text{T}}} \tag{3.7-15}$$

式中，α_{L} 和 α_{T} 分别为纵波反射角和横波反射角；β_{L} 和 β_{T} 分别为纵波折射角和横波折射角；$v_{1\text{L}}$ 和 $v_{1\text{T}}$ 分别为第一种介质的纵波声速和横波声速；$v_{2\text{L}}$ 和 $v_{2\text{T}}$ 分别为第二种介质的纵波声速和横波声速。

[实验测量与数据处理]

1. 观察仪器接收超声回波（直探头与斜探头）

（1）在铝试块 CSK-IB 表面加上适量的耦合剂（水），将直探头的探测面与试块紧密接触；

（2）调节示波器，使其工作在 YT 模式下，并调节扫描速率为 $10\mu s$/格、Y 轴灵敏度为 1V/格；

（3）观察直探头接收到的超声在试块中传播后的回波信号，并适当调节超声波实验仪上的衰减值，使得到的信号有较明显的回波信号且未达到饱和；

（4）更换斜探头，同样适当调节超声波实验仪上的衰减值，观察斜探头接收到的超声波在试块中传播后的回波信号。

2. 测量斜探头所产生的超声波（横波）入射铝块时的折射角

使用铝试块 CSK-IB 上的 A、B 横通孔测量斜探头所产生的超声波（横波）入射铝块时的折射角，如图 3.7-7 所示。分别使斜探头对准 A 孔和 B 孔，对准时示波器得到的信号为最大值，分别用钢板尺测量图中的 L_{A1}、L_{B1}、H 和 L，即可得到该超声横波的折射角 β_{T}，见式（3.7-16）。需要指出的是，铝试块 CSK-IB 的边界处也会反射超声，实验中应注意鉴别。

$$\beta_{\text{T}} = \arctan\left(\frac{L_{\text{B1}} - L_{\text{A1}} - L}{H}\right) \tag{3.7-16}$$

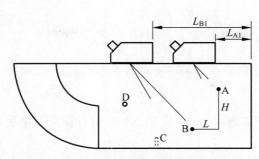

图 3.7-7　斜探头所产生的超声波在铝块中传播的折射角测量

3. 铝块的弹性模量和泊松系数的测量

（1）使用铝试块 CSK-IB 厚度方向（其厚度为 45mm）的一次回波，测量直探头的延迟时间与纵波声波在试块中的传播速度，如图 3.7-8 所示。其中 B_1 是试块的一次底面回波，对应声波从发出到传播到试块的下表面并反射回到接收端的信号；B_2 是试块的二次底面回波，对应超声波从发出到传播到试块的下表面并反射回到样品的上表面后，再次反射到下表面再反射回上表面并在接收器接收到的信号。声波分别从示波器上读出超声波（纵波）在试块内一次往复传播的时间 t_1 和两次往复传播的时间 t_2，则直探头的延迟时间为

$$t = 2t_1 - t_2 \tag{3.7-17}$$

在试块内纵波声速为

$$v_L = \frac{2L'}{t_2 - t_1} \tag{3.7-18}$$

式中，L' 为试块上下表面间的距离。

（2）利用铝试块 CSK-IB 的圆弧面，测量斜探头的延迟时间与横波声波在试块中的传播速度，如图 3.7-9 所示。使斜探头对准圆弧面，并使探头的斜射声波可以同时入射到 R_1 和 R_2 弧面上，在示波器上可以分别观察到其反射信号 B_1 和 B_2，测量它们所对应的时间 t_1 和 t_2。则斜探头的延迟时间 $t_{斜}$ 为

$$t_{斜} = \frac{R_2 t_1 - R_1 t_2}{R_2 - R_1} \tag{3.7-19}$$

如果 $R_2 = 2R_1$，则延迟时间为

$$t_{斜} = 2t_1 - t_2 \tag{3.7-20}$$

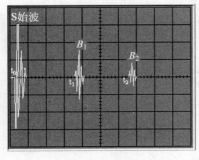

图 3.7-8　直探头的延迟时间与纵波声速的测量

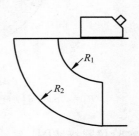

图 3.7-9　斜探头延迟时间测量示意图

在试块内横波的声速为

$$v_T = \frac{2(R_2 - R_1)}{t_2 - t_1} \tag{3.7-21}$$

用式(3.7-9)和式(3.7-10)计算铝块的弹性模量和泊松系数。

4. 超声成像

（1）使用无缺陷超声成像试块，测量 5Mφ6 专用直探头产生的超声在该试块材料中的传播速度。

（2）用 5Mφ6 专用直探头在有缺陷超声成像试块上测量其缺陷分布，横纵方向分别每隔 10mm 测量一个实验点，记录探头的测量位置坐标以及缺陷波的接收时间。如果测量过程中前面的回波明显高于噪声信号，则说明探头所探测位置内部存在缺陷。记录缺陷波的接收时间，并用测得的超声波在该试块材料中的传播速度计算缺陷深度。

（3）使用 Excel 的"曲面图"功能或其他绘图工具绘制超声波成像专用试块的缺陷分布图。

[讨论]

对你观察到的本实验现象中的科学问题进行讨论。

[结论]

通过对实验现象和实验结果的分析，你能得到什么结论？

[研究性题目]

利用 CSK-IB 铝试块上的缺陷孔测量不同探头的声束扩散角，以及这些缺陷的位置和深度。

[附录]

1. 铝试块 CSK-IB 的参数

铝试块 CSK-IB 的参数如图 3.7-10 所示。

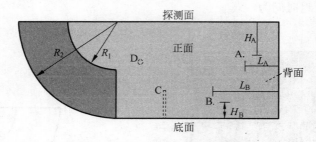

图 3.7-10　铝试块 CSK-IB 结构图

$R_1 = 30mm$；$R_2 = 60mm$；$L_A = 20mm$；$H_A = 20mm$；$L_B = 50mm$；$H_B = 10mm$

2. 实验仪器接线图

超声波实验仪接线图如图 3.7-11 所示。

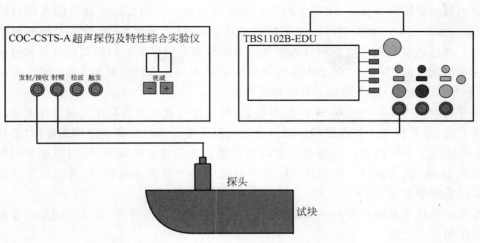

图 3.7-11　超声波实验仪接线图

[参考文献]

[1] YOUNG H D,FREEDMAN R A,FORD A L.西尔斯当代大学物理(上)[M].吴平,刘丽华,译.13 版.北京:机械工业出版社,2020.
[2] 吴平.大学物理实验教程[M].2 版.北京:机械工业出版社,2015.
[3] 成都华芯众合电子科技有限公司.COC-CSTS-A 超声探伤及特性综合实验仪说明书[Z].2018.
[4] 孔祥华,杨穆,王帅.材料物理基础[M].北京:冶金工业出版社,2010.

实验 3.8　多普勒效应

[引言]

　　1842 年,奥地利物理学家多普勒发现,当波源和接收器之间有相对运动时,接收器接收到的波的频率与波源发出的频率不同。当波源向观察者接近时观察者所接收到的频率将变高,反之接收的频率将变低,这种现象被称为多普勒效应。多普勒效应首先在声音的传播过程中被发现,但需要指出的是,多普勒效应适用于包括电磁波(光波)在内的所有类型的波。

　　在研究原子的发射光谱时,由于原子的无规则热运动,多普勒效应使得原子发出的光谱产生多普勒频移(即测得的光谱频率与该原子静止时发射光谱频率之间的差值),这个频移的大小依赖于原子运动速度沿观测方向的分量,不同运动速率的原子具有不同的多普勒频移。最终实验测得的光谱是这些不同运动速率的原子的多普勒频移造成的叠加效果,称为多普勒增宽,其值与绝对温度的平方根成正比。通常多普勒增宽比自然宽度大 2~3 个量级。另外,多普勒效应在天体物理、等离子体物理等科学研究领域中也具有重要的作用。早在 1916 年,普拉斯基特在测量太阳转动速度时就发现太阳表面多普勒速度场具有波动现象,开启了日震学的研究。但是,日震研究需要长达数小时甚至数天的连续观测,这就要求在全球多处设置观测站,例如美国国立太阳天文台全球日震观测网(Global Oscillation Network Group,GONG)通过分别设置在美国、夏威夷、澳大利亚、印度、西班牙、智利的 6 处观测站进行联合观测。而太空观测则不同于地面观测,可以很容易做到全天候、全方位观测。中国科学院国家天文台、中国空间技术研究院等单位共同提出建设我国太阳极轨探测卫星，这是继我国第一颗大型综合空间太阳观测卫星 ASO-S 之后，具有重大科研价值的空间项目。通过速度场测量数据和日震学反演方法探索太阳极区内部的流场特征和极区的活动周磁场演化特征，有望在"驱动太阳的磁周期的原因是什么?"(《科学》杂志提出的最前沿125 个科学问题之一)这一问题上取得重大突破。

多普勒效应也已广泛应用于导弹、卫星、车辆以及海底探测等检测运动目标速度的雷达或声呐系统，以及检查人体内脏的活动情况和血液流速的彩色多普勒超声系统即"彩超"等。图 3.8-1 展示了某位患者的左侧椎动脉内径彩色多普勒检查结果照片，图中患者的椎动脉内径只有 2mm，较为狭窄。彩色多普勒超声检查可以为患者找出病因，为进行下一步治疗提供良好的医学依据。

本实验通过观察超声波的多普勒现象，了解多普勒效应的原理，并学习应用多普勒效应研究物体的运动规律。

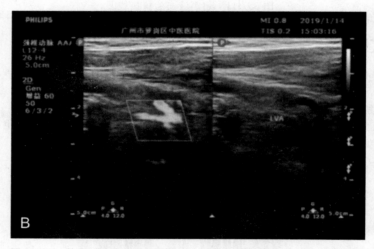

图 3.8-1　某位患者的左侧椎动脉内径彩色多普勒超声检查结果照片

[实验目的]

(1) 了解多普勒效应的原理，研究相对运动速度与接收到的频率之间的关系。

(2) 利用多普勒效应，研究作变速运动的物体运动速度随时间的变化关系，以及其机械能转化的规律。

[实验仪器]

ZKY-DPL-3 多普勒效应综合实验仪，电子天平，钩码等。

[预习提示]

(1) 如何利用超声多普勒效应测量物体的运动速度？

(2) 简述行进中的物体突破声障时的情形。

(3) 简述天文学中的红移现象与多普勒效应之间的关系。

［实验原理］

1. 声波的多普勒效应

假设一个点声源的振动在各向同性且均匀的介质中传播,如图 3.8-2 所示,图中的每一个圆表示一个波面,任一波面上各点的相位与相邻圆上各点的相位差均为 2π,两相邻圆的半径之差为该点的声波波长。当声源相对于介质静止不动时,各个波面可以组成一个同心圆,如图 3.8-2(a)所示,声波的频率 f_0、波长 λ_0 以及波速 u_0 的关系为

$$f_0 = \frac{u_0}{\lambda_0} \tag{3.8-1}$$

将接收器测得的声波频率、波长以及波速分别称为观测频率、观测波长以及观测波速,并分别记为 f、λ、u,则

$$f = \frac{u}{\lambda} \tag{3.8-2}$$

当接收器以一定的速度向声源运动时,接收器测得的各个球面波的观测波长 λ 仍等于 λ_0,测得的观测波速 u 变为 $u_0 + v_0$,因此式(3.8-2)可以改写为

$$f = \frac{u_0 + v_0}{\lambda_0} \tag{3.8-3}$$

式(3.8-1)与式(3.8-3)联立可得

$$f = \frac{u_0 + v}{\lambda_0} = \frac{f_0\lambda_0 + v}{\lambda_0} = \left(1 + \frac{v}{u_0}\right)f_0 \tag{3.8-4}$$

式中 v_0 表示声源相对介质静止时接收器与声源的相对运动速率,接收器朝向声源运动时为正值,反之为负值。

同样地,如果接收器相对于介质静止,而声源以速率 v' 朝向接收器运动,如图 3.8-2(b)所示,此时接收器测得的观测波长 λ' 可表示为 $(u_0 - v')T$,其中,T 为声源的振动周期。同时,由于接收器相对于介质处于静止状态,其测得的观测波速 u' 仍等于 u_0,则接收器测得的观测频率为

$$f' = \frac{u'}{\lambda'} = \frac{u_0}{(u_0 - v')T} = \frac{u_0}{(u_0 - v')}f_0 \tag{3.8-5}$$

式中 v' 表示接收器相对介质静止时接收器与声源的相对运动速率,当声源朝向接收器运动时为正值,反之为负值。

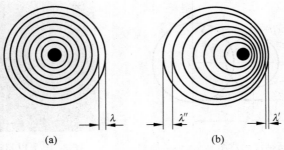

图 3.8-2　多普勒效应示意图

(a) 固定声源;(b) 移动声源

对于更为普遍的情况,当声源与接收器之间的相对运动如图 3.8-3 所示时,我们同样可以得到接收器的观测频率 f 为

$$f = f_0 \cdot \frac{u_0 + v_1\cos\theta_1}{u_0 - v_2\cos\theta_2} \tag{3.8-6}$$

式中,f_0 为声源发射频率;u_0 为声波的波速;v_1 为接收器运动速率;θ_1 为声源和接收器连线与接收器运动方向之间的夹角;v_2 为声源运动速率;θ_2 为声源和接收器连线与声源运动方向之间的夹角。式(3.8-6)是具有普适性的多普勒效应公式,而式(3.8-4)和式(3.8-5)为该公式的两种特殊情况。

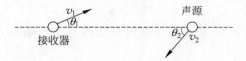

图 3.8-3   任意移动方向的多普勒效应示意图

2. 马赫锥

当一个飞行器以超音速飞行时,由于飞行器的速度大于声音在空气中的传播速度,作为声源的飞行器会在空气中造成一系列的扰动,并且这些扰动按照球面波的形式向外传播,如图 3.8-4 所示。设飞行器的飞行时间为 t,且 $t=0$ 时飞行器在 $x=0$ 处,$t=t'$ 时飞行器处于 A' 处。图中的圆分别表示飞行器在 $t=0,t=t'',t=2t''$ 时刻发出的声波波面在 t' 时刻到达的位置。这一系列球面波的包络面是一个顶角为 A'、以 x 轴为对称轴的圆锥面,这个圆锥称为马赫锥。很明显,在马赫锥之外没有声音传播,也就是说在马赫锥之外无论飞行器距离观察者多近也无法测得声波。马赫锥的半顶角 α 可以表示为

$$\alpha = \arcsin\frac{u_0}{v} = \arcsin\frac{1}{Ma} \tag{3.8-7}$$

式中,u_0 为声波的波速;v 为飞行器的运动速率;α 称为马赫角;$Ma = \dfrac{v}{u_0}$ 称为马赫数。当飞行物的速度超过声速时,在马赫锥的边缘会形成冲击波(也称为激波),由于冲击波的振幅很大,当飞行物飞过时会伴有"音爆"现象。图 3.8-5 所示为超声速(也称为超音速)飞行的子弹所产生的冲击波,通过测量冲击波的半锥角(即马赫角),我们可以得到该子弹以超过 2 倍

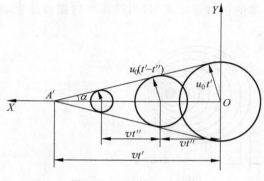

图 3.8-4   马赫锥示意图

图 3.8-5   以超过 2 倍声速飞行
的步枪子弹

声速飞行。

3. 电磁波的多普勒效应

在天文学研究中,往往比较关心用天文望远镜或射电望远镜观察恒星发出的电磁波。由于电磁波以光速传播,当发出电磁波的波源(一般为恒星)与观察者(一般位于地球)之间发生相对运动时,需要考虑相对论效应对这种多普勒效应产生的影响。假设以光源作为参考系,观察者以速度 v_c 向光源运动。在考虑洛伦兹变换的情况下,观察者测得两个波面的时间为

$$t = \frac{\dfrac{\lambda_c}{c+v_c}}{\dfrac{1}{\sqrt{1-v_c^2/c^2}}} = \frac{\sqrt{1-v_c^2/c^2}}{(1+v_c/c)f_c} \tag{3.8-8}$$

式中,λ_c 为电磁波的波长;c 为光速;f_c 为电磁波在光源处发出的频率;v_c 为以光源为参考系时,观察者相对于光源的运动速度,朝向光源运动时为正值,反之为负值。观察者测得的电磁波的观测频率 f 为

$$f = \frac{1}{t} = f_c\sqrt{\frac{1+v_c/c}{1-v_c/c}} \tag{3.8-9}$$

1848 年,法国物理学家斐索首先利用多普勒效应对来自恒星光谱中的波长偏移做了解释,提出用多普勒效应测量恒星相对速度的办法。如果恒星远离我们而去,则其发出的光的谱线就向长波长方向移动,称为红移;如果恒星朝向我们运动,则其发出的光的谱线就向短波长方向移动,称为蓝移。这里需要指出的是,我们通常所说的多普勒效应是空间本身不变化,观察者和光源在空间中作相对运动而产生的物理效应。但对于宇宙膨胀而引起的宇宙学红移来说,由于其是空间本身的膨胀引发的现象,并不是多普勒效应,因此也不能运用多普勒效应对宇宙学红移现象进行物理解释。

[实验测量与数据处理]

1. 超声的多普勒效应

当滑车在驱动电机的作用下作变速运动并掠过光电探头时,小车上的两个遮光杆分别通过光电探头并形成遮光,实验装置如图 3.8-6 所示。仪器会测量两次遮光时间并自动使用这个时间计算小车的运行速度,与此同时,仪器会记录下滑车通过光电探头时超声接收组件接收到的超声频率。

(1)按图 3.8-6 所示连接实验仪器,将滑车牵引绳绕过滑轮与滑车驱动电机,并将牵引绳的两端与滑车的前后端相连,适当调整滑车牵引绳的松紧度。安装牵引绳时需要注意,牵引绳在运动过程中不要和其他装置(如挡块)产生摩擦,以免磨损牵引绳。

(2)打开实验仪控制箱,使用◀、▶键将室温 t_c 值调到实际室温,按"确认"键后仪器将进行自动检测。压电陶瓷换能器的工作频率为 f_0,约几秒钟后设备将自动得到该频率,记录频率 f_0 后按"确认"键进行后面的实验。

(3)使用▲、▼键在液晶显示屏上选中"多普勒效应验证实验",并按"确认"键。

(4)使用◀、▶键修改测试总次数(选择范围 5~10,因为有 5 种可变速度,一般选 5

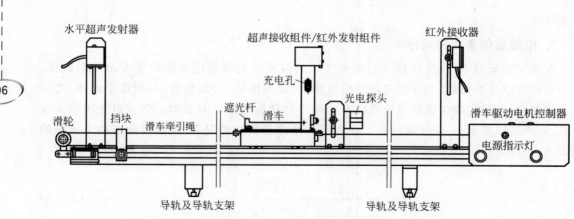

图 3.8-6　驱动电机控制下实验装置示意图

次)。按▼键,选中"开始测试",但不要按"确认"键。

(5) 使用电磁铁组件上的 6V 稳压电源线为滑车的超声接收组件/红外发射组件充电,并确认实验仪器控制箱上"失锁警告指示灯"处于"灭"的状态。

(6) 用滑车驱动电机控制器上的"变速"按钮选定一个滑车速率,并使滑车移动到驱动电机控制器附近,使车体后端的磁体与控制器表面的距离为 1～15mm。准备好后,按"确认"键,再按电机控制器上的"启动"键,开始实验,仪器将自动记录小车通过光电门时的平均运动速度及与之对应的平均接收频率。

(7) 每一次测试完成,都有"存入"或"重测"的提示,可根据实际实验情况选择,按下"确认"键后回到测试状态,并显示测试总次数及已完成的测试次数。

(8) 按电机控制器上的"变速"按钮,重新选择速度,重复步骤(6)、(7)。

(9) 完成设定的测量次数后,仪器自动存储数据,并显示 f-v 关系图及测量数据。

(10) 记录实验数据,并使用 Excel 绘制 f-v 关系曲线,给出适当的实验分析。

2. 用多普勒效应研究恒力作用下物体的运动规律

(1) 使用电子天平,称量钩码质量 m_1 和滑车质量 m_0。

(2) 按图 3.8-7 所示连接实验仪器,使水平超声发射器、超声接收组件/红外发射组件以及红外接收器在一条直线上,用细绳绕过滑轮后分别连接在钩码和滑车两端。

(3) 使用▲、▼键,在液晶显示屏上选中"变速运动测量实验"后按"确认"键。

(4) 使用◄、►键修改测量点总数(选择范围为 8～150),按▼键选择采样步距,按◄、►键修改采样步距(选择范围为 10～100ms),选择适当的测量点总数和采样步距,确保滑车运动过程中仪器测量的数据不少于 10 个实验点。

(5) 选定"开始测试"后,立即松开钩码,使滑车在钩码驱动作用下开始作变速直线运动。

(6) 测量完成后,记录显示屏上出现的测量数据。需要指出的是,本实验项目中仪器所显示的滑车速度是利用滑车上的传感器测得的观测频率代入式(3.8-4)计算得到的,并非利用光电探头和遮光杆测量得到。

(7) 在结果显示界面用►键选择"返回"并按"确认"键后重新回到测量设置界面,改变砝码质量,重复步骤(1)～步骤(6)。

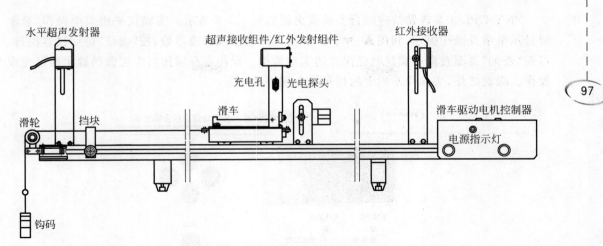

图 3.8-7 钩码驱动下实验装置示意图

（8）将测得的观测频率 f 代入式（3.8-4）计算得到小车的运动速度 v，式（3.8-4）中的波速 u_0 为声音在空气中的传播速度，可以采用式（3.6-20）代入室温计算得到。使用 Excel 绘制 v-t 关系曲线，并对实验数据进行分析。

[注意事项]

实验前检查失锁警告指示灯是否亮启，如果该灯处于亮的状态，需检查红外发射组件和红外接收器之间是否有遮挡，并尝试给超声接收组件/红外发射组件充电。

[讨论]

基于小车的运动速度、运动时间以及运动位移的实验数据，讨论小车在恒定力驱动下运动过程中机械能的转化关系。

[结论]

通过对实验现象和实验结果的分析，你能得到什么结论？

[研究性题目]

（1）设计实验，基于小车的运动速度、运动时间以及运动位移的实验数据，研究小车在恒定力驱动下运动过程中机械能的转化关系。

（2）使用多普勒效应综合实验仪研究物体的简谐振动，以及自由落体运动。

[附录] **ZKY-DPL-3 多普勒效应综合实验仪**

ZKY-DPL-3 多普勒效应综合实验仪由导轨、滑车、水平超声发射器、超声接收组件/红外发射组件（已固定在小车上）、红外接收器、光电探头、滑车驱动电机控制器以及滑车牵引绳组成，如图 3.8-6、图 3.8-7 所示。工作时，水平超声发射器可以发出频率为 40kHz 左右的超声波，该超声波通过滑车上的超声接收组件接收，并将超声信号调制成红外信号通过红外发射组件发射，再由仪器另一端的红外接收器接收。滑车可以在驱动电机的作用下运动，也可以在钩码的牵引下运动。

ZKY-DPL-3 多普勒效应综合实验仪面板如图 3.8-8 所示。实验仪采用菜单操作，显示屏显示菜单及操作提示，利用▲、▼、◀、▶键选择菜单或修改参数，按"确认"键后仪器执行。可在"查询"页面查询在实验时已保存的实验数据。操作者只须按每个实验的提示即可完成操作。除此之外，实验仪面板上的指示灯分别表示如下：

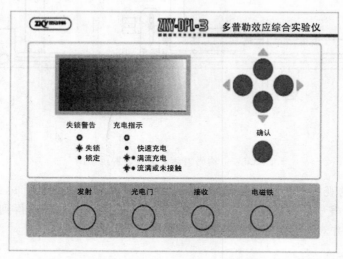

图 3.8-8　ZKY-DPL-3 多普勒效应综合实验仪面板

（1）失锁警告指示灯。

亮，表示频率失锁。说明红外接收器接收到的信号较弱，可能是由于红外发射组件和红外接收器之间有遮挡或超声接收组件/红外发射组件需要充电造成的。可以用 5～6V 的稳压电源对小车上的超声接收组件/红外发射组件充电，充电时间为 6～8s，充电后可以持续使用 4～5min。

灭，表示频率锁定，即接收信号能够满足实验要求，可以进行实验。

（2）充电指示灯。

灭，表示正在快速充电；

亮（绿色），表示正在涓流充电；

亮（黄色），表示已经充满；

亮（红色），表示已经充满或充电针未接触。

［参考文献］

[1] YOUNG H D，FREEDMAN R A，FORD A L. 西尔斯当代大学物理（上）[M].吴平，刘丽华，译.13 版.北京：机械工业出版社，2020.

[2] 吴平.大学物理实验教程[M].2 版.北京：机械工业出版社，2015.

[3] 漆安慎，杜婵英.力学[M].2 版.北京：高等教育出版社，2005.

[4] 赵峥.物含妙理总堪寻[M].北京：清华大学出版社，2013.

[5] 李静，张枚，张洪起.日震学研究进展[J].天文学进展，2012，30(3)：267-283.

[6] 王静，王宗明，黄泳歌，等.椎动脉型颈椎病的彩色多普勒超声检查结果分析[J].现代医用影像学，2021，30(2)：242-245.

[7] 成都世纪中科仪器有限公司.ZKY-DPL-3 多普勒效应综合实验仪使用说明书[Z].2014.

第4章

热 学 实 验

实验 4.1　空气比热容比的测定

［引言］

气体的摩尔定压热容 $C_{p,m}$ 和摩尔定容热容 $C_{V,m}$ 之比称为气体的比热容比 γ（绝热指数），它是一个重要的热力学量，在热力学理论及工程技术应用中起着重要的作用。例如，理想气体的绝热过程方程可以表示为 $pV^{\gamma}=$常量，这一过程方程被广泛用于循环过程和热机效率的研究。声传播是绝热的，其传播速率 $v=\sqrt{\dfrac{\gamma p}{\rho}}$（其中 p 为气体的压强，ρ 为气体的密度），可见 γ 影响声波速率。理想气体的比热容比 γ 还与分子自由度 f 有关，$\gamma=\dfrac{f+2}{f}$。单原子分子有 3 个自由度，$\gamma=\dfrac{5}{3}\approx1.67$；常温下双原子分子有 3 个平动自由度和 2 个转动自由度（振动自由度需在高温下才能激发），$\gamma=\dfrac{7}{5}\approx1.4$。实验表明，气体的摩尔定压热容 $C_{p,m}$、摩尔定容热容 $C_{V,m}$ 和比热容比 γ 都与温度有关。量子理论告诉我们，分子转动能和振动能都是量子化的，只有达到一定温度时，转动自由度和振动自由度才能解冻，从而对热容有贡献。因此，我们也可以根据 γ 的数值，推断所研究的气体分子有哪些自由度被激发。

本实验将采用绝热膨胀法测定空气的比热容比。

传感器是将被测量转换为电信号的装置，在测量、控制和智能系统中有着广泛的应用。压力传感器和温度传感器是最基本的传感器，在本实验中，我们将利用传感器测量压强和温度。因此，在本实验中我们还将介绍经常使用的一种压力传感器和一种温度传感器的工作原理，以及如何正确地使用这些传感器。

［实验目的］

（1）用绝热膨胀法测量空气的比热容比。

（2）观测热力学过程中系统状态变化及其基本物理规律。

（3）掌握压力传感器和电流型集成温度传感器（AD590）的原理及使用方法。

［实验仪器］

FD-NCD-Ⅱ型空气比热容比测定仪，储气瓶（包括玻璃瓶、进气活塞、放气活塞、橡皮塞、打气球)，压力传感器及电缆，温度传感器(AD590)及电缆，数字电压表等。

[预习提示]

(1) 测量空气比热容比所涉及的热力学过程是什么？基本计算公式是什么？需要测量哪些物理量？

(2) 了解测量空气比热容比的装置中压力传感器和温度传感器的工作原理。

(3) 了解测量空气比热容比的基本实验步骤。

[实验原理]

1. 测量空气比热容比的原理

理想气体在准静态绝热过程中，其状态参量压强 p、体积 V 和温度 T 遵守绝热过程方程，$pV^\gamma =$ 常量。其摩尔定压热容 $C_{p,\mathrm{m}}$ 和摩尔定容热容 $C_{V,\mathrm{m}}$ 的关系为

$$C_{p,\mathrm{m}} - C_{V,\mathrm{m}} = R \tag{4.1-1}$$

$$\gamma = \frac{C_{p,\mathrm{m}}}{C_{V,\mathrm{m}}} \tag{4.1-2}$$

式中，R 为摩尔气体常数；γ 为气体的比热容比。

实验装置及仪器前面板如图 4.1-1 所示，将储气瓶内空气作为将研究的热力学系统，进行如下实验过程：

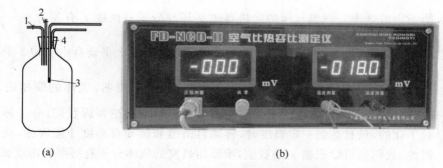

(a)   (b)

图 4.1-1   实验装置示意图及仪器前面板
1—充气活塞 C_1；2—放气活塞 C_2；3—电流型集成温度传感器(AD590)；4—扩散硅压力传感器

(1) 打开放气活塞 C_2，储气瓶与大气相通，再关闭 C_2，储气瓶内充满与周围外界空气同温同压的气体。p_0 为外界空气的压强，T_0 为外界空气的温度。

(2) 打开充气活塞 C_1，用充气球向瓶内快速充气。充入一定量的气体后关闭充气活塞 C_1。充气过程中，瓶内空气被压缩，压强增大，温度升高。充气过程结束后，瓶内气体即刻经历等容放热过程，最终达到稳定态，即瓶内气体温度稳定(与外界空气温度平衡)，此时气体处于状态 I(p_1, V_1, T_0)。

(3) 迅速打开放气活塞 C_2，使瓶内气体与大气相通，立刻有部分气体喷出，当瓶内压强降至 p_0 时，立刻关闭放气活塞 C_2。由于放气过程较快，瓶内气体来不及与外界进行热交换，可以近似认为这是一个绝热膨胀过程。在此过程后，瓶中保留的气体由状态 I($p_1, V_1,$ T_0)变为状态 II(p_0, V_2, T_1)。其中，V_2 为储气瓶体积，V_1 为保留在瓶中的这部分气体在状

态 $\mathrm{I}(p_1,T_0)$ 时的体积。

（4）关闭放气活塞 C_2 后，由于瓶内气体温度 T_1 低于室温 T_0，气体将从外界吸热直至达到室温 T_0，此时瓶内气体的体积仍为 V_2，但压强升高至 p_2，即气体由状态 II 经历一个等容吸热过程，最终达到稳定状态 $\mathrm{III}(p_2,V_2,T_0)$。

根据上述实验过程，可以画出由 I→II→III 的气体状态变化 p-V 图，如图 4.1-2 所示。

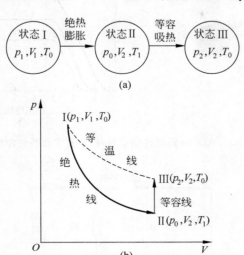

图 4.1-2 气体状态变化(a)和对应的 p-V 图(b)

对于图 4.1-2 所示热力学过程，我们可以得到如下关系：

I→II 是绝热过程，由绝热过程方程得

$$\left(\frac{p_1}{p_0}\right)^{\gamma-1}=\left(\frac{T_0}{T_1}\right)^{\gamma} \tag{4.1-3}$$

II→III 是等容过程，由等容过程方程得

$$\frac{p_2}{T_0}=\frac{p_0}{T_1} \tag{4.1-4}$$

由式(4.1-3)、式(4.1-4)得

$$\left(\frac{p_1}{p_0}\right)^{\gamma-1}=\left(\frac{p_2}{p_0}\right)^{\gamma} \tag{4.1-5}$$

则

$$\gamma=\frac{\ln p_1-\ln p_0}{\ln p_1-\ln p_2} \tag{4.1-6}$$

因此，只要测出 p_0、p_1、p_2 即可求出气体比热容比 γ。

2. AD590 电流型集成温度传感器

AD590 是一种常用的电流型集成温度传感器，测温灵敏度为 $1\mu\mathrm{A}/℃$，测温范围为 $-50\sim150℃$。AD590 温度传感器的外观和工作特性曲线如图 4.1-3 所示，当施加 $+4\sim+30\mathrm{V}$ 电压时，输出电流稳定不变，因而它可以起到恒流源的作用。在本实验中，我们将 AD590 与 6V 直流电源连接组成一个稳流源，如图 4.1-4 所示，串接 $5\mathrm{k}\Omega$ 电阻，从而可产生 $5\mathrm{mV}/℃$ 的电压信号，即测量灵敏度 S 为 $5\mathrm{mV}/℃$，接 $0\sim1.999\mathrm{V}$ 量程四位半数字电压表，可检测到最

小 0.02℃温度变化。图 4.1-4 所示的测温电路已内置于仪器中，实验时只需将测温探头与仪器面板测温接线柱直接相连即可。

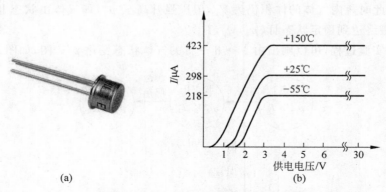

图 4.1-3　AD590 温度传感器外观(a)及工作特性曲线(b)

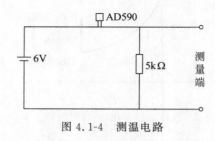

图 4.1-4　测温电路

3. 扩散硅压阻式差压传感器

半导体材料(如单晶硅)因受力而产生应变时，由于载流子的浓度和迁移率的变化导致电阻率发生变化的现象称为压阻效应。扩散硅压力传感器就是利用半导体压阻效应制成的。摩托罗拉公司设计的 X 形硅压力传感器结构如图 4.1-5 所示，用扩散或离子注入法在单晶硅膜片表面形成 4 个阻值相等的电阻条，将它们连接成惠斯通电桥，在 AB 方向连接一个恒定电压源(或电流源)，CD 方向为电桥输出端。将电桥的电源端和输出端引出，用制造集成电路的方法封装起来，就制成了扩散硅压阻式压力传感器。扩散硅压力传感器的工作原理是：在 X 形硅压力传感器的一个方向上加偏置电压形成电流 i，如图 4.1-5 所示，当敏感芯片不受外加压力作用时，内部电桥处于平衡状态。当有剪切力(与电流方向垂直的压力)作用时，由于应变导致电阻率发生 $\Delta\rho$ 变化，进而在垂直电流方向产生电场变化 $E = \Delta\rho i$，该电场变化将引起电位变化，电桥失去平衡，在电桥输出端可得到与电流方向垂直的两侧压力引起的输出电压 $U_\circ$：

$$U_\circ = dE = d \cdot \Delta\rho i \tag{4.1-7}$$

式中 d 为元件两端的距离。$U_\circ$ 与应变在一定范围内呈线性关系。由此，输出电压 $U_\circ$ 与压力在一定范围内具有线性关系，从而可以通过测量输出电压 $U_\circ$ 推算出压力的大小。

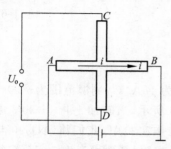

图 4.1-5　扩散硅压力传感器芯片结构示意图

在敏感芯片垂直电流方向施加的两个压强 p_1 和 p_2 对膜片产生的压强正好相反，因此作用在膜片上的净压力为

$\Delta p = p_1 - p_2$，这样传感器测量的实际上是两个压强的差压。

本实验采用扩散硅压阻差压传感器测量玻璃瓶内气体的压强。图 4.1-6 所示为差压传感器外形图，我们将差压传感器 M 端与瓶内被测气体相连，N 端与大气相通。它显示的是容器内的气体压强大于容器外环境大气压的压强差值。

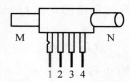

图 4.1-6　差压传感器外形图

1 脚—电源输入（＋）；2 脚—信号输出（＋）；3 脚—电源输入（－）；4 脚—信号输出（－）

将压力传感器探头放入玻璃瓶内（见图 4.1-1(a)），由同轴电缆线输出信号，与仪器内的放大器及三位半数字电压表（0～199.9mV）相接，其测量范围为大于环境气压 0～10kPa，灵敏度 S 为 20mV/kPa，可检测到最小 5Pa 的压强变化。当待测气体压强为环境大气压强 p_0 时，调节调零旋钮，使三位半数字电压表示值 U_0 为 0mV。显然，数字电压表显示的数值为 U 时，待测气体压强 p 为

$$p = p_0 + U/S = p_0 + p' \tag{4.1-8}$$

其中 U 是压差为 $p' = p - p_0$ 时传感器的输出电压值。

根据式（4.1-8），实验中要测量的 p_1、p_2 可表示为

$$p_1 = p_0 + U_1/S = p_0 + p_1' \tag{4.1-9}$$

$$p_2 = p_0 + U_2/S = p_0 + p_2' \tag{4.1-10}$$

考虑到 $p_1' \ll p_0$、$p_2' \ll p_0$，将式（4.1-5）改写为

$$\left(1 + \frac{p_1'}{p_0}\right)^{\gamma-1} = \left(1 + \frac{p_2'}{p_0}\right)^{\gamma} \tag{4.1-11}$$

将其进行泰勒级数展开，忽略二阶以上小量，得到

$$1 + (\gamma - 1)\frac{p_1'}{p_0} = 1 + \gamma\frac{p_2'}{p_0} \tag{4.1-12}$$

$$\gamma = \frac{p_1'}{p_1' - p_2'} \tag{4.1-13}$$

由此，只要测出状态 Ⅰ 和状态 Ⅲ 的气体压强相对于环境大气压强的变化 p_1' 和 p_2'，就可以求出气体比热容比 γ。

［实验测量与数据处理］

（1）将压力传感器同轴电缆、温度传感器电缆分别连接至 FD-NCD-Ⅱ型空气比热容比测定仪前面板相应接口。AD590 的正负极请勿接错（红导线为正极，黑导线为负极）。开启活塞 C_2。开启电源，使电子仪器预热 20min，然后用调零旋钮将用于测量空气压强的三位半数字电压表示值调为 0。用气压计测定环境大气压强，记为 p_0。

（2）把活塞 C_2 关闭，活塞 C_1 打开，用打气球把空气稳定地徐徐打入储气瓶内，注意三位半数字电压表示值不能超过 200mV，充气结束时，关闭活塞 C_1。当瓶内压强和温度均匀稳定时，用压力传感器和 AD590 温度传感器测量瓶内空气的压强和温度值（此时为室温

T_0)，记录 p_1' 和 T_0 相应示值。

（3）突然打开活塞 C_2，当储气瓶内空气压强降至环境大气压强 p_0 时（这时放气声消失），放气持续时间约为零点几秒，然后迅速关闭活塞 C_2。由于数字电压表显示滞后，因此不要用数字电压表示数为零作为判断储气瓶内空气压强降至环境大气压强 p_0 的依据。

（4）当储气瓶内空气的温度上升至室温稳定时，测量储气瓶内气体压强，记录 p_2' 和相应温度示值 T_0'。

（5）把测得的瓶内气体压强值 p_1'、p_2' 代入式(4.1-13)，计算出空气比热容比 γ。测量 10 组数据，求空气比热容比 γ 的平均值（也可以画出 p_1'-$(p_1'-p_2')$ 关系图，用作图法或直线拟合求出 γ）。

[注意事项]

（1）转动充气阀与放气阀的阀门时，一定要一手扶住玻璃阀门座，另一只手转动活塞，以免折断活塞把手。

（2）按"实验测量与数据处理"(3)打开活塞 C_2 放气时，当听到放气声结束应迅速关闭活塞 C_2，提前或推迟关闭活塞 C_2 都将影响实验结果，引入误差。

（3）由于热学实验受外界环境因素，特别是温度的影响较大，测量过程中应随时留意环境温度的变化。测量时只要做到瓶内气体在放气前降低至某一温度，放气后又能回升到同一温度即可，这一温度不一定等于充气前的室温。

[讨论]

回顾本实验教材内容和实验过程，阅读参考文献，明确研究的热力学系统，是指哪部分气体。分析讨论实验操作各过程中热力学系统经历了哪些过程。对实验结果进行评价。

[结论]

通过对实验现象和实验结果的分析，你能得到什么结论？

[研究性题目]

在实验中，使瓶内气体压强分别升高 1kPa、3kPa、5kPa 和 7kPa 左右，分别测量出对应的空气比热容比 γ。分析 p_1' 对所测量的空气比热容比 γ 的影响。

[思考题]

（1）实验过程中温度变化的范围有多大？用普通温度计可否进行测量？
（2）温度测量值在计算公式中并没有出现，你认为设置温度测量的意义何在？

[参考文献]

[1] 卢德馨.大学物理学[M].2 版.北京：高等教育出版社,2003.
[2] 上海复旦科教仪器厂.FD-NCD-Ⅱ型空气比热容比测定仪说明书[Z].2010.
[3] 吴平.大学物理实验教程[M].2 版.北京：机械工业出版社,2015.

［4］ 龚力,杨启凤,雍志华,等.关于空气比热容比的测定实验中 p-V 曲线的讨论［J］.物理实验,2009,29
（5）:37-40.

［5］ 李宏康,孙国川,邱菊,等.绝热膨胀法测量空气比热容比实验的探讨［J］.物理实验,2018,38(8):
51-55.

实验 4.2 空气热机

［引言］

热机是利用内能做功的机械。一般说来,工质经历正循环从高温热源吸热向低温热源
放热,并将部分热能转化为对外所做的功,在 p-V 状态图上对应着一条沿顺时针变化的闭
合过程曲线。按工质接受燃料释放能量的方式,可分为内燃机和外燃机。

斯特林热机(Stirling engine)是最常用又最古老的热机之一,它是一种由外部热源供热
的封闭循环活塞式热力发动机,属外燃机,由英国物理学家斯特林在 1816 年发明,其动力来
源于气缸内工质气体的热胀冷缩。它以斯特林循环为理论基础。理想的斯特林循环由两个
等温过程和两个等容回热过程构成,其热机效率与卡诺循环的热机效率一致。

斯特林热机除工质气体外,不需要其他气体,也不排废气,污染小,同时噪声低,理论上
比内燃机的热机效率更高,因此多年来一直备受关注。尤其是该热机对燃料种类和燃烧方
式要求不高,可以使用氢气、天然气、沼气、柴油、木材等传统燃料,也可以使用太阳能和生物
质能。在当前节能减排的大背景下,需将开发能源与防治污染密切结合,优化能源结构,这
给斯特林热机的发展注入了新动力。

斯特林热机已成为太阳能和生物质能领域应用最广泛的热机之一。图 4.2-1(a)所示为
蝶式斯特林太阳能热发电系统结构示意图。该系统利用聚光器将太阳光聚焦到位于焦点的
接收器上,接收器将聚集的太阳光能转换成高温热能加热工质,作为斯特林热机的动力源,
驱动发电机工作,输出电能。这种发电系统不仅光电转换效率高,而且发电方式灵活简单、
安全可靠,既适合分布式发电,也可模块化组合后形成规模发电,能全自动运行,特别适合边
远地区使用。图 4.2-1(b)所示为 2019 年在陕西铜川安装完成的国内首座兆瓦级碟式斯特
林太阳能发电示范电站,该电站的运行为国家发展清洁能源、开展多能源互补研究起到了推

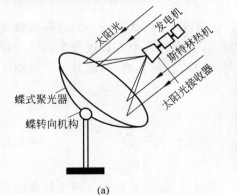

(a)　　　　　　　　　　　　　　　　　　(b)

图 4.2-1 蝶式斯特林太阳能热发电系统

(a) 结构示意图;(b) 陕西铜川示范电站

动作用。

本实验将通过对空气热机的实验观测与研究,获得对热力学循环过程及热机原理的深入了解。

[实验目的]

(1) 理解热机原理及循环过程。

(2) 测量空气热机在不同温差时的热机效率。

(3) 测量空气热机输出功率随负载及转速的变化关系,计算热机实际效率。

[实验仪器]

空气热机实验仪,空气热机测试仪,电加热器及电源,计算机(或双踪示波器)。

[预习提示]

(1) 什么是斯特林循环? 它与卡诺循环有何区别?

(2) 本实验中所用的空气热机,工质如何完成循环? 其基本原理是什么?

(3) 如何计算热机效率? 其实际效率受到哪些因素的影响?

[实验原理]

1. 理想的斯特林循环及其热机效率

斯特林循环即斯特林热机理想循环,由两个等温过程和两个等容过程构成,在 p-V 图上的过程曲线如图 4.2-2 所示。设高温热源的温度为 T_1,低温热源的温度为 T_2,工质的摩尔定容热容为 $C_{V,m}$。ν 摩尔工质在一个循环中的吸热和放热可作如下分析:

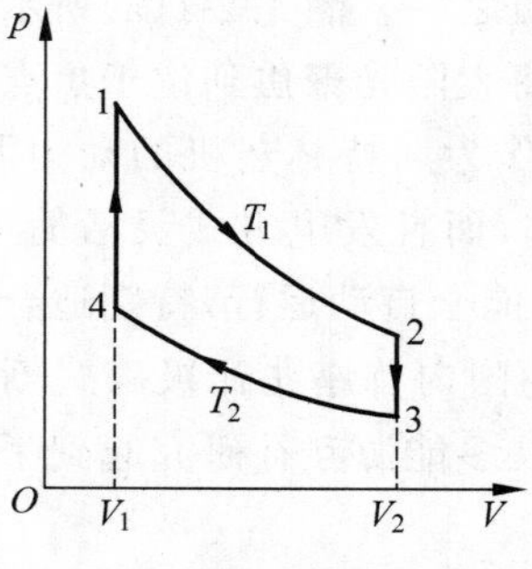

图 4.2-2　理想斯特林循环的过程曲线

$1 \to 2$ 为等温吸热过程,吸热为 $Q_1 = \nu R T_1 \ln \dfrac{V_2}{V_1}$,$2 \to 3$ 为等容放热过程,放热为 $Q_放 = \nu C_{V,m}(T_2 - T_1)$,$3 \to 4$ 为等温放热过程,放热为 $Q_2 = \nu R T_2 \ln \dfrac{V_1}{V_2}$,$4 \to 1$ 为等容吸热过程,吸热为 $Q_吸 = \nu C_{V,m}(T_1 - T_2)$。显然,$Q_吸 = |Q_放|$,$4 \to 1$ 过程吸收的热量全部经 $2 \to 3$ 过程放出,并且这两个等容过程中的热交换发生在工质系统内,对外界没有任何影响,因此并不需要引入热机效率的计算中,因此,该循环的热机效率为

$$\eta = 1 - \frac{|Q_2|}{Q_1} = 1 - \frac{\left| \nu R T_2 \ln \dfrac{V_1}{V_2} \right|}{\nu R T_1 \ln \dfrac{V_2}{V_1}} = 1 - \frac{T_2}{T_1} = \frac{\Delta T}{T_1} \tag{4.2-1}$$

由该式可以看出,斯特林循环理论上的效率与工质性质无关,只取决于两个热源的温度。该效率与工作在相同高、低温热源之间的卡诺循环的效率相同。实验表明斯特林热机的实际有效效率最高可达 40% 以上,具有很大的发展空间。

实际的热机循环受到很多不可逆因素的影响，如漏气、温度、压降、能量损失等，使过程曲线变得更平缓。

由卡诺定理可知：在相同的高、低温热源之间工作的一切可逆热机，其效率都相等，并且和不可逆热机相比，可逆热机的效率最高。因此，实际热机循环的效率必然小于理想斯特林循环的效率，则有 $\eta_{实} \leqslant \dfrac{\Delta T}{T_1}$（其中 ΔT 为高、低温热源之间的温度差）。

同时，卡诺定理也指出了提高热机效率的两种途径：①减少不可逆因素，使实际的不可逆热机尽量接近可逆热机；②增大两热源之间的温度差。

2. 空气热机的结构及工作原理

本实验所用的空气热机是一种斯特林热机，其结构及工作原理如图 4.2-3 所示。工作活塞与位移活塞通过连杆与飞轮连接。工作气缸 1 与位移气缸 2 之间用通气管连接。位移气缸 2 的右边是高温区，可用电热方式或酒精灯加热，位移气缸 2 左边有散热片，构成低温区。

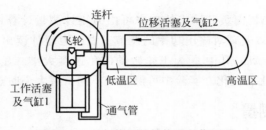

图 4.2-3　空气热机的结构及工作原理

工作活塞使气缸 1 内气体封闭，并在气体的推动下对外做功。位移活塞是非封闭的占位活塞，其作用是在循环过程中使气体在高温区与低温区间不断交换，气体可通过位移活塞与位移气缸 2 间的间隙流动。工作活塞与位移活塞的运动是不同步的，当某一活塞处于位置极值时，它本身的速度最小，而另一个活塞的速度最大。

如图 4.2-4 所示，当工作活塞处于最底端时，位移活塞迅速左移，使气缸 2 内气体向高温区流动（图 4.2-4(a)）；进入高温区的气体温度升高，使气缸 1 内压强增大并推动工作活

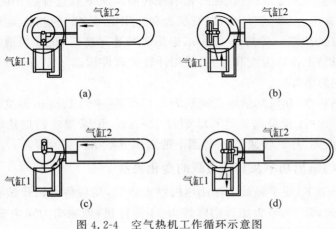

图 4.2-4　空气热机工作循环示意图

塞向上运动(图 4.2-4(b))，在此过程中热能转换为飞轮转动的机械能；工作活塞在最顶端时，位移活塞迅速右移，使气缸 2 内气体向低温区流动(图 4.2-4(c))；进入低温区的气体温度降低，使气缸 1 内压强减小，同时工作活塞在飞轮惯性力的作用下向下运动(图 4.2-4(d))，完成循环。在每次循环过程中气体对外所做净功 A 等于 p-V 图上过程曲线所围的面积。

由热力学理论可知，在几何机构不变的情况下，单位时间内系统在两热源之间交换的热量与两热源的温度差成正比。设热机的转速为 n，即单位时间内热机循环 n 次，每次循环中从高温热源吸收的热量为 Q_1，则 nQ_1 与两热源的温度差 ΔT 成正比。因此热机效率可表示为

$$\eta = \frac{A}{Q_1} \propto \frac{nA}{\Delta T} \tag{4.2-2}$$

实验中通过测量 n、A、ΔT 及高温热源的温度 T_1，即可由式(4.2-2)计算热机的效率；若将该热机循环近似地看成斯特林循环，则也可由式(4.2-1)估算出相应的效率。实验表明，当空气热机不带负载时，改变高、低温热源的温度，由以上两式得到的效率值大致符合线性关系。

当热机带负载时，热机向负载输出的功率可由力矩计测量计算而得。通过调节力矩计与飞轮转轴的摩擦力可以实现对输出功率的调节。设由力矩计读出的力矩为 M，则由力学知识可知输出功率 $P_\circ = M\omega$，其中 ω 为飞轮转动的角速度大小。显然，热机实际输出功率的大小 $P_\circ$ 随负载的变化而变化。实验中可测量出不同负载大小时热机的实际输出功率。

［实验内容与测量］

1. 观察热机循环中活塞的运动

根据空气热机仪器说明书连线。用手顺时针拨动飞轮，观察热机循环过程中工作活塞与位移活塞的运动情况，理解空气热机的工作原理。

2. 测量不同高低温热源温度时的热机效率

取下力矩计，将加热电压加到 36V 左右。等待 6～10min，待 T_1 与 T_2 温度差为 120～150℃时，用手顺时针拨动飞轮，热机即可运转。

减小加热电压至 22～24V(在保证飞轮不停转的情况下宜选择较小的加热电压)时，开启计算机软件，观察压力和容积信号，以及压力和容积信号之间的相位关系等，并把 p-V 图调节到最适合观察的位置。等待约 15min，温度和转速平衡后，记录当前加热电压，并从热机测试仪(或计算机)上读取温度和转速，使用计算机软件读取 p-V 图上过程曲线所围的面积 S(即功 A，单位为焦耳)。

逐步加大加热功率(建议加热电压间隔为 1.0V)，等待约 15min，温度和转速平衡后，重复以上测量至少 4 次(注意最高转速不能超过 15r/s)。记录相应的加热电压、高温热源温度、高低温热源温度差、热机转速及 p-V 图上的面积等数据。

3. 测量热机的输出功率及其随负载的变化关系

在最大加热功率下，用手轻触飞轮让热机停止运转，然后将力矩计装在飞轮轴上，拨动飞轮，让热机继续运转。调节力矩计的摩擦力(不要停机)使输出力矩为 5×10^{-3}N·m，待输出力矩、转速和温度稳定后，读取并记录各项参数。

尽量保持输入功率不变,逐步增大输出力矩(使输出力矩在 $(5\sim13)\times10^{-3}\mathrm{N\cdot m}$ 范围内),重复以上测量至少 5 次。

实验结束后,关闭加热电源,让热机继续运转一段时间使其冷却,待其停止运转后整理实验仪器。

[数据处理与分析]

(1) 根据"实验内容与测量"第 2 部分记录的数据,利用式(4.2-1)和式(4.2-2)算出不同输入电压、不同高低温热源温度差下热机的效率。以 $\Delta T/T_1$ 为横坐标、$nA/\Delta T$ 为纵坐标,作两者的关系图,求出线性相关系数,并对此进行讨论。

(2) 利用"实验内容与测量"第 3 部分记录的数据,以飞轮转速为横坐标,热机输出功率 P_o 为纵坐标,作两者的关系图。分析当输入功率大致相同时,输出功率及效率随负载大小的变化关系,并讨论该结果。

[注意事项]

(1) 加热端在工作时温度很高,而且在停止加热后 1h 内仍然会有很高温度,请小心操作,否则会被烫伤。

(2) 热机在不运转时严禁长时间大功率加热;若热机运转过程中因各种原因停止转动,必须用手拨动飞轮帮助其重新运转或立即关闭电源,否则会损坏仪器。

(3) 热机气缸等部位为玻璃制造,容易损坏,请谨慎操作。

(4) 记录测量数据前须保证已基本达到热平衡,避免出现较大误差。等待热机稳定读数的时间一般在 15min 左右。

(5) 在读取力矩的时候,力矩计可能会摇摆。此时可以用手轻托力矩计底部,缓慢放手后可以稳定力矩计。如还有轻微摇摆,应读取中间值。

(6) 飞轮在运转时应谨慎操作,避免被飞轮边沿割伤。

[讨论]

(1) 实验中观察到的 $p\text{-}V$ 图上的过程曲线与图 4.2-2 不一致,为什么?随着高温区加热温度的升高,过程曲线所围的面积有何变化?试说明面积变化的原因。

(2) 在同一输入功率下,随着摩擦力矩的增大,输出功率如何变化?热机效率与飞轮转速有何关系?为什么?

[结论]

通过对实验现象和实验结果的分析,你能得到什么结论?

[研究性题目]

图 4.2-5 所示为一种新型的单缸单活塞空气热机。玻璃试管(气缸)的一端充以金属屑,另一端设置活塞。活塞通过曲柄连接飞轮。加热邻近填充金属屑的气缸外壁,启动飞轮后热机即可自持地沿启动方向工作。试分析此热机的工作过程及工作原理。它与前面实验中所用的空气热机有何异同?

图 4.2-5　单缸单活塞的新型空气热机

[思考题]

(1) 本实验中是如何测量工质的压强和体积等非电量的？

(2) 实际的斯特林循环效率与理想的斯特林循环效率存在偏差，其原因可能有哪些？

(3) 如果考虑等容回热过程中可能存在的能量损失，热机效率将如何修正？

[附录1]　电加热型热机实验仪装置简介

电加热型热机实验仪装置如图 4.2-6 所示。飞轮下部装有双光电门，上边的一个用以定位工作活塞的最低位置，下边的一个用以测量飞轮转动角度。热机测试仪以光电门信号为采样触发信号。

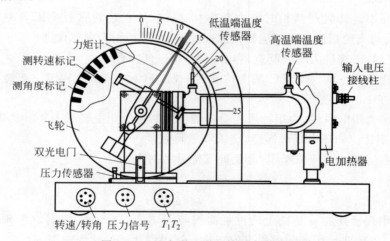

图 4.2-6　电加热型热机实验仪装置图

气缸的体积随工作活塞的位移而变化，而工作活塞的位移与飞轮的位置有对应关系，在飞轮边缘均匀排列 45 个挡光片，采用光电门信号上下沿均触发方式，飞轮每转 4° 给出一个触发信号，由光电门信号可确定飞轮位置，进而计算气缸体积。

压力传感器通过管道在工作气缸底部与气缸连通，测量气缸内的压力。在高温和低温区都装有温度传感器，用于测量高低温区的温度。底座上的三个插座分别输出转速/转角信号、压力信号和高低端温度信号，使用专门的线和实验测试仪相连，传送实时的测量信号。电加热器上的输入电压接线柱分别使用黄、黑两种线连接到电加热器电源的电压输出正负极上。

热机实验仪采集光电门信号、压力信号和温度信号，经微处理器处理后，在测试仪前面板的显示窗口显示热机转速和高低温区的温度。在测试仪前面板上提供压力和体积的模拟信号,供连接示波器显示 p-V 图。所有信号均可经测试仪前面板上的串行接口连接到计算机。

加热器电源为加热电阻提供能量,输出电压从 8V 到 36V 连续可调,可以根据实验的实际需要调节加热电压。

力矩计悬挂在飞轮轴上,调节螺钉可调节力矩计与轮轴之间的摩擦力,由力矩计可读出摩擦力矩 M,并进而算出摩擦力和热机克服摩擦力所做的功。

［附录 2］　电加热器电源面板简介

图 4.2-7 所示为电加热器电源前面板(左)和后面板(右)示意图。其中:

1—电流输出指示灯:当显示表显示电流输出时,该指示灯亮。

2—电压输出指示灯:当显示表显示电压输出时,该指示灯亮。

3—电流电压输出显示表:可以按切换方式显示加热器的电流或电压。

4—电压输出旋钮:可以根据加热需要调节电源的输出电压,调节范围为 8~36V,共分为 11 挡。

5—电压输出"−"接线柱:加热器的加热电压的负端接口。

6—电压输出"＋"接线柱:加热器的加热电压的正端接口。

7—电流/电压切换按键:按下显示表显示电流,弹出显示表显示电压。

8—电源开关按键:打开和关闭仪器。

9—电源输入插座:输入 AC220V 电源,配 3.15A 保险丝。

10—转速限制接口:当热机转速超过 15r/s 后,主机会输出信号将电加热器电源输出电压断开,停止加热。

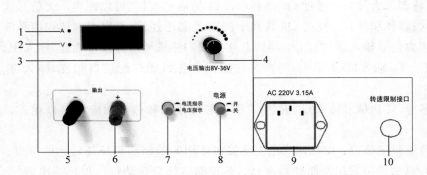

图 4.2-7　电加热器电源前面板(左)和后面板(右)示意图

［附录 3］　空气热机测试仪面板简介

图 4.2-8 所示为空气热机测试仪前面板(左)和后面板(右)示意图。其中:

1—转速显示:显示热机的实时转速,单位为"转/秒"(r/s)。

2—T_1/ΔT 显示:可以根据需要显示热源端绝对温度或冷热两端绝对温度差,单位开尔文(K)。

3—T_1 指示灯:该灯亮表示当前显示数值为热源端绝对温度。

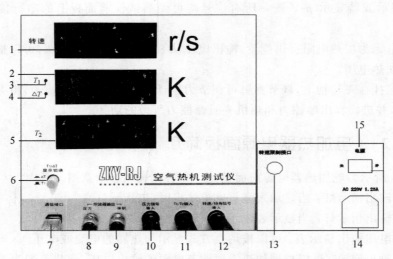

图 4.2-8　空气热机测试仪前面板(左)和后面板(右)示意图

4—ΔT 指示灯：该灯亮表示当前显示数值为热源端和冷源端绝对温度差。

5—T_2 显示：显示冷源端的绝对温度值，单位开尔文(K)。

6—$T_1/\Delta T$ 显示切换按键：按键通常为弹出状态，表示 4 中显示的数值为热源端绝对温度 T_1，同时 T_1 指示灯亮；当按键按下后显示为冷热端绝对温度差 ΔT，同时 ΔT 指示灯亮。

7—通信接口：将通信器和计算机相连。如此可以通过热机软件观测热机运转参数和热机波形。

8—示波器压力接口：通过 Q9 线和示波器 Y 通道连接，可以观测压力信号波形。

9—示波器体积接口：通过 Q9 线和示波器 X 通道连接，可以观测体积信号波形。

10—压力信号输入口(四芯)：用四芯连接线和热机相应的接口相连，输入压力信号。

11—T_1/T_2 输入口(五芯)：用六芯连接线和热机相应的接口相连，输入 T_1/T_2 温度信号。

12—转速/转角信号输入口(五芯)：用五芯连接线和热机相应的接口相连，输入转速/转角信号。

13—转速限制接口：加热源为电加热器时使用的限制热机最高转速的接口；当热机转速超过 15r/s(会伴随发出间断蜂鸣声)后，热机测试仪会自动将电加热器电源输出断开，停止加热。

14—电源输入插座：输入 AC220V 电源，配 1.25A 保险丝。

15—电源开关：打开和关闭仪器。

[参考文献]

[1]　四川世纪中科光电技术有限公司.ZKY-RJ 空气热机实验仪(电加热综合型)实验指导及操作说明书[Z].2017.

[2]　王维扬,张黎莉,孙明明,等.关于可调压缩比斯特林热机的物理演示实验[J].物理与工程,2015,25(6)：41-44.

[3] 周广刚,张晓,张其星,等.提高斯特林热机效率实验探索分析[J].大学物理实验,2020,33(3):68-71.

[4] 路峻岭,秦联华.对一种新型空气热机工作原理的分析[J].物理与工程,2015,25(1):53-58.

[5] 周雨青.理想斯特林热机循环原理及其效率的计算和实际工作效率的简单讨论[J].物理与工程,2015,25(1):49-52.

[6] 杨巧玲.太阳能斯特林直线磁齿轮复合发电机及其控制系统研究[D].兰州:兰州理工大学,2020.

[7] 张三慧.大学物理学(热学、光学、量子物理)[M].北京:清华大学出版社,2009.

实验 4.3 液体表面张力系数的测量

[引言]

日常生活中的很多现象说明,液体的表面有如紧张的弹性薄膜,有收缩的趋势。例如,曲别针放在水面上不会下沉,仅仅将液面压下,略见弯曲(见图 4.3-1);叶上的露珠(见图 4.3-2)和熔化的小滴焊锡都是球形的;一些昆虫或爬虫可以在水面上行走而不会沉入水底(见图 4.3-3),等等。液体表面上出现的这种向内收缩的力称为表面张力,它存在于极薄的表面层内,是表面层内分子力作用的结果。

图 4.3-1 水面上的曲别针　　　　　　图 4.3-2 叶上的露珠

图 4.3-3 水面上行走的昆虫和爬虫

表面张力是影响多相体系的相间传质和反应的关键因素之一,是液体的一个重要物理性质。在液体表面上想象地画一根直线,直线两旁的液膜之间存在着相互作用的拉力,拉力的方向与所画的直线垂直,表面张力系数就是单位长度直线两旁液面的相互拉力,而从能量的角度来说,表面张力系数是单位表面的表面自由能。不同液体的表面张力系数不同,一般来说,表面张力系数与液体的成分、温度、杂质等有关。

目前常用的液体表面张力系数的测量方法有拉脱法、毛细管上升法、最大气泡压力法、悬滴法等。

本实验采用拉脱法测量表面张力系数。测量过程中用传感器进行力的测量。因此，在本实验中我们还将学习如何用一种力敏传感器正确地进行力的测量。

［实验目的］

（1）用砝码对硅压阻力敏传感器进行定标，计算该传感器的灵敏度，学习传感器的定标方法。

（2）观察拉脱法测液体表面张力的物理过程和物理现象，并用物理学基本概念和定律进行分析和研究，加深对物理规律的认识。

（3）测量水和乙醇的表面张力系数。

（4）测量不同浓度乙醇水溶液的表面张力系数。

［实验仪器及样品］

FD-NST-Ⅰ液体表面张力系数测定仪，铝合金吊环，0.500g 砝码（7 个），砝码吊篮，镊子，游标卡尺，电吹风，水，乙醇和不同浓度（25％、50％和 75％）乙醇水溶液等。

［预习提示］

（1）搞清楚用拉脱法测量液体表面张力系数的原理。

（2）搞清楚实验过程与步骤。

［实验原理］

FD-NST-Ⅰ液体表面张力系数测定仪是一种用拉脱法测量液体表面张力系数的装置，实验装置如图 4.3-4 所示，主要由硅压阻力敏传感器（又称半导体应变计）、数字电压表、支架与金属圆形吊环、砝码等组成。

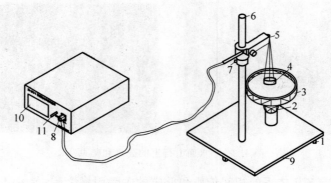

图 4.3-4　液体表面张力系数测定仪

1—调节螺丝；2—升降螺帽；3—玻璃器皿；4—金属圆形吊环；5—力敏传感器；6—支架；7—固定螺丝；

8—航空插头；9—底座；10—数字电压表；11—调零旋钮

如图 4.3-4 所示，把一个金属圆形吊环固定在力敏传感器上。将该圆环浸没于液体中，然后缓慢地拉起使其脱离液面。在圆环脱离液面瞬间，力敏传感器受到的拉力 f_1 为圆环受到的液体表面张力与重力之和。假设圆环与液体接触角为零,根据表面张力系数的定义,此时圆环受到的液体表面张力可以写为 $\pi(D_1+D_2)\alpha$,其中 D_1、D_2 分别为圆环外径和内径,α 为液体表面张力系数。而圆环受到的重力为 mg,其中 m 为圆环质量,g 为重力加速度。这样,f_1 可以写为

$$f_1=\pi(D_1+D_2)\alpha+mg \tag{4.3-1}$$

圆环拉脱液面后,力敏传感器受到的拉力 f_2 为

$$f_2=mg \tag{4.3-2}$$

所以,在圆环拉脱液面瞬间与拉脱后力敏传感器受到的拉力的差值 f 为

$$f=f_1-f_2=\pi(D_1+D_2)\alpha \tag{4.3-3}$$

因而液体表面张力系数可以写为

$$\alpha=\frac{f}{\pi(D_1+D_2)}=\frac{f_1-f_2}{\pi(D_1+D_2)} \tag{4.3-4}$$

此外,力敏传感器受到的拉力与其输出电压成正比,即

$$U_1=Bf_1,\quad U_2=Bf_2 \tag{4.3-5}$$

式中,B 为力敏传感器的灵敏度,单位为 V/N;U_1、U_2 分别为即将拉断液柱时数字电压表的读数和拉断液柱时数字电压表的读数。这样,表面张力系数也可写为

$$\alpha=\frac{U_1-U_2}{\pi B(D_1+D_2)} \tag{4.3-6}$$

上式是在假定液体与金属圆环间接触为全浸润接触,接触角为零条件下得到的。如果接触角不为零,则需要对其进行修正。

[实验内容与测量]

1. 实验内容

1) 硅压阻力敏传感器定标

在力敏传感器上分别加不同质量的砝码,测出相应的电压输出值,记录测量数据,用最小二乘法拟合得到仪器的灵敏度 B。

2) 液体表面张力系数测量

用游标卡尺测量金属圆环内、外直径,记录测量数据。然后测量水、乙醇和不同浓度乙醇水溶液的表面张力系数。将金属圆环挂在力敏传感器挂钩上,将圆环浸入待测液体中,然后缓慢调节上升架,观察拉脱法测液体表面张力的物理过程和物理现象,记录圆环在即将拉断液柱时数字电压表的读数 U_1,拉断时数字电压表的读数 U_2,记录实验结果。对实验数据进行处理,获得待测液体表面张力系数。

2. 实验步骤

(1) 开机预热。

(2) 测量吊环的内、外直径。测量时注意不要让吊环变形。

(3) 清洗玻璃器皿和吊环。

(4) 在玻璃器皿内放入被测液体,并将玻璃器皿安放在升降台上。

(5) 将砝码盘挂在力敏传感器挂钩上。

（6）若整机已预热 15min 以上,可对力敏传感器定标,在加砝码前应首先将仪器调零,安放砝码时应尽量轻。

（7）将吊环挂在力敏传感器的挂钩上。在测定液体表面张力系数过程中,观察液体产生的浮力与张力的情况及现象。顺时针转动升降台大螺帽时液体液面上升,当环下沿部分均浸入液体中时,改为逆时针转动该螺帽,这时液面往下降(或者说,将相对的吊环往上提拉),观察环浸入液体中及从液体中拉起时的物理过程和现象,也可以用手机拍摄这一过程的录像。应特别注意吊环即将拉断液柱前一瞬间数字电压表读数值 U_1,拉断时数字电压表读数值 U_2。记下这两个数值。

[注意事项]

（1）吊环须处理干净。

（2）吊环水平须调节好。注意：偏差 1°,测量结果引入误差为 0.5%；偏差 2°,则引入误差为 1.6%。

（3）机器开机需预热 15min。

（4）在旋转升降台时,要尽量使液体的波动小。

（5）工作室不宜风力较大,以免吊环摆动。

（6）被测液体不要被灰尘、油污及其他杂质污染。特别注意手指不要接触被测液体。

（7）使用力敏传感器时,力不宜大于 0.098N。拉力过大时传感器容易损坏。

[讨论]

讨论你观察到的用拉脱法测液体表面张力的物理过程和物理现象。讨论浓度对乙醇水溶液表面张力系数的影响。查阅相关文献,对你的实验结果进行对比分析和评价。

[结论]

通过对实验现象和实验结果的分析,你能得到什么结论？

[研究性题目]

自行设计方案,研究不同浓度蔗糖水溶液表面张力系数的变化。

[思考题]

在本实验中,哪些因素可能对测量结果造成误差？

[附录] FD-NST-Ⅰ液体表面张力系数测定仪技术指标

1. 硅压阻力敏传感器

（1）受力量程：0~0.098N。

（2）灵敏度：约 3.00V/N(用砝码质量作单位定标)。

（3）非线性误差：≤0.2%。

（4）供电电压：直流 5~12V。

2. 显示仪器

(1) 读数显示：200mV 三位半数字电压表。

(2) 调零：手动多圈电位器。

(3) 连接方式：5 芯航空插头。

3. 测量水等液体的表面张力系数的误差≤5%

[参考文献]

[1] 李椿,章立源,钱尚武.热学[M].2 版.北京：高等教育出版社,2008.

[2] 上海复旦天欣科教仪器有限公司.FD-NST-Ⅰ液体表面张力系数测定仪[Z].2009.

[3] 亚当森.表面的物理化学[M].北京：科学出版社,1984.

[4] 焦丽凤,陆申龙.用力敏传感器测量液体表面张力系数[J].物理实验,2002,22(7)：40-42.

[5] 代伟.对 FD-NST-Ⅰ型液体表面张力系数测量仪的改进[J].物理实验,2011,31(10)：29-32.

[6] 田静,李辉.液体表面张力系数测量中的影响因素分析[J].大学物理,2012,31(10)：28-30.

[7] 尹东霞,马沛生,夏淑倩.液体表面张力测定方法的研究进展[J].科技通报,2007,23(3)：424-429.

[8] 成娟,李玲,刘科.液体表面张力系数与浓度的关系实验研究[J].中国测试,2014,40(3)：32-34.

[9] 吴平.大学物理实验教程[M].2 版.北京：机械工业出版社,2015.

[10] 魏云,杨龙,周波,等.一种基于金属环液膜力学分析的液体密度、表面张力的现场测量方法[J].地球物理学进展,2020,35(6)：2402-2406.

实验 4.4 落球法测定液体黏度及温度的 PID 调节

[引言]

我们在倒油和倒水时会感受到阻力不同,这和流体本身的黏性有关。在流体中,当相邻的两层流体之间存在相对运动时,运动快的流层对运动慢的流层有拖拽作用；相反,运动慢的流层对运动快的流层有阻滞作用。这实际上就是流体的内摩擦力起的作用。流体所具有的这种阻止流体内各部分之间的相对运动的性质称为流体的黏性或黏滞性。黏性既是小船滑过平静水面时要努力划桨的原因,也是桨能够起作用的原因。

流体的内摩擦力称为黏滞力,黏滞力的大小与接触面面积以及接触面处的速度梯度成正比,比例系数 η 称为黏度(或黏滞系数)。

对流体黏滞性的研究在流体力学、化学化工、医疗、水利等领域都有广泛的应用,例如在用管道输送液体时要根据输送液体的流量、压力差、输送距离及液体黏度设计输送管道的口径。

测量液体黏度可用落球法、毛细管法、转筒法等方法,其中落球法适于测量黏度较高的液体。

黏度的大小取决于液体的性质与温度,温度升高,黏度将迅速减小。例如对于蓖麻油而言,在室温附近温度改变 1℃,黏度值改变约 10%。因此,测定液体在不同温度的黏度有重要实际意义。

在科研、生产及日常生活的许多领域,常常需要对温度进行调节、控制。温度调节的方法有多种,PID 调节是对温度控制精度要求较高时常用的一种方法。物理实验中经常需要测量物理量随温度的变化关系,本实验提供的温控仪可以让同学们了解 PID 调节,并能实时观察到对于特定的被控系统和 PID 参数,温度及功率随时间的变化关系及控制精度,加深同学们对 PID 调节过程的理解。

[实验目的]

(1) 用落球法测量不同温度下蓖麻油的黏度。
(2) 了解 PID 调节,观察实验装置的 PID 控温行为。

[实验仪器]

落球法变温黏滞系数实验仪,ZKY-PID 温控实验仪,停表,螺旋测微器,小钢球(若干)。

[预习提示]

(1) 掌握用落球法测量黏度的原理,了解 PID 调节原理。
(2) 掌握实验过程与步骤。

[实验原理]

1. 落球法测定液体的黏度

一个在静止液体中下落的小球受到重力、浮力和黏滞阻力三个力的作用。如果小球的速度 v 很小,且液体可以看成在各方向上都是无限广阔的,则从流体力学的基本方程可以导出表示黏滞阻力的斯托克斯公式:

$$F = 3\pi\eta v d \qquad (4.4\text{-}1)$$

式中,d 为小球直径。由于黏滞阻力与小球速度 v 成正比,因此小球在下落很短一段距离后(参见附录推导)所受的三个力达到平衡,小球将以 v_0 匀速下落,此时有

$$\frac{1}{6}\pi d^3 (\rho - \rho_0) g = 3\pi\eta v_0 d \qquad (4.4\text{-}2)$$

式中,ρ 为小球的密度;ρ_0 为液体的密度。由式(4.4-2)可导出黏度 η 的表达式:

$$\eta = \frac{(\rho - \rho_0)g d^2}{18 v_0} \qquad (4.4\text{-}3)$$

在本实验中,小球在直径为 D 的玻璃管中下落,液体在各方向无限广阔的条件不满足,此时黏滞阻力的表达式可加修正系数 $(1 + 2.4d/D)$,则式(4.4-3)修正为

$$\eta = \frac{(\rho - \rho_0)g d^2}{18 v_0 (1 + 2.4d/D)} \qquad (4.4\text{-}4)$$

当小球的密度较大,直径不是太小,而液体的黏度值又较小时,小球在液体中的平衡速度 v_0 会达到较大的值。奥西斯-果尔斯公式反映出了液体运动状态对斯托克斯公式的影响:

$$F = 3\pi\eta v_0 d \left(1 + \frac{3}{16}Re - \frac{19}{1080}Re^2 + \cdots \right) \qquad (4.4\text{-}5)$$

式中,Re 称为雷诺数,是表征液体运动状态的无量纲参数。其表达式为

$$Re = v_0 d\rho_0 / \eta \qquad (4.4\text{-}6)$$

当 $Re<0.1$ 时,可认为式(4.4-1)、式(4.4-4)成立;当 $0.1<Re<1$ 时,应考虑式(4.4-5)中1级修正项的影响;当 $Re>1$ 时,还须考虑高次修正项。

考虑式(4.4-5)中1级修正项的影响及玻璃管的影响后,黏度 η_1 可表示为

$$\eta_1 = \frac{(\rho-\rho_0)gd^2}{18v_0(1+2.4d/D)(1+3Re/16)} = \eta\frac{1}{1+3Re/16} \qquad (4.4\text{-}7)$$

由于 $3Re/16$ 是远小于1的数,因此将 $1/(1+3Re/16)$ 按幂级数展开后近似为 $1-3Re/16$,式(4.4-7)又可表示为

$$\eta_1 = \eta - \frac{3}{16}v_0d\rho_0 \qquad (4.4\text{-}8)$$

已知或测量得到 ρ、ρ_0、D、d、v 等参数后,由式(4.4-4)计算黏度 η,再由式(4.4-6)计算 Re,若需计算 Re 的1级修正,则由式(4.4-8)计算经修正的黏度 η_1。

在国际单位制中,η 的单位是 Pa·s(帕斯卡·秒),在厘米克秒制中,η 的单位是 P(泊)或 cP(厘泊),它们之间的换算关系为

$$1\text{Pa·s} = 10\text{P} = 1000\text{cP} \qquad (4.4\text{-}9)$$

在本实验中,$\rho=7.8\times10^3\,\text{kg/m}^3$,$\rho_0=0.95\times10^3\,\text{kg/m}^3$,$D=2.0\times10^{-2}\,\text{m}$。

2. PID 调节原理

闭环自动控制技术是基于反馈来减少被控系统的不确定性的。反馈理论的要素包括测量、比较和执行。先测出被控变量的实际值,然后将被控变量的实际值与期望值相比较,用这个偏差来纠正系统的响应,执行调节控制。自动控制系统的控制过程可用图 4.4-1 来说明。假如被控量与设定值之间有偏差,即 $e(t)$=设定值-被控量,调节器依据 $e(t)$ 及一定的调节规律输出调节信号 $u(t)$,执行单元按 $u(t)$ 输出操作量至被控对象,使被控量逼近直至最终等于设定值。这里,调节器是自动控制系统的指挥机构。

图 4.4-1 自动控制系统框图

在本实验的温控系统中,执行单元是由可控硅控制加热电流的加热器,操作量是加热功率,被控对象是水箱中的水,被控量是水的温度,调节器采用了比例-积分-微分控制器。

比例(proportion)-积分(integration)-微分(differentiation)控制调节是自动控制系统中应用最为广泛的一种调节控制规律,简称 PID 控制,又称 PID 调节。

PID 调节器是按偏差的比例(proportional)、积分(integral)、微分(differential)进行调节的,其调节规律可表示为

$$u(t) = K_P\left[e(t) + \frac{1}{T_I}\int_0^t e(t)\,dt + T_D\frac{de(t)}{dt}\right] \qquad (4.4\text{-}10)$$

式中,第一项为比例调节,K_P 为比例系数;第二项为积分调节,T_I 为积分时间常数;第三项为微分调节,T_D 为微分时间常数。

图 4.4-2 给出了 PID 温度控制系统在调节过程中温度随时间的一般变化关系,控制效果可用稳定性、准确性和快速性来评价。

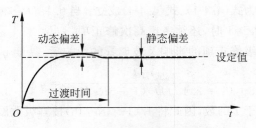

图 4.4-2　PID 调节系统过渡过程

系统重新设定(或受到扰动)后经过一定的过渡过程能够达到新的平衡状态,则为稳定的调节过程;若被控量反复振荡,甚至振幅越来越大,则为不稳定调节过程。不稳定调节过程是有害而不能采用的。准确性可用被调量的动态偏差和静态偏差来衡量,二者越小,准确性越高。快速性可用过渡时间表示,过渡时间越短越好。实际控制系统中,上述三方面指标常常是互相制约、互相矛盾的,需结合具体要求综合考虑。

由图 4.4-2 可见,系统在达到设定值后一般并不能立即稳定在设定值,而是超过设定值后经一定的过渡过程才重新稳定,这种现象称为超调。产生超调的原因可从系统惯性、传感器滞后和调节器特性等方面予以说明。

(1) 系统惯性。系统在升温过程中,加热器温度总是高于被控对象温度,在达到设定值后,即使减小或切断加热功率,加热器存储的热量在一定时间内仍然会使系统升温,降温有类似的反向过程,称之为系统的热惯性。

(2) 传感器滞后。传感器滞后是指由于传感器本身热传导特性或由于传感器安装位置的原因,使传感器测量到的温度比系统实际的温度在时间上滞后,系统达到设定值后调节器无法立即作出反应,产生超调。

(3) 调节器特性。由式(4.4-10)可见,比例调节项输出与偏差成正比,它能迅速对偏差作出反应,并减小偏差,但它不能消除静态偏差。这是因为任何高于室温的稳态都需要一定的输入功率维持,而比例调节项只有在偏差存在时才输出调节量。增加比例调节系数 K_P 可减小静态偏差,但在系统有热惯性和传感器滞后时,会使超调加大。

积分调节项输出与偏差对时间的积分成正比,只要系统存在偏差,积分调节作用就不断积累,输出调节量以消除偏差。积分调节作用缓慢,在时间上总是滞后于偏差信号的变化。增加积分作用(减小 T_I)可加快消除静态偏差,但会使系统超调加大,增加动态偏差,积分作用太强甚至会使系统出现不稳定状态。

微分调节项输出与偏差对时间的变化率成正比,它阻碍温度的变化,能减小超调量,克服振荡。在系统受到扰动时,它能迅速作出反应,减小调整时间,提高系统的稳定性。

对于实际的控制系统,必须依据系统特性设置合适的三个参数(K_P、T_I 和 T_D),即 PID 参数,才能取得好的控制效果。有多种方法可以获得特定系统、特定过程的 PID 参数。PID 调节器的应用已有一百多年的历史,理论分析和实践都表明,应用这种调节规律对许多具体过程进行控制时,能够取得满意的结果。

3. 仪器装置

1) 落球法变温黏度测量仪

变温黏度仪的外形如图 4.4-3(a)所示。样品管为带有夹层的双层玻璃管。玻璃管夹层为加热水套,其下端设有进水孔,上端设有出水孔,通过水泵使玻璃管夹层内的水循环流动,水温用 PID 温控仪控制。待测液体装在细长的样品管内管中,可以使液体温度较快地与加热水套的水温达到平衡。样品管壁上有刻度线,便于测量小球下落的距离。底座下有调节螺钉,用于调节样品管的铅直。

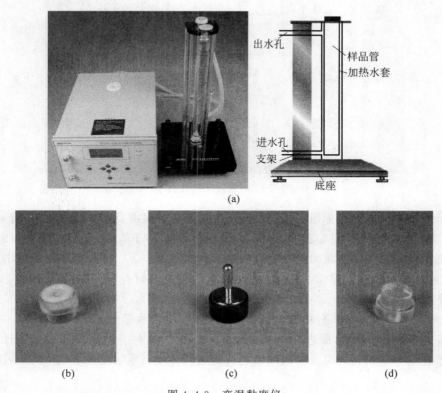

图 4.4-3 变温黏度仪

(a) 变温黏度仪主体;(b) 气泡水平仪;(c) 磁铁;(d) 导向管

气泡水平仪(图 4.4-3(b))用于辅助样品管铅直的调节;实验时将导向管(图 4.4-3(d))放置在样品管顶部,可以使小球的下落位置处于样品管中心线附近区域;掉落在样品管底部的小钢球用磁铁(图 4.4-3(c))取出。

2) PID 温控实验仪

温控实验仪包含水箱、水泵、加热器、控制及显示电路等部分。

温控实验仪仪器面板如图 4.4-4 所示。温控实验仪内置微处理器,带有液晶显示屏,操作菜单化,能显示温控过程的温度变化曲线、功率变化曲线以及温度和功率的实时值,能存储温度及功率变化曲线。

按下温控实验仪仪器面板的电源开关后,水泵开始运转,液晶显示屏显示操作菜单,有"进行实验"和"查看数据"两个选项。选择"进行实验"后,进入设置菜单,在此菜单中输入序号和室温,设定温度及 PID 参数。使用温控实验仪仪器面板上的◀、▶键选择项目,▲、▼键设置参数,按"确认"键进入下一屏测量界面,按"返回"键返回上一屏。

进入测量界面后,屏幕上方的数据栏从左至右依次显示序号、设定温度、初始温度、当前温度、当前功率、调节时间等参数。图形区以横坐标代表时间,纵坐标代表温度(以及功率),

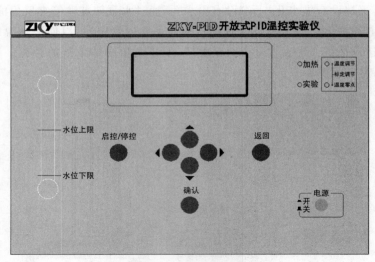

图 4.4-4　温控实验仪面板

并可用▲、▼键改变温度坐标值。仪器每隔 15s 采集 1 次温度及加热功率值，并将采集的数据标示在图上。温度达到设定值并保持 2min 温度波动小于 0.1℃，仪器自动判定达到平衡，并在图形区右边显示过渡时间 t_s、动态偏差 σ、静态偏差 e。一次实验完成退出时，仪器自动将屏幕按设定的序号存储(共可存储 10 幅)，以供必要时查看、分析和比较。

3) 停表

PC396 电子停表具有多种功能。按功能转换键，待显示屏上方出现符号"┄┄┄┄"且第 1 和第 6、第 7 短横线闪烁时，即进入停表功能。此时按开始/停止键可开始或停止计时，多次按开始/停止键可以累计计时。一次测量完成后，按暂停/回零键使数字回零，准备进行下一次测量。

[实验内容与测量]

1. 实验内容

实验内容为研究蓖麻油黏度随温度的变化。在室温至 55℃ 温度范围，至少取 4 个不同温度，测量蓖麻油黏度。

2. 实验步骤

(1) 检查温控仪仪器面板上的水位管，将水箱水加到适当值。

平常加水从仪器顶部的注水孔注入。若水箱排空后第 1 次加水，应该用软管从出水孔将水经水泵加入水箱，以便排出水泵内的空气，避免水泵空转(无循环水流出)或发出嗡鸣声。

(2) 设定 PID 参数。

本仪器的 PID 参数是通过理论分析和大量的实验得到的一个最符合本仪器的参数，已经达到最佳控制，故不可调节。

(3) 测定小球直径。

由式(4.4-6)及式(4.4-4)可见，当液体黏度及小球密度一定时，雷诺数 $Re \propto d^3$。在测量蓖麻油的黏度时采用了直径 1～2mm 的小球,这样可不考虑雷诺数修正或只考虑 1 级雷诺数修正。

用螺旋测微器测定小球的直径 d。

(4) 测定小球在液体中的下落速度并计算黏度。

温控仪温度达到设定值后再等约 10min,使样品管中的待测液体温度与加热水温完全一致,才能测液体黏度。

用挖油勺盛住小球沿样品管中心轻轻放入液体,观察小球是否一直沿中心下落,若样品管倾斜,应调节其铅直。测量过程中,尽量避免对液体的扰动。

用秒表测量小球下落一段距离的时间 t,并计算小球速度 v_0,用式(4.4-4)或式(4.4-8)计算黏度 η。

实验全部完成后,用磁铁将小球吸引至样品管口,取出放入小钢球盒中保存,以备下次实验使用。

[注意事项]

本实验配件较小,容易丢失,实验结束后要注意将仪器及各个配件复位,并将实验台收拾整洁。

[讨论]

讨论蓖麻油黏度随温度的变化行为。查阅相关文献,对你的实验结果进行对比分析和评价。

[结论]

通过对实验现象和实验结果的分析,你能得到什么结论?

[研究性题目]

用本实验装置测量水的黏度,与文献中的数据进行对比;将水黏度测量过程与蓖麻油黏度测量过程进行对比,分析测量误差。

[附录] 小球在达到平衡速度之前所经路程 L 的推导

由牛顿运动定律及黏滞阻力的表达式,可列出小球在达到平衡速度之前的运动方程

$$\frac{1}{6}\pi d^3 \rho \frac{\mathrm{d}v}{\mathrm{d}t} = \frac{1}{6}\pi d^3 (\rho - \rho_0) g - 3\pi \eta d v \tag{4.4-11}$$

经整理后得

$$\frac{\mathrm{d}v}{\mathrm{d}t} + \frac{18\eta}{d^2 \rho} v = \left(1 - \frac{\rho_0}{\rho}\right) g \tag{4.4-12}$$

这是一个一阶线性微分方程,其通解为

$$v = \left(1 - \frac{\rho_0}{\rho}\right) g \cdot \frac{d^2 \rho}{18\eta} + C e^{-\frac{18\eta}{d^2 \rho} t} \tag{4.4-13}$$

设小球以零初速放入液体中,代入初始条件($t=0, v=0$),定出常数 C 并整理得

$$v = \frac{d^2 g}{18\eta}(\rho - \rho_0) \cdot \left(1 - e^{-\frac{18\eta}{d^2\rho}t}\right) \tag{4.4-14}$$

随着时间增加，式(4.4-14)中的负指数项迅速趋近于 0，由此得平衡速度

$$v_0 = \frac{d^2 g}{18\eta}(\rho - \rho_0) \tag{4.4-15}$$

式(4.4-15)与式(4.4-3)是等价的，平衡速度与黏度成反比。设从速度为 0 到速度达到平衡速度的 99.9% 这段时间为平衡时间 t_0，即令

$$e^{-\frac{18\eta}{d^2\rho}t_0} = 0.001 \tag{4.4-16}$$

由式(4.4-16)可计算平衡时间。

若钢球直径为 10^{-3} m，代入钢球的密度 ρ、蓖麻油的密度 ρ_0 及 40℃时蓖麻油的黏度 $\eta = 0.231$Pa·s，可得此时的平衡速度约为 $v_0 = 0.016$m/s，平衡时间约为 $t_0 = 0.013$s。

平衡距离 L 小于平衡速度与平衡时间的乘积，在我们的实验条件下，该值小于 1mm，基本可认为小球进入液体后就达到了平衡速度。

[参考文献]

[1] 成都世纪中科仪器有限公司. ZKY-NZ 落球法变温黏滞系数实验仪实验指导及操作说明书[Z]. 2013.

[2] 吴平. 大学物理实验教程[M]. 2 版. 北京：机械工业出版社，2015.

实验 4.5　用热波法测量良导体的热导率

[引言]

测量固体材料热导率的方法大体有两类：一类是稳态法，即在稳定的导热条件(如试样只在垂直于横截面的方向有热流、温度分布达到稳定等)下进行测量；另一类是动态法(只须在测量时保证相同的导热实验条件等)。近年来，由于测量技术的进步，动态法因其测量时间短、测量条件容易实现而得到大力发展，在科研和生产中已得到广泛应用。本实验所采用的方法是一种动态测量方法，棒状样品的一端为热端，使其温度随时间作简谐变化；样品的另一端为冷端，保持其温度恒定不变。这样，热量在样品中传播形成热波，利用热波测出材料热导率。这种方法可以将难以准确测量的热学量测量转变为较易准确测量的长度测量，显著提高测量精度。

此外，同学们对机械波、电磁波比较熟悉，而对热波了解较少，本实验可以使同学们增加对热波的了解，拓宽对波动理论的认识。通过本实验，同学们还可以熟悉怎样从一种物理现象出发，对物理现象发生的条件加以设计和控制，发展新的测量方法的全过程，体会如何做创造性的工作。

[实验目的]

(1) 学习一种热导率测量方法。

(2) 认识热波，加强对波动理论的理解。

（3）通过本实验，体会如何依据一种物理现象，设计和实现该物理现象发生的环境与条件，从而利用这种物理现象发展出巧妙解决实际问题的新方法或新技术。

［实验仪器］

热导率动态测量仪主机（样品温度范围为 $10\sim100$℃，温度分辨率为 ±0.5℃），冷却装置，计算机等。

［预习提示］

（1）热量的一维传播是如何实现的？

（2）了解热波函数 $T=T_0-\alpha x+T_{\mathrm{m}}\mathrm{e}^{-\sqrt{\frac{\omega}{2D}}x}\sin\left(\omega t-\sqrt{\frac{\omega}{2D}}x\right)$ 的物理含义。

（3）热端温度随时间按简谐形式变化的边界条件是如何实现的？

（4）理解测量热导率的原理公式 $\left(k=\dfrac{c\rho L^2}{4\pi(t_2-t_1)^2}T\right)$ 中各物理量的意义及单位。

（5）了解实验装置的结构及主要操作步骤。

（6）测量哪些量？怎样测量？

［实验原理］

1. 用热波法测量材料热导率的原理

当物体内各处的温度不均匀时，热量会从温度较高处传递到温度较低处，这种现象叫作热传导。

将待测样品制成棒状，取一小段棒元，如图 4.5-1 所示，设温度沿 x 轴正方向逐渐降低，并设热量沿棒长方向作一维传播。

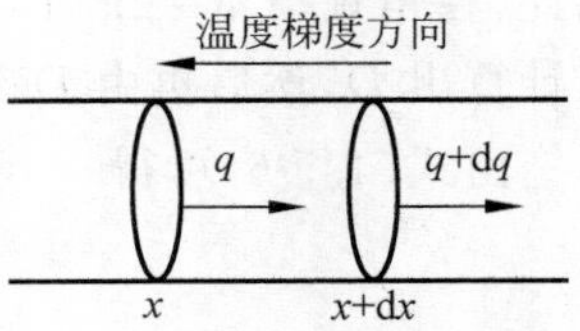

根据傅里叶定律，$\mathrm{d}t$ 时间内流过垂直于传播方向面积 $\mathrm{d}S$ 的热量为

图 4.5-1 棒元

$$\mathrm{d}Q=-k\left(\frac{\mathrm{d}T}{\mathrm{d}x}\right)\mathrm{d}S\,\mathrm{d}t \qquad (4.5\text{-}1)$$

其中，k 为待测材料的热导率，是反映物质导热能力的重要参数。其物理含义是：每单位时间内，在每单位长度上温度降低 1K（开尔文）时，每单位面积上通过的热量。$\dfrac{\mathrm{d}T}{\mathrm{d}x}$ 是 x 方向的温度梯度，式中负号表示热量沿温度降低的方向传递。

$\mathrm{d}t$ 时间内通过单位面积流入小棒元的热量为

$$\mathrm{d}Q=\left[\left(\frac{\partial Q}{\partial t}\right)_x-\left(\frac{\partial Q}{\partial t}\right)_{x+\mathrm{d}x}\right]\mathrm{d}t=\left[\left(-k\,\frac{\partial T}{\partial x}\right)_x-\left(-k\,\frac{\partial T}{\partial x}\right)_{x+\mathrm{d}x}\right]\mathrm{d}t=-k\,\frac{\partial^2 T}{\partial x^2}\mathrm{d}x\,\mathrm{d}t$$

若没有其他热量来源或消耗，根据能量守恒定律，单位面积净流入的热量就等于小棒元在 $\mathrm{d}t$ 时间内温度升高所需要的热量，即

$$\mathrm{d}Q=\left(c\rho\,\mathrm{d}x\,\frac{\partial T}{\partial t}\right)\mathrm{d}t$$

其中 c、ρ 分别为材料的比热容与密度。联立上述两式，得

$$c\rho\mathrm{d}x\,\frac{\partial T}{\partial t} = -k\,\frac{\partial^2 T}{\partial x^2}\mathrm{d}x \tag{4.5-2}$$

从而得到热流方程

$$\frac{\partial T}{\partial t} = D\,\frac{\partial^2 T}{\partial x^2} \tag{4.5-3}$$

其中 $D = k/c\rho$，称为热扩散系数。式(4.5-3)的解可以给出棒状样品各点温度随时间的变化，解的具体形式取决于边界条件。设热端的温度绕恒定温度 T_0 按简谐方式变化，即

$$T = T_0 + T_\mathrm{m}\sin\omega t \tag{4.5-4}$$

其中 T_m 表征了热端温度的变化幅度，ω 为热端温度变化的角频率。假设棒状样品另一端无反射并保持温度恒定为 T_0。式(4.5-3)的解为

$$T = T_0 - \alpha x + T_\mathrm{m}\mathrm{e}^{-\sqrt{\frac{\omega}{2D}}x}\sin\left(\omega t - \sqrt{\frac{\omega}{2D}}x\right) \tag{4.5-5}$$

其中 α 是温度线性成分的斜率。由式(4.5-5)可以看出：

（1）当热端($x=0$)温度按简谐方式变化时，这种变化将以衰减波的形式在棒内向冷端传播，称此波为热波，也就是温度波。

（2）热波波速

$$v = \sqrt{2D\omega} \tag{4.5-6}$$

（3）热波波长

$$\lambda = 2\pi\sqrt{\frac{2D}{\omega}} \tag{4.5-7}$$

因此，在角频率 $\omega = 2\pi/T_\mathrm{P}$($T_\mathrm{P}$ 为脉动热源周期)已知的情况下，只要测出波速或波长就可以计算出 D，然后再由 D 计算出材料的热导率 k。

由式(4.5-6)可得

$$v^2 = 2\left(\frac{k}{c\rho}\right)\omega$$

则

$$k = \frac{v^2 c\rho}{2\omega} = \frac{v^2 c\rho}{4\pi}T_\mathrm{P} \tag{4.5-8}$$

沿待测棒长度方向等间距布置一排热电偶，相邻热电偶间距为 L，则波速还可以写作 $v = L/(t_2 - t_1)$，其中 t_2、t_1 为相邻热电偶温度对应相同相位时的时间，如相邻热电偶温度均为峰值时的时间，则式(4.5-8)可以写为

$$k = \frac{c\rho L^2}{4\pi(t_2 - t_1)^2}T_\mathrm{P} \tag{4.5-9}$$

式中各量单位为：比热容 c，单位是 $\mathrm{J/(kg \cdot K)}$；密度 ρ，单位是 $\mathrm{kg/mm^3}$；相邻热电偶间距 L，单位是 mm；脉动热源周期 T_P，单位是 s；时间 t_1、t_2 的单位是 s。则热导率 k 的单位为 $\mathrm{J/(K \cdot s \cdot mm)}$。

通过上述讨论可以看到，只要我们能够采取适当措施，使样品棒中形成一维热波，就可以通过测量热波波长或波速获得材料的热导率。而具体实现这种方法的关键问题是：

（1）如何实现热量的一维传播；

（2）如何实现热端温度随时间按简谐形式变化的边界条件。

2. 热波法测量材料热导率实验装置

实验装置主要包括主机和计算机。

1）主机

主机由棒状样品（本实验中为铜棒样品）、热电偶阵列、脉动热源和冷却装置组成，其结构如图 4.5-2 所示。仪器面板如图 4.5-3 所示。

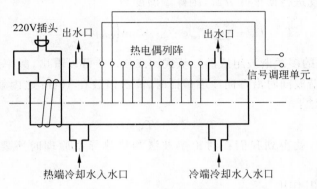

图 4.5-2　主机结构示意图

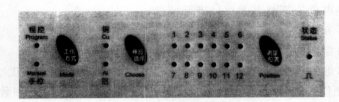

图 4.5-3　主机前面板

（1）棒状样品及热电偶阵列。

为实现热量的一维传播，将材料制成圆棒状，并用绝缘材料紧裹其侧表面，这样热量将只沿轴向传播，并且在任一垂直于棒轴的截面上各点的温度可保持相同。这样，只要测量出轴线上各点的温度分布，就可以确定整个棒体上的温度分布。温度的测量采用热电偶（镍铬-康铜）阵列，共配有 12 根热电偶，依次编号为 1，2，…，12，并显示于仪器面板上。热电偶均匀插在棒内轴线处，相邻热电偶间距均为 2.00cm，为保持棒尾的温度 T_0 恒定，防止引起整个棒的温度分布起伏，用冷却水对棒尾进行冷却。计算机通过数据采集卡获得各热电偶的热电动势 E，并直接绘出热电动势 E 随时间变化的 $E\text{-}t$ 曲线。因为样品温度随时间变化的趋势 $T\text{-}t$ 与 $E\text{-}t$ 相同，故 $E\text{-}t$ 曲线反映的变化规律也就是 $T\text{-}t$ 曲线的变化规律。

（2）脉动热源及冷却装置。

直接控制加热器来产生简谐变化规律的热源显然是比较困难的，但是产生一个脉动变化的热源并不困难，例如在样品棒的一端放上电热器，使电热器处于 90s 开、90s 关的周期为 $T_P=180\text{s}$ 的交替加热的状态，电热器便成为一个周期为 $T_P=180\text{s}$ 的脉动热源。脉动热源的开和关由控制单元来控制。另外，实验中还需要一个周期为 180s 的方波作为计算相位差的参考波,参考方波也由控制单元直接输出到计算机。

为提高热源脉动的幅度,在热端采用了冷却水。由于有热滞后,并不是加热器一停止加热棒端温度就立刻降下来,故此用计算机控制"进水电磁阀"来控制热端冷却水,使加热的半周期内热端不供应冷水,而不加热的半周期内热端供冷水。冷端冷却水的作用是保持低温端温度恒为 T_0。

如何产生呈简谐变化的热端温度? 当脉动热源加热到一定时间后,棒的热端就会出现稳定的幅度较大的温度脉动变化。

将热端脉动温度进行傅里叶分解,则棒端温度为

$$T = T_0 + \sum_n T_{mn} e^{-\sqrt{\frac{n\omega}{2\alpha}}x} \cdot \sin\left(n\omega t - \sqrt{\frac{n\omega}{2\alpha}}x\right) \tag{4.5-10}$$

说明 T 是由 ω 倍频的多次谐波组成的。从式(4.5-10)中可以看出,频率越高的谐波振幅衰减得越快。当这些谐波同时沿棒向冷端传播时,高次谐波在 10cm 之内就已衰减至零,只剩下角频率为 ω 的基波:

$$T = T_0 + T_m \sin\omega t$$

若将此处取为 $x = 0$,就得到我们在讨论热波法测量热导率原理时所要求的边界条件,即式(4.5-4)。

2) 控制单元及其作用

控制单元包括主控单元和其他几个单元,其主要作用是:

(1) 对来自热电偶的待测温度信号进行调理;

(2) 提供参考方波;

(3) 控制加热器半周期开和半周期关的周期性断续供电;

(4) 控制进水电磁阀在加热的半周期热端停供冷水,停热的半周期供冷水。

采用"程控"工作方式时,计算机对实验系统进行控制以及采集、处理数据。根据材料热导率的不同,可以按需要改变脉动热源周期。可绘制单个或同时绘制多个测量点温度随时间变化的曲线和参考方波。

[实验内容与测量]

1. 认识和调节实验装置

(1) 观察仪器面板,了解仪器的功能。

(2) 观察几个水龙头及进、出水管并了解其功能。

(3) 调节样品冷端的冷却水流量(由实验室给出要求),打开计算机后再调节样品**热端冷却水**的流量(由实验室给出要求)。要保持水流稳定,否则热波波形会漂移。

(4) **开启热导率动态测量仪电源**,按下仪器面板上的"工作方式"开关,选择"程控"工作方式。

注意：在测量过程中要时时监控和保持水流稳定,**严禁无水操作**。

2. 测量样品各测量点温度随时间的变化

(1) 打开计算机,启动"热导率动态测量"程序(REBO-n1),显示屏上出现程序操作界面,如图 4.5-4 所示。

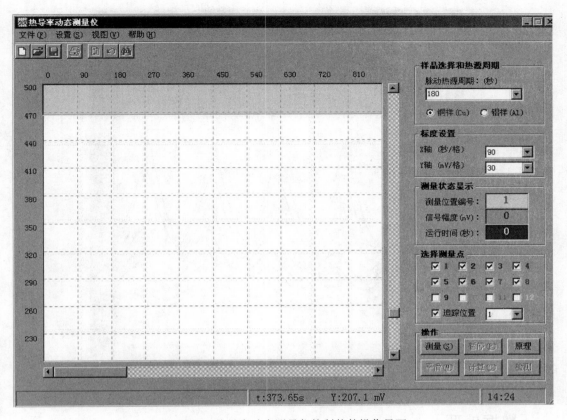

图 4.5-4　热导率动态测量仪控制软件操作界面

（2）设置脉动热源周期为 180s（或 240s）。

（3）选择"铜样"单选按钮。

（4）设置 x、y 轴。x 轴为时间，单位为 s，y 轴代表信号强度，单位为 mV（设备上的 1mV 代表 0.1℃），在"测量状态显示"栏中会自动显示当前测量位置、运行时间及信号幅度。

（5）在"选择测量点"栏中，选择某一个或某几个测量点（一般选择 1、2、…、8 这几个点）；在"追踪位置"处输入欲追踪的测量点点数。如欲选择 8 个测量点，则输入 8。开始测量后，仪器将自动对 8 个测量点进行轮流测量。仪器面板上 1～8 个测量点的数码也将轮流闪烁。

（6）按"操作"栏中的"测量"键，仪器开始测量工作，在显示屏上渐渐画出 $T\text{-}t$ 曲线簇，如图 4.5-5 所示。40～60min 后，样品内温度趋于稳定，可以看到显示屏上显示的 $T\text{-}t$ 曲线簇基本稳定不变。此时，在"操作"栏中按"暂停（P）"键，显示屏上将出现稳定的 $T\text{-}t$ 曲线簇。

（7）按顺序**先关闭**热导率测量仪，**再关闭**自来水，最后关闭计算机。（以防止无水加热而毁机）

（8）由显示屏上 $T\text{-}t$ 曲线簇，可选择测量误差较小的六条曲线（如 3、4、5、6、7、8 测量点所描绘的曲线），按照"数据处理"部分的要求进行处理。

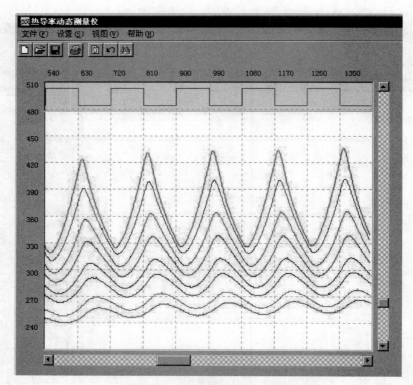

图 4.5-5　温度-时间曲线簇图

[数据处理]

在"程控"工作方式下,显示屏上显示的测量曲线如图 4.5-5 所示。图中不同的曲线分别表示热电偶 $1,2,3,\cdots,i,\cdots$ 所在位置 $x_1,x_2,x_3,\cdots,x_i,\cdots$ 处的 $T\text{-}t$ 曲线。欲由这些测量曲线得到材料热导率,可以采用多种数据处理方法,下面给出几种处理方法,以供参考。

1. 测量温度曲线波峰对应的时间 t,由作图法求出 $\bar{k}$ 值

具体做法如下:

(1) 分组。把一个参考周期内所测的几个测量点(如 3、4、5、6、7、8 测量点)的 $T\text{-}t$ 曲线作为一组。按时间顺序选出 5 个周期,即选出 5 组。

(2) 测量。在显示屏上单击一组中各测量点 $T\text{-}t$ 曲线上的波峰,在热导率动态测量仪控制软件操作界面下方将出现与该点对应的 t 的数值:$t_3,t_4,\cdots$,单位是 s。对 5 个周期依次进行测量、记录。

(3) 作图。用测出的数据作各测量点的位置 x 和峰值时间 t 的 $x\text{-}t$ 图。以 t 为横坐标,x 为纵坐标,作出曲线,由曲线图求出 $\bar{v}$ 值。

(4) 计算 $\bar{k}$。将求出的 $\bar{v}$ 值代入式(4.5-8),求出 $\bar{k}$ 值。(铜导体的比热容 $c=0.385\mathrm{J/(g \cdot K)}$)

2. 用任意两组数据求出热导率 k，再对多个 k 取平均值

已知相邻热电偶间距 $L=2.00\text{cm}$，热波波速 $v=L/(t_{i+1}-t_i)$，将 v 代入式（4.5-9）得出热导率 k，可对所有测量数据按此方法处理，再用多个 k 求出 $\bar{k}$。

3. 用仪器提供的计算功能直接算出 k 值

在主界面的显示区中（包括参考信号）右击，发送对应峰位时刻的数据 t 至"数据处理"窗口，如图 4.5-6 所示。根据程序提示操作，屏幕上可直接显示热导率数值。

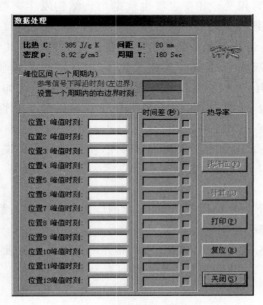

图 4.5-6　"数据处理"窗口

[讨论]

用"最小二乘法"处理本实验数据，求出波速及热导率，并对几种数据处理方法进行比较、讨论。

[结论]

通过对实验现象和实验结果的分析，你能得到什么结论？

[研究性题目]

对本实验的工作过程进行分析，估算各控制条件的变化对测量结果的影响。

[参考文献]

[1] 吕斯骅,段家忯.基础物理实验[M].北京：北京大学出版社,2002.
[2] 丁慎训,张孔时.物理实验教程[M].北京：清华大学出版社,1992.
[3] 南京大学恒通电子仪器厂.RB-Ⅰ型热导率动态测量仪使用说明书[Z].2004.
[4] 吴平.大学物理实验教程[M].2版.北京：机械工业出版社,2015.

实验 4.6 临界现象观测及气-液相变过程 p-T 关系测定

[引言]

物理、化学性质完全相同,成分相同的均匀物质聚集态称为相。与固、液、气三种聚集态相对应,物质有固相、液相和气相。在压强、温度等外界条件不变的情况下,物质从一个相转变为另一个相的过程称为相变。相变过程也就是物质结构发生突然变化的过程,常伴随有某种物理或化学性质的突然变化。

通常,人们根据相变进行过程中物质性质的变化行为不同将其分为一级相变和二级相变。物质系统在发生一级相变时,体积发生变化,同时伴随热量的吸收或释放,比如冰与水的转换;发生二级相变时,体积不变且没有热量的吸收和释放,比如正常导体与超导体之间的转变。相变是材料、冶金、能源、化工、气象等科学领域的最基础性问题之一,对相变的深入研究具有重要的理论意义和工程应用价值。

本实验将通过对气-液相变的实验观测与研究,获得对相变和临界现象的了解。

[实验目的]

(1) 测量不同温度下工作物质的压力值,绘制压力与温度的关系曲线,并根据不同的蒸气压方程,对曲线进行非线性拟合。

(2) 观测工作物质在临界状态附近气液两相界限模糊的临界乳光现象。

(3) 计算平均摩尔汽化热和正常沸点并验证楚顿规则。

[实验仪器]

ZKY-PTG0200 临界现象观测及气-液相变过程 p-T 关系测定实验仪、工作物质等。

[预习提示]

(1) 回顾热学中有关相变的基本概念,了解平衡态、临界状态、凝结、汽化、临界乳光等热力学现象的基本特征。

(2) 什么是临界温度、饱和蒸气压? 如何判断气-液相达到动态平衡?

(3) 如何测量流体的压力-温度关系?

[实验原理]

1. 纯物质的相图、相平衡及临界现象

通常情况下,物质的每一个相只在一定的温度和压强范围内稳定。我们可以在以压强 p 和温度 T 为坐标轴的图中把物质的相和相转变表示出来,这样的图称为相图。图 4.6-1 所示为纯物质(或称单组分系统)的相图示意图。除了实线上的点,图中的每点都只存在一个单相;而在实线上,两相共存,称为相平衡。三条曲线将整个 p-T 空间分成三部分:熔解曲线表示固、液两相的分界及两相达到平衡时该物质的固相和液相的状态参量 p、T 都应满足的关系,同理,汽化曲线表示气、液两相共存时 p、T 间的关系,升华曲线表示固、气两相共

存时 p、T 间的关系。这三条曲线的交点,固、液、气三相共存,称为三相点,对应的温度 T_{tr} 为系统的三相点温度。汽化曲线的顶部端点称为临界点,相应的 p 值和 T 值分别称为临界压强 p_c 和临界温度 T_c。物质处在临界状态及其附近所具有的特殊的物理性质和现象称为临界现象。

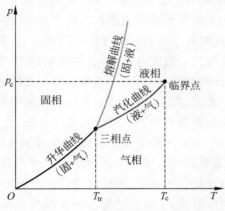

图 4.6-1　纯物质的相图示意图

低于临界温度时,将气体加压到一定的程度,气体会液化,出现气液共存的状态。当接近临界点时,液相和气相之间物理性质的差异变得越来越小,而在物质的临界点处,由于气相和液相的密度趋于相同,两相折射率趋同,气液两相的界限将会消失,出现气液模糊不清的情况,也就是无法判断此时流体到底是气相还是液相,如图 4.6-2 所示。除了气液两相模糊不清之外,在临界点附近,原来透明的气体或液体会变得浑浊。这是由于在临界点附近,流体密度涨落变化很大,照射于流体的光线被流体强烈散射,这种现象称为临界乳光现象。

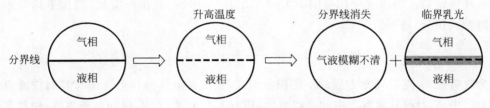

图 4.6-2　升温过程中气相和液相分界线的变化和临界乳光现象示意图

2. 气-液相变和压力-温度关系的测量原理

物质由液相转变为气相的汽化过程和由气相转变为液相的凝结过程统称为气-液相变。在气-液相变过程中,存在体积跃变和热量的吸收或释放,因此气-液相变属典型的一级相变。在某温度下,1mol 物质由液相转变成同温度的气相的汽化过程中吸收的热量称为该物质的摩尔汽化热,也就是相变焓,用 $\Delta_{vap} H_m$ 表示。

汽化过程有蒸发和沸腾两种形式:前者发生在任何温度下的液体表面;后者则发生在特定温度下的整个液体中,这一特定温度称为沸点。同种液体,当压强不同时,沸点不同;压强为常压 1.013×10^5 Pa 时的沸点称为正常沸点,用 T_b 表示。

实验表明,摩尔汽化热和正常沸点之间近似为线性关系,满足楚顿规则,即

$$\frac{\Delta_{\mathrm{vap}} H_{\mathrm{m}}}{T_{\mathrm{b}}} \approx 88\mathrm{J/(mol \cdot K)} \tag{4.6-1}$$

此规则对极性大的液体、液态时存在分子缔合现象的液体(如醇类)和 $T_{\mathrm{b}} < 150\mathrm{K}$ 的液体因误差较大而不适用。

对封闭系统,比如装在密闭容器里的液体,在一定的温度和压强下,单位时间内由液相汽化到气相的粒子数可以等于由气相凝结成液相的粒子数,液相和气相保持动态平衡,也就是达到气液相变的相平衡,此时处于气相的蒸气称为饱和蒸气,其压强称为饱和蒸气压。饱和蒸气压与液体种类和温度有关。温度升高,分子热运动剧烈,有较多分子能逸出液面,饱和蒸气分子数密度增加,因此饱和蒸气压增加,饱和蒸气压大体随温度呈指数关系上升。饱和蒸气压是重要的物性基础数据,常用于汽化热、升华热及相平衡关联等方面的计算。

饱和蒸气压的测量方法包括静态法、动态法、饱和气流法、色谱法等,其中静态法是目前最基本和最常用的方法。本实验采用静态法。将压力容器抽真空后充入被测物质(本实验中使用的是 R125 制冷剂:五氟乙烷),充入的被测物质在压力容器中处于气液两相共存的状态。待被测物质气液相温度稳定不变后,测量此时容器内的压力,即为被测物质在该温度时的饱和蒸气压。改变不同的温度,平衡后测量得到相应的一系列压力值(若无特殊说明,后文中提到的压力均为饱和蒸气压),从而绘制出压力-温度曲线。

3. 蒸气压方程

当纯物质流体的气相和液相达到平衡时,两相的化学势、温度以及压力相等,由此可以得到克劳修斯-克拉贝龙方程

$$\frac{\mathrm{dln}p}{\mathrm{d}T} = \frac{\Delta_{\mathrm{vap}} H_{\mathrm{m}}}{RT^2} \tag{4.6-2}$$

式中,p 为蒸气压;T 为开氏温度;$\Delta_{\mathrm{vap}} H_{\mathrm{m}}$ 为液体的摩尔汽化热,J/mol;$R = 8.31\mathrm{J/(mol \cdot K)}$,为摩尔气体常数。当温度变化范围不大时,$\Delta_{\mathrm{vap}} H_{\mathrm{m}}$ 可近似看作一常数,当作平均摩尔汽化热。将上式积分,得

$$\mathrm{ln}p = -\frac{\Delta_{\mathrm{vap}} H_{\mathrm{m}}}{RT} + A \tag{4.6-3}$$

此式为克劳修斯-克拉贝龙方程的不定积分形式,也就是液体饱和蒸气压与其对应沸点的关系式。式中 A 为积分常数。由此可以看出,以 $\mathrm{ln}p$ 对 $1/T$ 作图,得到一条直线,根据其斜率可以求出液体的平均摩尔汽化热。

克劳修斯-克拉贝龙方程是最简单的蒸气压方程,在较小的温度范围内是一个相当理想的蒸气压方程,但不适用于大的温度范围。安托宁对式(4.6-3)作了简单的改进,得到适合较宽温度范围的安托宁蒸气压方程

$$\mathrm{lg}p = A - \frac{B}{t + C} \tag{4.6-4}$$

式中,t 为摄氏温度;p 为温度 t 下的饱和蒸气压;A、B、C 均为常数。

后来,雷德(Riedel)又提出了雷德蒸气压方程

$$\mathrm{ln}p = A + \frac{B}{T} + C\mathrm{ln}T + DT^6 \tag{4.6-5}$$

式中,A、B、C、D 均为常数,T^6 项使方程可以描述高压区域内蒸气压曲线的转折点。

根据实验数据,将物质的饱和蒸气压拟合为温度的函数,可以得到上述常用的蒸气压方程。除此之外还有其他的蒸气压方程,如 Wagner 方程和 Ambrose-Walton 方程等,相对比较复杂,这里不再详述。

[实验内容与测量]

1. 实验前准备

实验装置结构参见附录1。将 PT100 温度传感器探头插入容器上端的深孔底部,另一端接入测试仪的温度传感器信号输入端口。将实验装置的压力传感器连接线接入测试仪的压力传感器信号输入端口。用连接线将实验装置背面的风扇接口与测试仪上的风扇接口相连,背光源也用相应连接线接入实验装置背面的背光源电源接口。然后,将测试仪接通电源,打开测试仪背面的电源开关,此时风扇和背光源均开始工作,按"确认"键进入测试仪主界面,主界面上温度和压力应正常显示。

2. 测量不同温度下的流体压力

(1) 将测试仪设置为最低温"目标温度 10.00℃",并用单芯连接线将温控电源输出口与热电片反接("制冷"时)或正接("制热"时)后,测试仪设置为"工作"并"确认"。此时风扇和背光源工作,测试仪主界面上温度显示逐渐接近目标温度。

(2) 待温度和压力基本稳定(曲线波动偏离平均值在 ± 0.01℃以内可视为稳定),将压力记入表 4.6-1。

表 4.6-1 流体的压力与温度的关系

温度 $T/$℃	压力参考值 $p_0/$MPa	压力实测值 $p/$MPa	相对误差
10.00	0.909		
15.00	1.049		
20.00	1.205		
25.00	1.378		
30.00	1.569		
35.00	1.778		
40.00	2.009		
45.00	2.261		
50.00	2.537		
55.00	2.839		
60.00	3.170		
65.00	3.537		

(3) 以一定温度间隔(推荐 5.00℃)依次改变目标温度,并重复步骤(2)(根据目标温度与环境温度的高低关系来选择"制冷"或"制热",同时不要忘记根据附录1中的装置说明在制冷和制热切换时进行热电片与温控电源输出口的正反接替换),直到 65.00℃。

在此实验过程中,既可以观察到低温时流体液体内部强烈的汽化现象(沸腾),也可以观察到高温时流体蒸气的液化现象。注意观察气-液相分界面的变化情况。

3. 观察临界乳光现象,测量临界压强和临界温度

在前一实验基础上,减小温度间隔(推荐 0.50℃)继续升温,注意观察流体气-液两相分

界面的变化情况,将观察到随着温度继续升高分界面越来越模糊,且在此过程中分界面附近开始出现颜色的变化,产生临界乳光现象。最后在某一温度下分界面恰好消失,将此时的温度和压强值记入表 4.6-2,即为流体的临界温度和临界压强(饱和蒸气压)。注意:在临界温度附近可以根据需要进一步减小温度间隔,以测得更准确的临界参数。

表 4.6-2 临界温度和临界压强

临界温度参考值 $T_{c0}/℃$	临界温度实测值 $T_c/℃$	临界温度绝对误差/℃	临界压强参考值 p_{c0}/MPa	临界压强实测值 p/MPa	临界压强相对误差
66.02			3.618		

实验结束后,关闭测试仪电源,断开相关连接线并收纳。

[数据处理与分析]

(1) 根据"实验内容与测量"第 2 部分记录的数据,将不同温度下的实测压力值与参考值进行对比,计算相对误差,绘制工作物质的 p-T 关系曲线。

(2) 根据安托宁和雷德蒸气压方程,对实验数据进行非线性拟合,得到方程中的各个系数,并对此进行讨论。

(3) 根据克劳修斯-克拉贝龙方程计算流体的平均摩尔汽化热和正常沸点,验证楚顿规则,并讨论该结果。已知平均摩尔汽化热参考值为 19 803J/mol,正常沸点参考值为 225.06K。

(4) 根据"实验内容与测量"第 3 部分记录的数据,计算临界温度和临界压强的相对误差,并分析误差来源。

[注意事项]

(1) 实验装置加热时不要触摸其上的腔体;真空泵工作时表面会发热,请不要触碰油箱或电机机壳。

(2) 请勿直接接触制冷剂,以免造成冻伤。

(3) 流体罐内盛放高压气体,应避免阳光直射,存放在通风良好的地方。

(4) 实验区域应远离出风口或环境温度变化较快的地方(如风扇或空调出风口)。

(5) 工作物质的临界温度约为 66℃,选择数据点时,在临近临界温度时需要缓慢。

(6) 在环境温度高于 10℃的情况下,容器外壁因环境中的水蒸气冷凝而结水,而观察窗也会因起雾而变得模糊,故在环境湿度较大的时候不宜长时间进行低温实验。温度升高后可以除雾。

[讨论]

(1) 在气-液相变的降温过程和升温过程中都能观察到临界乳光现象吗? 产生该现象的物理本质是什么? 临界乳光现象出现的位置和空间范围与哪些因素有关?

(2) 实验测得的压力-温度关系与哪种蒸气压方程给出的结果最为一致? 为什么?

[结论]

通过对实验现象和实验结果的分析,你能得到什么结论?

[研究性题目]

有研究表明,临界乳光现象出现的空间范围和持续时间与温度的变化速率有关,试设计实验对此进行定量研究。

[思考题]

(1) 实验中,若改变工作物质的充入量,同一温度下饱和蒸气压会变吗?若液体上方还有残留空气,饱和蒸气压会不会发生变化?为什么?

(2) 临界乳光现象的产生条件是什么?该现象说明临界态有何特征?

[附录 1] 实验装置

ZKY-PTG0200 临界现象观测及气-液相变过程 p-T 关系测定实验仪主要由实验装置、测试仪、真空泵、流体罐等组成,如图 4.6-3 所示。

图 4.6-3 ZKY-PTG0200 临界现象观测及气-液相变过程 p-T 关系测定实验仪

实验装置是测量流体的饱和蒸气压的实验主体,如图 4.6-4 所示。其中容器是良导热腔体,前面开有观察窗(观察窗上有参考液位线),后面装有背光源(由电源适配器供电),可清晰观察腔体内部的被测流体状态。压力变送器安装在容器顶部,用于测量容器腔体内部的气压。温度传感器通过容器上端的温度传感器插孔深入容器深处,用于测量容器腔体壁上的温度。热电片紧贴容器外部左右两个侧面对称布置有半导体热电片,通过热电片实现对容器及其内部流体的制冷和制热功能:当热电片的正负极(在装置背面,红正黑负,下同)与电源的正负极相同时,热电片紧贴容器的一面放热(另一面为吸热),对流体起加热作用;当热电片的正负极与电源的正负极相反时,热电片紧贴容器的一面吸热(另一面为放热),对流体起制冷作用。风冷散热器的作用是通过风扇强制散热,将热电片另一面放出或吸收的热量尽快导出到环境中,以保证良好的制冷和制热效果。风扇电源接口在装置背面。

三通阀安装在容器底部,结构如图 4.6-5 所示,中间端口与容器腔体相连,其余两端中

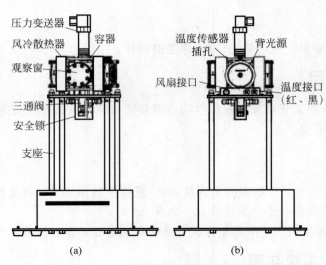

图 4.6-4　实验装置结构示意图

（a）正面；（b）背面

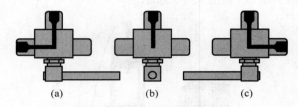

图 4.6-5　三通阀结构示意图

（a）仅左端与中间端口连通；（b）关闭；（c）仅右端与中间端口连通

任意一端与真空泵相连,则另一端与流体罐相连。在流体充入腔体后,须将安全锁装在三通阀上,以防止误操作三通阀而导致流体泄露。

注意：当对流体进行制热时,容器表面温度较高,请勿触摸容器；当对流体进行制冷时,散热器表面温度较高,请勿触摸散热器；实验中需保持风扇正常运转,禁止异物进入风扇。

测试仪前面板如图 4.6-6 所示。

LCD 液晶显示屏为人机交互界面,可实时测量并显示容器腔体内部的压力、温度以及二者与时间的动态关系曲线。通过按上下左右键移动光标（高亮部分）；按"确认"键进入下一屏、切换或确认功能；在温控设置菜单中通过旋转"参数调节"旋钮调节目标温度,顺时针增大,逆时针减小,调节最小步距 0.01℃,且旋转越快,温度变化率越大。传感器接口分别输入压力传感器和温度传感器信号。温控接口含有温控电源输出接口（红正黑负）和风扇电源输出接口。后面板含有工作电源及其开关。

测试仪主要显示界面如图 4.6-7 所示。

开机进入仪器介绍界面,按"确认"键,进入主界面（图 4.6-7（a））。主界面显示实时温度、实时压力、目标温度、工作计时、数据处理（已保存数据组数）等。开机首次控温前,目标温度显示"--.--"为未控温,此时温控电源无输出,风扇电源输出接口开启。

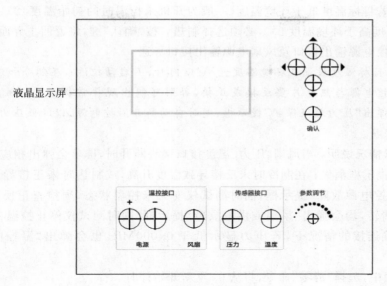

图 4.6-6 测试仪前面板图

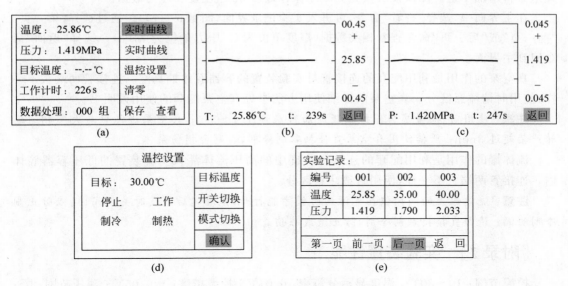

图 4.6-7 测试仪主要显示界面图

(a) 主界面；(b) 温度曲线界面；(c) 压力曲线界面；(d) 温控设置界面；(e) 实验记录界面

在主界面中，选择"实时曲线"选项，可进入温度曲线界面（图 4.6-7(b)）或压力曲线界面（图 4.6-7(c)）。曲线显示最近约 1.5min 内温度或压力随时间的变化情况，并显示当前温度或压力以及时间。纵坐标的中间值为上一屏平均值，纵坐标显示的平均值附近的上下限根据温度或压力的时间变化率会作适当调整。按"确认"键返回主界面。

在主界面中，选择"温控设置"选项，可进入温控设置界面（图 4.6-7(d)）。移动光标到"目标温度"后，通过旋转测试仪面板上的"参数调节"旋钮设置目标温度（范围 10～80℃）。选择"开关切换"选项，将在停止和工作中进行切换。选择"模式切换"选项，将在制冷和制热中进行切换,若目标温度低于环境温度(一般为开机未控温时的初始温度)2℃,必须选择制冷;若目标温度高于环境温度2℃,必须选择制热。按"确认"键,将返回主界面,同时测试仪开始控温,温控电源输出接口及风扇电源输出接口导通。

注意：当目标温度设置在环境温度±2℃以内时,不启动控温；在制冷和制热切换的同时,应注意温控电源与热电片要反接或正接,否则可能出现异常提示；当压力超过4MPa时,测试仪会弹出"压力超限保护"提示框,同时自动断开温控电源,以降低压力,实现对实验装置的超压保护。

其他异常情况说明：当风扇、压力、温度接口接头断开时,屏幕会弹出相应故障提示框,按"确认"键,提示框消失；在制冷时未反接导致温度升高,或制热时未正接导致温度降低,均会弹出"温控电源故障"提示框,同时测试仪变为未控温状态,须检查正反接是否正确；风扇断开或堵转,均会弹出"风扇或供电故障"提示框,同时测试仪停止控温；在压力传感器接头已正确连接的情况下,若压力显示低于0.000MPa也会弹出"温控电源故障"提示框。

在主界面中,选择"清零"命令,将从0s重新开始计时。

在主界面中,选择"保存"命令,测试仪将自动保存此时的温度和压力数据,同时数据处理组数将增加1组。测试仪可按先后顺序保存最多32组温度和压力数据。

在主界面中,选择"查看"命令,可进入实验记录界面(图4.6-7(e))。通过选择"第一页""前一页"或"后一页"命令查看相关数据(温度单位为℃,压力单位为MPa)。选择"返回"命令回到主界面。

真空泵的作用是利用配套的连接管对实验装置的容器腔体抽真空。连接管两端头不一样,使用时请注意区分。真空泵的详细使用方法参见真空泵配套的使用说明书。

注意：使用前,油量应当保持在距离油窗底部1/4~3/4；真空泵进气口与大气相通运转严禁超过3min；严禁使用真空泵直接抽取制冷剂,否则会损伤泵体。

流体罐的作用是利用配套的连接管将罐中的高压流体灌入实验装置的低压容器腔体内。连接管两端头不一样,使用时请注意区分。

注意：流体罐上的阀门仅在充灌的时候才能打开,充灌完须及时关闭阀门,以防止制冷剂泄漏；请勿直接接触制冷剂,防止造成冻伤。

［附录2］　实验装置性能

控温范围：10~80℃；温度显示分辨率：0.01℃；控温精度：±0.05℃；测压范围：0~5MPa；测压精度：±0.5%；重复性：±2%；压力测量相对误差：±3%；临界温度测量误差：±1℃。

［附录3］　仪器正常工作条件

温度：0~40℃；相对湿度：≤90%；大气压强：86~106kPa；电源：220V/50Hz。

［参考文献］

[1]　四川世纪中科光电技术有限公司.ZKY-PTG0200临界现象观测及气-液相变过程 p-T 关系测定实验仪实验指导及操作说明书[Z].2021.

[2]　刘玉鑫.热学[M].北京：北京大学出版社,2016.

[3]　吴平,邱红梅,徐美.当代大学物理：工科[M].下册.北京：机械工业出版社,2020.

[4]　张培青.物理化学教程[M].北京：化学工业出版社,2018.

[5]　秦允豪.热学[M].北京：高等教育出版社,2004.

[6]　宋耀祖,张鸿凌,张卫,等.临界点附近气-液相变过程的实验研究[J].工程热物理学报,2001,22(增刊)：157-160.

第5章

电磁学实验

实验 5.1　线性与非线性元件伏安特性的研究

［引言］

19世纪初,欧姆受到傅里叶关于热传导理论的启发,猜想导线两点之间的电流正比于这两点之间的"电张力"(即后来的电势差的概念),为此做了大量的实验。由于一直没有找到稳定的电源,实验总是不太理想,直到1821年,塞贝克发现热电效应,在波根道夫的建议下欧姆使用温差电偶得到了稳定的电源。另外,由于没有可以测量电流的装置,于是欧姆自己设计了一种电流扭秤,如图5.1-1所示,巧妙地将电流的磁效应和库仑扭秤结合在一起,通过测量挂在扭丝下的磁针偏转的角度测量电流强度。在顺利解决电源和电流的测量问题后,欧姆在1826年先后发表了两篇论文,系统地阐述了欧姆定律。

图 5.1-1　欧姆与他的实验装置

在科研和工作中,常用的电学元件很多,如金属膜电阻、三极管、发光二极管、热敏电阻等,它们在电路、集成电路、照明、探测等领域都是不可或缺的元件。了解这些元件的电学特性,对深入探究其导电机理并使其发挥应有的作用具有十分重要的意义。某一种元件或者材料的伏安特性是指流过该元件的电流随其两端所加电压的变化关系。以电学元件或材料两端测得的电压 U 为横坐标、电流 I 为纵坐标所画出的曲线,叫作该电学元件的伏安特性曲线。伏安特性曲线的测量是研究这些电学元件或某种材料电学特性常用的实验表征手段之一。如果测得的伏安特性曲线是一条通过原点的直线,其斜率为一个常数且与被测样品的电阻 R 相关,则称该样品具有欧姆特性,其电阻称为线性电阻或欧姆电阻;反之,则称该样品具有非线性特性,样品本身称为非线性元件。图5.1-2给出了一种高温热电材料

$Ca_3Co_4O_9$ 在常温下的伏安特性曲线,从曲线上可以看到在实验测试范围内该材料显示出非常好的欧姆特性。

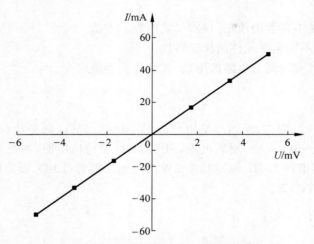

图 5.1-2 $Ca_3Co_4O_9$ 样品常温下的伏安特性曲线

对于线性电阻来说,还可以采用伏安法测定其阻值,该方法相比于其他阻值测定方法具有简单易行的特点,多用来测量中、高值电阻(其数量级一般为 $10 \sim 10^{15}\ \Omega$),测量的电阻的阻值范围可以通过更换不同量程的电表来达到,需要指出的是,高值电阻的测量还需采用特殊的实验手段来消除累积电荷对实验结果的影响,对此将在实验 5.11 中进行详细的介绍。在科学研究中还常常会用伏安法测量材料不同温度下的电阻,得到该材料在不同温度下的电阻率或电导率曲线,研究材料在不同温度区间导电机制的变化。图 5.1-3 所示为一个 $Ca_3Co_4O_9$ 样品电导率随温度的变化曲线,可以看到该样品的电导率随着温度的升高而增大,说明随着温度的升高参与导电的载流子增多,表现出了一定的半导体特性。

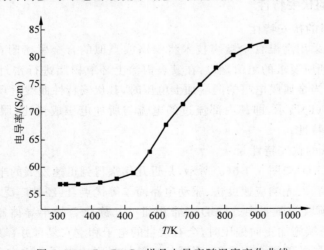

图 5.1-3 $Ca_3Co_4O_9$ 样品电导率随温度变化曲线

本实验通过测量金属膜电阻、发光二极管和正温度系数热敏电阻的伏安特性,研究这些电学元件的导电特性。同学们也可以根据本实验中的实验方法研究其他材料或电学元件的导电特性。

[实验目的]

(1) 掌握电学基本仪器的使用、仪器误差的表示方法。

(2) 观察、研究不同电学元件的伏安特性。

(3) 学会使用伏安法测定电阻的阻值,并估算其不确定度。

[实验仪器]

伏特计(0.5 级,量程为 0～1.5V、0～3.0V、0～7.5V),毫安计(0.5 级,量程为 0～25mA、0～50mA、0～100mA),滑线电阻,SPS3203D 型稳压电源,四位半通用数字万用表,待测金属膜电阻(阻值约 150Ω,额定功率 2W),发光二极管(LED,额定电流 350mA),正温度系数热敏电阻(PTC)等。

[预习提示]

(1) 本实验的具体任务是测定几种具有不同导电特性的电学元件的伏安特性。

(2) 阅读本实验附录 1,了解电表的等级规定,了解电表的内阻及电表仪器误差的计算方法,掌握电表的使用方法。

(3) 阅读本实验附录 1 中的电学实验的操作规则及安全注意事项。

(4) 设计电路测量几种电学元件的伏安特性以及电阻的阻值。

(5) 掌握金属膜电阻、发光二极管(LED)的伏安曲线特点。

(6) 掌握正温度系数热敏电阻(PTC)的伏安特性特点及其物理机理。

[实验原理]

1. 电学元件的伏安特性

1) 金属膜电阻的伏安特性

金属膜电阻是采用高温真空镀膜技术将镍铬或类似的合金紧密附在瓷棒表面形成皮膜,通过切割来达到所要求的阻值,然后在其表面涂上环氧树脂进行密封保护而制成的,如图 5.1-4(a)所示。当金属膜电阻的两端加上电压时,其伏安特性曲线呈现为通过 Ⅰ、Ⅲ 象限的直线,如图 5.1-4(b)所示,即其内部流过的电流与所加电压成正比,服从欧姆定律,表现出很好的线性电阻特性。

2) 发光二极管的伏安特性

发光二极管(LED)如图 5.1-5(a)所示,是近几年来得到迅速发展的半导体光电器件,具有单色性好、亮度高、发光响应速度快、驱动电路简单等优点,已经被广泛用于汽车、手机、显示屏、电子仪器等领域的照明中。LED 通常由 Ⅲ—Ⅴ 族化合物半导体制成,其核心为 PN 结,当在其 PN 结两端施加正向偏压时,会有大量的电子和空穴复合并释放出光子。电子和空穴的复合可在不同的能级之间进行,不同的半导体材料中电子和空穴所处的能量状态不同,在复合过程中可以释放不同能量的光子,即发出不同颜色的光。由于 LED 的核心为 PN 结,因此其伏安特性具有与普通的二极管相似的伏安特性,如图 5.1-5(b)所示,其两端电压与通过电流的关系不服从欧姆定律,其电阻值不仅与外加电压的大小有关,而且还与其

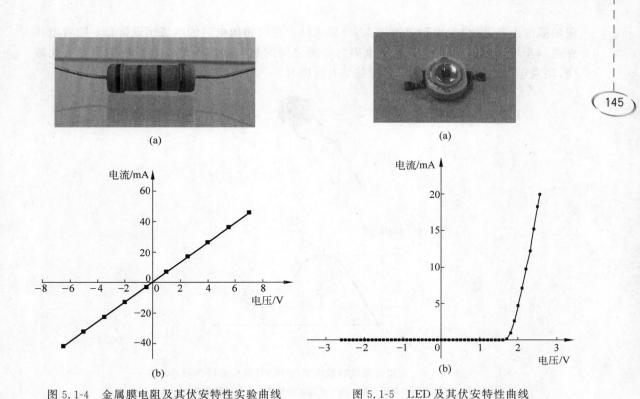

图 5.1-4　金属膜电阻及其伏安特性实验曲线　　　　图 5.1-5　LED 及其伏安特性曲线
（a）金属膜电阻；（b）金属膜电阻的伏安特性实验曲线　　（a）大功率 LED（无铝基板）；（b）LED 伏安特性实验曲线

方向有关。LED 的反向击穿电压一般大于 5V；而当正向电压大于开启电压后其电流随着正向电压的增加迅速增加，因此实际使用中一般用恒流源为 LED 供电，且通过 LED 的电流不可大于其额定电流。如果使用稳压电源为 LED 供电，则必须串联限流电阻以控制通过 LED 的电流，LED 在额定电流工作下的限流电阻 R 可以由式（5.1-1）确定

$$R = \frac{V - V_{FM}}{I_{FM}} \tag{5.1-1}$$

式中，V 为电源电压；I_{FM} 为 LED 的额定电流；V_{FM} 为通过 LED 的电流达到额定电流时其两端的压降。

3）正温度系数热敏电阻的伏安特性

热敏电阻一般由半导体材料制成，大多具有负温度系数，即阻值随温度的增加而降低，称为负温度系数（NTC）热敏电阻；而具有正温度系数（PTC）的热敏电阻（图 5.1-6（a）），其阻值会随温度的增加而增加。正温度系数热敏电阻具有一个开关温度 T_s，当热敏电阻的自身温度 $T < T_s$ 时，热敏电阻具有较低的电阻；当热敏电阻的自身温度 $T > T_s$ 时，热敏电阻的阻值会迅速增加。PTC 热敏电阻的伏安特性曲线如图 5.1-6（b）所示，当电压不是很大时（AB 段），随着电压的增大，电流对元件自身的加热作用不明显，热敏电阻的阻值几乎不变化，此时电流随着电压的增大接近线性增加；当电压再逐渐增大（BC 段）时，电流的焦耳作用使热敏电阻的温度 T 升高从而导致其自身电阻阻值增大，伏安特性曲线也偏离原来的直线；随着电压进一步增大（CD 段），测试热敏电阻的温度 $T > T_s$，电压上升的过程中热敏电

阻的温度上升,其自身电阻迅速增大,导致电路中通过热敏电阻的电流迅速降低;随着电压在进一步增大(DE 段),此时热敏电阻与外界之间的热交换作用使得其温度的上升变化减缓,随着电压的上升,电流下降减缓甚至有所回升。

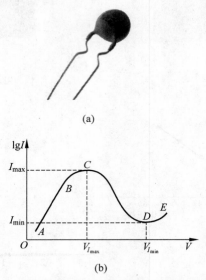

(a)

(b)

图 5.1-6　正温度系数热敏电阻(PTC)及其伏安特性示意曲线

(a)正温度系数热敏电阻;(b)正温度系数热敏电阻的伏安特性示意曲线

2. 用伏安法测量电阻阻值

伏安法测电阻就是用电压表测量电阻两端的电压 V,用电流表测量通过电阻的电流 I,并通过欧姆定律即式 $R = \dfrac{V}{I}$ 计算待测电阻阻值。但是由于电表本身具有内电阻(内阻),在实验测量过程中需要考虑电表内阻对待测电阻阻值的影响,采取不同的修正方法。根据测量电路的不同可以分为电流表内接法和电流表外接法。

1)电流表内接电路

如图 5.1-7(a)即为电流表内接电路,电流表的读数 I 测量的是通过待测电阻 R_x 的电流 I_A,而电压表的读数 V 测量的则是待测电阻 R_x 上的电压 V_x 与电流表上的电压 V_A 之和。这导致实际待测电阻阻值并不等于 $\dfrac{V}{I}$,而是待测电阻 R_x 与电流表内阻 $R_A \left(R_A = \dfrac{V_A}{I} \right)$ 的串联,则待测电阻应修正为

$$R_x = \frac{V_x}{I_x} = \frac{V - V_A}{I} = \frac{V}{I} - R_A \tag{5.1-2}$$

2)电流表外接电路

如图 5.1-7(b)所示,电压表测量的是待测电阻 R_x 两端的电压 V_x,而电流表测量的则是通过待测电阻 R_x 的电流 I_x 与通过电压表的电流 I_V 之和,则电压表和电流表读数计算的结果是 R_x 与电压表内阻 $R_V \left(R_V = \dfrac{V}{I_V} \right)$ 的并联电阻,待测电阻应修正为

$$R_x = \frac{V}{I - I_V} = \frac{V R_V}{I R_V - V} \tag{5.1-3}$$

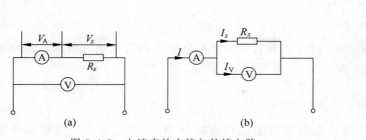

图 5.1-7 电流表的内接与外接电路
(a) 电流表内接电路；(b) 电流表外接电路

[实验内容与测量]

1. 测量待测样品的伏安特性曲线

1) 金属膜电阻的伏安特性

用分压电路测量金属膜电阻的伏安特性曲线，设定电源电压为 7.5V，移动滑线电阻器的移动端使电压在 0～7V 之间变化。可以每隔 1V 测量一个实验点，适当选择计算机数据处理软件，绘制金属膜电阻的伏安特性曲线。

2) LED 的伏安特性

LED 的正向伏安特性：搭建测量电路，测量 LED 的正向伏安特性曲线，设定电源电压为 3.5V，将 LED 正向接入电路，并适当选择限流电阻。由于 LED 的正向特性呈低电阻，应采用电流表外接法进行实验。LED 的开启电压约为 2.5V，在开启电压之前可以每隔 0.2V 或者 0.3V 测量一个实验点；在开启电压之后，适当减小实验点的测量间隔，可以每隔 0.1V 测量一个实验点，根据测量数据绘制 LED 的正向伏安特性曲线。

LED 的反向伏安特性：搭建测量电路，测量 LED 的反向伏安特性曲线，设定电源电压为 3.5V，将 LED 反接，由于 LED 的反向特性呈高电阻，应采用电流表内接法进行实验。每隔 0.2V 测量一个实验点，根据测量数据绘制 LED 的反向伏安特性曲线。

3) 测量 PTC 的伏安特性曲线

设计测量电路图（其中电路的供电部分，可以直接使用电源的电压调节旋钮来改变电路的供电电压）测量热敏电阻的伏安特性曲线。其中，使用数字万用表的 200V 挡测量加载在热敏电阻两端的电压，使用毫安表的适当量程测量流过热敏电阻的电流。测量中使热敏电阻两端电压在 0～32V 之间变化，选择适当的实验点记录实验数据，根据测量数据绘制 PTC 的伏安特性曲线。

2. 测量金属膜电阻的阻值

选择适当的实验条件测量待测金属膜电阻的阻值，要求使测量结果的相对不确定度尽量小。将测得的实验数据填写在表 5.1-5 中，并使用修正公式计算待测金属膜电阻的 R_x，以及用式(5.1-2)或式(5.1-3)求得被测电阻值 R_x 的不确定度 U_{R_x}。其中电流表的测量不确定度 U_I 可以表示为

$$U_I = I_m \times f\% \tag{5.1-4}$$

其中，I_m 为电流表接入的最大量程；f 为电流表的准确度等级。电流表内阻的不确定度 U_{R_A} 由实验室给出。电压表的测量不确定度 U_V 可以表示为

$$U_V = V_m \times f\% \tag{5.1-5}$$

其中，V_m 为电压表接入的最大量程；f 为电压表的准确度等级。电压表内阻的不确定度 U_{R_V} 由实验室给出。

[讨论]

(1) 分析讨论金属膜电阻的伏安特性，并分析电流表内接法和外接法对实验结果的影响。

(2) 根据实验曲线分析讨论 LED 的伏安特性。

(3) 讨论其他自己感兴趣的问题。

[结论]

通过对实验现象和实验结果的分析，你能得到什么结论？

[研究性题目]

设计实验方案，测量其他一些你感兴趣的材料或者电学元件的伏安特性，并试着分析其导电机制。

[附录1] 基本电学仪器的性能和使用简介

1. 磁电式电表

1) 指针式电流计

电流计(或称检流计)是一种磁电式电表，它具有很高的灵敏度，故常用来检验电路中有无电流存在，即作平衡指示器。

电流计一般用下列几个量来描述：

(1) 电流计常数：指针每偏转一分格时，流过线圈的电流强度，通常用安/格作单位。若以 K 表示电流计常数，Q 表示指针偏转格数，I 表示通过线圈的电流，则 $I = KQ$。K 越小，表示电流计越灵敏。

(2) 内阻：电流计内部直流电阻，用 R_g 表示。在使用电流计时，由于在无电流通过时，它的指针的零点在中央，故可以不考虑"+""−"号(电流方向)。但必须注意通过电流计电流的大小，若电流超过量程(即电流计指针达到最大偏转时的电流数值)，将会使电流计由于机械的或热的原因而损坏。

2) 直流电流表

直流电流表分为微安表(μA)、毫安表(mA)、安培表(A)。

直流电流表是用来测量电路中电流强度的仪器。磁电式电流表的构造和电流计基本相同，只是在电流计的线圈两端并联了一个低电阻，并且为了扩大指针的有效偏转范围，将指针的零点放在刻度盘的最左端。直流电流表用以下两个量描述：

(1) 量程：直流电流表所能测量的电流的最大值，用 I_m 表示。一般实验室用的电流表都有几个量程，它有两个以上的接线柱，其中一个是共用的"+"端(或"−"端)，在其余的接线柱旁都标明量程数值，实验时应注意选择合适的量程(又称量限)。

(2) 内阻：电流表的量程越大内阻越低，一般内阻都比较小(安培表的内阻在 1Ω 以下)。为了表示方便，常给出额定电压降 V_m，则内阻可由 $R_A = \dfrac{V_m}{I_m}$ 算出。

使用直流电流表应注意的问题：

(1) 注意流入电流表的电流的方向，标"+"号的接线柱表示电流流入端；

(2) 应将电流表串联于电路之中，并注意选择合适的量程；

(3) 由于电流表的内阻很小，所以绝不能把它与用电器或电源并联，否则会立即烧坏，电源也受损失。

3) 直流电压表

直流电压表分为毫伏表(mV)、伏特表(V)、千伏表(kV)。

直流电压表是用来测量电路中某两点间电位差的仪器。磁电式电压表的结构与电流计基本相同，只是在电流计线圈外还串联有一高电阻，指针的零点也是左端。

电压表主要用下列两个量描述：

(1) 量程：直流电压表所能测量的最大值 V_m；

(2) 内阻：若给出直流电压表的额定电流 I_m，则内阻 R_V 可由 $R_V = \dfrac{V_m}{I_m}$ 算出。

使用电压表时应该注意的问题：

(1) 将电压表并联在要测电位差的两点上；

(2) 注意接线柱的"+"应该接于电位较高的一点。

以上介绍的是常用的三种电表的基本特征，要正确使用各种电表，还应了解和注意以下几个问题。

(1) 电表面板上常见的性能标志如表 5.1-1 所示。

表 5.1-1　电表性能符号表

	磁电式	—	直流	☆	绝缘试验电压 500V
	水平放置		交直流两用		Ⅱ级防外磁场
⊥	竖直放置	(0.5)	准确度等级	Ω/V	内阻表示法

(2) 读数方法。

使用前，调整零点调节螺丝，使指针对准零点。电表上的镜面是为了便于准确读数而设的。读数时，要使眼睛、指针及指针的像三者成一直线时，这样可大大减小读数时的视差。

(3) 电表的误差。

① 基本误差。由于电表结构和制作上的不完善，例如活动部分在轴承里的摩擦、游丝的弹性不均匀、分度不准确等原因引起的误差称为基本误差。

② 附加误差。在不符合仪表说明书上所要求的工作条件下使用时引起的误差称为附加误差。

在普通物理教学实验中一般把电表的基本误差取作仪器误差限，不计算附加误差(因附加误差考虑起来比较困难)。

国家标准规定：各种电表根据基本误差的大小分为七个准确度等级，其相对额定误差（基本误差 Δ_{N0} 与所用量程 N_m 之比）不超过表 5.1-2 所列数值。若用 f 代表准确度等级，即有

$$\frac{\Delta_{N0}}{N_m} \leqslant f\%$$

因而电表的仪器误差

$$\Delta_{N0} \leqslant N_m \times f\%$$

选用电表的等级要与实验准确度要求相适应。表 5.1-2 所列的 0.1 级和 0.2 级的仪表多用来作为标准电表使用，以校准其他工作仪表。实验中一般使用 0.5 级及以下的电表。

表 5.1-2 国家规定电表等级

仪表等级	0.1	0.2	0.5	1.0	1.5	2.5	5.0
相对额定误差(不大于)	$\pm 0.1\%$	$\pm 0.2\%$	$\pm 0.5\%$	$\pm 1.0\%$	$\pm 1.5\%$	$\pm 2.5\%$	$\pm 5.0\%$

读数时使用镜面读数来消除视差对读数的影响，此时可以忽略读数误差。在普通物理教学实验中，一般只考虑基本误差的影响，可按下式简化误差的计算：

$$\Delta_N = N_m \times f\%$$

读取电表示值时，要使估计位的读数误差不大于 $\left(\frac{1}{3} \sim \frac{1}{5}\right)\Delta_N$。一般读到仪表最小分度值的 $\frac{1}{4} \sim \frac{1}{10}$，就可以使读数的有效位数符合电表准确度等级的要求。被测量 N 一定时，为了减小 $\frac{\Delta_N}{N}$ 的值，使用电表时应选用合适量程，以便让指针偏转尽量接近于满量程。一般指针偏转应在满量程的 $\frac{2}{3}$ 以上。

此外，使用直流电表时还要注意电表的极性，接错将会造成电表的损坏。接线时，正端应接在高电位处，负端应接在低电位处，同时电流表应串联接在电路中，电压表应并联接在电路中。

（4）仪器误差与不确定度。

仪器误差是按国家标准通过对仪器检定给出的，这种不确定度不是对测量值直接进行统计计算得来，属于 B 类不确定度。为了简化处理，约定教学实验中的不确定度 B 类分量可简单地取为仪器误差限，即

$$\Delta_B = \Delta_N$$

例如：0.5 级量程 6V 的电压表，用该电表测量电压，对应的不确定度分量是

$$\Delta_B = \Delta_N = 6 \times 0.5\% \text{V} = 0.03\text{V}$$

2. 安全问题

电对人的危害决定于通过人身体的电流，人体能经受的电流很小，一般来说人体长期通过 1mA 的直流电或 7～8mA 的交流电就会有生命危险。而通过人体的电流又取决于电压及人身电阻。人体的电阻与天气的干燥或潮湿、人的体质等多种因素有关。当接触处干燥，人与电极接触又不紧密时，人体的电阻约为几十兆欧，人身电阻全部集中在表皮接触处。当

接触处潮湿或人与电极接触紧密时,人身电阻可能减小到几万或几十万欧。而人体可以承受的电压低于多少可以认为是绝对安全的无法计算得到。根据历史上的记录,曾有人触60V 电而死,故一般规定 36V 以下为安全电压。

因此,不能接触 36V 以上的电压源,当环境潮湿或身上有伤口时要特别注意用电安全,以免发生触电。遇有触电事故时应首先断开电源,绝对不能用手去拉触电者,以免自身也发生触电危险。

3. 电学实验操作规则

(1) 在接线以前应结合实验目的和实验原理仔细研究电路图,了解各个仪器的性能和作用,明确各条导线的作用和连接的必要性。

(2) 合理安排仪器,把需要经常操作的仪器放在近处,需要读数的仪表放在眼前,走线合理,操作方便。

(3) 按回路接线和查线,按电路图从电源正极开始,先连主要回路再接上其他并联部分,回到电源负极。检查线路时也是按回路查线,仔细检查开关是否断开,各接头是否接牢,滑线变阻器触头是否处在安全位置,电阻箱上接入电阻数值是否适当,正负极是否连接正确等。

(4) 初合开关时,应用跃接法(即小心地接通一下,立即断开),观察仪表读数及仪器有无异常,若有异常(如打火花、冒烟、仪器指针偏转过猛或反方向偏转等)应立刻断开并检查电路。

(5) 更换电路中任何一部分元件时都必须先断开电源,以免发生危险损坏仪器,改接电路后应再次按照(3)的要求检查电路。

(6) 测量完毕后,先将各仪器恢复零读数,再断开开关,拆线时应先拆去电源,最后将仪器还原、导线扎整齐,桌面收拾整洁。

[附录 2] 分压与限流电路

在电学实验中为了得到我们所需要的电压或电流数值,经常用到分压、制流电路。滑线电阻作分压作用时的电路如图 5.1-8 所示,其两固定端分别接于电源的正负极。负载(待测样品)R_L 上的电压随着滑动头的移动而改变。V_0 为电源的端电压。需要指出的是,若 $R_L \gg R_0$,电流主要通过滑线变阻器,此时电路元件额定电流的选择也就只考虑滑线电阻上的电流即可;若 $R_L \ll R_0$,负载 R_L 及滑线电阻前段 R_2 上流过的电流可能很大,如果超过了变阻器或负载的额定电流极易烧坏仪器,此时滑线电阻额定电流的选择主要考虑通过 R_L 及 R_2 中的最大电流。

滑线电阻作限流器的线路如图 5.1-9 所示。对于电流电路来说,流过负载 R_L 上的电流

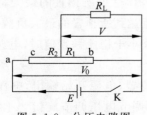

图 5.1-8 分压电路图

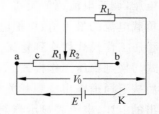

图 5.1-9 限流电路

不可能为0,且作限流用的滑线电阻总阻值选择越小,电路电流的可调节范围也越小。为了使电流调节的范围大又容易调节,通常采用多级限流电路。

[附录3] SPS3203D 双通道直流稳压稳流电源

SPS3203D 双通道直流稳压稳流电源如图 5.1-10 所示,它采用线性串联调整方式,具有输出电压、输出电流连续可调,稳压、稳流自动切换等功能。该电源具有两通道独立输出,并设有输出开关,可分别控制各通道启动关断,在输出关断状态时可预置稳定输出电压和稳定输出电流。

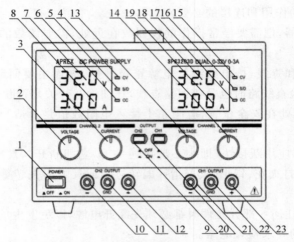

图 5.1-10 SPS3203D 双通道直流稳压稳流电源面板

1—电源开关；2、13—电压调节旋钮；3、14—电流调节旋钮；4、15—稳压指示灯；5、16—预置指示灯；6、17—稳流指示灯；7、18—电压显示数字表；8、19—电流显示数字表；9、20—通道输出控制开关；10、21—负极输出端子；11、22—接地端子；12、23—正极输出端子

1. 预置稳定电压、稳定电流

POWER 电源开关 1 置于 ON 的位置接通电源,将通道 1 和通道 2 的通道输出控制开关 9、20 置于 OFF 位置。此时,对应通道的预置指示灯 5 或 16 亮起,电压表 7、18 显示预置电压,电流表 8、19 显示预置电流,调节电压调节旋钮 2、13 及电流调节旋钮 3、14 可以设定电压、电流的预置值。

2. 稳压工作模式

SPS3203D 双通道直流稳压稳流电源工作在稳压模式时,调节电压调节旋钮 2、13 预置稳定输出电压,调节电流调节旋钮 3、14 预置最大负载电流,这里所预置的最大负载电流可起到控制负载电流的最大值、保护电路作用。当输出电流达到所预置的最大负载电流时,电源自动由稳压工作模式切换到稳流工作模式,当输出电流小于稳流预置值时,电源自动由稳流工作模式切换到稳压工作模式。

预置后按下通道输出控制开关 9、20 使之置于 ON 位置,电源开始输出,电压表显示当前稳定输出的电压,电流表显示当前的负载电流,此时再调节电压调节旋钮 2、13 可继续改变输出电压。

3. 稳流工作模式

SPS3203D 双通道直流稳压稳流电源工作在稳流模式时,调节电流调节旋钮 3、14 预置稳定输出电流,调节电压调节旋钮 2、13 预置最大负载电压,这里所预置的最大负载电压可起到负载电压的保护作用。当输出电压达到预置的最大负载电压时,电源自动由稳流工作模式切换到稳压工作模式;当输出电压小于稳压预置值时,电源自动由稳压工作模式切换到稳流工作模式。

预置后按下通道输出控制开关 9、20 使之置于 ON 位置,电源开始输出,电流表显示稳定输出电流,电压表显示负载电压,调节电流调节旋钮 3、14 可改变输出电流。

［参考文献］

[1] LI Y N, WU P, ZHANG S P, et al. Thermoelectric properties of lower concentration K-doped $Ca_3Co_4O_9$ ceramics[J]. Chinese Physics B, 2018, 27(5): 057201.

[2] 吴平. 大学物理实验教程[M]. 2 版. 北京:机械工业出版社,2015.

[3] YOUNG H D, FREEDMAN R A, FORD A L. 西尔斯当代大学物理(上)[M]. 吴平,刘丽华,译. 13 版. 北京:机械工业出版社,2020.

[4] 吴泳华,霍剑青,浦其荣. 大学物理实验(第一册)[M]. 2 版. 北京:高等教育出版社,2005.

[5] 北京大华皓锐电子科技有限公司. SPS-D 系列直流稳压稳流电源使用手册[Z]. 2015.

[6] 丁慎训,张连芳. 物理实验教程[M]. 2 版. 北京:清华大学出版社,2002.

[7] 杨俊才,何焰蓝. 大学物理实验[M]. 北京:机械工业出版社,2004.

[8] 陈群宇. 大学物理实验[M]. 北京:电子工业出版社,2003.

实验 5.2　测量 Fe-Cr-Al 金属丝的电阻率

［引言］

在实际搭建电路的过程中,会有导线和接线柱、导线和导线等相互连接的情况,这种两个导体相互接触的位置,由于其接触面情况相对复杂往往呈现出大小不同的接触电阻,其数量级在几到几百毫欧。在测量低值电阻(其阻值一般小于 10Ω)的阻值时,由于导线和接触电阻的存在往往不能使用普通的两端接法的伏安法或者惠斯通电桥进行测量。如图 5.2-1(a)所示,当低值电阻采用普通的两端接法接入电路后,其等效电路如图 5.2-1(b)所示,主回路电流 I 经过接线柱 J 分成两路,I_x、I_g 方向分别都有导线与接触电阻($r_1 \sim r_4$)。显然,伏特计测出的电压不光是 R_x 两端的电压,而是 $r_2 + R_x + r_3$ 这一总电阻两端的电压,如果 R_x 本身

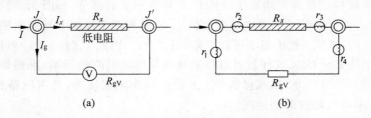

图 5.2-1　接触电阻对低电阻测量的影响示意图

(a)接线图;(b)等效电路图

电阻很小，r_2 和 r_3 对测量结果的影响就相对较大，这就要求在测量过程中消除接触电阻对测量结果的影响。本实验采用四端法测量低值电阻的阻值，以消除接触电阻在测量中的影响。

［实验目的］

(1) 了解接触电阻对低值电阻测量的影响。

(2) 学会采用四端法测量低值电阻。

(3) 掌握实验方案设计中常采用的"误差等分配原则"。

［实验仪器］

待测 Fe-Cr-Al 金属丝(直径约为 0.35cm，长度约为 40cm)，标准电阻(阻值为 0.05Ω，等级为 0.1 级)，滑线电阻(全电阻为 30Ω，额定电流为 3A)，四位半数字万用表(等级为 0.05 级)，千分尺(量程为 0～25mm，最小刻度为 0.01mm)，米尺，稳压电源，开关，导线等。

［预习提示］

(1) 什么是误差等分配原则？

(2) 四端法是如何消除接触电阻对测量结果的影响的？

(3) 设计测量 Fe-Cr-Al 金属丝电阻率的实验方案，要求测量的相对不确定度 $\dfrac{U_\rho}{\rho} \leqslant 0.4\%$。

［实验原理］

1. 用四端法测量低值电阻

由于接触电阻的存在，使用实验 5.1 中测量待测元件伏安特性曲线中所用到的两端接法来测量像 Fe-Cr-Al 金属丝这样的低值电阻是不合适的。因此，需要引入四端接法，如图 5.2-2(a)所示。将待测试样的两端与接线柱 J、J' 相连，且主回路中的电流由 J、J' 流入；将试样靠里的两端和接线柱 P、P' 相连，并与电压表相连，这就是所谓的四端接法。由于流过低电阻试样的电流往往较大，为了保证导线与样品之间的接触点有良好的接触，以避免接触点接触电阻过大而发热甚至造成更大的危险，在实际使用中往往将试样两端用铜片裹住再和接线柱 J、J' 相连。采用四段接法连接的待测试样在考虑接触电阻后的等效电路如图 5.2-2(b)所示。显然，此时电压表所测得的电压 U 可以表示为

$$U = (I - I_g)R_x - I_g(r_P + r_{P'}) \tag{5.2-1}$$

其中，R_x 为待测试样靠里的两端和接线柱 P、P' 相连所夹的部分，即图 5.2-2(b)中的阴影部分；r_P、$r_{P'}$ 分别为在伏特计的回路中分支电流 I_g 通路的两个接触和导线电阻。由于在伏特计的回路中，r_P、$r_{P'}$ 与 R_{gV} 相比很小可以忽略，且 $I \gg I_g$，因此 $I_g(r_P + r_{P'})$ 可以忽略不计，伏特计所测得的电压 $U = IR_x$，这样就可以排除导线与接触电阻的影响，准确地测量出低值电阻的阻值了。需要注意的是，四端接法中 J、J' 接头称为电流接头，与主回路相接，P、P' 接头接到电压表上，不可以随意颠倒接线。

2. 低值电阻测量中的比较法

采用比较法测量低值电阻的电路原理图如图 5.2-3 所示，它一般由恒流源、已知阻值和

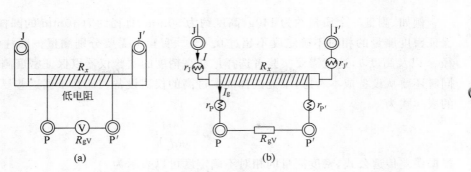

图 5.2-2　四端法原理图

(a) 接线图；(b) 等效电路图

精度的标准电阻以及待测电阻组成,其中标准电阻和待测电阻均采用四端接头法连接在电路中。需要指出的是,电路中的恒流源也可以采用恒压源来代替,当电路中使用恒压源时,由于标准电阻和待测电阻的阻值均比较小,很容易使流过电路的电流过大而造成仪器损坏,因此需要在电路中串联保护电阻,一般使用滑线电阻器以及限流接法接入电路中,如图 5.2-3(b)所示。电路中的电流大小可由标准电阻 R_n 上的电压的测量值得出:$I = \dfrac{U_n}{R_n}$。如果测得待测样品的电压 U_x,则待测样品的电阻 R_x 为

$$R_x = \frac{U_x}{I} = \frac{U_x}{U_n}R_n \tag{5.2-2}$$

对于细长的棒状试样来说,其电阻率 ρ_x 可以表示为

$$\rho_x = \frac{R_x S}{l} = \frac{R_x \pi d^2}{4l} \tag{5.2-3}$$

其中,d 为棒状试样的直径,l 为棒状试样的长度(待测试样靠里的两端和接线柱 P、P′ 相连所夹部分的长度)。将式(5.2-2)和式(5.2-3)联立,可得棒状试样的电阻率 ρ_x 为

$$\rho_x = \frac{\pi d^2 U_x R_n}{4U_n l} \tag{5.2-4}$$

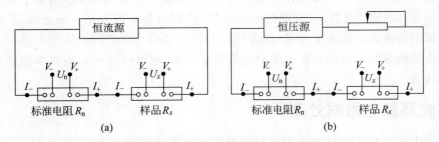

图 5.2-3　采用比较法测量低值电阻阻值电路原理图

3. 实验方案的设计与误差等分配原则

在本实验中,我们需要设计合理的实验方案,选择恰当的实验设备,比如根据式(5.2-4)需要测量得到待测电阻丝的直径、长度,待测电阻丝两端的电压,标准电阻两端的电压,以及合适精度和阻值的标准电阻。在选择的时候,往往需要遵循"误差等分配原则",这里我们举一个实例来说明"什么是误差等分配原则"以及"如何应用误差等分配原则"。

156

例如,测量一个质量约为 140g、高度约为 50mm、直径约为 10mm 的圆柱体的密度 ρ,并保证密度测量的相对不确定度不超过 0.4%。实验中需要分别测量该圆柱体的质量 m、直径 d 以及高度 h,这就需要实验者选择足够高精度的实验仪器以保证密度测量精度的要求,同时还要从设备成本考虑,不能选择成本过高的仪器设备。那么根据这些要求,圆柱体密度的表达式为

$$\rho = \frac{4m}{\pi d^2 h} \tag{5.2-5}$$

根据误差传递公式,密度测量的相对不确定度可以表示为

$$\frac{U_\rho}{\rho} = \sqrt{\left(\frac{U_m}{m}\right)^2 + \left(\frac{U_h}{h}\right)^2 + \left(2\frac{U_d}{d}\right)^2} \tag{5.2-6}$$

根据测量要求有

$$\frac{U_\rho}{\rho} \leqslant 0.4\% \tag{5.2-7}$$

所谓"误差等分配原则"是指各个直接测量量所对应的误差分量尽量相等。根据这个原则,要求式(5.2-7)中

$$\frac{U_m}{m} \approx \frac{U_h}{h} \approx 2 \times \frac{U_d}{d} \tag{5.2-8}$$

则式(5.2-6)、式(5.2-7)、式(5.2-8)联立可得

$$\frac{U_m}{m} \approx \frac{U_h}{h} \approx 2 \times \frac{U_d}{d} \leqslant 0.23\% \tag{5.2-9}$$

如果需要测量的圆柱体的质量约为 140g,高度约为 50mm,直径约为 10mm,则由式(5.2-9)可得

$$\begin{cases} U_m \leqslant 0.3\text{g} \\ U_h \leqslant 0.12\text{mm} \\ U_d \leqslant 0.012\text{mm} \end{cases} \tag{5.2-10}$$

因此,在选择仪器设备时,可以选择灵敏度为 0.1g(仪器误差约为 0.2g)的电子天平测量该圆柱体的质量,20 分度或者 50 分度的游标卡尺(仪器误差分别为 0.05mm 或者 0.02mm)测量圆柱体的高度以及使用千分尺(仪器误差为 0.004mm)测量圆柱体的直径。这样既可以保证最终的测量结果可满足实验中测量的精度要求,也可以保证使用成本较低且容易得到的仪器设备。

［实验测量与数据处理］

(1) 设计测量 Fe-Cr-Al 金属丝电阻率的实验方案,搭建实验电路图。

(2) 根据设计好的实验方案,适当选择合适的仪器测量 Fe-Cr-Al 丝的直径,要求在 Fe-Cr-Al 丝的不同位置分别测量 6 次,计算 Fe-Cr-Al 丝的直径及其不确定度。

(3) 适当选择合适的仪器测量 Fe-Cr-Al 丝的长度,要求测量 6 次,计算 Fe-Cr-Al 丝的长度及其不确定度。

(4) 按照图 5.2-3 所示电路图连接电路,选择适当的实验条件测量标准电阻上的电压以及 Fe-Cr-Al 丝上的电压值,计算 Fe-Cr-Al 丝的电阻、电阻率以及电阻率的不确定度,并

保证其电阻率的不确定度小于 0.4%。

其中：

标准电阻的相对不确定度为

$$\frac{U_{R_n}}{R_n} = 0.1\%$$

四位半万用表 200mV 挡的仪器误差为

$$\Delta_{V仪} = 0.05\% \times V_测 + 0.03\mathrm{mV}$$

[讨论]

(1) 实验中标准电阻的作用有哪些？

(2) 实验中应如何选用标准电阻，为什么？

[结论]

通过对实验现象和实验结果的分析，你能得到什么结论？

[研究性题目]

本实验中选用的是细棒状的样品，如果待测样品是其他形状又会有哪些不同？应如何设计实验得到其电阻率？

[附录] 数字万用表

一般来说，数字万用表是一种带有整流器的，可以测量交/直流电流、电压及电阻等多种电学参量的数字式仪表。目前，随着技术的进步，数字万用表可以实现的测量功能越来越多，这些测量量包括直流电流、直流电压、交流电流、交流电压、电阻、电容量、电感、频率、温度等，它还可以显示交流信号的波形。

1. 数字万用表的显示位数

数字万用表的显示位数是指其能够显示完整数字的多少。能显示从 0 到 9 所有数字的位为整数位；分数位的数值是以最大显示值中最高位数字为分子，以满量程时最高位数字为分母。如果某数字万用表的最大显示值为 ± 1999，满量程计数值为 2000，则表明该数字万用表有 3 个整数位，其分数位的分子是 1，分母是 2，因此称为 $3\frac{1}{2}$ 位，读作"三位半"，该数字万用表称为三位半数字万用表；如果某数字万用表的最大显示值为 ± 19999，满量程计数值为 20000，则表明该数字万用表有 4 个整数位，其分数位的分子是 1，分母是 2，因此称为 $4\frac{1}{2}$ 位，读作"四位半"，该数字万用表称为四位半数字万用表。

2. 数字万用表的使用

下面以优利德（UNI-T）UT58E 型四位半数字万用表为例，介绍数字万用表的使用方法。UT58E 是一款手持式四位半手动切换量程数字万用表，具有功能齐全、性能稳定、结构

158

新颖、安全可靠、精度高等特点。该万用表具有 28 个测量挡位,整机电路设计以大规模集成电路、双积分 A/D 转换器为核心,可用于测量交直流电压和电流、电阻、电容、频率、温度、三极管的放大倍数(h_{FE})、二极管正向压降及电路通断,并且具有数据保持功能。仪器外观结构如图 5.2-4 所示。

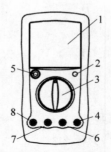

图 5.2-4 优利德(UNI-T)UT58E 型四位半数字万用表外观示意图

1—LCD 显示器;2—数据保持选择按键;3—量程开关;4—公共输入端(COM 端);5—电源开关;6—其余测量输入端(VΩ 端);7—毫安测量输入端(mA 端);8—20A 电流输入端(A 端)

1) 电压测量

测量直流电压时将红表笔插入 VΩ 端,黑表笔插入 COM 端,将量程开关置于"V ⎓"量程挡,并将测试表笔并联到待测电源或负载上,从显示器上即可读取测量结果。直流电压每一个量程挡,UT58E 的输入阻抗(内阻)均为 10MΩ,这种负载效应在测量高阻电路时会引起系统误差,如果被测电路阻抗≤10kΩ,则可以忽略内阻所引入的系统误差。

需要注意的是:当 LCD 只在最高位显示 1 时,说明已超量程,须调高量程;不要测量高于 1000V 的待测电压。

测量交流电压的操作和注意事项与直流电压测量基本相同,只是在测量时需要把量程开关置于"V～"量程挡,所有量程的输入阻抗(内阻)为 2MΩ。

2) 电流测量

将红表笔插入 mA 或 A 端(当测量 200mA 以下的电流时,插入 mA 端;当测量 200mA及以上的电流时,插入 A 端),黑表笔插入 COM 端。将量程开关置"A ⎓"量程挡,并将测试表笔串联接入待测负载回路中,从显示器上读取测量结果。

需要注意的是:在测量前应切断被测电源,认真检查输入端子及量程开关位置是否正确,确认无误后才可通电测量;测量未知的电流值的范围时,应将量程开关置于高量程挡,根据读数需要逐步调低量程;若输入过载,仪表内装保险管会熔断,应注意更换;测量大电流时,每次测量时间应小于 10s,测量的间隔时间应大于 15min。

测量交流电流的操作和注意事项与直流电流测量基本相同,只是在测量时需要把量程开关置于"A～"量程挡。

3) 电阻测量

将红表笔插入 VΩ 端,黑表笔插入 COM 端,将量程开关置于"Ω"量程挡,将测试表笔并接到待测电阻上,从显示器上读取测量结果。

需要注意的是:测在线电阻时,为了避免仪表受损,须确认被测电路已关掉电源,电路中电容已放完电;在用 200Ω 挡测量小电阻时,表笔引线会带来 0.1～0.3Ω 的接触电阻,为了获得更精确的测量结果,可以将读数减去红、黑两表笔短路后读数值,来作为最终测量结果;当无输入时,例如开路时,仪表显示为1;在被测电阻值大于1MΩ时,需等数秒后读数才能稳定。

4) 二极管和蜂鸣通断测量

将红表笔插入VΩ端,黑表笔插入COM端,将量程开关置于"➡▶ ♫"(二极管和蜂鸣通断测量)挡位。如将红表笔连接到待测二极管的正极,黑表笔连接到待测二极管的负极,则LCD上的读数为二极管正向压降的近似值。如将表笔连接到待测线路的两端,若被测线路两端之间的电阻值在70Ω以下,则仪表内置蜂鸣器发声,同时LCD显示被测线路两端的电阻值。

5) 频率测量

将红表笔插入VΩ端,黑表笔插入COM端,将量程开关置于"Hz"量程,将测试表笔并接到待测电路上,从显示器上读取测量结果。

6) 温度测量

将热电偶传感器冷端的 +、一极分别插入VΩ端和COM端,将量程开关置于"℃"量程挡位,热电偶的工作端(测温端)置于待测物表面或内部,从显示器上读取读数,其单位为℃。当无温度探头插入仪表时,仪器的LCD显示器上所显示的数值为仪表内部温度值。

需要注意的是:随机所附温度探头为K型热电偶,极限测量温度为250℃。

7) 电容测量

将量程开关置于"F_{cx}"量程挡,如果被测电容大小未知,应从最大量程再逐步减少。根据被测电容,选择多用转接插头座或带夹短测试线插入VΩ端或mA端,保证接触可靠,从显示器上读取读数,如图5.2-5所示。

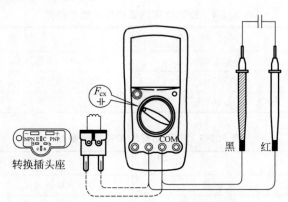

图5.2-5　电容的测量接线示意图

8) 晶体管参数测量

将量程开关置于"hFE"量程挡,多用转接插头座按正确方向插入mA端和VΩ端,如图5.2-5所示,并保证接触可靠,确定待测晶体管是PNP或NPN型,将基极(B)、发射极(E)、集电极(C)正确插入对应的位置,显示器上即显示出被测晶体管的hFE近似值。

9) 优利德(UNI-T)UT58E型四位半数字万用表的技术参数

表5.2-1～表5.2-5给出了优利德(UNI-T)UT58E型四位半数字万用表的主要技术参数,如果测量中需要其他的技术参数可以参见《UT58E使用说明书》。

表 5.2-1　直流电压测量的相关技术参数

量　　程	分　辨　率	仪　器　误　差
200mV	0.01mV	$\Delta_{V仪}=0.05\%\times V_测+0.03\text{mV}$
2V	0.0001V	$\Delta_{V仪}=0.1\%\times V_测+0.0003\text{V}$
20V	0.001V	$\Delta_{V仪}=0.1\%\times V_测+0.003\text{V}$
200V	0.01V	$\Delta_{V仪}=0.1\%\times V_测+0.03\text{V}$
1000V	0.1V	$\Delta_{V仪}=0.15\%\times V_测+0.5\text{V}$

表 5.2-2　交流电压测量的相关技术参数

量　　程	分　辨　率	仪　器　误　差
2V	0.0001V	$\Delta_{V仪}=0.5\%\times V_测+0.0010\text{V}$
20V	0.001V	$\Delta_{V仪}=0.5\%\times V_测+0.010\text{V}$
200V	0.01V	$\Delta_{V仪}=0.5\%\times V_测+0.10\text{V}$
1000V	0.1V	$\Delta_{V仪}=1\%\times V_测+1.0\text{V}$

表 5.2-3　直流电流测量的相关技术参数

量　　程	分　辨　率	仪　器　误　差
2mA	0.0001mA	$\Delta_{I仪}=0.5\%\times I_测+0.0005\text{mA}$
200mA	0.01mA	$\Delta_{I仪}=0.8\%\times I_测+0.05\text{mA}$
20A	0.001A	$\Delta_{I仪}=2\%\times I_测+0.010\text{A}$

表 5.2-4　交流电流测量的相关技术参数

量　　程	分　辨　率	仪　器　误　差
2mA	0.0001mA	$\Delta_{I仪}=0.5\%\times I_测+0.0005\text{mA}$
200mA	0.01mA	$\Delta_{I仪}=0.8\%\times I_测+0.05\text{mA}$
20A	0.001A	$\Delta_{I仪}=2\%\times I_测+0.010\text{A}$

表 5.2-5　电阻测量的相关技术参数

量　　程	分　辨　率	仪　器　误　差
200Ω	0.01Ω	$\Delta_{\Omega仪}=0.5\%\times R_测+0.10\text{Ω}$
2kΩ	0.0001kΩ	$\Delta_{\Omega仪}=0.3\%\times R_测+0.0001\text{kΩ}$
20kΩ	0.001kΩ	$\Delta_{\Omega仪}=0.3\%\times R_测+0.001\text{kΩ}$
2MΩ	0.0001MΩ	$\Delta_{\Omega仪}=0.3\%\times R_测+0.0001\text{MΩ}$
200MΩ	0.01MΩ	$\Delta_{\Omega仪}=5\%\times(R_测-1000)+0.10\text{MΩ}$

[参考文献]

[1]　吴平.大学物理实验教程[M].2版.北京：机械工业出版社,2015.

[2]　优利德科技(中国)股份有限公司.UT39E+掌上型万用表使用说明书[Z].2011.

实验 5.3 霍尔效应

[引言]

2013 年,美国《科学》杂志发表了由清华大学薛其坤院士领衔的团队在实验上首先发现"量子反常霍尔效应"的研究成果。诺尔贝物理学奖获得者杨振宁先生对此予以高度评价,称"此成果是从中国的实验室中首次发表出了诺贝尔物理学奖级别的论文"。由于这一突出成就,薛其坤院士斩获了 2020 年度的菲列兹·伦敦奖。"量子反常霍尔效应"是一种不需要外加磁场的量子霍尔效应,它的发现之所以引起业界的广泛关注,源于霍尔效应的百年发展历程和极高的应用前景。

1879 年,美国物理学家霍尔(Edwin Herbert Hall,1855—1938)发现将通电导体或半导体薄片置于方向与电流垂直的磁场中时,在与磁场和电流均垂直的方向上产生了附加电势差,这一现象称为霍尔效应,相应的附加电势差称为霍尔电压。1880 年,霍尔又在研究磁性金属时发现,对这些磁性样品在不施加外磁场的情况下也可以观察到霍尔效应,这就是反常霍尔效应。普通霍尔效应与反常霍尔效应产生的物理机理不同,前者是由于载流子在洛伦兹力的作用下运动轨道发生偏转引起的,后者则是由材料本身的自发磁化产生的。

霍尔效应自被发现以来,对它的研究一直没有停止过,不少科学家凭借在此领域的重大发现屡获学术大奖。1980 年,德国科学家克利青(Klaus von Klitzing,1943—)发现"整数量子霍尔效应",并于 1985 年获得诺贝尔物理学奖;1982 年,美籍华裔物理学家崔琦(Daniel Chee Tsui,1939—)、德国物理学家施特默(Horst Ludwig Störmer,1949—)等在更强的磁场作用下研究量子霍尔效应时发现了"分数量子霍尔效应",这个效应不久由另一位美国物理学家劳克林(Robert B. Laughlin,1950—)给出理论解释,三人共同分享了1998 年的诺贝尔物理学奖;2013 年,薛其坤院士团队在磁性掺杂的拓扑绝缘体中成功观测到量子反常霍尔效应,则为百年霍尔效应家族添上了浓墨重彩的一笔。

基于霍尔效应原理制成的霍尔元件、霍尔集成电路等统称为霍尔传感器。利用霍尔传感器可以直接检测物体的电磁特性及其变化,比如精确测量半导体材料的载流子浓度、电阻率和迁移率等,也可以以外加磁场作为信息载体,将非电学量(如力、力矩、位移、速度、加速度和转速等)转变成电学量进行测量,这是无损测量磁场相关物理量的常用手段,广泛地应用于现代的工业生产和日常生活中。比如家用汽车上的防抱死制动系统、汽车速度表和里程表、驱动防滑砖控制、发动机转速及曲轴角度测量、各种用电负载的电流检测及工作状态诊断等都会用到霍尔传感器。

如今我国科学家在实验上实现了零磁场中的量子霍尔效应,加速推进了电子技术领域的发展。量子反常霍尔效应出现时,其边缘态呈现理想的导电状态,人们可以利用这一特性研究新一代的低能耗晶体管和电子学器件,从而解决集成电路中元器件的发热问题,促进个人电脑等电子产品在未来的更新换代。

本实验将利用霍尔效应测定半导体中的载流子类型、载流子浓度和迁移率。

[实验目的]

(1) 掌握霍尔效应原理和霍尔效应实验中的副效应及其消除办法。

（2）了解半导体的导电特性，学习确定半导体试样的导电类型、载流子浓度以及迁移率。

[实验仪器及样品]

QS-H 型霍尔效应实验组合仪，半导体(硅)样品，导线等。

[预习提示]

（1）了解霍尔效应的发展历程，搞清楚什么是霍尔效应。
（2）霍尔电压的大小和方向与哪些因素有关？
（3）测量霍尔电压时需要考虑的副效应有哪些？实验中如何消除或减小副效应的影响？

[实验原理]

1. 霍尔效应

如图 5.3-1 所示，通电导体置于均匀磁场 B 中，磁场 B（沿 Y 轴正向）垂直于电流 I_S（沿 $-X$ 轴方向）的方向，则在导体中垂直于磁场与电流的 Z 轴方向上出现电势差 V_H，这种现象称为霍尔效应，电势差 V_H 称为霍尔电压或霍尔电势差。其中流过该导体的电流 I_S 称为霍尔电流。霍尔效应从本质上讲是源于运动的带电粒子在磁场中受洛伦兹力作用而引起的偏转。当载流子被约束在固体材料中时，这种偏转就导致在垂直于电流和磁场的方向上产生正负电荷的聚积，从而形成霍尔电压。需要指出的是，霍尔效应对于金属来说并不显著，直到 20 世纪 40 年代，半导体材料出现后，人们才在半导体材料中发现了更加显著的霍尔效应并加以应用。

半导体中的载流子有电子和空穴两种，多数载流子为电子的半导体称为 N 型半导体，多数载流子为空穴的半导体称为 P 型半导体。N 型半导体中的霍尔效应示意图与导体类似，如图 5.3-1 所示。若图中放置的是 N 型半导体薄片，则以速度 v 向右运动的载流子（电子）在磁场 B 中会受到指向 $-Z$ 轴方向的洛伦兹力 F_m，即

$$F_m = q(v \times B) \tag{5.3-1}$$

其中 q 为电子电荷。在洛伦兹力的作用下，电子出现横向偏转并在半导体薄片的边界 A' 侧聚集，在相对的边界 A 侧则出现多余的正电荷，这些正负电荷在半导体内部产生附加电场 E，从而给电子提供电场力 $F_e = qE$。随着两侧电荷的不断积累，电场力 F_e 逐渐增大，当 F_e 大到与洛伦兹力 F_m 相抵消时，电子运动不再发生偏转，此时达到动态平衡，A 侧电势高于

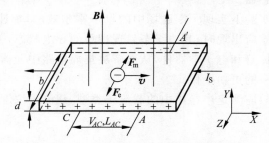

图 5.3-1　载流子为电子的霍尔效应示意图

A'侧，两侧之间出现稳定的电势差，即霍尔电压 V_H。设此时的电场为 $\boldsymbol{E}_H$，则

$$q\boldsymbol{E}_H = -q(\boldsymbol{v} \times \boldsymbol{B}) \tag{5.3-2}$$

设该半导体薄片的载流子浓度为 n，样品薄片宽度为 b，厚度为 d，则有

$$I_s = nqvbd \tag{5.3-3}$$

联立式(5.3-2)和式(5.3-3)，得平衡时的霍尔电压大小为

$$V_H = E_H b = \frac{I_s B}{nqd} = R_H \frac{I_s B}{d} = K_H I_s B \tag{5.3-4}$$

其中，$R_H = \dfrac{1}{nq}$ 称为霍尔系数，是反映材料霍尔效应强弱的重要参数，常用单位为 m^3/C 或 cm^3/C。霍尔系数越大，霍尔效应越明显。通常半导体的载流子浓度比导体小，也就是说半导体的霍尔系数较导体高，霍尔效应更显著，因此霍尔元件大多采用半导体材料。

式(5.3-4)中的 $K_H = \dfrac{R_H}{d} = \dfrac{1}{nqd}$ 反映霍尔器件的灵敏度，称为霍尔灵敏度，常用单位为 m^2/C 或 cm^2/C，也可以 $\mathrm{mV}/(\mathrm{mA} \cdot \mathrm{T})$ 或 $\mathrm{mV}/(\mathrm{mA} \cdot \mathrm{kGs})$ 为单位。霍尔灵敏度不仅反映材料霍尔效应的强弱，还反映材料形状对霍尔电压灵敏度的影响。霍尔灵敏度的大小与元件材料在磁场方向上的厚度 d 成反比，因此霍尔元件都做得较薄，通常片状硅霍尔器件的 K_H 仅为 $2\mathrm{m}^2/\mathrm{C}$ 左右，而薄膜型霍尔器件的 K_H 可高两个数量级。

若图 5.3-1 中的半导体薄片为 P 型半导体，在电流和磁场方向不变的情况下，根据与前面类似的分析可知，此时的空穴载流子也会受到指向 $-Z$ 轴方向的洛伦兹力，因此发生横向偏转，向 A' 侧聚集，动态平衡时的霍尔电压大小与式(5.3-4)相同，只是 A' 侧电势较 A 侧高，与 N 型半导体相反。因此，根据 A' 侧和 A 侧电势的高低可以区分 N 型和 P 型半导体。

由式(5.3-4)可知，将通电的霍尔元件放入已知的磁场中，测量霍尔电压就可得到霍尔灵敏度，若已知霍尔元件在磁场方向上的厚度，则可进一步得到霍尔系数；若已知半导体的霍尔系数和磁场方向的厚度，就可以根据电流强度和霍尔电压测出磁感应强度，这是利用霍尔效应测量磁场的基本原理。霍尔系数越高，磁场测量精度也就越高。

2. 半导体材料的性能参数测量

利用霍尔效应除了可以测量磁场，测定半导体材料的霍尔系数 R_H 和霍尔灵敏度 K_H，确定半导体材料的载流子类型外，还可以进一步确定半导体样品的载流子浓度 n，再结合电导率 σ 的测量就可以确定载流子的迁移率 μ。

1) 载流子浓度 n

如果待测半导体材料只有一种载流子导电且所有载流子具有相同的漂移速度，则载流子浓度 n 为

$$n = \frac{1}{|R_H|q} \tag{5.3-5}$$

若考虑载流子的速度统计分布、能带结构等因素，需引入 $3\pi/8$ 的系数(参阅黄昆等著《半导体物理学》)。

2) 载流子迁移率 μ

半导体中载流子的迁移率指的是单位电场强度作用下载流子所获得的平均漂移速度，即

$$\mu = \frac{v}{E} \tag{5.3-6}$$

它反映的是载流子在外电场作用下的活动能力。联立式(5.3-6)和式(5.3-3)以及式(5.3-4)，可得

$$\mu = \frac{I_S}{n|q|bd} \cdot \frac{L_{AC}}{V_{AC}} = \frac{\sigma}{n|q|} = |R_H| \sigma \tag{5.3-7}$$

其中，σ 为电导率(电阻率的倒数)；V_{AC} 为零磁场下在电流方向上相距 L_{AC} 的 A、C 两电极之间的电势差，如图 5.3-1 所示。显然，在霍尔系数已知的情况下，结合电导率的测量就可以确定载流子的迁移率。

由式(5.3-7)可知，高迁移率、高电阻率的材料，其霍尔系数也高。相比半导体而言，金属导体的载流子迁移率 μ 以及它的电阻率 ρ 均很低，难以获得较大的霍尔系数，因此不适宜做霍尔元件。在半导体材料中，电子的迁移率往往比空穴迁移率大，故霍尔元件多采用 N 型半导体材料。

3. 霍尔效应中的副效应

需要注意的是上面讨论的是一种理想情况，事实上，在产生霍尔效应的过程中会伴随有各种副效应产生的附加电压叠加在霍尔电压上，因此实验中所测的 V_H 并非真实霍尔电压值，必须考虑这些副效应的影响。

1) 由于不等位电势引起的副效应

由于制造工艺的影响，图 5.3-1 中测量霍尔电压的电极 A 和 A' 很难做到在一个理想的等势面上。当工作电流通过该样品时，即使不加磁场也会产生附加电压 $V_O = I_S R$(R 为 A、A' 所在的两等势面之间的电阻)。这种附加电压与电流方向有关，但与磁场方向无关。当电流方向改变时，附加电压 V_O 大小不变但方向变化。由于霍尔电压 V_H 既与电流 I_S 的方向有关，也与磁场 $\boldsymbol{B}$ 的方向有关，因此在实验中我们同时改变电流和磁场的方向，分别测量方向改变前后的电势差 V_1 和 V_2。若只考虑不等位电势差的影响，则 $V_1 = V_H + V_O$，$V_2 = V_H - V_O$，两式联立可得，$V_H = (V_1 + V_2)/2$，据此就消除了不等位电势差的影响。这种测量方法称为对称测量法。下面几种副效应的分析方法类似。

2) 热磁副效应

(1) 埃廷豪森效应(Ettingshausen effect)　当工作电流通过样品时，由于载流子速度分布不均匀使得样品两侧聚集不同速度的载流子，导致样品两侧温度不同，从而产生温差电动势 V_E，并叠加到霍尔电压上。埃廷豪森效应产生的 V_E 与流过样品的工作电流 I_S 的方向和磁场 $\boldsymbol{B}$ 的方向有关。

(2) 能斯特效应(Nernst effect)　由于样品的电流两端电极与基底接触电阻不同，将产生不同的焦耳热并造成两电极间的温度梯度。沿着该温度梯度扩散的载流子受到磁场的作用而偏转，产生电位差 V_N，并叠加到霍尔电压上。能斯特效应产生的 V_N 与磁场 $\boldsymbol{B}$ 的方向及热流有关，与工作电流方向无关。

(3) 里吉-勒迪克效应(Righi-Ledue effect)　由于能斯特效应，沿着温度梯度扩散的载流子受磁场作用而发生偏转，而速度不同的载流子使得半导体两侧产生附加温差将再次产生埃廷豪森效应，从而产生温差电动势 V_R，并叠加到霍尔电压上。里吉-勒迪克效应产生的 V_R 与磁场 B 的方向及热流有关，与工作电流方向无关。

为了消除这些副效应对霍尔电压测量的影响,在测量时,我们利用对称测量法,保持工作电流 I_S 和磁感应强度 B 的大小不变,在设定工作电流 I_S 和磁场 B 的正方向之后,依次测量下列四组由不同方向的工作电流和磁场所产生的样品两端的电压值,则有

$$+B, +I_S \quad V_1 = +V_H + V_O + V_E + V_N + V_R$$
$$+B, -I_S \quad V_2 = -V_H - V_O - V_E + V_N + V_R$$
$$-B, -I_S \quad V_3 = +V_H - V_O + V_E - V_N - V_R$$
$$-B, +I_S \quad V_4 = -V_H + V_O - V_E - V_N - V_R$$

联立以上四式,可得

$$\frac{1}{4}(V_1 - V_2 + V_3 - V_4) = V_H + V_E \tag{5.3-8}$$

一般情况下,$V_H \gg V_E$,于是式(5.3-8)可以改写为

$$V_H \approx \frac{1}{4}(V_1 - V_2 + V_3 - V_4) \tag{5.3-9}$$

由此基本消除了副效应的影响。这种对称测量消除系统误差的方法虽然不能完全消除埃廷豪森效应的影响,但在磁感应强度和电流不是很大的情况下,其引入的误差可以忽略不计。需要指出的是,若采用交变电流测量,可消除直流法中不能消除的副效应,从而获得更高的测量精度。

[实验内容与测量]

1. 线路连接及实验台接线

实验系统由实验台和测试仪两部分组成,做实验时需要用导线将这两部分的不同接线端分别进行正确的连接。实验样品为半导体硅。各参数均由实验室给出,线路连接可参考附录1中的图 5.3-2,其中样品电流、电压的引线分别用红线和黑线区分方向。电磁铁线包绕线方向为实验仪器的电磁铁上箭头所标方向。

2. 实验测量

1) 测绘磁感应强度 B 与励磁电流 I_M 的关系和 B 沿水平方向 X 的分布

使用高斯计测量电磁铁空气间隙处(霍尔样品位置处)磁感应强度 B 与励磁电流 I_M 之间的关系,共测量 10 组;测量磁感应强度 B 沿水平方向 X 的分布,X 方向的位置由水平标尺读出。

2) 测绘霍尔电压 V_H 与霍尔电流 I_S 的关系

取励磁电流 $I_M = 0.45\text{A}$,保持磁感应强度大小不变。电压测量开关选择 V_H。选择一定大小的霍尔电流 I_S,改变 I_S 和 I_M 换向开关的方向,用对称法依次测量四个由不同方向的工作电流和磁场所产生的样品两端的电压值。再改变霍尔电流 I_S 的大小,重复测量四个电压值,共测量 10 组。

3) 测绘霍尔电压 V_H 与磁场的关系

取 $I_S = 4.0\text{mA}$,保持通过样品的工作电流 I_S 不变。电压测量开关选择 V_H。选择一定大小的励磁电流 I_M,改变 I_S 和 I_M 换向开关的方向,用对称法依次测量四个由不同方向的工作电流和磁场所产生的样品两端的电压值。再改变励磁电流 I_M 的大小,重复测量四个

电压值,共测量 10 组。

4) 结合电导率 σ 的测量确定载流子的迁移率 μ

取 $I_M = 0$,$I_S = 0.1\text{mA}$,在零磁场下测量 A、C 两极间的电压。

5) 观察不等位电势差的影响

不加磁场,逐渐增加霍尔电流 I_S,并改变电流的方向,观察电压的变化。

[实验数据处理]

(1) 根据"实验测量"第 1)部分记录的数据,给出磁感应强度 B 与励磁电流 I_M 之间的 B-I_M 关系曲线,并计算出线圈常数 α(曲线斜率);给出磁感应强度 B 沿水平方向 X 的 B-X 分布曲线。

(2) 根据"实验测量"第 2)部分记录的数据计算每个霍尔电流 I_S 对应的霍尔电压 V_H,绘出霍尔电压 V_H 随霍尔电流 I_S 变化的关系曲线。

(3) 根据"实验测量"第 3)部分记录的数据计算每个励磁电流 I_M 对应的霍尔电压 V_H,绘出霍尔电压 V_H 随励磁电流 I_M(磁场)变化的关系曲线。用最小二乘法算出相应的霍尔灵敏度 K_H。

(4) 根据以上 V_H-I_S 和 V_H-I_M 曲线验证磁场不太强时,霍尔电压与霍尔电流和磁场的关系式。作图并计算霍尔系数 R_H,进一步计算得到实验样品的载流子浓度 n。

(5) 根据测量电路中的霍尔电流、磁场、霍尔电压的接线方向及测量数据的正、负,判断本样品的导电类型。

(6) 根据"实验测量"第 4)部分记录的数据计算该样品的电导率 σ 和迁移率 μ。

(7) 根据"实验测量"第 5)部分的观察,你能得到什么结论?

[注意事项]

(1) 开机之前和关机之后,所有电流旋钮沿逆时针方向旋到底,使其输出电流为最小。

(2) 实验中须确认电路连接无误后,方可接通电源。霍尔元件允许通过的电流很小,切勿将测试仪的励磁电流输出误接到霍尔元件的输入,否则一旦通电,霍尔元件即遭损坏。

(3) 霍尔元件须放置在磁场中心附近,磁场方向要与霍尔元件垂直。

(4) 双刀双掷开关在使用时应注意按紧,避免出现断路或接触电阻。请勿在较大励磁电流下使用换向开关。

[讨论]

(1) 分析本实验的主要误差来源。

(2) 根据"实验测量"第 2)部分和第 3)部分记录的数据计算各种副效应的大小,并分析其规律。

[结论]

写出通过本实验的研究,你得到的主要结论。

[研究性题目]

(1) 设计实验方案,研究直螺线管轴线上的磁场分布,并将结果与理论曲线作定性比较分析。定量计算螺线管中心和端面的磁感应强度的理论值,将其与实验值比较并分析误差产生的原因。

(2) 设计实验方案,测量交变磁场。

[思考题]

(1) 如何确定实验中霍尔元件上的磁场方向?测量霍尔电压时,如果磁场方向不与霍尔元件垂直,对测量结果有何影响?

(2) 在"实验测量"的第3)部分实验中,即使 $I_M = 0$,V_H 测量端仍有较小的电压,为什么?

[附录1]

QS-H 型霍尔效应实验组合仪

QS-H 型霍尔效应实验组合仪由实验台和测试仪两部分组成。霍尔效应实验台及其测量电路示意图如图 5.3-2 所示,实验台上有电磁铁、样品架和三个双刀双掷开关,即工作电流换向开关、电压测量选择开关、励磁电流换向开关。霍尔元件电流电极、电压电极,以及电磁铁电极分别通过这三个开关与霍尔效应测试仪的三个端口连接。电压测量开关选择 V_H 挡,测量包含副效应的 $V_1 \sim V_4$;选择 V_σ 挡,测量工作电流方向上的纵向电压 V_{AC}。而通过上下切换工作电流换向开关或励磁电流换向开关,则可以改变工作电流或励磁电流的方向。

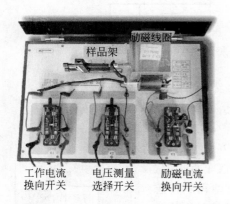
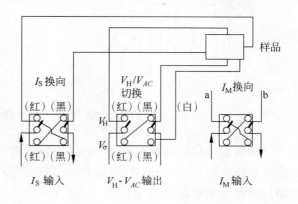

图 5.3-2　霍尔效应实验台及其测量电路示意图

在实验台右上方的表格中,标出了霍尔元件参数(最大工作电流、尺寸、材料类型)和电磁铁的参数(线圈常数、横截面积、气隙宽度、周长)。实验中需要记录霍尔元件尺寸和电磁铁线圈常数。利用线圈常数和励磁电流大小,即可计算磁感应强度的大小。霍尔元件通过可调节样品架置于磁场中。实验时,需要调节样品架,使霍尔元件处于磁场中心附近位置。

霍尔效应测试仪分为三个功能区域,如图 5.3-3 所示。最左侧为工作电流输出区,工作电流输出端为霍尔器件提供工作电流。通过旁边的旋钮可以调节电流大小,并显示在上方面板中。中间区域的电压信号测量端用来测量霍尔电压 V_H 或纵向电压 V_{AC}。通过电压量程按钮,可以改变电压测量量程为 $20\mathrm{mV}$ 或 $200\mathrm{mV}$。右侧区域的励磁电流输出端为电磁铁提供电流产生磁场。通过旋钮可调节电流大小并进而控制磁感应强度。

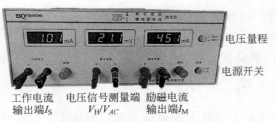

电压量程

电源开关

工作电流
输出端I_S 电压信号测量端
V_H/V_{AC} 励磁电流
输出端I_M

图 5.3-3　霍尔效应测试仪

[附录 2]

霍尔效应的应用实例——开关型霍尔传感器

开关型霍尔传感器又可称为霍尔开关传感器,是在同一个芯片上集成了霍尔元件和信号处理电路,其电路原理图如图 5.3-4 所示。开关型霍尔传感器由稳压器、霍尔元件、差分放大器、斯密特触发器和输出级组成。其输出特性如图 5.3-5 所示,在外磁场的作用下,当磁感应强度超过导通阈值 B_{OP} 时,霍尔电路输出管导通,输出低电平。之后 B 再增加,仍保持导通态。当外加磁场的 B 值降低到 B_{RP} 时,输出管截止,输出高电平。B_{OP} 称为工作点,B_{RP} 称为释放点,$B_{OP}-B_{RP}=B_H$ 称为回差,回差可以增强开关电路的抗干扰能力。

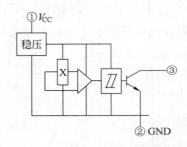

图 5.3-4　开关型霍尔传感器电路原理图

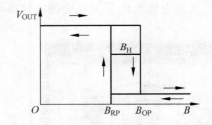

图 5.3-5　开关型霍尔传感器的输出特性

开关型霍尔传感器具有体积小、结构简单、使用方便等优点,被广泛应用在键盘、报警设备、通信设备、印刷设备、汽车点火器、自动控制和自动监测设备中。图 5.3-6 展示了开关型霍尔传感器在液面控制上的应用。在一个浮子上安装一个磁钢,并将开关型霍尔传感器安装在一固定高度处。当液面上升时,磁钢随着浮子上升,当接近传感器时使其输出电压发生跳变,并输出高电平;当液面下降时,磁钢远离传感器到一定程度,使其输出电压回复到初始值。使开关型霍尔传感器的输出端与液体流入、流出控制联结即可达到液位控制的目的。

图 5.3-6　浮子式液位
控制装置

[参考文献]

[1]　吴平.大学物理实验教程[M].2 版.北京:机械工业出版社,2015.

[2]　吕斯骅,段家忯,张朝晖.新编基础物理实验[M].2 版.北京:高等教育出版社,2013.

[3]　中嶋坚志郎.半导体工程学[M].北京:科学出版社,2001.

实验 5.4　PN 结的特性

[引言]

在同一块半导体(如硅)基片上,采用特殊工艺,使其一部分掺入少量三价元素受主杂质成为 P 型半导体,另一部分掺入少量五价元素施主杂质成为 N 型半导体,由于扩散作用,在二者的交界面附近形成的空间电荷过渡区就称为 PN 结。1940 年,美国贝尔实验室利用真空熔炼方法拉制出多晶 Si 棒,并利用掺入Ⅲ、Ⅴ族杂质元素技术制造出 P 型和 N 型多晶 Si,最终通过在生长过程中掺杂的方法制造出第一个 Si 的 PN 结。由同种半导体材料制成的 PN 结叫同质结,由禁带宽度不同的两种半导体材料(如 GaAl/GaAs)制成的 PN 结叫异质结。PN 结是构成半导体二极管、双极型晶体管和场效应晶体管的核心,是现代电子技术的基础。

PN 结具有电子和空穴两种载流子,在外加电场下,具有单向(正向)导电性。同时温度会影响 PN 结载流子的运动速度以及本征激发的程度。于是,除了常用的热电偶、热敏电阻等温度传感器外,也可以利用 PN 结正向压降随温度升高而降低的特性,将其作为测温元件。PN 结温度传感器具有灵敏度高、线性度好、热响应快和体积小等特点,尤其在温度数字化、温度控制及微机对温度实时信号处理等方面具有良好的应用。目前结型温度传感器主要以硅为材料,这类温度传感器在非线性不超过标准值 0.5% 的条件下,其工作温度范围一般为 −50~150℃,如果采用不同材料如锑化铟或砷化镓 PN 结,还可以展宽低温区或高温区的测量范围。

PN 结以及由其发展起来的晶体管温度传感器已成为一种新的测温仪器被广泛应用。本实验中将对硅及锗两种 PN 结的温度特性进行测量研究。

[实验目的]

(1) 研究 PN 结正向压降随温度变化的基本规律。

(2) 学习用 PN 结测温的方法。

(3) 学习一种测量玻尔兹曼常数的方法。

[实验仪器及样品]

DH-PN-2 型 PN 结正向特性综合实验仪,DH-SJ 温度传感实验装置。

[预习提示]

(1) 查阅相关资料,了解 PN 结(二极管)及晶体管(三极管)的结构及特性。

(2) 掌握 PN 结测温的基本原理。

(3) 熟悉仪器的调节方法和实验步骤。

[实验原理]

理想的 PN 结正向电流 I_F 和压降 U_F 之间满足关系式

$$I_F = I_s \left[\exp\left(\frac{qU_F}{kT}\right) - 1 \right]$$

考虑到常温(300K)下，$kT/q = 0.026$V，实际应用中正向压降为十分之几伏，则 $\exp\left(\frac{qU_F}{kT}\right) \gg 1$，故理想的 PN 结正向电流 I_F 和压降 U_F 之间存在如下近似关系：

$$I_F = I_s \exp\left(\frac{qU_F}{kT}\right) \tag{5.4-1}$$

式中，q 为电子电荷；k 为玻尔兹曼常数；T 为热力学温度；I_s 为反向饱和电流，它是一个和 PN 结材料的禁带宽度以及温度等有关的系数，可以证明

$$I_s = CT^r \exp\left(-\frac{qU_g(0)}{kT}\right) \tag{5.4-2}$$

式中，C 是与结面积、掺杂浓度等有关的常数；r 是常数，其数值取决于少数载流子迁移率对温度的影响(通常取 $r = 3.4$)；$U_g(0)$ 为 0K 时 PN 结材料的导带底和价带顶的电势差。

将式(5.4-2)代入式(5.4-1)，两边取对数可得

$$U_F = U_g(0) - \left(\frac{k}{q}\ln\frac{C}{I_F}\right)T - \frac{kT}{q}\ln T^r = U_1 + U_{nl} \tag{5.4-3}$$

其中，$U_1 = U_g(0) - \left(\frac{k}{q}\ln\frac{C}{I_F}\right)T$；$U_{nl} = -\frac{kT}{q}\ln T^r$。这就是 PN 结正向压降作为电流和温度函数的表达式，是 PN 结温度传感器的基本方程。令 $I_F =$ 常数，则正向压降只随温度变化，但是在方程(5.4-3)中，除线性项 U_1 外还包含非线性项 U_{nl}。

对于杂质全部电离、本征激发可忽略的温度区间(对于通常的硅二极管来说，温度为 $-50 \sim 150\,^\circ\mathrm{C}$)，根据对 U_{nl} 项所引起的线性误差的分析(见本实验"误差分析")可知，在恒流供电条件下，PN 结的 U_F 对 T 的依赖关系主要取决于线性项 U_1，即正向压降几乎随温度升高而线性下降，这就是 PN 结测温的依据。U_F-T 特性还因 PN 结的材料而异，对于宽带材料(如 GaAs)的 PN 结，其高温端的线性区宽；而材料杂质电离能小(如 InSb)的 PN 结，则低温端的线性区宽。对于给定的 PN 结，即使在杂质导电和非本征激发温度范围内，其线性度亦随温度的高低而有所不同，这是非线性项 U_{nl} 引起的，由 U_{nl} 对 T 的二阶导数 $\dfrac{\mathrm{d}^2 U_{nl}}{\mathrm{d}T^2} = \dfrac{1}{T}$ 可知 $\dfrac{\mathrm{d}U_{nl}}{\mathrm{d}T}$ 的变化与 T 成反比，所以 U_F-T 的线性度在高温端优于低温端，这是 PN 结温度传感器的普遍规律。此外减小 I_F 也可以改善线性度，但并不能从根本上解决问题。

将 PN 结测温电路与恒流、放大等电路集成一体，便构成集成电路温度传感器。

[仪器装置]

实验系统由 DH-SJ 温度传感实验装置和 DH-PN-2 型 PN 结正向特性综合实验仪两部分组成。

1. DH-SJ 温度传感实验装置

DH-SJ 温度传感实验装置是将 Pt100 作为温度传感器，将 Pt100 插入恒温炉内由金属铜块构成的温度源，配合 PID 温控仪，就可对金属铜块温度源进行温度的测量和控制。温控仪控温范围：室温～120℃；温度控制精度：±0.2℃；分辨率：0.1℃。温度传感实验装

置的温控仪与恒温炉的连接如图 5.4-1 所示。将待测 PN 结样品（将 NPN 型晶体三极管的基极与集电极短接作为正极，发射极作为负极，构成一只二极管）安装在金属铜块温度源上的温度插孔中，就可实现 Pt100、待测样品与铜块温度源的同步温度测量及控制。温控仪配有风扇，在做降温实验过程中可采用风扇快速降温。

　　警告：在做实验中或做完实验后，禁止手触传感器的钢质护套，以免烫伤！

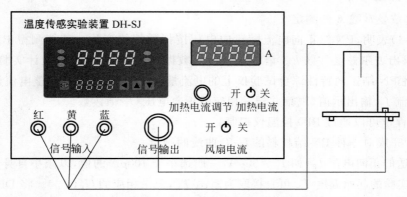

图 5.4-1　DH-SJ 温度传感实验装置的温控仪与恒温炉的连接示意图

注意：Pt100 的插头与温控仪上的插座颜色对应端相连接；红→红；黄→黄；蓝→蓝

2. DH-PN-2 型 PN 结正向特性综合实验仪

　　DH-PN-2 型 PN 结正向特性综合实验仪面板如图 5.4-2 所示。微电流恒流源为 PN 结提供正向电流 I_F，电流输出值由"正向电流"数显表显示。"正向电压"数显表显示的是 PN 结的实时正向电压 U_F。"正向电流"数显表示值为 $0\sim1999$，电流量程挡位 $\times1$、$\times10$、$\times10^2$、$\times10^3$ 对应量程为 $1.999\mu A$、$19.99\mu A$、$199.9\mu A$、$1.999mA$，"开路"挡时正向电流源输出为 0。选择电流量程时，在保证测量范围的前提下应尽量选择小挡位，以提高精度。

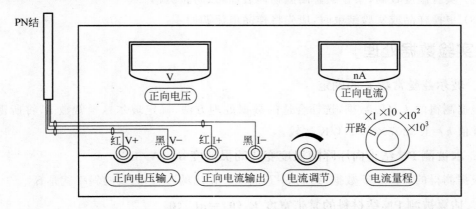

图 5.4-2　DH-PN-2 PN 结正向特性综合实验仪面板及与 PN 结传感器连接示意图

［实验内容与测量］

1. 实验仪器调节

实验前，请参照仪器使用说明，将 DH-SJ 型温度传感器实验装置上的"加热电流"开关置"关"位置,将"风扇电流"开关置"关"位置,接上加热电源线。插好 Pt100 温度传感器和 PN 结温度传感器,两者连接均为直插式。PN 结引出线分别插入 PN 结正向特性综合实验仪上的 V+、V− 和 I+、I− 插孔。注意插头的颜色和插孔的位置。

打开电源开关,温度传感器实验装置上将显示出室温 T_R,记录下起始温度 T_R。

2. 实验测量

1) 玻尔兹曼常数 k 的测定

式(5.4-1)表明,PN 结正向电流随正向电压按指数规律变化。若能测得 PN 结的 I-U 关系,则可求出玻尔兹曼常数 k。请你根据所需数据的测量要求,自己设计实验过程、确定实验条件,将 PN 结正向特性综合试验仪上的电流量程置于适当挡位,调整电流调节旋钮以改变正向电流 I_F 输出示值,观察并记录相应的正向电压 U_F 值读数。

升温过程也可以通过 PID 控温仪控制。

2) 至少完成对一种 PN 结材料的 U-T 曲线的测量

选择合适的正向电流 I_F(如 $I_F = 50\mu A$,一般选小于 $100\mu A$ 的值,以减小自身热效应),并保持不变。实验的起始温度 T_S 可直接取为室温 T_R,记录相应的 $U_F(T_R)$。将 DH-SJ 型温度传感实验装置上的"加热电流"开关置"开"位置,根据目标温度,选择合适的加热电流(在实验时间允许的情况下,加热电流可以取得小一点,如 $0.3\sim0.6A$)。这时加热炉内温度开始升高,记录对应的 U_F 和 T。可按 U_F 每改变 10mV 或 5mV 读取一组 U、T,这样可以减小测量误差。

升温结束后,将加热电流调零,关闭加热电流,打开风扇开关,吹风降温直至室温。

[注意事项]

(1) 升温速率要慢,且设定的温度不宜过高(硅管必须控制在 120℃以内,锗管必须控制在 45℃以内)。

(2) 实验温度较高,禁止触碰高温物体表面,以防止烫伤。

(3) 更换样品或实验结束时,应先将样品电流调回零。

[实验数据处理]

1. 玻尔兹曼常数 k 的确定

根据测得的 I_F-U_F 数据,选择合适的数据处理方法,确定玻尔兹曼常数 k,将所得结果与标准值 $k = 1.3807\times10^{-23}$J/K 比较。

2. 求被测 PN 结正向压降随温度变化的灵敏度 S(mV/℃)

根据测得的 U_F 和 T 数据,绘制 U-T 曲线。作出的 U-T 曲线的斜率就是 S。

3. 估算被测 PN 结材料的禁带宽度 $E_g(0) = qU_g(0)$

忽略非线性项的影响,$U_g(0) = U_F(0℃) + \dfrac{\partial U_F(0℃)}{\partial T}\Delta T = U_F(0℃) + S\cdot\Delta T$。此时温差 $\Delta T = -273.2K$。将根据此式计算得到的 0K 时的禁带宽度 $E_g(0)$ 值与公认值(对于硅,$E_g(0) = 1.21eV$,对于锗,$E_g(0) = 0.78eV$)比较,求其相对误差。

请思考,实验起始温度非 0℃,$U_g(0)$ 应如何求出? 注意摄氏温标与热力学温标的转换。

［误差分析］

1. 分析 U_{nl} 项所引起的线性误差

设温度由 T_1 变为 T 时,正向电压由 U_{F1} 变为 U_F,由式(5.4-3)可得

$$U_F = U_g(0) - [U_g(0) - U_{F1}]\frac{T}{T_1} - \frac{kT}{q}\ln\left(\frac{T}{T_1}\right)^r \tag{5.4-4}$$

按理想的线性温度响应,U_F 应取如下形式:

$$U_{理想} = U_{F1} + \frac{\partial U_{F1}}{\partial T}(T - T_1) \tag{5.4-5}$$

$\dfrac{\partial U_{F1}}{\partial T}$ 等于温度为 T_1 时的 $\dfrac{\partial U_F}{\partial T}$ 值。

由式(5.4-4)可得

$$\frac{\partial U_{F1}}{\partial T} = -\frac{U_g(0) - U_{F1}}{T_1} - \frac{k}{q}r \tag{5.4-6}$$

$$U_{理想} = U_{F1} + \left(-\frac{U_g - U_{F1}}{T_1} - \frac{k}{q}r\right)(T - T_1) \tag{5.4-7}$$

$$= U_g(0) - [U_g(0) - U_{F1}]\frac{T}{T_1} - \frac{k}{q}(T - T_1)r$$

比较理想线性温度响应式(5.4-7)和实际响应式(5.4-4),则实际响应与理想线性响应的理论偏差为

$$\Delta = U_{理想} - U_F = \frac{k}{q}r(T_1 - T) + \frac{kT}{q}\ln\left(\frac{T}{T_1}\right)^r \tag{5.4-8}$$

设 $T_1 = 300\text{K}$,$T = 310\text{K}$,取 $r = 3.4$,由式(5.4-8)可得 $\Delta = 0.048\text{mV}$,相应 U_F 的改变量约为 20mV,相比之下误差甚小。当温度变化范围增大时,U_F 温度响应的非线性误差将有所递增,这主要由于 r 因子所致。

2. 分析二极管电流引起的误差

通常测得的二极管电流包括三个成分:

(1) 严格遵守式(5.4-1)的扩散电流。

(2) 正比于 $\exp(eU/2kT)$ 的耗尽层复合电流。

(3) 由界面杂质引起的表面电流,其值正比于 $\exp(eU/mkT)$,一般系数 $m > 2$。采用三极管接成共基极电路,由于集电极与基极短接,因此所测的集电极电流仅是扩散电流,而不包含主要在基极出现的复合电流。选用性能良好的三极管,使其在实验中处于较低的正向偏置,则表面电流的影响也可完全忽略。此时集电极电流与发射极-基极电压满足式(5.4-1)。

［讨论］

(1) 比较两种 PN 结样管的测量结果,试分析其异同。

(2) 试分析、讨论本实验误差产生的原因,应如何处理?

［结论］

通过对实验现象和实验结果的分析,你能得到什么结论?

[研究性题目]

选取不同的 PN 结工作电流,会对其正向电压-温度特性线性度产生何种影响? 如何改善其线性度?

[思考题]

(1) 测 $U_F(0℃)$ 或 $U_F(T_R)$ 的目的何在?

(2) 在工作电流及环境温度相同的条件下,硅管与锗管的正向压降是否相同,原因何在?

[参考文献]

[1] 黄昆,韩汝琦.半导体物理基础[M].北京:科学出版社,1979.
[2] 杭州大华仪器制造有限公司.DH-PN-2 型 PN 结正向特性综合实验仪说明书及实验指导[Z].2018.
[3] 陆申龙,金浩明,曹正东.半导体 PN 结电流-电压关系的曲线拟合和 e/k 的测定[J].物理实验,1992,12(1): 8-10.

实验 5.5 惠斯通电桥与非平衡电桥

[引言]

电桥是一种比较式的测量仪器,它在电测技术中应用极为广泛,可以分为直流电桥和交流电桥两大类。采用直流电源供电的电桥(如图 5.5-1(a)、(b)所示)为直流电桥,可以用来测量中值或者低值电阻;采用交流电源供电的电桥(如图 5.5-1(c)所示)为交流电桥,可以用来测量电学元件的交流电阻及其时间常数、电容及其损耗角、自感及其品质因数、互感等交流参数。

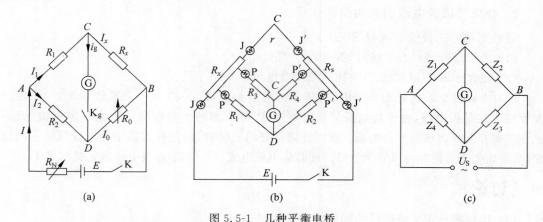

图 5.5-1 几种平衡电桥

(a)单臂电桥/惠斯通电桥;(b)双臂电桥/开尔文电桥;(c)交流电桥

直流电桥又可分为单臂电桥和双臂电桥。单臂电桥又称为惠斯通电桥,如图 5.5-1(a)所示,适合测量中值电阻(其数量级一般为 $10\sim10^6\Omega$);双臂电桥又称为开尔文电桥,如

图 5.5-1(b)所示,是开尔文在研究低值电阻(其数量级一般小于10Ω)时,将低电阻 R_x 和 R_s 用"四端接头"的连接法接入惠斯通电桥相应臂形成的,从而消除了导线与待测元件接触所产生的接触电阻的影响,该电桥适合测量低值电阻。

上述这些电桥的共同特点是测量元件特性时要求流过检流计的电流为 0,即电桥要处于平衡状态,因此也统称为平衡电桥。如果桥臂上的待测电阻的阻值随环境因素而发生变化,此时电桥很容易偏离平衡状态,而电桥偏离平衡状态的程度可以通过流过 C、D 两点间的电流大小反映出来,相应地,这种电桥称为非平衡电桥。当然,如果将平衡电桥中的检流计换成一个电压表,则 C、D 两点的电压也可以反映电桥偏离平衡的程度,该电压称为非平衡电压。

本实验通过自己搭建惠斯通电桥和非平衡电桥,使同学们掌握用电桥测量电阻的方法以及测温装置的原理和搭建方法。

[实验目的]

(1) 掌握用惠斯通电桥测量电阻的原理和方法。
(2) 了解电桥灵敏度的概念。
(3) 学习消除系统误差的一种方法——交换测量法。
(4) 掌握非平衡电桥的原理和使用非平衡电桥测温的方法。
(5) 学习非平衡电桥测温装置的标定方法。

[实验仪器]

插板式电路板以及配套的电阻、开关、导线,QJ47 型直流电阻电桥箱,ZX96 型电阻箱(0~99999.9Ω,0.1 级,0.1W),JO409 型检流计,待测金属膜电阻(阻值约为 500Ω、51kΩ、510kΩ),正温度系数热敏电阻(PTC)等。

[预习提示]

(1) 了解几种不同的电桥的差别及其用途。
(2) 电桥由哪几部分组成?电桥平衡的条件是什么?
(3) 什么是电桥的灵敏度?如何测量电桥的灵敏度?
(4) 实验中可以用什么方法提高电桥的灵敏度?
(5) 如何搭建可以用于测温的非平衡电桥?如何对其进行标定?

[实验原理]

1. 惠斯通电桥的原理及其特性

惠斯通电桥的电路原理如图 5.5-2 所示,四个电阻 R_1、R_2、R_x、R_0 分别组成电桥的四个臂,其中 R_x 称为待测臂,R_0 称为比较臂,R_1/R_2 的比值称为比率 N。当流过检流计的电流 $i_g=0$ 时,C、D 两点电势相等,此时电桥处于平衡状态,则由

$$\left.\begin{array}{ll} V_{AC}=V_{AD}, & I_1R_1=I_2R_2 \\ V_{CB}=V_{DB}, & I_xR_x=I_0R_0 \end{array}\right\} \Rightarrow \frac{I_1R_1}{I_xR_x}=\frac{I_2R_2}{I_0R_0}$$

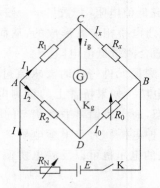

图 5.5-2　惠斯通电桥的电路原理

又因为 $i_g = 0$，使得上式中 $I_1 = I_x$，$I_2 = I_0$，得到

$$R_x = \frac{R_1}{R_2} R_0 \tag{5.5-1}$$

如果 R_0 和比率 $N\left(N = \dfrac{R_1}{R_2}\right)$ 已知，即可通过式(5.5-1)求出待测电阻 R_x 的阻值。

使用惠斯通电桥测电阻时，其误差主要由两方面的因素决定：①桥臂电阻 R_1、R_2、R_0 自身所带来的误差；②电桥的灵敏度带来的误差。

1）桥臂电阻引起的误差

当电桥平衡时，桥臂电阻 R_1、R_2、R_0 与被测电阻 R_x 之间的关系见式(5.5-1)，此时被测电阻 R_x 的准确度取决于 R_1、R_2、R_0 的准确程度。为了消除比率 $N\left(\text{即}\dfrac{R_1}{R_2}\text{的比值}\right)$ 的系统误差对测量结果的影响，当 $\dfrac{R_1}{R_2}$ 约为 1 时，保持 R_1、R_2 不变，交换 R_0、R_x 的位置，再调节 R_0 使电桥平衡。设电桥再次平衡时 R_0 变为 R_0'，则有

$$R_x = \frac{R_2}{R_1} R_0' \tag{5.5-2}$$

联立式(5.5-1)和式(5.5-2)可得

$$R_x = \sqrt{R_0 R_0'} \tag{5.5-3}$$

这样就通过交换 R_0、R_x 的位置消除了由于 R_1、R_2 的不准确而带来的误差，这种方法称为交换法。

2）电桥的灵敏度

在实验中，式(5.5-1)在电桥平衡时才成立，因而判断电桥是否平衡也是给测量结果带来误差的来源之一。而电桥的平衡是根据检流计指针有无偏转来判断的。假设有一个很小的电流流过检流计使其有一个微小的偏转，一般认为指针偏转小于 0.2 格时就很难在实验上观察到，此时实验者仍然会认为电桥处于平衡状态，这就给测量结果带来了误差。这样我们可以定义一个电桥的灵敏度，即如果在电桥略微偏离平衡状态时，有一微小的电流流过检流计，其指针偏转越大就意味着电桥的灵敏度越大，反之电桥的灵敏度越小。很明显，电桥灵敏度越大，由于观察不到指针偏转而带来的测量误差就越小。然而在实际实验中很难直接判断电桥偏离平衡状态的程度，我们可以人为地改变电桥的平衡状态。在已经平衡的电

桥中,调节电阻 R_0 改变 ΔR_0,此时检流计的指针偏转 Δd 格,我们定义电桥灵敏度 S 为

$$S = \frac{\Delta d}{\Delta R_0 / R_0} = S_i \Delta i_g \frac{R_0}{\Delta R_0} \tag{5.5-4}$$

式中,$S_i = \dfrac{\Delta d}{\Delta i_g}$ 为检流计灵敏度;Δi_g 为流过检流计的电流变化;$\dfrac{\Delta R_0}{R_0}$ 为电阻的相对变化量。电桥灵敏度 S 反映了电桥对电阻的相对变化的分辨能力。

如果忽略电源内阻,可以通过基尔霍夫定律得到图 5.5-2 中的电流 i_g

$$i_g = \frac{(R_2 R_x - R_1 R_0) V_{AB}}{R_1 R_x (R_2 + R_0) + R_2 R_0 (R_1 + R_x) + R_G (R_1 + R_x)(R_2 + R_0)} \tag{5.5-5}$$

其中 V_{AB} 为 A、B 之间的电压,由式(5.5-2)和式(5.5-5)可得

$$S = \frac{S_i R_1 R_0 V_{AB}}{R_1 R_x (R_2 + R_0) + R_2 R_0 (R_1 + R_x) + R_G (R_1 + R_x)(R_2 + R_0)} \tag{5.5-6}$$

由式(5.5-6)可知,改用高灵敏度的检流计和提高工作电压均能提高电桥的灵敏度。S 越大,对平衡的判断也就越灵敏,从而提高了测量的精确度。需要指出的是,过高的电桥灵敏度反而会使检流计的指针偏转过大而无法判断电桥是否平衡。另外,电桥灵敏度虽然可以通过式(5.5-6)计算得到,但由于计算过于复杂,在实验上一般采取实验测量的方法使用式(5.5-4)得到电桥的灵敏度。可以证明,在电桥平衡的条件下,电桥各臂的相对灵敏度相等,即可以选择任意臂作为可变臂测量平衡时电桥的灵敏度。由于电桥灵敏度 S 并不是一个恒量,因此测量过程中应尽量使检流计的指针偏转较小的角度(一般取 $1 \sim 2$ 格即可)得到电桥平衡时电桥的灵敏度 S。

3) 由电桥的灵敏度带来的误差

由式(5.5-3)可知 R_x 的测量误差在电桥平衡时只与电阻箱 R_0 有关,这里除了电阻箱的仪器误差 $\Delta_{R_0 仪}$ 外,还必须考虑到由于电桥灵敏度引起的附加误差 ΔR_0^*。当电桥平衡时,要使检流计指针偏转 0.2 格时,必须使比较臂 R_0 的阻值变化 ΔR_0^*,换句话说,当比较臂阻值的变化小于 ΔR_0^* 时,即检流计指针偏转小于 0.2 格时是很难观察到的。这里的 0.2 格即是判断检流计指零时通常取的视差值;而 ΔR_0^* 是由于电桥平衡的判断而带给测量结果的误差,即电桥灵敏度引起的测量误差,可以表示为

$$\Delta R_0^* = R_0 \frac{0.2}{S} \tag{5.5-7}$$

因此,在计算 R_0 引起的不确定度 U_{R_0} 时,除了需要考虑电阻箱的仪器误差外,还需要考虑到电桥灵敏度可能引入的附加误差 ΔR_0^*,即

$$U_{R_0} = \sqrt{(\Delta_{R_0 仪})^2 + (\Delta R_0^*)^2} \tag{5.5-8}$$

2. 箱式电桥的原理

箱式电桥(电桥箱)采用与惠斯通电桥相同的原理,由于其把全部的仪器和部件集成在一个盒子中,使用起来更为简便。箱式电桥的电路原理如图 5.5-3 所示,其中包含比率臂 N、比较臂 R_0、内置检流计、供桥电源等,待测电阻 R_x 的阻值可以表示为

$$R_x = N R_0 \tag{5.5-9}$$

其中,R_x 为待测电阻,N 为电桥比率系数,R_0 为比较臂标度盘示值。

箱式电桥的型号很多,其原理基本相同,这里以 QJ47 型直流电阻电桥箱为例说明箱式

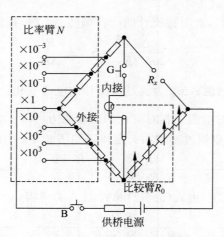

图 5.5-3　箱式电桥的电路原理

电桥的结构。QJ47 型直流电阻电桥箱的面板如图 5.5-4 所示，它既可以作为单臂电桥使用也可以作为双臂电桥使用，其内附检流计和稳压电源，可测量 $10^{-3} \sim 10^{6} \Omega$ 的待测电阻，其电路图如图 5.5-5 所示。

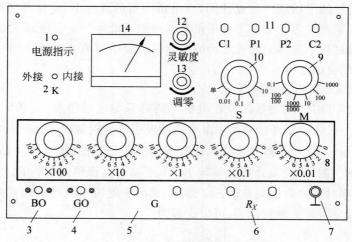

图 5.5-4　QJ47 型直流电阻电桥箱面板

1—电源指示灯；2—外接检流计或使用内置检流计的检流计转换开关(K)；3—电桥电源开关(BO)；4—检流计接通开关(GO)；5—外接检流计接线柱；6—待测电阻接线柱；7—接地接线柱；8—比较臂标度转盘；9—电桥比率转盘(M 盘)；10—双桥内附标准电阻十进盘(S 盘)；11—双桥被测电阻四端接入钮(C1、P1、P2、C2)；12—电桥灵敏度调节旋钮(顺时针旋转为增大、逆时针旋转为减小)；13—电桥调零旋钮；14—内置检流计

箱式电桥灵敏度带来的误差可表示为

$$\Delta R_x^* = N R_0 \frac{0.2}{S} \tag{5.5-10}$$

式中，N 为电桥比率系数，S 为电桥灵敏度。当电桥达到平衡后，改变 R_0（由 R_{01} 变到 R_{02}）使检流计由零偏转 Δd 格，则有 $S = \dfrac{\Delta d}{|R_{01} - R_{02}|} R_0$，电阻的总不确定度为

$$U_{R_x} = \sqrt{E_{\lim}^2 + (\Delta R_x^*)^2} \tag{5.5-11}$$

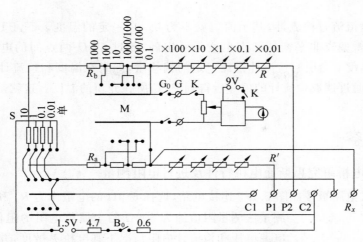

图 5.5-5　QJ47 型直流电阻电桥箱电路图

式中，$E_{\lim}$ 为电桥箱的极限误差，可表示为

$$E_{\lim} = \pm f\% \left(NR_0 + \frac{NR_N}{10}\right) \tag{5.5-12}$$

式中，R_0 为测量盘示值；N 为电桥比率；f 为等级指数。括号内 R_N 为基准值，QJ47 型直流电阻电桥箱的 R_N 取 100Ω。

电桥箱比率参数表如表 5.5-1 所示。

表 5.5-1　电桥箱比率参数表

被测电阻 R_x/Ω	S 盘置于	M 盘选择：电桥比率 N	等级指数 $f/\%$
$10 \sim 10^2$	单	0.1	0.05
$10^2 \sim 10^3$		$\dfrac{1000}{1000}$	
$10^3 \sim 10^4$		10	
$10^4 \sim 10^5$		100	0.1
$10^5 \sim 10^6$		1000	0.2

3. 非平衡电桥

非平衡电桥的组成与惠斯通电桥基本相同，如果将图 5.5-2 中的待测电阻 R_x 替换为可变电阻即可搭建为非平衡电桥，常见的可变电阻可以随温度、压力、光照等多种物理量变化而变化。本实验中使用正温度系数热敏电阻（PTC）作为可变电阻，如图 5.5-6 所示。当热敏电阻所处的介质温度发生变化时，电桥将偏离平衡状态，此时 C、D 两点间的电压满足

$$U_{CD} = U_{AB}\left(\frac{R_{PTC}}{R_2 + R_{PTC}} - \frac{R_N}{R_1 + R_N}\right) \tag{5.5-13}$$

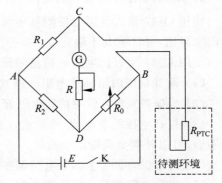

图 5.5-6　非平衡电桥电路图

而此时由于有电流流过检流计，其示值也就不为 0。在一定的温度 t 下，PTC 的阻值 R_{PTC} 也是一定的，电桥偏离非平衡的状态也就是一定的，流过 C、D 两点间的电流也就是一定值。即一定的温度 t 会引起检流计指针一定的偏移量，如果在温度和检流计偏移量之间做好标定，即可以通过读取检流计的偏移量得到 PTC 所在介质的温度。这就是非平衡电桥测温的基本原理。

［实验内容］

1. 用自搭电桥研究惠斯通电桥特性及进行电阻测量

使用插板式电路板按照图 5.5-7 连接电路，选择 680Ω 的电阻作为 R_1 和 R_2，使用交换测量法测量阻值约为 500Ω 的金属膜电阻的阻值，测定不同的电源电压和检流计内阻情况下其电桥灵敏度，并计算电阻阻值及其不确定度。

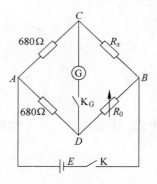

图 5.5-7　自搭电桥电路图

采用逐步逼近法调平电桥。逐步逼近法是根据被测电阻的约值（电阻上一般标出或用万用表粗测得到），在正确选用比率 $\frac{R_1}{R_2}$ 后，使 R_0 取较小的数值，短暂闭合开关 K_G 观察电流计偏转的方向，设其向左偏转。然后将 R_0 再取较大的数值，短暂闭合开关 K_G，若电流计向右偏转，则可断定平衡点在这两个值之间。重复此调节过程，使检流计偏转范围不断缩小，即可找到平衡点。

电阻箱 R_0 的仪器误差为

$$\Delta_仪 = \Delta_{R_0仪} = 0.1\% R_0 + 0.005(K+1) \tag{5.5-14}$$

其中 0.1 为所用电阻箱的精确度等级，K 为实验中所用的十进制电阻盘的个数。

待测电阻 R_x 的相对不确定度可由式(5.5-3)、式(5.5-8)导出

$$\frac{U_{R_x}}{R_x} = \sqrt{\left(\frac{1}{2}\frac{U_{R_0}}{R_0}\right)^2 + \left(\frac{1}{2}\frac{U_{R'_0}}{R'_0}\right)^2} \approx \frac{\sqrt{2}}{2}\frac{U_{R_0}}{R_0}, \quad N=1.0 \tag{5.5-15}$$

2. 用箱式电桥测量中值电阻（单臂电桥）

使用 QJ47 箱式电阻电桥测量金属膜电阻的阻值，并测定其电桥灵敏度，由式(5.5-9)计算电阻阻值，并计算其不确定度。

使用 QJ47 型直流电阻电桥箱测量待测电阻应遵循以下步骤：

（1）调节双桥内附标准电阻十进盘，置于"单"挡，使用单臂电桥测量方式。

（2）根据表 5.5-1，针对待测电阻 R_x，选择适当的电桥比率系数 N，并调节电桥比率转盘。

（3）打开电桥箱总电源，将检流计转换开关置于"内接"位置（如果仪器内置检流计灵敏度不够，可以外接更灵敏的检流计）。

（4）进行设备调零：调整电桥调零旋钮，使检流计指针指向零点。

（5）进行电阻测量：将待测电阻与电桥箱的待测电阻接线柱相连，并调节比较臂标度转盘，调整到与待测电阻阻值近似相等的位置。

（6）逆时针旋转电桥灵敏度旋钮，使电桥灵敏度最低，按下电桥电源开关"BO"，用跃接

法按下检流计接通开关"GO",并适当调节比较臂标度转盘,使用逐步逼近法将检流计指针调节至零位。

(7) 按下检流计接通开关"GO",缓慢顺时针旋转电桥灵敏度旋钮,使电桥灵敏度逐渐增大,同时调节比较臂标度转盘,使检流计指针重新回到零位,直至灵敏度达到最大,此时待测阻值可以由式(5.5-9)得到。

3. 非平衡电桥的搭建

(1) 使用插板式电路板按照图 5.5-8 连接电路,选择适当的电阻作为 R_1 和 R_2,使其比率为 1,适当选择电源电压和电位器 R 值,使非平衡电桥中的检流计指针偏转不超量程。

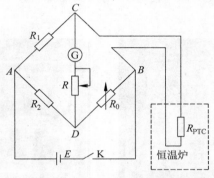

图 5.5-8　非平衡电桥电路图

(2) 将 PTC 测温探头放入冰水混合物中,将电位器 R 调节至最小,调节 R_0 使电桥处于平衡状态。

(3) 将 PTC 测温探头放入沸水中(沸水的准确温度需要根据实验环境的大气压确定),调节电源电压和电位器 R 使检流计指针满偏。

(4) 将 PTC 测温探头插入恒温控制加热仪中,在室温到 100℃ 之间,每 10℃ 记下检流计偏转格数,作出非平衡电桥测温电路的温度标定曲线。

[讨论]

(1) 利用实验数据分析供桥电压与检流计内阻对电桥灵敏度的影响。

(2) 用电桥测电阻与伏安法测电阻相比,其特点有哪些?

(3) 实验中是如何消除 R_1 和 R_2 的比率误差所带来的影响的?

[结论]

通过直流单臂电桥的测量你能得出什么结论?

[研究性题目]

(1) 本实验中搭建的非平衡电桥测温电路的温度与检流计偏转之间的关系往往是非线性的,尝试通过调节电桥参数的方法,使其在一定的温度范围内取得更好的线性关系。

(2) 设计实验,用自己搭建的电桥测量低值电阻。

(3) 配合应变片设计实验,用自己搭建的非平衡电桥测量物体的质量。

182

[思考题]

电桥线路连接无误,合上开关,调节比较臂电阻,无论如何调节,检流计指针都不动,线路中什么地方可能有故障？无论怎样调节,检流计指针始终向一个方向偏转,线路中什么地方可能有故障？

[附录]

插板式电路板如图 5.5-9 所示,黑线相连的每九个插线孔为一个单元,其内部用金属片相连,处于导通状态。与之配套的各种电学元件(如图 5.5-10 所示)应插入相邻单元之间的孔内。

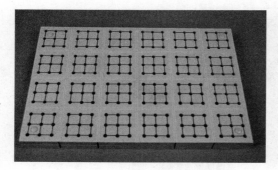

图 5.5-9　插板式电路板

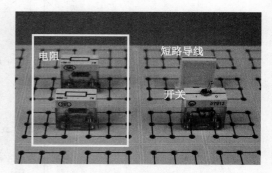

图 5.5-10　与插板式电路板配套的几种电学元件

[参考文献]

[1] 吕斯骅,段家忯.基础物理实验[M].北京：北京大学出版社,2002.
[2] 丁慎训,张连芳.物理实验教程[M].2 版.北京：清华大学出版社,2002.
[3] 杨俊才,何焰蓝.大学物理实验[M].北京：机械工业出版社,2004.
[4] 张训生.大学物理实验[M].杭州：浙江大学出版社,2004.
[5] 杭州大华仪器制造有限公司.QJ47 型直流单双臂电桥(市电)使用说明书[Z].2019.

实验 5.6　交流电桥

[引言]

在电测技术中广泛使用的交流电桥不仅可以用于测量交流电路中的元件参数(电感 L、电容 C)及与电感、电容有关的其他物理量,如互感、磁性材料的磁导率、电容的介质损耗等,还可以将交流电路中的非电量变换为相应的电参数进行精密测量,比如利用交流电桥的平衡条件与频率的关系来测量频率等。

交流电桥的线路和直流单电桥线路结构相似,只是它的四个桥臂不一定是电阻,而是阻抗,可能由电阻、电感、电容等交流电路元件组成；电桥的电源通常是正弦交流电源。

交流电桥的平衡条件及实现平衡的调整过程比直流电桥复杂。检验电桥是否平衡的示零器种类很多,比如检流计、耳机、示波器或交流毫伏表等,不同的示零器适用于不同的频率范围。

本实验通过搭建和调节简单的电容电桥和电感电桥,可以使同学们获得对交流电桥的深入了解。

[实验目的]

(1) 了解交流电桥的构造,掌握电桥平衡的原理及平衡条件。

(2) 理解复阻抗的概念以及电桥平衡时复阻抗之间的关系。

(3) 学会分析电桥平衡的可调节量及调节顺序。

(4) 掌握用交流电桥测量实际电容和电感的方法。

[实验仪器]

DH4518 型交流电桥实验仪,导线等。

[预习提示]

(1) 什么是交流电桥? 其平衡的充要条件是什么?

(2) 如何判断电桥是否达到平衡? 为使电桥平衡,可调节的参量有哪些? 这些参量的调节是否有先后顺序?

(3) 复习复阻抗的概念。电桥平衡时复阻抗之间有何关系?

(4) 利用交流电桥测电容的基本原理是什么?

(5) 如何利用交流电桥测电感?

[实验原理]

1. 交流电桥的原理及其平衡条件

在交流电路中,某段电路上的电压与通过该段电路的电流之比用复数可表示为

$$\widetilde{Z} = \frac{\widetilde{U}}{\widetilde{I}} = \frac{U_0 \, \mathrm{e}^{\mathrm{j}(\omega t + \varphi_u)}}{I_0 \, \mathrm{e}^{\mathrm{j}(\omega t + \varphi_i)}} = \frac{U_0}{I_0} \mathrm{e}^{\mathrm{j}(\varphi_u - \varphi_i)} = \frac{U_0}{I_0} \mathrm{e}^{\mathrm{j}\varphi} = Z \mathrm{e}^{\mathrm{j}\varphi} \tag{5.6-1}$$

式中,$\widetilde{Z}$ 称为该段电路的复阻抗,它的模 $Z = \dfrac{U_0}{I_0}$ 称为阻抗。$\varphi = \varphi_u - \varphi_i$ 称为辐角,它等于电压与电流的相位差。通过简单计算可得到电阻、电容、电感三个理想元件的阻抗和辐角,如表 5.6-1 所示。

表 5.6-1　交流电路中各理想元件的阻抗和辐角

元件	阻抗	辐角 $\varphi = \varphi_u - \varphi_i$
电阻	电阻 $Z_R = R$	0
电容	容抗 $Z_C = \dfrac{1}{\omega C}$	$-\dfrac{\pi}{2}$
电感	感抗 $Z_L = \omega L$	$\dfrac{\pi}{2}$

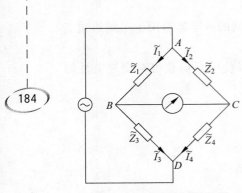

图 5.6-1　交流电桥结构图

设交流电桥四个桥臂的复阻抗分别为 $\widetilde{Z}_1$、$\widetilde{Z}_2$、$\widetilde{Z}_3$ 和 $\widetilde{Z}_4$，各臂上的电流分别为 $\widetilde{I}_1$、$\widetilde{I}_2$、$\widetilde{I}_3$ 和 $\widetilde{I}_4$，如图 5.6-1 所示，电桥的 AD 对角线上接交流电源，BC 对角线上接示零器。电桥平衡时，BC 之间的电压为零。AB 和 AC 两臂上的电压相等，BD 和 CD 两臂上的电压相等。即

$$\widetilde{I}_1\widetilde{Z}_1=\widetilde{I}_2\widetilde{Z}_2,\quad \widetilde{I}_3\widetilde{Z}_3=\widetilde{I}_4\widetilde{Z}_4$$

两式相除，考虑 $\widetilde{I}_1=\widetilde{I}_3$，$\widetilde{I}_2=\widetilde{I}_4$，得

$$\frac{\widetilde{Z}_1}{\widetilde{Z}_3}=\frac{\widetilde{Z}_2}{\widetilde{Z}_4} \tag{5.6-2}$$

这就是交流电桥的平衡条件。它相当于两个关于阻抗和辐角的实数等式

$$\frac{Z_1}{Z_3}=\frac{Z_2}{Z_4},\quad \varphi_1-\varphi_3=\varphi_2-\varphi_4 \tag{5.6-3}$$

交流电桥的平衡条件式(5.6-2)和直流电桥的平衡条件形式上完全相同，两者的主要区别在于：交流电桥平衡时，除了相对两臂上的复阻抗大小乘积相等之外，相对两臂上复阻抗的辐角之和也必须相等。这意味着：

(1) 桥臂采用不同性质的阻抗，可以组成多种形式、用途迥异的电桥线路，但不是任意阻抗性质的桥臂都能使电桥调节到平衡。为使电桥平衡，四臂的阻抗性质必须按一定的方式搭配以满足式(5.6-3)的要求。由于制造工艺上的原因，标准电容的准确度高于标准电感，因此，通常在设计交流电桥时，除了被测臂之外，其他三个臂都采用电容和电阻。本实验为了配置简单，两个臂选用纯电阻。若纯电阻在相邻的 AB、AC 臂上，则 BD、CD 臂上阻抗的辐角必须相同，可以同是电感性的或同是电容性的；若纯电阻在相对的 BD、AC 臂上，则 AB、CD 上阻抗的辐角符号相反，如果一个是电容性的，另一个必定是电感性的。

(2) 交流电桥实际上有两个平衡条件，电桥中需要两个可调参量。通过调节电桥平衡，可测得两个未知参量。实验中为了满足平衡条件，往往需要对两个可调参量进行反复调节。交流电桥趋于平衡的快慢程度称为电桥的收敛性。电桥趋于平衡越快，收敛性越好。收敛性好坏取决于桥臂的阻抗性质以及选择的可调参量。

交流电桥平衡后，若某一桥臂阻抗 Z 改变 ΔZ 时，引起示零器发生微小偏移 Δd，则定义

$$S=\frac{\Delta d}{\Delta Z/Z} \tag{5.6-4}$$

S 称为交流电桥的灵敏度。

$\Delta Z/Z$ 一定时，Δd 越大，表示电桥灵敏度越高。例如，$S=\dfrac{0.1}{0.02\%}=500$ 表示阻抗大小改变万分之二，示零器就会偏转 0.1 格，这是通常情况下人眼所能识别的最小偏转，因此灵敏度为 500 的交流电桥所带来的测量误差小于万分之二。

电桥灵敏度受示零器精度、电路特性、电源幅值和频率等因素影响。可以证明，只有当

示零器对角线两侧桥臂上的阻抗接近相等,即 $\dfrac{|\widetilde{Z}_1|}{|\widetilde{Z}_3|} = \dfrac{|\widetilde{Z}_2|}{|\widetilde{Z}_4|} \approx 1$ 时,才可能获得较高的灵敏度。

2. 电桥法测量电容

在交流电压作用下,往往元件自身就存在能量损耗——相当于存在着一个纯电阻,而元件上的电压和电流的相位差不再为 $\pi/2$。电介质在电场作用下,由于介质电导和介质极化的滞后效应,在其内部引起的能量损耗称为介质损耗。无介质损耗的电容器称为理想电容器或纯电容。标准电容器的介质损耗可忽略不计。

实际电容器中一般含有介电常数为 ε 的介质(如云母、涤纶、陶瓷等),它等效于理想电容器和一个纯电阻的并联或串联电路。为了标志电路损耗的大小,通常引入损耗角 δ,它定义为电压和电流之间相位差的余角,其正切 $\tan\delta$ 称为耗散因数。δ 和 $\tan\delta$ 越大,损耗越大。

如图 5.6-2 所示,可以借助标准电容 C_s,电阻箱 R_1、R_2、R_3 和待测电容器 C_x 等元件组成电容电桥。与图 5.6-1 对比,可知

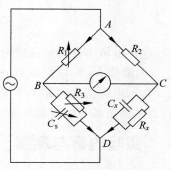

$$\widetilde{Z}_1 = R_1, \widetilde{Z}_2 = R_2, \quad \widetilde{Z}_3 = \frac{1}{\dfrac{1}{R_3} + \mathrm{j}\omega C_s}, \quad \widetilde{Z}_4 = \frac{1}{\dfrac{1}{R_x} + \mathrm{j}\omega C_x}$$

电桥平衡时,由式(5.6-2)可知

$$\widetilde{Z}_4 = \frac{\widetilde{Z}_2 \widetilde{Z}_3}{\widetilde{Z}_1}$$

图 5.6-2 典型的电容电桥

代入复阻抗的表达式可解得

$$R_x = \frac{R_2 R_3}{R_1}, \quad C_x = \frac{C_s R_1}{R_2} \tag{5.6-5}$$

显然,在选定 R_2 的值后,可分别调节 C_s 和 R_3,微调 R_1,使电桥平衡,即可测出待测电容器的电容值 C_x 和等效电阻值 R_x。其耗散因数为

$$\tan\delta = \frac{1}{\omega C_x R_x} = \frac{1}{\omega R_3 C_s} \tag{5.6-6}$$

若被测电容的损耗较小,可采用串联电阻式电容电桥,其特点是标准电容 C_s 与电阻箱 R_3 串联。当然,使用交流电桥测量电容也可以根据需要采取其他形式的设计。

3. 电桥法测量电感

测量电感的交流电桥有多种形式,通常采用标准电容作为与待测电感相比较的标准元件。如图 5.6-3 所示,标准电容与待测电感安置在相对的两个桥臂上。待测电感等效地用一个理想电感 L_x 和损耗电阻 R_L 串联,标准电容 C_s 与电阻箱 R_3 并联,这种电桥称为麦克斯韦电桥。与图 5.6-1 对比,可知

$$\widetilde{Z}_1 = R_1, \quad \widetilde{Z}_2 = R_L + \mathrm{j}\omega L_x$$

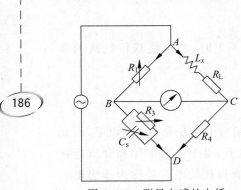

图 5.6-3　测量电感的电桥

$$\widetilde{Z}_3 = \frac{1}{\dfrac{1}{R_3} + j\omega C_s}, \quad \widetilde{Z}_4 = R_4$$

由电桥平衡条件,可得

$$R_L = \frac{R_1 R_4}{R_3} \tag{5.6-7}$$

$$L_x = C_s R_1 R_4 \tag{5.6-8}$$

由以上两式可见,在选定 R_4 后,可分别调节 R_3 和 C_s,微调 R_1,使电桥平衡,即可测出待测电感 L_x 和等效电阻值 R_L。显然这种电桥电路的优点就在于通过单独调节 C_s 或 R_3 可以使得两式分别满足平衡条件,避免了通过调节 R_1 或 R_4 使两式同时满足平衡所带来的困难。

感抗与损耗电阻之比称为电感线圈的品质因数,式(5.6-7)和式(5.6-8)可得品质因数

$$Q = \frac{\omega L_x}{R_L} = \omega C_s R_3 \tag{5.6-9}$$

这种电桥适合测量品质因数值较低($Q < 10$)的电感。若品质因数值高,需将标准电容 C_s 与电阻箱 R_3 串联组成另一种电感电桥,称为海氏电桥。海氏电桥的平衡条件与频率有关,因此,电源信号的频率不同将影响测量的准确性。本实验我们选择麦克斯韦电桥测电感,其平衡条件与电源频率无关,这样更有利于发挥电桥的优点。

[实验内容与测量]

1. 电桥法测量电容

(1) 使用交流电桥实验仪按图 5.6-2 连接好测量电路,测量 $0.1\mu F$ 的电容。

(2) 用信号发生器提供一定频率(如 1kHz)和电压幅值的正弦交变电压。

(3) 设定一组 R_1 和 R_2 的值,选取一个 C_s 的初值,闭合开关,依次调节 R_1 和 R_3,使示数最小。记录此时的 C_s 及各电阻的阻值。

(4) 将 R_1 的阻值改变一小量,记录表头示数的改变量。

(5) 重新设定两组 R_1 和 R_2,重复步骤(3)和步骤(4),调节电桥平衡,记录有关数据。

2. 电桥法测量电感

(1) 使用交流电桥实验仪按图 5.6-3 连接好测量电路,测量 1mH 的电感。

(2) 用信号发生器提供一定频率(如 1kHz)和电压幅值的正弦交变电压。

(3) 设定一组 R_1 和 R_4 的值,选取一个 C_s 的初值,闭合开关,依次调节 R_1 和 R_3,使示数最小。记录此时的 C_s 及各电阻的阻值。

(4) 将 R_1 的阻值改变一小量,记录表头示数的改变量。

(5) 重新设定两组 R_1 和 R_4,重复步骤(3)和步骤(4),调节电桥平衡,记录有关数据。

注意:调节过程中,应先将灵敏度旋钮逆时针旋转使其调小,使表头的示数在刻度的 60% 以内,再调节 R_1 和 R_3 使表头示数最小,直到灵敏度最高、表头示数最小为止。此时可以认为电桥已达到平衡。

[数据处理与分析]

(1) 用"实验内容与测量"第 1 部分记录的数据求出电容、损耗电阻、耗散因数及电桥灵敏度,并计算其不确定度。

(2) 用"实验内容与测量"第 2 部分记录的数据求出电感、损耗电阻、品质因数及电桥灵敏度,并计算其不确定度。

[注意事项]

(1) 调节固定电阻时,阻值不能过小,否则会使器件烧坏。

(2) 由于电阻箱和电容箱是准确度较高的步进式调节仪器,在调节电桥平衡时,应从大读数挡开始,逐步调至小挡。大读数挡未调准时,调节小读数挡不起多大作用。需反复调节使电桥达到平衡。

(3) 若平衡示零器有多个量程,在电桥未调平衡时,应先选用低灵敏度的量程(也称为粗调),随着电桥趋于平衡,再选择高灵敏度量程,以免仪表过载。

[讨论]

(1) 要使交流电桥达到平衡,至少需要两个可调参量,为什么? 选择可调参量的原则是什么? 通常情况下,选择的调节参量不同,电桥趋于平衡的快慢也不同,试通过一具体电桥讨论电桥的收敛性。

(2) 用电桥法测量电容时,产生误差的主要因素有哪些?

(3) 测量电感时需要设置 R_1 和 R_4,R_1 和 R_4 的值选取多大时电桥灵敏度最高? 选取 R_1 和 R_4 的不同比值,探讨其对电桥灵敏度的影响。

[结论]

通过对实验结果的分析,你能得到什么结论?

[研究性题目]

(1) 设计实验方案,利用测量电感的交流电桥测定磁性材料的相对磁导率和居里温度。

(2) 除了教材中给出的测量电感的电桥,你还可以利用其他的电桥测量电感吗? 比较不同电桥的收敛性。

[思考题]

(1) 在图 5.6-2 中,能否将 R_1 或 R_2 作为调节电桥平衡的可调参量?

(2) 在图 5.6-2 和图 5.6-3 中,C_s 和 R_3 组成的臂能否采用串联的形式? 为什么?

(3) 调节交流电桥平衡时,示零器往往不能完全调到零,为什么?

[参考文献]

[1]　赵凯华,等.电磁学[M].北京:高等教育出版社,1993.

[2]　吕斯骅,段家忯,张朝晖.新编基础物理实验[M].2 版.北京:高等教育出版社,2018.

[3] 中国科学技术大学普通物理实验室.大学物理实验(第二册)[M].合肥：中国科学技术大学出版社,1996.

[4] 杜全忠.交流电桥实验的开发与应用研究[J].大学物理实验,2016,29(6)：50-55.

[5] 赵欢,董巧燕,等.交流电桥测量精度和灵敏度的分析研究[J].大学物理实验,2018,31(6)：51-55.

实验 5.7 电子束的偏转与模拟示波器

[引言]

在电磁场中,电子的运动速度和运动方向会发生改变。透射电子显微镜(TEM)、扫描电子显微镜(SEM)等电子显微成像系统的基本工作介质是电子束流。电子光学系统是电子显微镜的核心部件,由照明系统、成像系统及观察记录系统组成。照明系统用以提供亮度高、相干性好、束流稳定的照明电子束,其结构包含产生电子束流的电子枪及电子加速系统、由电场或磁场构成的电磁透镜系统,以及垂直于电子束运动方向的电场或磁场构成的偏转系统。通过电磁场作用,对电子束聚焦及偏转进行控制,可实现对电子束的缩放、位移、旋转等操作。电子束流还被广泛地应用于高硬度、易氧化或韧性材料的微细小尺寸加工,复杂形状的铣切,金属材料的焊接、熔化和分割,表面淬硬、光刻和抛光,以及电子行业中的微型集成电路和超大规模集成电路等的精密微细加工中。如电子束焊接、电子束 3D 打印、电子束表面改性等电子束加工技术已成为高新科技发展中常用的特种加工手段之一。电子束曝光是一种利用电子束在涂有感光胶的晶片上直接描画或投影复印图形的技术,其精度可以达到纳米量级。电子束曝光技术被广泛应用于制造新型微纳结构器件、高精度光刻掩模板以及纳米压印的印模等,逐步成为半导体器件和微细加工的关键技术之一。

对电子束的应用均涉及如何产生、控制和利用带电粒子束的问题。本实验以电子示波管为基本工作元件,讨论其在不同电场和磁场作用下管内电子束的运动规律。以电子示波管为核心工作元件的模拟示波器,能够实现对电信号波形变化的实时显示,是对电子束的电聚焦和电偏转以及强度控制最直观的应用。

[实验目的]

(1) 研究带电粒子在电场和磁场中偏转的规律。

(2) 研究带电粒子在电场和磁场中聚焦的规律。

(3) 了解电子束管的结构和工作原理。

(4) 了解模拟示波器的基本结构和工作原理。

[实验仪器及样品]

DZS-B 电子束实验仪,数字万用表,毫安表,WYT-2B 直流稳压电源,SS-7802 示波器,TFG6920A 信号发生器。

[预习提示]

(1) 了解电子束管中各个电极的电位关系,了解各个电极的作用。

(2) 了解电子束偏转电场和偏转磁场的工作原理。

（3）了解电子透镜及磁透镜的工作原理。

（4）了解电子束管的结构及模拟示波器的基本工作原理。了解模拟示波器各个调节旋钮的作用。

［实验原理］

1. 电子束管及电子束的运动

示波器中用来显示电信号波形的示波管和电视机中用来显示图像的显像管等都属于电子束管，都有产生和加速电子束的系统，以及聚焦、偏转和强度控制等用于使电子束清晰成像的各个系统。

1）电子束流的产生与控制

如图 5.7-1 所示，在抽成真空的电子示波管中，圆筒形的阴极 K 表面涂有氧化物层，被灯丝 H 加热后发射电子。控制栅极 G 是一个顶端有小孔的圆筒，套在阴极的外面，其电位比阴极低，只有沿轴向附近且初速度较大的电子才能穿过栅极的小孔，因此栅极对阴极发射的电子流密度起到控制作用。荧光屏上发光的亮度取决于到达屏上的电子的数目及速度。改变栅极电位能控制通过栅极小孔的电子数目，从而控制荧光屏上的辉度，当栅极上的电位负到一定的程度时，可使电子射线截止，辉度为零。调节阳极的加速电压也会影响到辉度。

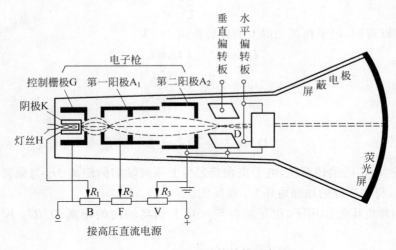

图 5.7-1　电子示波管结构示意图

2）电偏转原理

电子从阴极发射出来时，可以认为它的初速度为零。电子枪内加速阳极 A_2 相对阴极 K 具有几百甚至几千伏的加速正电位 U_z。它产生的电场使电子沿轴向加速，到达 A_2 时电子速度为 v。由能量关系有 $\frac{1}{2}mv^2 = eU_z$。所以

$$v = \sqrt{\frac{2eU_z}{m}} \tag{5.7-1}$$

式中 e、m 分别为电子的电量和质量。

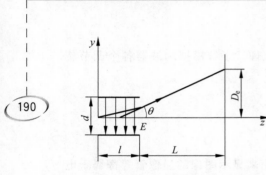

图 5.7-2　电偏转原理示意图

通过阳极 A_2 的电子以速度 v 进入两个相对平行间距为 d 的偏转板间。若在两偏转板上加上电压 U_d，则平行板间的电场强度 $E = U_d/d$，电场强度的方向与电子速度 v 的方向相互垂直。电子在平行板之间受到偏转力的作用而运动方向发生偏转，如图 5.7-2 所示。

电子在平行板间受到电场力的作用，电子在与电场平行的方向产生的加速度为 $a_y = -eE/m$（负号表示 a_y 方向与电场方向相反）。电子在 y 方向上作匀加速运动，而在 z 方向作匀速直线运动。设平行板的长度为 l，电子通过 l 所需要的时间为 t，则有

$$t = \frac{l}{v_z} = \frac{l}{v} \tag{5.7-2}$$

结果，当电子射出平行板时，在 y 方向电子偏离轴向的距离

$$y_1 = \frac{1}{2} a_y t^2 = \frac{1}{2} \frac{eE}{m} t^2$$

将 $t = \dfrac{l}{v}$，$v = \sqrt{\dfrac{2eU_z}{m}}$ 代入得

$$y_1 = \frac{1}{4} \frac{U_d}{U_z} \frac{l^2}{d} \tag{5.7-3}$$

由图 5.7-2 可以看出，电子在荧光屏上的偏转距离 D_e 为

$$D_e = y_1 + L\tan\theta$$

$$\tan\theta = \frac{\mathrm{d}y_1}{\mathrm{d}l} = \frac{U_d l}{2U_z d} \tag{5.7-4}$$

于是得

$$D_e = \frac{1}{2} \frac{U_d l}{U_z d}\left(\frac{l}{2} + L\right) \tag{5.7-5}$$

显然，对于结构一定的偏转系统，电子束在荧光屏上偏离轴向的距离 D_e 与偏转板两端的电压 U_d 成正比，与加速极的加速电压 U_z 成反比。

在单位偏转电压的作用下，电子束在荧光屏上偏离轴向的距离 D_e/U_d 称为电偏转灵敏度。

3）磁偏转原理

在垂直于 z 轴的 x 方向上放置一个由加在示波管外的磁偏转线圈提供的均匀磁场，其磁感应强度

$$B = kI$$

式中，k 为与线圈的匝数、形状等相关的比例系数，I 为线圈的激励电流。

通过 A_2 后，以速度 v 飞行的电子在 y 方向上也将发生偏转，如图 5.7-3 所示。原因在于，电子在均匀分布的磁场内受到大小为 $F = evB$ 的洛伦兹力的作用，且 $\boldsymbol{F}$ 的

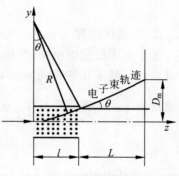

图 5.7-3　磁偏转原理图

大小不变,方向与速度 v 方向垂直,于是电子在洛伦兹力的作用下作匀速圆周运动。可得电子的偏转半径

$$R = \frac{mv}{eB}$$

电子离开磁场区域后,将沿切线方向飞出,直射荧光屏。根据几何关系,考虑到偏转角 θ 比较小,偏转距离

$$D_{\mathrm{m}} = klI\left(L + \frac{l}{2}\right)\sqrt{\frac{e}{2U_z m}} \tag{5.7-6}$$

显然在磁偏转系统一定时,电子束的偏转距离 D_{m} 与加速电压 U_z 的平方根成反比,与偏转线圈的激励电流 I 成正比。

在单位偏转线圈激励电流的作用下,电子束在荧光屏上偏离轴向的距离 D_{m}/I 称为磁偏转灵敏度。

4)电聚焦原理

电聚焦的基本思路在于利用非均匀的电场使电子束形成交叉点(电子在非均匀电场中的受力分析见附录)。

由阴极出射的电子在栅极与第一阳极之间的不均匀电场的作用下会聚于栅极出口前方,形成电子束交叉点。

示波管的第一阳极和第二阳极均由同轴的金属圆筒组成。由于各电极上的电位不同,在它们之前就会形成弯曲的等位面、电力线。这样就使来自交叉点的电子束的运动径迹发生弯曲,类似光线通过透镜那样产生了会聚和发散,而且此透镜的焦距是可以通过调整电极间的电位差进行调节的,这种电器组合称为电子透镜(或称电子光学系统)。图 5.7-4 所示为静电透镜作用下的电子束示意图。改变示波管中各电极间的电位分布,即可以改变等位面的弯曲程度,从而达到电子束聚焦于荧光屏上的目的,也即将交叉点成像于荧光屏上。电子枪内电位分布及电子束轨迹示意图如图 5.7-5 所示。

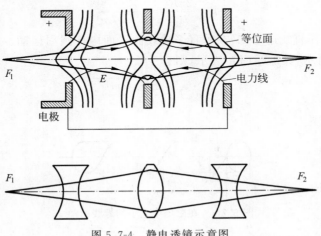

图 5.7-4 静电透镜示意图

显然,电子在第一阳极 A_1(由图 5.7-1 中电位器 F 控制,起聚焦作用)和第二阳极 A_2(由图 5.7-1 中电位器 V 控制,起加速和辅助聚焦作用)的电场作用下被聚焦和加速,在 A_2

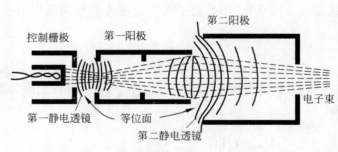

图 5.7-5　电子枪内电位分布及电子束轨迹示意图

和偏转板交界 D 点处形成一束很细的电子流，到达荧光屏而出现一小亮点，形成电聚焦。

5）磁聚焦原理

在阳极加速电压 U_z 的作用下，电子束中的各个电子获得的轴向运动速度 $v_{//}$ 大致相同，且

$$v_{//} = \sqrt{\frac{2eU_z}{m}}$$

而各个电子在径向的速度 $v_\perp$ 则各有不同。

若将示波管置于长直螺线管产生的轴向均匀磁场 B 中，则根据洛伦兹力 $\boldsymbol{F} = -e(\boldsymbol{v} \times \boldsymbol{B})$ 可知，磁场对 $v_{//}$ 没有影响，电子的轴向速度不变。而 B 对 $v_\perp$ 的作用将使电子在垂直于 B 的平面内作匀速圆周运动，圆半径为 R，它由下式决定：

$$ev_\perp B = \frac{mv_\perp^2}{R}$$

$$R = \frac{mv_\perp}{eB}$$

圆周运动的周期为

$$T = \frac{2\pi R}{v_\perp} = \frac{2\pi}{B \cdot e/m}$$

电子既在轴线方向作直线运动，又在垂直于轴线的平面内作圆周运动。它的轨道是一条螺旋线，如图 5.7-6 所示，其螺距用 h 表示，则有

$$h = v_{//} T = \frac{2\pi}{B}\sqrt{\frac{2mU_z}{e}} \tag{5.7-7}$$

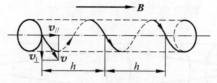

图 5.7-6　在磁场中电子的螺线运动

显然，电子运动的周期和螺距均与 $v_\perp$ 无关。从同一点出发的各个电子在作螺线运动时，尽管各自的 $v_\perp$ 不相同，但经过一个周期的旋转之后，它们又会在距离出发点一个螺距的地方重新相遇，如图 5.7-7 所示，这就是磁聚焦的基本原理。通过适当调节磁感应强度来改

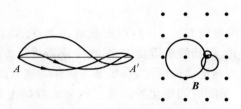

图 5.7-7　磁聚焦原理图示

变螺距,可使电子束恰好在荧光屏处聚焦。

很多电子光学仪器中磁透镜的基本原理,就是利用一个轴对称的螺线管,产生旋转对称的磁场以聚焦电子束(电子束通过磁透镜时的轨迹为一螺旋线)。其作用及成像原理均可借助于几何光学的透镜成像原理来描述。

示波管中,将第一及第二阳极、偏转板用导线连在一起,因第一、第二阳极之间不存在电聚焦场,电子束在栅极小孔前形成交叉点之后进入阳极区,继续在一个零电场中运动,既不通过电聚焦,也不经过电偏转而任其散焦。这样的电子束打到荧光屏上会成为一个大光斑。利用轴向磁场实现磁聚焦使光斑缩聚成一个亮点,这就是零场法磁聚焦。调节磁感应强度 B 值(改变激磁电流 I),即改变电子束旋转的螺距,使 h 恰为电子交叉点到荧光屏之间的距离,就可观察到一次磁聚焦;增大 B 值,使 h 缩短,便可得到二次聚焦、三次聚焦等。

2. 模拟示波器原理

模拟示波器由以下几个主要部分组成:电子示波管,扫描和整步电路,放大器和衰减器,供电部分。

1)电子示波管

电子示波管是示波器的心脏,是一种外形如喇叭状的电子管。管内的结构如图 5.7-1 所示。

电子示波管的电子枪由灯丝 H、阴极 K、栅极 G、第一阳极 A_1 及第二阳极 A_2 等构成。有些示波管在栅极和第一阳极之间还设有加速极。圆筒形的栅极、第一阳极和第二阳极构成电子光学系统。显然,受灯丝加热由阴极发出的电子束,经过栅极调制束流密度后,在第一阳极和第二阳极的电场作用下被电聚焦和加速,由第二阳极出射后形成一束很细的电子流,到达荧光屏而出现一小亮点。

电子示波管的荧光屏在示波管顶部的玻璃内壁上,上面涂有一层荧光剂。当它受到具有一定能量的电子束轰击时就会发光,从而显示出电子束的位置,以便观察或摄像。电子束停止作用以后,荧光剂的发光需要经过一定的时间才停止。当电子束位置发生改变时,在荧光屏上看到的不是光点的移动,而是电子束扫过的所有点连成的一条发光线。不可以将电子束长时间打在荧光屏的同一个地方,因为这样会使荧光屏损坏,形成斑点。

电子示波管的偏转系统在电子枪和荧光屏之间,由两对相互垂直的偏转板组成。一对为水平偏转板,另一对为垂直偏转板。如果偏转板上不加电压,即板间不产生垂直管轴的电场,电子束经过偏转板后仍沿管轴方向前进,打在荧光屏中心 O 点上,如果在一对偏转板上加电压 U,则在偏转板间产生电场,由于电场的加速作用,电子束将不再打在荧光屏中心 O 点,而是偏转到 O' 点,如图 5.7-8 所示。电子束光点位移的大小与施加在偏转板上的电压成正比。

194

2）扫描和整步电路

要观察一随时间变化的电压 $U = f(t)$，可把此电压加在示波器的垂直偏转板上，偏转电压的大小虽然随时间变化，但始终沿垂直方向，电子束沿垂直方向往复运动的轨迹就是一条直线。若电子束在垂直方向运动的同时，在水平方向作匀速直线运动，则两者合成运动的轨迹就不再是直线，而是一条随时间变化的曲线。扫描装置的主要部分是一个锯齿波发生器，它能产生严格随时间线性变化的电压，称为锯齿波电压，见图 5.7-9，锯齿波的周期可以由电路调节。当被测电压加在垂直偏转板上，锯齿波电压加在水平偏转板上时，两者合成的结果，就会使被测波形如实地展现在荧光屏上。

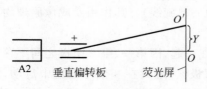

图 5.7-8　电子束运行示意图

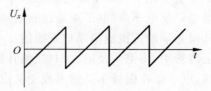

图 5.7-9　锯齿波电压示意图

设在垂直偏转板加一正弦电压 U_y，水平偏转板加锯齿波电压 U_x，两者周期相同，如图 5.7-10 所示。在 $t = 0$ 时刻，$U_y = 0$，电子束无垂直方向位移。水平偏转板上有电压，使电子束产生水平位移 O_a。两者合成，电子束应打在荧光屏上 a 点。在 $t = 1$ 时刻，U_y 使电子束产生 $1b''$ 的垂直位移，U_x 使电子束产生 $1b'$ 的水平位移，故光点在荧光屏上 b 点出现，如此类推，描绘出一个正弦波波形。之后锯齿波电压迅速回落到 a，于是光点又重新从荧光屏上 a 点开始，描绘第二个正弦波波形，而且与屏上第一个正弦波波形完全重合在一起。这样继续下去，荧光屏上就会出现一个稳定的正弦波波形。若锯齿波电压的周期为被观测波形周期的 n 倍，则在荧光屏上可以观测到 n 个正弦波波形，若锯齿波电压和被观测电压的周期不是简单的整数倍，则不能在荧光屏上观测到稳定的波形。

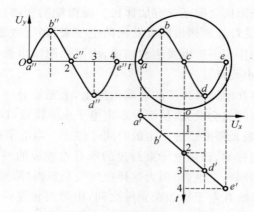

图 5.7-10　示波器波形显示示意图

实际上，待测电压与扫描电压的频率都是不太稳定的，它们各自随时间可能会有某些波动。所以，当把扫描电压的频率暂时调到和待测电压频率成一定比值后，也会很快遭到破坏。为了消除这种现象，应使待测电压与扫描电压的频率之间建立某种联系，使扫描电压的频率能随待测电压的频率起伏而起伏,进而严格地保持"同步"(又称整步)。一般示波器都有"扫描整步电路",它能使扫描电压发生器(锯齿波信号发生器)加上一个整步电压(可以将待测信号分出一部分来作为整步电压),强迫扫描电压的频率和整步电压频率保持一整数倍的关系,以使荧光屏上的图形保持稳定。

3)放大器和衰减器

两对偏转板须加较高电压才能发生可观察的偏转。若待测电压很小,需经过不失真的放大,再施加至偏转板上。所以示波器内有两组放大器,分别为垂直放大器和水平放大器,通过调节示波器面板上的幅值增益旋钮,可以改变放大倍数。

为了控制输入放大器的电压大小,在示波器的两输入端还接有衰减器。衰减器实际上就是不连续调节的分压器。

4)供电部分

示波器各部分需要各种交、直流电压,有的直流电压高达 $1\sim2kV$,它们都是由 220V 交流电压经变压器与整流装置来实现供电的。

[仪器装置]

DZS-B 电子束实验仪,万用表,WYT-2B 直流稳压电源,SS-7802 示波器,TFG6920A 信号发生器。

利用 DZS-B 电子束实验仪,可实现对电子束在电磁场中的电偏转、磁偏转、电聚焦、磁聚焦等现象的观测。其仪器面板如图 5.7-11 所示。

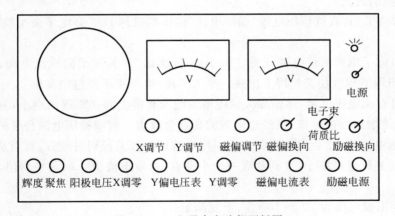

图 5.7-11　电子束实验仪面板图

利用 SS-7802 示波器显示和观测由 TFG6920A 信号发生器输出的电信号。SS-7802 示波器面板如附录中图 5.7-14 所示。

[实验内容与测量]

1. 实验仪器调节

(1)开启电源开关,将"电子束-荷质比"选择开关打向电子束位置,适当调节辉度,同时调节聚焦,使屏上光点聚成一小点。

（2）光点调零：用万用表监测"Y 偏电压表"输出电压，调节"Y 调节"旋钮使电压示值为零。调节"X 调零"和"Y 调零"旋钮，使光点位于 X、Y 轴的中心原点。

注意事项：光点不能太亮，以免烧坏荧光屏。

2. 实验测量

1）观测偏转量 D_e 随偏转电压 U_d 的变化规律

调节"阳极电压"旋钮选取阳极电压 U_z。用万用表 DC 挡测量垂直偏转电压 U_d，令 U_d 取不同的值，测量相应的 D_e 值（或 D_e 取不同值时，监测相应的偏转电压 U_d）。

改变阳极电压 U_z（U_z 取值范围：$700 \sim 1000\mathrm{V}$），重复上述测量。

根据测量要求自己设计数据表格。

2）测量偏转量 D_m 随磁偏电流 I 的变化规律

给定阳极电压 U_z，将电流表（100mA 挡位）接入"磁偏电流表"接线柱，测量磁偏电流，调节"磁偏调节"旋钮，改变磁偏电流 I 的大小，测量相应的 D_m 值（或 D_m 取不同值时，监测相应的磁偏电流 I）。调节"磁偏换向"旋钮，改变磁偏电流方向，重复测量。

改变阳极电压 U_z（U_z 取值范围：$700 \sim 1000\mathrm{V}$），重复上述测量。

根据测量要求自己设计数据表格。

3）电聚焦的观测

使阳极电压 U_z 取不同的值（U_z 取值范围：$700 \sim 1000\mathrm{V}$），调节"聚焦"旋钮（改变聚焦电压）使光点达到最佳的聚焦效果，测量出对应的聚焦电压 U_1。

4）磁聚焦的观测

（1）将 WYT-2B 直流稳压电源"励磁电流"输出端接到 DZS-B 电子束实验仪的"励磁电源"接线柱上。

（2）开启电子束测试仪电源开关，"电子束-荷质比"开关置于荷质比方向，阳极电压取为 600V，适当调节辉度使荧光屏上出现一个大亮斑（电子束不经过电聚焦）。

（3）开启直流稳压电源，逐渐加大励磁电流使荧光屏上的光斑逐渐变小，直到变成一个小亮点，若继续增加励磁电流，则经过聚焦的亮点会散焦。利用稳压电源自带的电流表读取聚焦时的励磁电流值，然后将电流调为零。将电流换向开关扳到另一方，重新从零开始增加电流使屏上的光斑逐渐缩小，直到变成一个小亮点，读取电流值。取其平均值，以消除地磁场等的影响。

（4）改变阳极电压为 $700 \sim 1000\mathrm{V}$，重复测量。

注意事项：光斑辉度要适当，避免损坏荧光屏。

5）未知信号的幅值及频率测量

（1）打开 TFG6920A 信号发生器，将其输出端 CHA 接入 SS-7802 示波器的输入通道 CH1。信号发生器 CHA 波形（Waveform）选择正弦波，设定信号频率值为 50Hz、幅度值 1V，按下执行（Output）键。

（2）打开示波器，调节亮度控制旋钮及聚焦调节旋钮，使屏幕显示波形亮度适中、线形细锐。调节 CH1Y 轴灵敏度（VOLTS/DIV）旋钮，使波形高度适中，不超出屏幕。调节垂直位移（POSITION）旋钮，使图形上下移动至居中位置。调节水平位置（POSITION）旋钮，左右调节使波形水平居中。调节时间/分度（TIME/DIV）旋钮，使屏幕上水平显示至少 1 个完整波形。触发源(SOURCE)选择 CH1,调节触发电平(TRIG LEVEL)旋钮,使波形稳定显示。

(3) 刻度法测量正弦信号的参数。

通过示波器屏幕上的刻度面板,读出待测信号的峰-峰值高度 H_{pp}/格,水平周期长度 L/格,记录 Y 灵敏度 S_1(V/格)、时间/分度 S_2(s/格)。

(4) 光标法测量正弦信号的参数。

按下光标测量方式选择(ΔV-Δt-OFF)键,选 ΔV 测量,适当选择光标跟踪方式(TCK/C2)键,调节光标移动功能(FONCTION)旋钮,将屏幕上出现的 V1、V2 两条水平测量光标分别移动到待测波形垂直方向电压的测量起点和终点,记录下通道 CH1 的 ΔV 的量值。

按下光标测量方式选择(ΔV-Δt-OFF)键,选 Δt 测量,适当选择光标跟踪方式(TCK/C2)键,调节光标移动功能(FONCTION)旋钮,将屏幕上出现的 H1、H2 两条竖直测量光标分别移动到待测波形水平方向周期的测量起点和终点,记录下 Δt 及 1/Δt 的量值。

[实验数据处理]

(1) 电偏转规律。

① 利用测量 1)数据作图,求解电偏转灵敏度 U_e/D_d。说明 U_z 对偏转灵敏度 U_e/D_d 的影响,并解释其原因。

② 根据测量结果总结电偏转规律。利用测量数据,说明偏转距离 D_e 随偏转电压 U_d、阳极电压 U_z 变化的规律。

(2) 磁偏转规律。

① 利用测量 2)数据作图,求解磁偏转灵敏度 D_m/I。说明 U_z 对偏转灵敏度 D_m/I 的影响,并解释其原因。

② 根据测量结果总结磁偏转规律。利用测量数据,说明偏转距离 D_m 随磁偏转电流 I、阳极电压 U_z 变化的规律。

(3) 根据电聚焦观测数据,判断 U_z 与 U_1 的关系是否满足线性关系。

(4) 根据磁聚焦观测数据,总结加速电场对磁聚焦的影响。结合以下参数利用测量数据计算电子荷质比。

长直螺线管的磁感应强度 $B = \dfrac{\mu_0 N I}{\sqrt{L^2 + D^2}}$,$\mu_0$ 为真空中的磁导率,$\mu_0 = 4\pi \times 10^{-7} \mathrm{H/m}$;螺线管内的线圈匝数 $N = (650 \pm 2)$ 匝;螺线管的长度 $L = 0.275\mathrm{m}$;螺线管的直径 $D = 0.0892\mathrm{m}$;螺距 $h = 0.145\mathrm{m}$。

(5) 计算正弦信号的峰-峰电压 $V_{pp} = H_{pp} \cdot S_1$,周期 $T = L \cdot S_2$,频率 $f = 1/T$。

[讨论]

(1) 分析电子束管中阳极电压对电子束运动行为的影响。

(2) 分析辉度对电子束聚焦行为的影响。

[结论]

通过对实验现象和实验结果的分析,你能得到什么结论?

[研究性题目]

用示波器两个通道分别观测由信号源两个通道输出的不同频率正弦信号的波形图（Y1-t、Y2-t），再选择 X-Y 方式观测所得到的图形（李萨如图形），分析两次观察的不同之处。

[思考题]

(1) 实验中"X 调零""Y 调零"的作用是什么？"Y 调零"与"Y 调节"的区别是什么？

(2) 电子束在电场中与在磁场中发生偏转时，运动行为有何不同？

(3) 电子束在电场中与在磁场中发生聚焦时，运动行为有何不同？

[附录]

1. 非均匀电场中电子的受力分析

电子带负电，电子在电场中任何位置受到的电场力的方向应与该点电场强度 E 的方向相反。E 的方向应与电力线的切线方向一致。如图 5.7-12 所示，作用于电子上的电场力可分解为两个分量——轴向的 F_z（沿 z 轴方向）和径向的 F_r（沿半径 r 的方向）。F_z 在整个电子透镜范围内使电子沿着 z 轴加速。F_r 在电子透镜的前一半范围内，使电子运动轨道向 z 轴方向弯曲，而在后一半范围向反方向弯曲。而且在 F_z 加速作用的影响下，电子在前半区域停留的时间比后半区域长，后半区域的速率比前半区域大，因此径向力总的效果是使得电子朝轴线会聚。

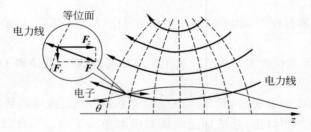

图 5.7-12 电子在非均匀电场中的受力图示

2. 示波器的输入耦合方式

示波器的输入耦合方式有两种："直流输入"和"交流输入"。"直流输入"方式仅由电阻组成电路，被测信号直接输入示波器。采用"交流输入"方式的电路中含有隔直流电容，被测信号先经隔直流电容，将直流或慢变化的分量滤掉之后再输入示波器。因此，交流耦合输入可以抑制工频信号的干扰，便于测量高频信号和快速瞬变的信号。示波器的输入耦合电路如图 5.7-13 所示。

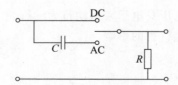

图 5.7-13 示波器的输入耦合电路

3. 示波器按钮功能简介(见表 5.7-1)

表 5.7-1　示波器面板旋钮的功能及使用(参见图 5.7-14)

按键/旋钮序号		英文名	中文名	功　　能
	1	POWER	电源开关按钮	接通 220V 交流电
	2	INTEN	亮度调节	顺时针旋转扫迹亮度增加
	3	READOUT	文字显示开关	调整屏幕上显示的文字亮度
	4	FOCUS	聚焦调节	调整扫迹和文字的清晰度
	5	SCALE	刻度	调整屏幕上刻度线的亮度
		TRACE ROTATION	扫迹旋转	调整扫迹水平度
	6	CAL	校准信号接口	输出 1kHz、0.6V 的方波校准信号
		⊥	地线接口	信号地
竖直轴	9、16	CH1、CH2	信号输入接口	Y1、Y2 信号输入
	7、14	POSITION	位置调节	旋转旋钮,调节图像竖直位置
	10、17	CH1、CH2	通道 1、2 选择	按下按钮,选择显示信号通道,屏幕最下边一行左侧显示通道号
	8、15	VOLTS/DIV (VARIABLE)	Y 轴灵敏度调节及微调	旋转旋钮,调节 Y 轴灵敏度;按下再旋转,微调灵敏度,屏幕左下角显示>
	12、19	DC/AC	直流/交流选择	DC:信号直接输入,电压单位显示 V; AC:信号通过电容输入,电压单位显示 $\widetilde{V}$
	13、20	GND	接地选择按钮	按下按钮,相应输入端接地,输入信号与 Y 轴放大器断开,屏幕左下角显示⊥符号
	11	ADD	相加选择按钮	按下按钮,屏幕增加 Y1+Y2 波形,屏幕下方道数 2 变为+2;
	18	INV	反相选择按钮	按下按钮,Y2 波形反相,屏幕左下方显示 2:↓;若同时按下 ADD 按钮,则屏幕增加 Y1-Y2 波形
水平轴	35	POSITION	位置调节	旋转旋钮,调节图像水平位置
	36	FINE	位置微调按钮	按下按钮,指示灯亮,转动 POSITION,微调水平位置。再按一次,灯灭
	37	MAG×10	扫速放大选择	按下按钮,扫描速度放大 10 倍,屏幕右下角显示 MAG
	38	TIME/DIV	时间/分度选择	旋转旋钮,调节扫描速度;按下按钮再旋转可微调,数字前出现>,再次按下取消微调。屏幕上显示相应的扫描时间因子
触发	28	TRIG LEVEL	触发电平调节	旋转调节触发电平,使 READY 灯由亮变暗,TRIG′D 灯变量时,图像稳定。TRIG′D 灯变暗时,图像不稳定
	29	SLOPE	触发沿选择	按下按钮,依次选择触发沿为上升沿+,或下降沿-

续表

按键/旋钮序号		英文名	中文名	功能
触发	30	SOURCE	触发源选择	按下按钮，依次选择触发信号来源(CH1、CH2、LINE、EXT)。LINE 为以电源频率作触发源；EXT 为外触发。相应符号显示在屏幕左上角
触发	31	COUPL	触发耦合模式选择	按下按钮，依次选择触发耦合模式(AC、DC、HF-R、LF-R)
触发	32	TV	视频触发模式选择	按下按钮，依次选择视频触发模式(BOTH、ODD、EVEN、TV-H)
水平显示	33	A	扫描显示选择	按下按钮显示 Y1、Y2 或 Y1 与 Y2 波形
水平显示	34	X-Y	X-Y 方式选择	按下按钮，CH1 为水平轴 X，CH1、CH2 或 ADD 信号为竖直轴 Y。切换到 A 按钮，恢复显示 Y1、Y2 或 Y1 与 Y2 波形
扫描模式	25、26	AUTO、NORM	自动/正常扫描选择	按下按钮为连续扫描状态，相应指示灯亮。AUTO 适用于 50Hz 以上信号，NORM 适用于低频信号
扫描模式	27	SGL/RST	单次扫描选择	按下按钮选择单次扫描状态，且处于等待状态，READY 灯亮，单扫后灯灭
光标测量	22	ΔV-Δt-OFF	光标测量功能选择	按下按钮 3 次，依次选择 ΔV(电压差测量)、Δt(时间差测量)、OFF(测量关闭)。选 ΔV，屏幕上出现两个水平光标线 V_1、V_2，其竖直间距代表的电压差将在屏幕下方显示：$\Delta V_1=\cdots V$，$\Delta V_2=\cdots V$；选 Δt，屏幕上出现两个竖直光标线 H_1、H_2，其水平间距代表的时间差将在屏幕下方显示：$\Delta t=\cdots ms$，$1/\Delta t=\cdots kHz$
光标测量	23	TCK/C2	光标选中方式选择	按下按钮 2 次，依次选择光标线的 V-TRACK(H-TRACK)(跟踪)、V-C2(H-C2)(光标线 2)的选中类型。选择跟踪，则同时选中两条光标线(即 FUNCTION 同时移动两光标，其间距不变)；选择光标线 2，则只选中光标线 2(即 FUNCTION 只移动光标线 2)
光标测量	21	FUNCTION COARSE	测量光标线移动功能旋钮	左、右旋转旋钮，使被选中的光标线沿不同方向移动；按动此钮一次，被选中的光标线移动一格；持续按下此钮，被选中的光标线连续快速移动
	39	ALT CHOP	多通道显示模式选择	按下按钮 2 次，依次选择交替或断续显示

SS-7802 示波器面板如图 5.7-14 所示。

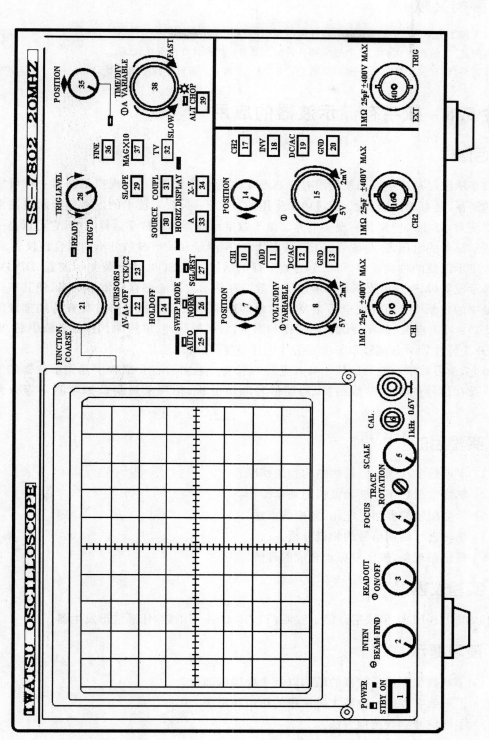

图 5.7-14　SS-7802 示波器面板图

[参考文献]

[1] 西安理工大学.DZS-B电子束实验仪使用说明书[Z].2015.

[2] 杨树武.普通物理实验(二、电磁学部分)[M].北京:高等教育出版社,2001.

[3] 沙振舜.物理实验丛书——电磁学实验:下[M].上海:上海科学技术出版社,1992.

实验 5.8　数字存储示波器的应用

[引言]

数字示波器是显示被测量的瞬时值轨迹变化情况的仪器,它与模拟示波器一样可完成同样的测量,具有相同的功能,不过内部采用的技术不同,数字技术的发展赋予示波器更多波形捕获力,以使人们来观察现实世界。由于数字示波器具有数学运算功能,它可以是一台具有波形显示的电压表、电流表、FFT 频率计、功率测量和波形参数分析的综合性仪表。

数字示波器的种类较多,可以分为数字存储示波器(DSO)、数字荧光示波器(DPO)、混合信号示波器(MSO)和数字采样示波器。数字存储示波器能够存储波形信息,使其在研究低重复率的现象或者研究完全不重复的现象即所谓单次信号的工作时具有特别宝贵的价值。比如:冲击电流、破坏性试验的捕捉和测量,对欠幅脉冲、单脉冲、毛刺、电源中断、电压击穿、开关特性等瞬态信号和非重复信号进行捕捉和分析。

因此,学习数字示波器的使用具有重要的意义。本实验将介绍数字存储示波器的工作原理以及在信号的相关参数测量、周期信号频谱分析、拍现象观察及拍频测量等方面的应用。

[实验目的]

(1) 了解数字存储示波器的结构和工作原理。

(2) 熟练掌握数字存储示波器的基本操作。

(3) 学会用示波器测量电压、频率的方法。

(4) 学习进行周期信号的频谱分析。

(5) 观察拍现象,加深对振动合成的理解。

[实验仪器]

TBS1102B-EDU 型数字存储示波器,TFG6920A 型函数/任意波形发生器。

[预习提示]

(1) 了解数字存储示波器的结构以及主要组成部分。

(2) 了解数字存储示波器主要旋钮的作用和用法。

(3) 了解信号参数测量方法。

(4) 了解周期信号的频谱、拍现象。

(5) 了解函数/任意波形发生器的调节方法。

［实验原理］

1. 数字存储示波器的工作原理

数字存储示波器与模拟示波器的不同在于信号进入示波器后立刻通过高速 A/D 转换器将模拟信号前端快速采样,存储其数字化信号,并利用数字信号处理技术对所存储的数据进行实时快速处理,得到信号的波形及其参数,并由示波器显示,从而实现模拟示波器功能。而且数字存储示波器测量精度高,还可以存储和调用、显示特定时刻信号。

数字存储示波器的原理框图如图 5.8-1 所示,它先将模拟输入信号进行适当放大或衰减,然后再进行数字化处理。如图 5.8-2 所示,数字化包括"取(采)样"和"量化"两个过程,取样是获得模拟输入信号的离散值,而量化则是使每个取样的离散值经 A/D 转换成二进制数字,最后,数字化的信号在逻辑控制电路的控制下依次写入到 RAM 存储器中,处理器从存储器中依次把数字信号读出并在显示屏上显示相应的信号波形。

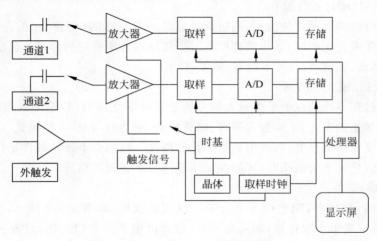

图 5.8-1　数字存储示波器原理框图

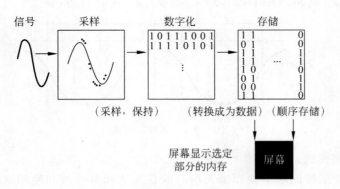

图 5.8-2　模拟信号数字化示意图

数字存储示波器每个通道都具有相同的数字采集和数字处理系统,无须通过电子开关切换,能精确地同时显示两个通道的波形和时间关系。

由此可见,数字示波器可以完成波形的取样、存储和波形的显示,另外,为了满足一般应用的需求,几乎所有的数字示波器都提供波形的测量与处理功能。

图 5.8-3 给出了数字存储示波器内部结构不同功能及其彼此间关系的方框图。

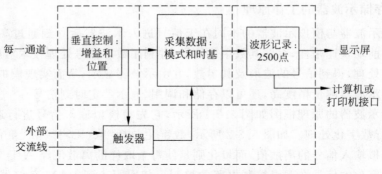

图 5.8-3　数字存储示波器内部结构功能方框图

1) 垂直控制(增益和位置)

垂直控制可以缩放并定位波形,通过调整波形的垂直比例(增益)和垂直位置来更改显示的波形。改变垂直比例时,显示的波形将基于接地参考电平进行缩放;改变位置时,波形会向上、向下移动,在 *X-Y* 模式下向右、向左移动。

2) 采集数据(模式和时基)

示波器通过在不连续点处采集输入信号的值来数字化波形,数据采集模式定义采集过程中信号被数字化的方式,主要分为采样、峰值检测、平均值、扫描 4 种模式。时基设置影响采集的时间跨度和细节程度,即数值被数字化的频度。根据奈奎斯特抽样定律,只有抽样频率大于要处理信号频率的两倍时,才能在显示端理想地复现该信号。

(1) 采样模式。

示波器以均匀时间间隔对信号进行采样以建立波形,如图 5.8-4 所示,采集间隔 2500 个,在每个间隔采集单个取样点,即采集 2500 点并以水平刻度(秒/格)设置进行显示,此方式多数情况下可以精确显示信号,也是默认方式。示波器采样速率以样点数/秒描述,采样速率与其带宽有关,例如,TBS1102B-EDU 型示波器,最高为 2GS/s。[①]

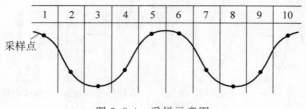

图 5.8-4　采样示意图

(2) 峰值检测模式。

示波器在每个采样间隔中找到输入信号的最大值和最小值并使用这些值显示波形,如图 5.8-5 所示,采集间隔 1250 个,在每个间隔采集 2 个取样点(最高和最低电压),即采集 2500 点并以水平标度(秒/格)设置进行显示,多用于检测窄至 10ns 的毛刺并减少假波现象的概率。

---

①　这里 G 表示 10^9,S 表示采样点。

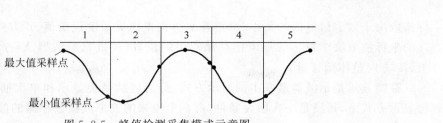

图 5.8-5　峰值检测采集模式示意图

（3）平均值模式。

在采样方式下采集数据，将大量波形进行平均，可选择采样数（4、16、64 或 128）来平均波形。此方式可以减少要显示信号中的随机噪声或不相关噪声。

如果探测到一个包含断续、狭窄毛刺的噪声方波信号，使用不同的采集模式，波形的显示将不同，如图 5.8-6 所示。

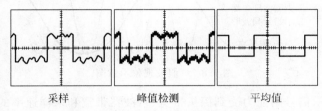

采样　　　　　　　　峰值检测　　　　　　　　平均值

图 5.8-6　不同采集模式波形示意图

（4）扫描模式。

当水平时间刻度大于 100ms/格或更慢时，并且在自动触发模式下，示波器将采用"扫描"采集模式（也称为滚动方式）连续监视变化缓慢的信号。示波器在显示屏上从左到右显示波形更新并在显示新点时删除旧点，一个移动的一分度宽的显示屏空白区将新波形点与旧波形点分开。在扫描模式下，不存在波形触发或水平位置控制。正是有了滚动模式，才可以用示波器代替图表记录仪来显示慢变化的现象，如化学过程、电池的充放电周期或温度对系统性能的影响等。

3）信号的触发（触发器）

为了实时、稳定地显示信号波形，示波器必须重复地从存储器中读取数据并显示，为使每次显示的曲线和前一次重合，必须采用触发技术。信号的触发也叫同步，触发确定示波器开始采集数据和显示波形的时间。正确设置触发后，示波器就能将不稳定的显示结果转换为有意义的波形。

触发器有三种触发类型："边沿""视频"和"脉冲宽度"。边沿触发：在达到触发电平（阈值）时，输入信号的上升边沿或下降边沿触发示波器，这是示波器的默认触发方式。视频触发：一般由视频信号的场或线触发示波器。脉冲宽度触发：一般由异常脉冲触发示波器，这是数字示波器的高级触发模式。

触发可以从多种信源得到，如输入通道、市电、外部触发等；常见的触发方式有自动触发、正常触发和单次触发。

4）波形的显示

数字存储示波器必须把上面存储器中的波形显示出来以便进行观察、处理和测量。存储器中每个单元都存储了一个抽样点的信息，在显示屏上显示为一个点，该点 Y 方向的坐标值取决于数字信号值的大小、示波器 Y 方向电压灵敏度设定值、Y 方向整体偏移量，X 方向的坐标值取决于数字信号值在存储器中的位置（地址）、示波器 X 方向电压灵敏度设定值、X 方向整体偏移量。

存储显示是示波器最基本的显示方式，分为连续捕捉显示和单次捕捉显示。在连续捕捉显示方式下，每满足一次触发条件，屏幕上原来的波形就被新存储的波形更新；而单次捕捉显示只保存并显示一次触发形成的波形。

5）假波现象

如果示波器对信号进行采样时不够快，采样率小于 1/2 信号带宽，违反奈奎斯特抽样定律，从而无法建立精确的波形记录时，就会出现假波现象。此现象发生时，示波器将以低于实际输入波形的频率显示波形，或者触发并显示不稳定的波形，如图 5.8-7 所示。

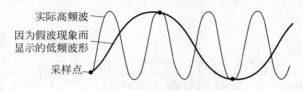

图 5.8-7　假波现象示意图

示波器精确显示信号的能力受到探头带宽、示波器带宽和采样速率的限制，高采样速率有助于减少假波现象发生的可能性。数字示波器在不出现错误的情况下可以测量的最高频率是采样速率的一半，这个频率称为奈奎斯特频率，采样速率被称为奈奎斯特速率。因此，要避免假波现象，示波器的采样速率必须至少比信号中的最高频率分量快两倍。

6）带宽对波形的影响

示波器显示波形时通常有某种最大频率，超过此频率精度就会下降，这一频率就是示波器的带宽。其定义为：在此频点，灵敏度下降 3dB，如图 5.8-8 所示。带宽决定着示波器测量信号的基本能力。为了精确地显示波形，仪器的带宽必须超过波形所含的带宽。对于非正弦波的波形，必须考虑其谐波。假如谐波超出带宽，示波器不能解析高频变化，幅度将失真、边沿将消失、细节将丢失，如图 5.8-9 所示。

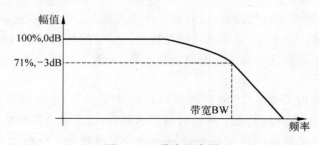

图 5.8-8　带宽示意图

2. 交变信号参数测量

正弦波是交变信号的最简单形式，也是最容易生成的波形，任何复杂信号都可以看成由许多频率不同、幅度不等的正弦波复合而成，可以说正弦波是所有波形的基础。信号的峰值电压、峰-峰值电压、周期、频率是正弦波的主要测量参数，如图 5.8-10 所示。其他常见的波形还有方波、三角波、锯齿波等。

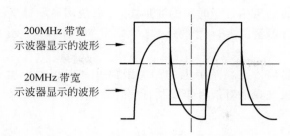

200MHz 带宽
示波器显示的波形 →

20MHz 带宽
示波器显示的波形 →

图 5.8-9 示波器显示的波形（20MHz 方波信号）

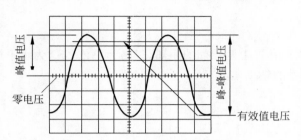

图 5.8-10 正弦信号电压测量点

　　方波常用作时钟信号来准确地触发同步电路。理想方波只有高、低两个电平,在两电平之间是瞬时变化的。实际上,由于波形产生系统的物理局限性,这永远不可能实现,常关注对上升时间或下降时间、脉冲宽度、电压等参数测量,如图 5.8-11 所示。信号从低电平跳变为高电平所需要的时间称为脉冲上升时间,反之称为脉冲下降时间,通常是量度上升/下降沿在 10％～90％电压幅值之间的持续时间。脉冲宽度是指脉冲达到最大值所持续的时间长度,通常是量度上升/下降沿在 50％电压幅值之间的持续时间。在一个频率周期内高电平所占的时间百分数称为占空比,如图 5.8-12 所示,即 1 个周期内高电平时间除以周期时长。如果方波的最低电平为 0V,则方波的平均电压等于最高电平乘以占空比,占空比越高,电压越大,当占空比为 1 时,就变成了直流电压,在电机,温度等高性能、高效率控制中有广泛的用途。例如:控制电饭煲加热温度,在温差很大的时候,以最高占空比工作,以尽量缩短加热时间;温差小时,将占空比降下来,输出的平均电压变小,加热缓慢,从而实现最高效率的控制。使用占空比可以轻松地调节电机的转速,占空比高,加在电机上的电压高,转速就快;占空比低,转速就慢。这种技术在电子电气中被称为 PWM(脉冲宽度调制)控制。

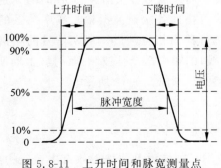

图 5.8-11 上升时间和脉宽测量点

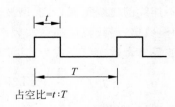

占空比=$t:T$

图 5.8-12 占空比示意图

根据示波器显示的电压相对于时间的波形图，可以使用显示屏坐标刻度、光标菜单及自动测量菜单对参数进行测量。

1）刻度法

刻度法是通过测量信号在显示屏上的相关距离并乘以相关标度系数来进行简单的测量，使用此方法能快速、直观地对信号作出估计。

峰-峰电压 V_{pp}：

$$V_{pp} = H_{pp}S_1 \tag{5.8-1}$$

式中，H_{pp} 为屏上相邻两峰在垂直轴方向的距离，以格为单位；S_1 为垂直标度系数，V/格。

信号的周期 T：

$$T = LS_2 \tag{5.8-2}$$

式中，L 为信号一个周期在屏上两点间的距离，以格为单位；S_2 为水平标度系数，s/格。

根据周期推算信号的频率 f：

$$f = \frac{1}{T} \tag{5.8-3}$$

2）光标法

光标有两类，分别为幅度光标和时间光标，在示波器面板上有相应的功能菜单和旋钮。光标总是成对出现，通过移动光标在波形图上选择测量位置，示波器可以自动执行算法测量两个光标之间的数据。如图 5.8-13 所示，利用光标可以测量该脉冲的幅度，幅度光标在显示屏上以水平线出现，也称水平光标，可测量信号垂直参数。时间光标在显示屏上以垂直线出现，也称垂直光标，可测量水平参数。

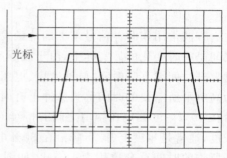

图 5.8-13　幅度光标示意图

3）自动测量法

数字存储示波器一般都有自动测量功能，通过 Measure 测量菜单，示波器可以完成所有计算。因为这种测量方法是使用波形的记录点，所以比刻度法、光标法测量更精确。

3. 周期信号的频谱观察与测量

一个时域周期信号，只要满足狄里赫利条件，就可分解为一系列谐波分量（正弦波）之和。为了表征不同信号的谐波组成情况，时常画出周期信号各次谐波的分布图形，这种图形称为信号的频谱，它是信号频域表示的一种方式。描述各次谐波振幅与频率关系的图形称为振幅频谱，描述各次谐波相位与频率关系的图形称为相位频谱。周期信号的频谱由频率离散而不连续的谱线组成，各次谐波分量（各谱线）的频率都是基波频率（时域上周期信号的频率）的整数倍，谱线幅度随谐波频率的增大而衰减，如图 5.8-14 所示。

方波只有奇数次谐波成分，其傅里叶级数展开式为

$$f(t) = \frac{4A}{\pi}\left(\sin 2\pi ft + \frac{1}{3}\sin 6\pi ft + \frac{1}{5}\sin 10\pi ft + \cdots\right) \tag{5.8-4}$$

图 5.8-15 给出了包含不同谐波的方波示意图。方波由基波加无数奇次谐波构成，包含的谐波越多，波形越近似方波。

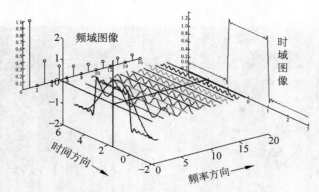

图 5.8-14 方波时域、频域图像示意图

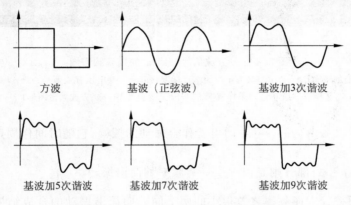

| 方波 | 基波(正弦波) | 基波加3次谐波 |

基波加5次谐波　　　　　基波加7次谐波　　　　　基波加9次谐波

图 5.8-15 包含不同谐波的方波示意图

使用示波器的快速傅里叶变换(FFT)功能可将时域(YT)信号转换为频域信号(频谱),方波信号(5kHz)的振幅频谱图如图 5.8-16 所示,使用缩放功能和光标可放大并测量 FFT 谱,进行信号分析。

FFT 算法是离散傅里叶变换的快速算法,示波器使用该算法将时域波形中心的 2048 个点转换为 FFT 频谱。最终的 FFT 谱中含有从直流(0Hz)到奈奎斯特频率的 1024 个点。

通常,示波器显示屏将频谱水平压缩到 250 点,但可以使用"FFT 缩放"功能来扩展频谱,以便使人们更清晰地看到频谱中 1024 个数据点每处的频率分量。

4. 拍现象及拍频测量

拍现象是振动合成过程中产生的一种特有现象,它在光学、电磁学等领域都有重要应用。设两个谐振动的振幅 A 和初相位 φ 相同,频率 v_1、v_2 相近,且 $v_1 > v_2$,则其振动方程分别为

$$y_1 = A\cos(2\pi v_1 t + \varphi) \tag{5.8-5}$$

$$y_2 = A\cos(2\pi v_2 t + \varphi) \tag{5.8-6}$$

合振动为

$$y = y_1 + y_2 = 2A\cos\left(2\pi\frac{v_1 - v_2}{2}t\right)\cos\left(2\pi\frac{v_1 + v_2}{2}t + \varphi\right) \tag{5.8-7}$$

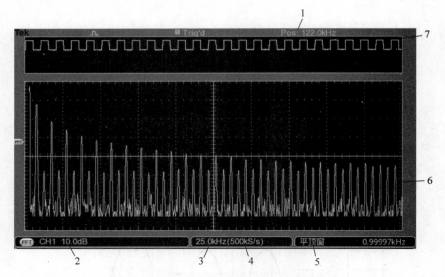

图 5.8-16　方波信号(5kHz)的振幅频谱图

1—中心刻度线处的频率；2—以 dB/格为单位的垂直标度(0dB=1V(电压有效值))；3—以 kHz/格为单位
的水平标度；4—以采样数/s 为单位的采样速率；5—FFT 视窗类型；6—方波频谱图形；7—方波时域图形

式(5.8-7)中，$2A\cos\left(2\pi\dfrac{v_1-v_2}{2}t\right)$ 可看作合振动的振幅，它随时间作周期性变化。而后

面 $\cos\left(2\pi\dfrac{v_1+v_2}{2}t+\varphi\right)$ 部分则是以 $\dfrac{v_1+v_2}{2}$ 为频率的简谐振动。

　　由此可见，频率较大而频率之差很小的两个同方向简谐振动的合成结果不再是一个简
谐振动，其合振动的振幅时而加强时而减弱的现象叫拍，如图 5.8-17 所示。振幅变化的周
期(拍周期)为

$$T_{拍}=\frac{1}{v_1-v_2} \tag{5.8-8}$$

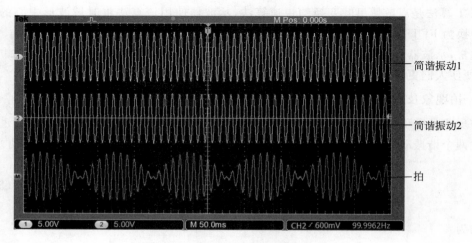

图 5.8-17　拍形成示意图

振幅变化的频率(拍频)为

$$v_{拍} = \frac{1}{T_{拍}} = v_1 - v_2 \tag{5.8-9}$$

[实验内容与测量]

1. 使用"自动设置"观察信号波形

将函数信号发生器的输出端 CHA 接示波器的输入通道 CH1,按下"1"(通道 1 菜单)键,依次选择"探头""电压""衰减"和 1X(探头有不同的衰减系数,它影响信号的垂直刻度,"衰减"选项的默认设置为 10X),按函数信号发生器的 output 键,点亮指示灯,调节函数信号发生器输出正弦信号,按 Autoset 键,观察稳定的正弦信号波形。改变函数信号发生器的输出波形,分别在示波器上显示稳定的方波、三角波信号波形。

2. 刻度法测量正弦信号的参数

调节函数信号发生器,使 A 路输出 50Hz 正弦信号,采用刻度法测量信号的峰-峰电压、周期,计算频率、有效值。

3. 光标法测量方波信号的幅度、脉冲宽度

调节函数信号发生器,使 A 路输出 5kHz 方波信号,调节示波器垂直、水平标度旋钮,在屏上显示大小适当、3～4 个周期的稳定波形,按下 Cursor 键查看"光标"菜单,依次选择"类型""幅度""信源",旋转"通用"旋钮加亮显示 CH1,按下"通用"旋钮选择 CH1,按下"光标1"选项按键,旋转"通用"旋钮,将光标置于方波的最高点,按下"光标 2"选项按键,旋转"通用"旋钮,将光标 2 置于方波的最低点,在 Cursor 菜单中显示方波的幅度 ΔV。

同上,选择光标类型为"时间",将光标 1 置于脉冲的上升边沿,光标 2 置于脉冲的下降边沿,可得到光标 1 处相对于触发的时间、光标 2 处相对于触发的时间、脉冲宽度 Δ。

设置方波信号的占空比为 25%,采用相同的方法测量脉冲宽度 Δ,观察波形的变化,加深对占空比概念的理解。

4. 方波信号的频谱观察与测量

1) 频谱观察

调节函数信号发生器,使 A 路输出 10kHz 正弦波信号,按 Autoset 键以显示 YT 波形,旋转垂直标度、水平标度旋钮,示波器至少显示 20 个信号周期,按 FFT 键查看 FFT 屏幕菜单,分别选择 FFT 菜单中的"源波形"开启,"信源"CH1,"窗口"平顶窗,在示波器上显示稳定的频谱图并记录。

同上,调节函数信号发生器,使 A 路输出 10kHz 方波信号,在示波器上显示稳定的频谱图并记录。

2) 频谱测量

使用 FFT 缩放选项将 FFT 谱水平放大,采用光标法测量 FFT 谱线的幅度(以 dB 为单位)和频率(以 kHz 为单位)。按 Cursor 按键查看光标菜单,按"信源"并使用"通用"旋钮选择 FFT,按"类型"选项按键并使用"通用"旋钮选择"幅度",使用水平光标测量谱线幅度;按"类型"选项按键并使用"通用"旋钮选择"频率",通过移动垂直光标 1 或光标 2 至谱线位置测量频率。

分别测量正弦波和方波(至少 5 条谱线)频谱的幅度与频率,用坐标纸画出频谱图并分析各谱线幅度、频率变化规律,对比分析正弦波与方波频谱图的区别。

5. 拍现象观察与测量

将函数信号发生器的输出端 CHA、CHB 分别接示波器的输入通道 CH1、CH2,调节函数信号发生器使 A、B 路输出信号幅度相同的正弦信号,A 路频率 $v_1 = 150\text{Hz}$,B 路频率 $v_2 = 140\text{Hz}$,按 Autoset 键,在示波器上显示出稳定的波形。按 Math 键查看"数学菜单",按下与操作对应的空白键显示操作菜单。旋转"通用"旋钮加亮显示所需功能"+",按旋钮确认选择叠加测量。调节示波器的水平标度旋钮,观察 CH1、CH2 信号叠加形成的拍现象,并用刻度法测量拍的周期,计算频率。

[注意事项]

(1) 探头接入时,缓慢均匀用力,避免损坏接插端口。

(2) 测量时波形要调稳、大小适当。

(3) 测量时可使用 stop 键,测毕还原 RUN 状态。

[讨论]

(1) 一般 $|v_1 - v_2|$ 与 $v_1 + v_2$ 相比很小时才能看到明显拍现象,试讨论其中原因。

(2) 为什么数字示波器对捕获难检毛刺和瞬态事件具有优势?

[结论]

通过对实验现象和数据的分析、讨论,你能得到什么结论?

[研究性题目]

(1) 用示波器显示音乐的频谱,探究声音的音调、音色。

(2) 设计实验方案,利用示波器测量转盘转速。

(3) 设计实验方案,利用示波器观察人体脉搏信号,测量脉搏周期和自身心率。

[思考题]

(1) 示波器面板右下角有一个 PROBE COMP 测试端,试查阅有关资料了解它的用途及使用方法。

(2) 数字示波器在不出现错误的情况下可以测量的最高频率是采样速率的一半,为什么?

[附录 1] TBS1102B-EDU 型数字存储示波器面板说明

1. 显示区域

示波器显示屏如图 5.8-18 所示,屏幕格线采用 8×10 格的布局模式,用于显示被测信号的波形,测量刻度。

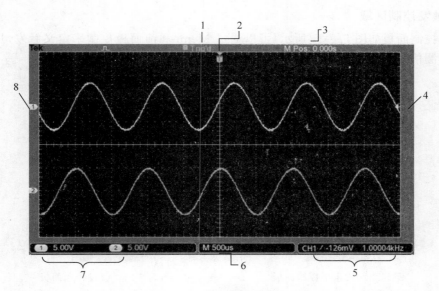

图 5.8-18 示波器显示屏

1—触发状态；2—触发位置图标,显示采集的触发位置,旋转"水平位置"旋钮可以调整标记位置；3—中心刻度读数,显示中心刻度处的时间；4—触发电平图标,显示波形的边沿或脉冲宽度触发电平；5—触发读数,显示触发源、电平和频率；6—水平标度系数(每格),显示主时基设置,使用"水平标度"旋钮调节；7—通道读数,显示各通道的垂直标度系数(每格),使用"垂直标度"旋钮对每个通道进行调节；8—波形基线指示图标,显示波形的接地参考点(0V 电平)

2. 垂直控制区域

垂直控制面板如图 5.8-19 所示,它用于显示和关闭波形控制,以及进行垂直刻度和位置调整、输入参数设置、数学运算。

（1）Position：进行垂直位置控制。

（2）Scale：垂直标度设置(V/格),可以放大或衰减通道波形的信源信号。

（3）Menu：通道 1、2 的垂直菜单按键。

（4）Math：数学运算功能。

（5）FFT：快速傅里叶变换,将时域(YT)信号转换为频率分量(频谱)。

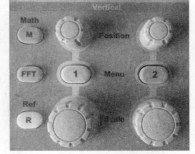

图 5.8-19 垂直控制面板

（6）Ref：参考波形按键,可以快速显示(调出)或隐藏存储在示波器非易失性存储器中的参考波形。

3. 水平控制区域

水平控制面板如图 5.8-20 所示,它用于调整触发点相对于所采集波形的位置及调整水平标度。

（1）Position：进行水平位置控制。

（2）Acquire：设置采集参数。

（3）Scale：水平标度旋钮(s/格),用于改变水平时间刻度,以便放大或压缩波形。

4. 触发控制区域

触发控制面板如图 5.8-21 所示，可以通过 Menu 和前面板控制来定义触发，用于控制显示的被测信号的稳定性。

图 5.8-20　水平控制面板

图 5.8-21　触发控制面板

（1）Menu：按下一次时，将显示触发菜单。按住超过 1.5s 时，将显示触发视图，可观察外部、外部/5 或市电触发信号。

（2）Level：位置控制，旋转此旋钮可设置触发位置与屏幕中心之间的时间。

（3）Force Trig：强制触发，无论示波器是否检测到触发，都可以使用此按键完成波形采集。此按键可用于单次序列采集和"正常"触发模式。（在"自动"触发模式下，如果未检测到触发，示波器会周期性自动地强制触发。）

5. 菜单和控制按键区域

菜单和控制按键面板如图 5.8-22 所示。

图 5.8-22　菜单和控制按键面板

（1）Multipurpose："通用"旋钮，激活时，相邻的 LED 变亮，旋转旋钮滚动选择相应功能，按下旋钮确定功能。

（2）Cursor：光标测量，显示测量光标和"光标"菜单，使用"通用"旋钮改变光标的位置，活动光标以实线表示。示波器必须显示波形，才能出现光标和光标读数。

（3）Measure：自动测量。

（4）Help：帮助菜单，其主题涵盖了示波器的所有菜单选项和控制。

（5）Save/Recall：波形的保存/调出。

（6）Utility：辅助功能设置。按下 Utility 按键，通过 Display（显示）屏幕菜单选项选择波形的显示方式以及更改整个显示的外观。"矢量"设置将填充显示相邻采样点间的空白；

"点"设置只显示采样点；"持续"设置保持每个显示的采样点显示的时间长度；"背光"使用"通用"旋钮调节显示器的背光强度；"语言"选择示波器的显示语言；"自校正"执行自校正；"系统状态"查看示波器设置概要；"YT 格式"显示相对于时间（水平刻度）的垂直电压；"XY 格式"显示每次在通道 1 和通道 2 采样的点，通道 1 的电压确定点的 X 坐标（水平），而通道 2 的电压确定 Y 坐标（垂直）。

提示：如果使用"XY 格式"观察李萨如图形，该格式相对通道 2 的电压来划分通道 1 的电压，其中通道 1 为水平轴，通道 2 为垂直轴，示波器使用未触发的采样获取方式并将数据显示为点，采样速率固定为 1MS/s[①]，通道 1 的"垂直标度"和"垂直位置"旋钮控制水平标度和位置，通道 2 的"垂直标度"和"垂直位置"旋钮控制垂直标度和位置。自动设置（复位显示格式为YT）、自动量程、自动测量、光标、参考波形或数学计算波形、时基控制、触发控制功能不可用。

（7）Default Setup：默认设置，可调出大多数出厂选项和控制设置，但并非全部。

（8）Autoset：自动设置。

（9）Single：采集单个波形，然后停止。

（10）Run/Stop：波形采集运行/停止。

（11）Function：使用"函数"按键菜单中的计数器功能可同时监测两个不同的信号频率。

［附录 2］　TFG6920A 型函数/任意波形信号发生器

1. 面板介绍

TFG6920A 型信号发生器前面板如图 5.8-23 所示。

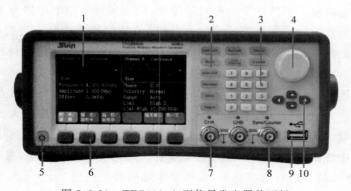

图 5.8-23　TFG6920A 型信号发生器前面板

1—显示屏；2—功能键；3—数字键；4—调节旋钮；5—电源按键；6—菜单软键；7—CHA、CHB 输出；8—同步输出/计数输入；9—U 盘插座；10—方向键

2. 技术指标

幅度分辨率：$1mV_{pp}$（幅度 ≥ $1V_{pp}$，50Ω 负载），$0.1mV_{pp}$（幅度 < $1V_{pp}$，50Ω 负载）；幅度准确度：±（设置值 × 1% + $1mV_{pp}$）；频率分辨率：$1\mu Hz$；频率准确度：A、B 路均为±（50ppm + $1\mu Hz$）[②]。

---

① 这里 M 表示 10^6，S 表示采样点。

② 1ppm = 10^{-6}。50ppm 的含义是：频率精度误差在 50/1000000 以内。例：若使用频率精度为 50ppm 的设备生成 1kHz 的正弦波，则频率误差为 1000Hz × 50/100000 = 50mHz，频率精度为 1kHz ± 50mHz。

[参考文献]

[1] 泰克科技(中国)有限公司.TBS1000B 和 TBS1000B-EDU 系列数字存储示波器用户手册[Z].2012.

[2] 王素红,张晓旭.基于示波器使用的系列拓展实验研究[J].大学物理实验,2012,25(1)：30-31＋34.

[3] 石家庄数英仪器有限公司.TFG6900A 系列函数/任意波形发生器用户使用指南[Z].2012.

实验 5.9　*RLC* 电路的暂态过程和稳态特性

[引言]

当今世界各国的电力系统都以交流电源作为供电电源,交流电的频率由发电机决定,每时刻电流或电压的大小和变化趋势用相位描述,交流电不同参量之间存在的相位差表示各参量的变化不同步程度。与直流电路中只有电阻这一种基本元件不同,在交流电路中,除了电阻 R 之外,电容 C 和电感 L 也是组成电路的基本元件。由于电容 C 上会出现大小和方向不断变化的充放电电流,电感 L 又会随电流的变化不断产生交变的自感电动势,从而抑制电流的变化,因此,电容和电感的存在改变了电路中电流和电压的分配情况。

在阶跃电压(如电路接通或断开电源)的作用下,交流电路中的信号并不会瞬时变化,信号从一个稳定态变化到另一个稳定态,中间有一个过渡过程,这种从开始变化到逐渐趋于稳态的过程称为暂态过程。虽然这个过程时间很短,但在实际工作中却颇为重要。例如,研究脉冲电路中元件的开关特性和电容的充放电过程;在电子技术中暂态过程可用来改善和产生特定的波形。此外实践中还需要预防和消除因暂态过程中产生的过压和过流导致的元件损坏。

当线路接通正弦交流电源足够长时间后,电路中的信号发展到稳定状态,此时呈现的是该电路的稳态特性,这些特性(特别是这些电路中的谐振现象)是构成放大、振荡、选频、滤波等功能电路的基础。利用串联谐振产生高电压,对变压器等电力设备作耐压试验,可以检测设备中存在的集中性缺陷并检验设备的绝缘强度。在无线电接收机中,常利用谐振电路进行频率选择,对电源信号进行滤波整形,完成对故障信号的检测。

本实验主要研究 *RLC* 电路的暂态过程和稳态特性。

[实验目的]

(1) 观察 *RLC* 电路的暂态过程及其阻尼振荡,了解元件参数对暂态过程的影响,理解时间常数的概念并掌握其测量方法。

(2) 观察正弦电压下 *RLC* 电路的稳态特性,观察其谐振现象,测试 *RLC* 电路的相频和幅频特性,研究串联谐振现象及电路参数对谐振特性的影响。

[实验仪器]

ZKY-4402 *RLC* 电路特性与应用实验仪(由 *RLC* 实验板及配线等组成),TBS1102B-EDU 型数字存储示波器,TFG6920A 型函数/任意波形信号发生器。

[预习提示]

(1) 什么是暂态过程？RC、RL、RLC 串联电路的暂态过程的基本特点有哪些？理解电容、电感特性及时间常量的物理意义，了解如何测量时间常量。

(2) 电磁谐振现象是如何发生的？品质因数 Q 值的物理意义有哪些？如何测量 Q 值？

[实验原理]

1. RLC 电路的暂态过程

暂态是相对于稳态而言的，电容、电感等储能元件组成的电路在阶跃电压的作用下会经历暂态过程。

1) RC 串联电路

如图 5.9-1 所示，线路中电阻 R 和电容 C 串联，开关合向"1"处时，恒压电源 ε 将通过电阻 R 对电容 C 充电；开关合向"2"处时，电容 C 通过电阻 R 放电。在开关合向"1"或"2"的短暂时间内，电路经历暂态过程。因此，RC 电路的暂态过程也就是 RC 电路的充放电过程。

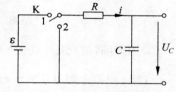

图 5.9-1　RC 串联电路

设电路中的瞬时电流为 i，电容器极板上的电量为 q，两极板间的电压为 U_C，电阻 R 上的电压为 U_R。

对于充电过程，电路方程为

$$\varepsilon = iR + U_C = R\frac{\mathrm{d}q}{\mathrm{d}t} + U_C = RC\frac{\mathrm{d}U_C}{\mathrm{d}t} + U_C \tag{5.9-1}$$

考虑到初始条件：$t=0$ 时，$U_C=0$，可解得

$$U_C(t) = \varepsilon(1 - \mathrm{e}^{-t/RC}), \quad i(t) = C\frac{\mathrm{d}U_C}{\mathrm{d}t} = \frac{\varepsilon}{R}\mathrm{e}^{-t/RC}, \quad U_R(t) = i(t)R = \varepsilon\mathrm{e}^{-t/RC} \tag{5.9-2}$$

对于放电过程，电路方程为

$$iR + U_C = RC\frac{\mathrm{d}U_C}{\mathrm{d}t} + U_C = 0 \tag{5.9-3}$$

考虑到初始条件：$t=0$ 时，$U_C=\varepsilon$，可解得

$$U_C(t) = \varepsilon\mathrm{e}^{-t/RC}, \quad i(t) = -\frac{\varepsilon}{R}\mathrm{e}^{-t/RC}, \quad U_R(t) = -\varepsilon\mathrm{e}^{-t/RC} \tag{5.9-4}$$

由上述充放电方程可知：

(1) 充放电过程中，RC 串联电路中的电流 i 和电容两端的电压 U_C 均按指数规律变化，如图 5.9-2 所示。充放电过程中，电容端电压 U_C 是不能突变的，而电阻端电压 U_R 是可以阶跃变化的。电阻两端电压 U_R 与电流 I 成正比且同相位，因此 U_R-t 曲线与 i-t 曲线相似。

(2) 充放电过程的快慢(指数规律变化的快慢)由 $\tau(=RC)$ 的大小表示。τ 称作 RC 电路的时间常数，τ 值越大，充电和放电过程越慢。充电过程中，当 $t=\tau=RC$ 时，$U_C=0.63\varepsilon$，$i=0.37\dfrac{\varepsilon}{R}$，即电容器的端电压 U_C 上升到最终值的 63%，电流值 i 减小到初始值的 37%。理论上讲，当 t 为无穷大时，充电过程结束。通常也可以认为 $t=5\tau$ 时，$U_C=0.993\varepsilon$，充电过

程结束。同理,对于放电过程,$t=\tau$ 时,电容器的端电压 U_C 及电路中的电流值 i 均下降到初始值的 37%；$t=5\tau$ 时,放电过程结束。

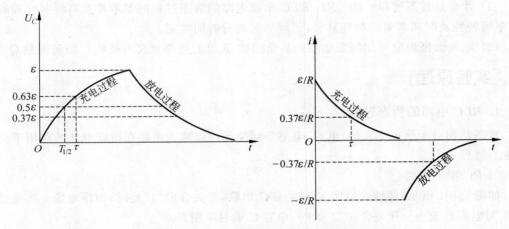

图 5.9-2 *RC* 串联电路的暂态过程曲线

(3) 电容器被充电(放电)至最终电压(最初电压)值的一半时,所需时间称为半衰期($T_{1/2}$),即 $t=T_{1/2}$ 时,$U_C=\dfrac{1}{2}\varepsilon$。由充放电方程可知,$T_{1/2}=\tau\ln2=0.693\tau$,或 $\tau=1.44T_{1/2}$。实验中测出 $T_{1/2}$,即可得到时间常数 τ。

2) *RL* 串联电路

如图 5.9-3 所示,线路中电阻 R 和电感 L 串联。当电路中的电流发生变化时,电感中将出现自感电动势而阻碍电路中的电流变化,因此通过电感的电流不会突变。

当开关合向"1"处时,电路中的电流增加,电路方程为

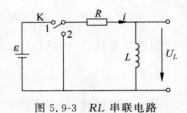

图 5.9-3 *RL* 串联电路

$$L\frac{\mathrm{d}i}{\mathrm{d}t}+iR=\varepsilon \quad (t=0\text{ 时},i=0) \qquad (5.9\text{-}5)$$

解此方程可得

$$i(t)=\frac{\varepsilon}{R}(1-\mathrm{e}^{-tR/L}) \qquad (5.9\text{-}6)$$

此时电阻 R 和电感 L 两端的电压分别为

$$U_R(t)=\varepsilon(1-\mathrm{e}^{-tR/L}), \quad U_L(t)=\varepsilon\mathrm{e}^{-tR/L} \qquad (5.9\text{-}7)$$

当开关合向"2"处时,电路中的电流衰减,电路方程为

$$L\frac{\mathrm{d}i}{\mathrm{d}t}+iR=0 \quad \left(t=0\text{ 时},i=\frac{\varepsilon}{R}\right) \qquad (5.9\text{-}8)$$

解此方程可得

$$i(t)=\frac{\varepsilon}{R}\mathrm{e}^{-tR/L} \qquad (5.9\text{-}9)$$

此时电阻 R 和电感 L 两端的电压分别为

$$U_R(t)=\varepsilon\mathrm{e}^{-tR/L}, \quad U_L(t)=-\varepsilon\mathrm{e}^{-tR/L} \qquad (5.9\text{-}10)$$

定义 $\tau = L/R$ 为 RL 电路的时间常数。在电流增加过程中,当 $t = \tau$ 时,$i = (1 - e^{-1})\dfrac{\varepsilon}{R} =$ $0.63\dfrac{\varepsilon}{R}$;当 $t \to \infty$ 时,$i \to \dfrac{\varepsilon}{R}$。在电流衰减过程中,当 $t \to \infty$ 时,$i \to 0$;当 $t = \tau$ 时,$i = \dfrac{\varepsilon}{R}e^{-1} =$ $0.37\dfrac{\varepsilon}{R}$。两种情况下的暂态过程曲线如图 5.9-4 所示。

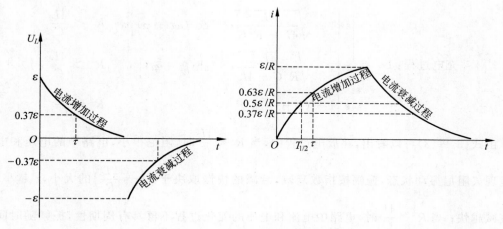

图 5.9-4　RL 串联电路的暂态过程曲线

3) RLC 串联电路

如图 5.9-5 所示,线路中电阻 R、电容 C 和电感 L 串联,当开关合向"1"处时,恒压电源 ε 将对电容 C 充电;开关合向"2"处时,电容 C 在闭合的 RLC 电路中放电。电路方程分别为

$$\text{放电过程：} LC\frac{\mathrm{d}^2 U_C}{\mathrm{d}t^2} + RC\frac{\mathrm{d}U_C}{\mathrm{d}t} + U_C = 0 \quad \left(t = 0 \text{ 时},U_C = \varepsilon,\frac{\mathrm{d}U_C}{\mathrm{d}t} = 0\right) \quad (5.9\text{-}11)$$

$$\text{充电过程：} LC\frac{\mathrm{d}^2 U_C}{\mathrm{d}t^2} + RC\frac{\mathrm{d}U_C}{\mathrm{d}t} + U_C = \varepsilon \quad \left(t = 0 \text{ 时},U_C = 0,\frac{\mathrm{d}U_C}{\mathrm{d}t} = 0\right) \quad (5.9\text{-}12)$$

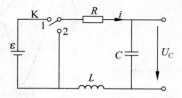

图 5.9-5　RLC 串联电路

令 $\tau = \dfrac{2L}{R}$,$\omega_0 = \dfrac{1}{\sqrt{LC}}$,$\omega = \omega_0\sqrt{1 - \dfrac{R^2 C}{4L}}$,$\beta = \omega_0\sqrt{\dfrac{R^2 C}{4L} - 1}$,则上述微分方程的解可分别表示为

$$放电过程：U_C = \begin{cases} \sqrt{\dfrac{4L}{4L-R^2C}}\,\varepsilon\,\mathrm{e}^{-t/\tau}\cos(\omega t + \varphi), & R^2 < \dfrac{4L}{C} \\[2mm] \sqrt{\dfrac{4L}{R^2C-4L}}\,\varepsilon\,\mathrm{e}^{-t/\tau}\,\mathrm{sh}(\beta t + \varphi), & R^2 > \dfrac{4L}{C} \\[2mm] \varepsilon\left(1+\dfrac{t}{\tau}\right)\mathrm{e}^{-t/\tau}, & R^2 = \dfrac{4L}{C} \end{cases} \qquad (5.9\text{-}13)$$

$$充电过程：U_C = \begin{cases} \varepsilon\left[1 - \sqrt{\dfrac{4L}{4L-R^2C}}\,\mathrm{e}^{-t/\tau}\cos(\omega t + \varphi)\right], & R^2 < \dfrac{4L}{C} \\[2mm] \varepsilon\left[1 - \sqrt{\dfrac{4L}{R^2C-4L}}\,\mathrm{e}^{-t/\tau}\,\mathrm{sh}(\beta t + \varphi)\right], & R^2 > \dfrac{4L}{C} \\[2mm] \varepsilon\left[1 - \left(1+\dfrac{t}{\tau}\right)\mathrm{e}^{-t/\tau}\right], & R^2 = \dfrac{4L}{C} \end{cases} \qquad (5.9\text{-}14)$$

由式(5.9-13)可以看出，在放电过程中，当 $R^2 < \dfrac{4L}{C}$ 时，阻尼很小，电路中的电压和电流均呈现欠阻尼振动状态，振幅按指数衰减，衰减的快慢取决于 $\tau\left(\tau = \dfrac{2L}{R}\right)$ 的大小，τ 越小，振幅衰减越快；当 $R^2 > \dfrac{4L}{C}$ 时，电路中电流和电压的变化过程不再具有周期性，振幅随时间单调减小，呈现过阻尼振动状态；$R^2 = \dfrac{4L}{C}$ 对应于临界阻尼状态，振幅也随时间单调衰减，但比过阻尼衰减得更快。

充电过程和放电过程十分类似，对应于不同的阻尼大小分别呈现出欠阻尼、过阻尼和临界阻尼的振动状态，只是最后趋向的平衡位置不同而已。两种暂态过程中 U_C 随时间的变化曲线如图5.9-6所示。

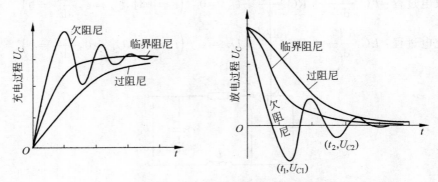

图5.9-6　RLC 串联电路暂态过程的三种阻尼曲线

假设实验中测得放电过程欠阻尼振荡曲线的两个相邻峰(谷)值对应的电压分别为 U_{C1}、U_{C2}，对应的时间分别为 t_1、t_2，那么由式(5.9-14)，可以得到时间常数的测量值为

$$\tau_{实测} = \frac{t_2 - t_1}{\ln(U_{C1}/U_{C2})} \qquad (5.9\text{-}15)$$

4) RC 微分电路和积分电路

在实际测量中，常利用示波器动态连续地观察 RC 电路的充放电过程，同时电源电压的

开关可采用宽度为 T_K、幅值为 ε 的方脉冲信号(矩形波或方波信号)代替。充放电的快慢与元件参数相关,设输入电压和输出电压分别为 $U_入$ 和 $U_出$,则在任意时刻 t,有 $U_入(t) = U_C(t) + U_R(t) = \dfrac{q}{C} + iR$。电阻 R 及电容 C 的端电压 U_R、U_C 的波形与 RC 电路的时间常量 τ 和脉冲宽度 T_K 有关。

当 $\tau = RC \ll T_K$ 时,iR 相比 $\dfrac{q}{C}$ 小得多,因此 $U_入(t) \approx \dfrac{q}{C}$,电阻端电压

$$U_R = iR \approx RC \frac{\mathrm{d}U_入}{\mathrm{d}t} \tag{5.9-16}$$

若将 U_R 作为输出信号,则输出电压与输入电压近似为微分关系,因此 $\tau \ll T_K$ 时的 RC 电路又称为微分电路。此时电容上的充放电过程进行得很快,U_C 很快达到恒定值。输出信号电压的波形只反映输入波形中的突变部分,形成一个宽度约为 τ 的尖脉冲,如图 5.9-7 中的 $U_R(t)$-t 微分波形所示。

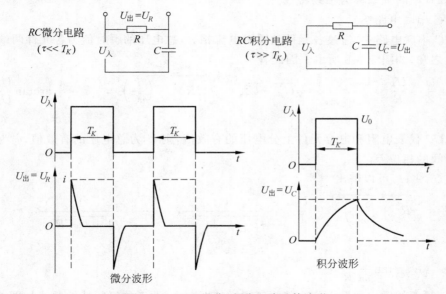

图 5.9-7　RC 微分、积分电路及其波形

对以上微分波形也可作定性解释:充电时,在输入电压向上跃变的瞬间,电容来不及充电,$U_C = 0$,$U_R = \varepsilon$;此后,U_C 很快上升到 ε,U_R 很快下降到零。因此,U_R 形成一个宽度约为 τ 的正尖脉冲。放电时,输入电压向下跃变为零,电容来不及放电,U_C 仍为 ε,$U_R = -\varepsilon$;此后,U_C 因电容放电很快减小为零,U_R 则很快增加到零。因此,U_R 形成一个宽度约为 τ 的负尖脉冲。在脉冲电路中,常利用微分电路将方脉冲信号转换为正负尖脉冲,作为触发信号。

当 $\tau \gg T_K$(如 $\tau = 10T_K$)时,充放电过程进行得很慢,在 T_K 时间内 U_C 变化不大,因此 U_R 输出波形与输入波形相似,只是由于 C 的充电使 U_R 输出波形顶部后期略有下降。在这种情况下,R 和 C 很大,iR 相比 $\dfrac{q}{C}$ 大得多,因此 $U_入(t) \approx iR$,电容端电压

$$U_C = \frac{q}{C} = \frac{1}{C}\int i\,\mathrm{d}t \approx \frac{1}{RC}\int_0^t U_入\,\mathrm{d}t \tag{5.9-17}$$

若将 U_C 作为输出信号，则输出电压与输入电压之间近似为积分关系，因此 $\tau \gg T_K$ 时的 RC 电路称为积分电路，它可以把一个维持时间为 T_K、形状任意的输入脉冲信号对时间的积分值进行输出。如图 5.9-7 中的积分波形所示。

2. RLC 电路的稳态特性

在交流电路中，电感将随电流的变化不断产生交变的自感电动势，电容上则出现大小和方向不断变化的充放电电流，电感和电容的存在改变了电路中电流和电压的分配。

描述交流电路中各元件的特性需用到两个参数：阻抗 Z 和辐角 φ。电阻、电容和电感三个元件的阻抗和辐角参见实验 5.6 中的表 5.6-1。由该表可以看出，容抗和感抗都与频率有关。表中 ω 为角频率，$\omega = 2\pi f$（f 为频率）。频率越高，容抗越小，感抗越大。因此电容在交流电路中具有通高频、阻低频和高频短路、直流开路的特性，而电感则会通低频、阻高频。当电信号波形的幅度和相位等都达到稳定时（或电路接通时间大于电路时间常数的 $5 \sim 10$ 倍后），电路输出是和频率相关的。其中电信号幅度和电源频率的关系称为电路的**幅频特性**，相位和频率的关系称为**相频特性**。

1）RC 串联电路

在 RC 串联电路中，通过各元件的瞬时电流相等，总电压的瞬时值为各元件两端的分电压瞬时值之和，如图 5.9-8 所示。因此有

$$I = \frac{U}{Z} = \frac{U_R}{R} = \frac{U_C}{Z_C}, \quad U = \sqrt{U_R^2 + U_C^2} = \sqrt{(IR)^2 + \left(\frac{I}{\omega C}\right)^2}, \quad \varphi = -\arctan \frac{U_C}{U_R}$$

$$(5.9\text{-}18)$$

如果 U_R、U_C 代表电阻和电容元件上分电压的有效值，则 U 为总电压的有效值，φ 为总电压与电流之间的相位差。

由式(5.9-18)可以解出

$$\begin{cases} Z = \sqrt{R^2 + \left(\frac{1}{\omega C}\right)^2}, \quad \dfrac{U_R}{U} = \dfrac{1}{\sqrt{1 + \left(\frac{1}{\omega CR}\right)^2}}, \quad \dfrac{U_C}{U} = \dfrac{1}{\sqrt{1 + (\omega CR)^2}} \\[4mm] \varphi = -\arctan \dfrac{1}{\omega CR} \end{cases}$$

$$(5.9\text{-}19)$$

U_R 随频率的增加而增大，U_C 随频率的增加而减小，两者的幅频特性曲线如图 5.9-9 所示。$f_{U_R=U_C}$ 为 $U_R = U_C$ 时的频率，称为等幅频率，又称为截止频率，表示高通滤波电路的频率下限和低通滤波电路的频率上限。由式(5.9-19)可知，$f_{U_R=U_C} = \dfrac{1}{2\pi RC}$。

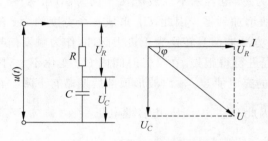

图 5.9-8　RC 串联电路的矢量图分析

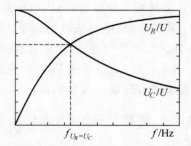

图 5.9-9　RC 串联电路的幅频特性

　　如果使正弦输入信号通过 RC 串联电路,以电容器端电压 U_C 为输出信号,通过调节电容器的电容值 C(或电阻元件的 R),即可调节输出电压 U_C 与输入电压 U 之间的相位差,因此这种 RC 电路也称作 RC 相移电路。

　　2) RL 串联电路

　　RL 串联电路如图 5.9-10 所示,采用与上面类似的方法分析:

$$I=\frac{U}{Z}=\frac{U_R}{R}=\frac{U_L}{Z_L}, \quad U=\sqrt{U_R^2+U_L^2}=\sqrt{(IR)^2+(I\omega L)^2}, \quad \varphi=\arctan\frac{U_L}{U_R}$$

$$(5.9-20)$$

由式(5.9-20)可得

$$
\begin{cases}
Z=\sqrt{R^2+(\omega L)^2}, \quad \dfrac{U_R}{U}=\dfrac{1}{\sqrt{1+\left(\dfrac{\omega L}{R}\right)^2}}, \quad \dfrac{U_L}{U}=\dfrac{1}{\sqrt{1+\left(\dfrac{R}{\omega L}\right)^2}}, \\[4mm]
\varphi=\arctan\dfrac{\omega L}{R}
\end{cases}
$$

$$(5.9-21)$$

相应的等幅频率 $f_{U_R=U_L}=\dfrac{R}{2\pi L}$。其幅频特性曲线如图 5.9-11 所示。

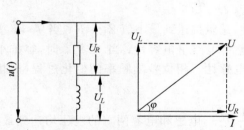

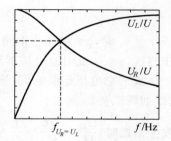

图 5.9-10　RL 串联电路的矢量图分析　　　　图 5.9-11　RL 串联电路的幅频特性

　　3) RLC 串联电路

　　当电路中同时出现电容和电感时,就会发生一种新现象,即谐振。图 5.9-12 所示为 RLC 串联谐振电路及其矢量图。由图可知

$$
\begin{cases}
I=\dfrac{U}{Z}=\dfrac{U_R}{R}=\dfrac{U_L}{Z_L}=\dfrac{U_C}{Z_C}, \quad U=\sqrt{U_R^2+(U_C-U_L)^2}=\sqrt{(IR)^2+\left(\dfrac{I}{\omega C}-I\omega L\right)^2} \\[4mm]
\varphi=\arctan\dfrac{U_L-U_C}{U_R}
\end{cases}
$$

$$(5.9-22)$$

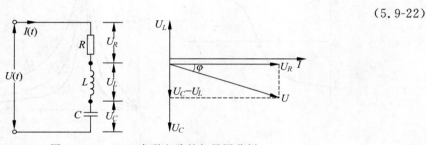

图 5.9-12　RLC 串联电路的矢量图分析

224

求解以上方程可得

$$
\begin{cases}
Z = \sqrt{R^2 + \left(\dfrac{1}{\omega C} - \omega L\right)^2}, & \varphi = \arctan\dfrac{\omega L - \dfrac{1}{\omega C}}{R}, & I = \dfrac{U}{\sqrt{R^2 + \left(\omega L - \dfrac{1}{\omega C}\right)^2}} \\[4mm]
\dfrac{U_R}{U} = \dfrac{R}{\sqrt{R^2 + \left(\dfrac{1}{\omega C} - \omega L\right)^2}}, & \dfrac{U_L}{U} = \dfrac{\omega L}{\sqrt{R^2 + \left(\dfrac{1}{\omega C} - \omega L\right)^2}}, & \dfrac{U_C}{U} = \dfrac{1}{\omega C\sqrt{R^2 + \left(\dfrac{1}{\omega C} - \omega L\right)^2}}
\end{cases}
$$

$$(5.9\text{-}23)$$

由于串联谐振电路中电容和电感两元件上两端的电压始终反相，因此上面每个式子中都出现了因子 $\omega L - \dfrac{1}{\omega C}$，串联谐振电路的所有特性皆源于此。

当 $\omega L - \dfrac{1}{\omega C} = 0$，即 $\omega = \omega_0 = \dfrac{1}{\sqrt{LC}}$ 时，电路的总阻抗 Z 最小。在维持电压不变的情况下，电路中的电流 I 在此时达到最大值，这种现象即为谐振，发生谐振时的频率称为谐振频率。显然，谐振频率为

$$f_0 = \frac{\omega_0}{2\pi} = \frac{1}{2\pi\sqrt{LC}} \tag{5.9-24}$$

当 $f = f_0$ 时，$\varphi = 0$，整个电路呈纯电阻性，总阻抗达到最小值 $Z_m = R$；当 $f < f_0$ 时，容抗大于感抗，$\varphi < 0$，此时总电压落后于电流，整个电路呈电容性；当 $f > f_0$ 时，容抗小于感抗，$\varphi > 0$，此时总电压超前电流，整个电路呈电感性。相位差随频率的变化过程（即相频特性）曲线如图 5.9-13 所示。

发生谐振时，$\dfrac{U_L}{U} = \dfrac{\omega_0 L}{R} = \dfrac{U_C}{U} = \dfrac{1}{\omega_0 CR} = \dfrac{1}{R}\sqrt{\dfrac{L}{C}}$，电感和电容两端的电压均达到最大，等于电源电压的 $\dfrac{1}{R}\sqrt{\dfrac{L}{C}}$ 倍。定义

$$Q = \frac{1}{R}\sqrt{\frac{L}{C}} \tag{5.9-25}$$

为谐振电路的品质因数。显然，谐振时输入一个弱信号，在电容和电感两端得到一个放大 Q 倍的输出信号，因此 Q 值在串联谐振电路中表征了电压放大倍数。

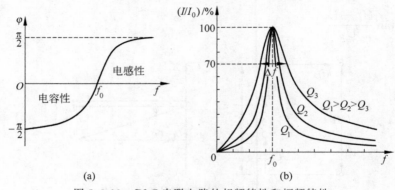

(a) (b)

图 5.9-13 RLC 串联电路的相频特性和幅频特性

图 5.9-13(b)为不同 Q 值时电流随频率的变化过程(即幅频特性)曲线。当 $f=f_0$ 时,电流达到最大,出现谐振峰。通常来讲,谐振峰越尖锐的电路,它的频率选择性越强。频率选择性的好坏程度用通频带宽度 Δf(简称带宽)定量描述。Δf 定义为谐振峰两边的 I 值降低为最大值 I_0 的 $\dfrac{1}{\sqrt{2}} \approx 70\%$ 时对应的边缘频率之差。可以证明

$$Q = \frac{f_0}{\Delta f} \tag{5.9-26}$$

显然,Q 值越大,Δf 越小,谐振峰越尖锐,电路的频率选择性越强。

同时也可以证明,Q 值等于 LC 元件中储存的能量与每个周期内消耗能量之比的 2π 倍。Q 值越大,相对于储能来说,其耗能越少,因此电路的储能效率越高。

［实验内容与测量］

1. RC 串联电路的暂态过程及时间常数测试

(1) 按图 5.9-14 连接电路,已知电源内阻 $r_\mathrm{S}=50\Omega$,$R=1000\Omega$,$C=47\mathrm{nF}$,电源设为峰-峰值 5V 的交流方波,频率设置为 1000Hz(为完整地显示暂态过程,一般要求方波周期 $T>10\tau$)。

(2) 适当调整示波器的电压、时间挡位,使波形显示完整,存储波形图及相应的原始数据;描绘存储的波形。

(3) 调出原始数据,由于充放电在 τ 时间内电压变化 $0.632U_0$,测得时间常数 τ。

(4) 增大、减小方波频率,观察并描绘波形变化。

2. RLC 串联电路的暂态过程及其阻尼振荡

(1) 按图 5.9-15 连接电路,已知 $R=51\Omega$,$C=47\mathrm{nF}$,$L=10\mathrm{mH}$(直流电阻 $r_L \approx 65\Omega$),电源内阻 $r_\mathrm{S}=50\Omega$,电源设为峰-峰值 5V 的交流方波,频率设置为 600Hz。

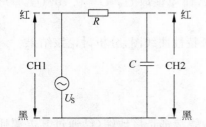

图 5.9-14　观察 RC 串联电路的暂态过程

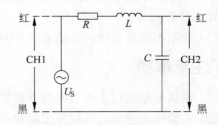

图 5.9-15　观察 RLC 串联电路的暂态过程

(2) 适当调整示波器的电压、时间挡位,使波形显示完整,存储波形图及相应的原始数据;描绘存储的波形,并将其与理论波形比较。

(3) 调出原始数据,计算振荡周期 T 及振幅衰减的时间常数 τ。

(4) 观察过阻尼过程:改变电路中的电阻 $R=3300\Omega$,方波频率设为 300Hz;调整示波器的电压、时间挡位,使波形显示完整,描绘波形图并与理论波形进行比较。

3. RLC 串联电路的幅频、相频特性测试,并观察其谐振现象,测量 Q 值

(1) 按图 5.9-16 连接电路,已知 $R=1000\Omega$,$L=10\mathrm{mH}$(直流电阻 $r_L \approx 65\Omega$),$C=$

2.2nF,电源设为峰-峰值 5V 的正弦交流波。

（2）改变频率,根据示波器显示记录不同频率下电源输入电压的峰-峰值 U、电阻两端电压峰-峰值 U_R,以及 $\widetilde{U}_R$ 与 $\widetilde{U}_S$ 之间的相位差 φ_R。为完整测量幅频和相频特性曲线,应适当分布数据点。

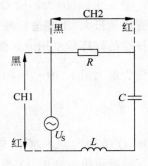

（3）更换两种不同的电阻,比如电阻为 270Ω 和 500Ω,其他条件不变,分别测试相应的幅频特性,并将其幅频数据和前面 $R=1000\Omega$ 时的幅频数据一起记录下来。

图 5.9-16　测试 RLC 串联电路的稳态特性

［数据处理与分析］

1. RC 串联电路的暂态过程及时间常数测试

（1）将实验中观察到的 RC 串联电路的暂态过程波形曲线与理论波形进行比较;

（2）计算时间常数的理论值 $(R+r_S)C$,将其与实验中的测量值进行比较,计算误差;

（3）分析相同 τ 值在不同频率时的波形变化情况,解释波形变化规律。

2. RLC 串联电路的暂态过程及其阻尼振荡

（1）将实验中观察到的 RLC 串联电路的暂态过程波形曲线（弱阻尼及过阻尼）与理论波形进行比较;

（2）计算时间常数的理论值,并将其与实验中的测量值进行比较,计算误差。

3. RLC 串联电路的幅频、相频特性测试

（1）绘制 RLC 串联电路的幅频特性和相频特性曲线。

（2）根据实验数据和图计算谐振频率 f_0,并与理论值比较,计算误差。

（3）根据实验数据计算品质因数 Q,并与理论值比较。需要注意：由于损耗电阻的存在,$U_R/U<1$,因此不能选择 $U_R/U=0.707$ 为临界点,而应该取 $U_R/U=0.707(U_R/U)_{\max}$ 为临界点计算 Q。

（4）绘制不同电阻情况下的 RLC 串联电路的幅频特性曲线图,分析讨论该结果。

［注意事项］

（1）确认电路连接正确后再打开信号源。

（2）实验中所使用的函数发生器和示波器,其黑接线端都是接地端（已通过其电源插头与大地连通）,连接电路时需留意电路中共地点的位置,使双通道接地端接入线路的同一点,否则会短路。

［讨论］

（1）基于"数据处理与分析"第 1 部分的数据,分析讨论影响时间常量的因素;讨论方波频率对 RC 串联电路的暂态过程波形图的影响。

（2）如何改变 RLC 串联电路的阻尼大小？基于"数据处理与分析"第 2 部分的数据,分析讨论阻尼大小对暂态过程波形曲线及时间常量的影响;试从能量转换观点分析并解释 RLC 阻尼振荡波形的原理及特点。

（3）基于"数据处理与分析"第 3 部分的数据，考虑损耗电阻对实验的影响，确定实际的总损耗电阻。

［结论］

写出通过本实验的研究，你所得到的主要结论。

［研究性题目］

（1）设计实验方案，用谐振法测定一个未知电感及其损耗电阻（限用本实验仪器）；

（2）用本实验仪器测量 RLC 并联电路的幅频和相频特性，并将其与串联谐振电路的相关特性进行对比。

［思考题］

（1）RC 电路可用作延时开关，试说明其工作原理。

（2）用目前的实验仪器，能观察到 RLC 串联电路临界阻尼状态下的振荡曲线吗？

［附录］　RLC 电路特性与应用实验仪（图 5.9-17）

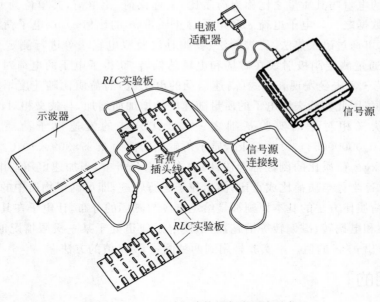

图 5.9-17　RLC 电路特性与应用实验仪

1. 实验仪的正常工作条件

温度：0～40℃；相对湿度：≤90％；大气压强：86～106kPa；电源：220V/50Hz。

2. 性能特性

1）RLC 测试板 1

电阻：51Ω×1,270Ω×1,1.0kΩ×2,3.3kΩ×1；横向插座（用于接插线）；信号测试钩（用于示波器探钩取信号）。

2) *RLC* 测试板 2

电容：2.2nF×1,22nF×1,47nF×2,10μF×1,100μF×1；横向插座(用于接插线)；信号测试钩(用于示波器探钩取信号)。

3) *RLC* 测试板 3

电感：1.0mH×1,10mH×1；二极管：1N5817×4(锗管,红色接口对应二极管正极)；横向插座(用于接插线)。

[参考文献]

[1] 赵凯华,等.电磁学[M].北京：高等教育出版社,1993.

[2] 吕斯骅,段家忯,张朝晖.新编基础物理实验[M].2版.北京：高等教育出版社,2018.

[3] 杨述武.普通物理实验(二、电磁学部分)[M].北京：高等教育出版社,1997.

[4] ZKY 世纪中科.*RLC* 电路特性与应用实验仪实验指导及操作说明书[Z].2018.

实验 5.10 电子荷质比(e/m)的测定

[引言]

带电粒子的电量与其质量之比称为荷质比,又称比荷、比电荷,其单位为 C/kg,它是基本粒子的重要数据之一。电子电荷 e 和电子静止质量 m 的比值 e/m(电子荷质比)为电子基本常量之一,可通过磁聚焦法、磁控管法、汤姆孙法及双电容法等进行测定。1897 年,约瑟夫·汤姆孙通过测定阴极射线在磁场和电场的偏转,获得了电子的电荷对质量的比值。1901 年,沃尔特·考夫曼发现 β 射线(高速运动的电子流)的荷质比随速度增大而减小,由于电子电荷守恒,因此实验表明电子的质量随速度的增加而增加,与狭义相对论中的质速关系一致,成为狭义相对论的实验基础之一。近代公认的慢速电子荷质比为 $e/m = (1.75881962 \pm 0.00000053) \times 10^{11}$ C/kg,质子荷质比的值为 9.578309×10^7 C/kg,一般计算中取 1×10^8 C/kg。荷质比的倒数称为质荷比,在质谱分析中,当加速电压与电场强度恒定时,粒子运行轨迹半径与质荷比成正比,测出粒子运行轨迹,即可确定物质中的元素。

测量电子荷质比方法的基本原则都是给定电场与磁场的分布,让电子在其中运动,采用电聚焦、磁聚焦和电偏转、磁偏转等措施,测出使电子轨道处于某一极限情况时的临界磁感应强度,从而算出 e/m 的值。本实验将用到两种测量 e/m 值的方法。

[实验目的]

(1) 掌握测定 e/m 值的磁控管法和磁聚焦法。

(2) 进一步了解电子射线的聚焦和偏转。

[预习提示]

(1) 了解真空二极管的结构。

(2) 了解示波管中电子束的产生与控制。

(3) 如何实现对电子束的电聚焦？

(4) 磁控管法如何控制电子束的运动轨迹？

（5）磁聚焦法如何控制电子束的运动轨迹？

［实验仪器及样品］

磁控管法用实验仪器：理想二极管，GPS-2303C 直流稳压电源（两路，0～30V，3A），SS1792C 直流稳定电源（0～60V，3A），直螺线管，数字万用表 UT803（μA 表），数字万用表 UT803（伏特表），安培表（0～2A，0.5 级），安培表（0～1.5A，0.5 级），换向开关，导线等。

磁聚焦法用实验仪器：DHB-B 型电子荷质比测定仪（由测试仪主机、测试仪电源和螺线管直流电源三大部分组成）。

［实验原理］

让电子在给定的电场或磁场中运动，采用电聚焦、磁聚焦和电偏转、磁偏转等措施，测出使电子轨道处于某一极限情况时的临界磁感应强度，即可算出电子的 e/m 值。本实验将分别采用测控管法和磁聚焦法测定电子的 e/m。

1. 测定电子 e/m 的磁控管法

用来测量 e/m 的磁控管是一个具有轴向灯丝的真空二极管。将它置于一个沿轴向均匀的外磁场中，则灯丝阴极发射的电子将在电场和磁场的共同作用下运动。其原理图如图 5.10-1 所示。

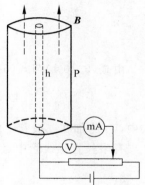

图 5.10-1 中 P 为半径为 r_P 的圆筒型金属阳极（或称屏极）；h 为阴极，是一根直径为 0.075mm 的直长灯丝。P 与 h 构成二极管的主体。当 P、h 两极间加上正向电位差 V_a 时，阴极灯丝发射的电子在电场力 $\boldsymbol{F}_e = -e\boldsymbol{E}$ 的作用下沿径向向屏极运动。因为阴极和屏极间的电位降与半径呈指数关系，即电位降大部分集中在阴极附近，所以假定电子离开 h 极只走一小段距离，就几乎获得了到达屏极的全部速度 v，并假定电子的速度都相同。则电子速度可由下式决定：

$$\frac{1}{2}mv^2 = eV_a \qquad (5.10\text{-}1)$$

图 5.10-1　磁控管原理图

电子运动的轨迹如图 5.10-2（a）所示，灯丝发射的电子在屏压 V_a 作用下将呈辐射状到达阳极（虚线表示）。

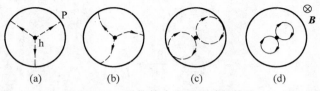

图 5.10-2　磁控管中电子运动的轨迹

(a) $I_H = 0$；(b) $I_H < I_c$；(c) $I_H = I_c$；(d) $I_H = I_c$

在二极管外放置一个同轴螺线管（通过控制螺线管的电流 I_H，使其磁场可在 $0 \rightarrow \pm B$ 之间任意调节），即沿二极管轴线方向加上一个均匀磁场 $\boldsymbol{B}$。显然 $\boldsymbol{B}$ 与电子定向运动速度的方向垂直，电子在此磁场中受洛伦兹力的作用（$\boldsymbol{F}_m = -e\boldsymbol{v} \times \boldsymbol{B}$），使得原来沿径向运动的轨

230

道发生弯曲,弯曲的情况视 B 的大小而定。如果 B 不大,则电子的运动轨道如图 5.10-2(b)所示,这时所有电子仍将全部到达屏极,屏极电流 I_a 并不减少。随着 B 增大,电子轨道越来越弯曲。当 B 达到某一值时($I_H = I_c$)电子轨道与屏极相切,如图 5.10-2(c)所示,这时电子刚好不能到达屏极,于是屏流 I_a 突然下降为零。这个状态称临界状态。相应的磁感应强度用临界磁感应强度 B_c 表示。若磁场继续增加,电子运动轨道更加弯曲,如图 5.10-2(d)所

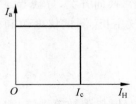

图 5.10-3　磁控管(理想二极管)屏极电流

示,当然也没有屏流。阳极电流的这些改变称作磁控效应。理想二极管屏极电流随外磁场磁感应强度变化的情况如图 5.10-3 所示。

在磁场作用下电子受向心力的作用,其大小为

$$F = evB$$

根据牛顿第二定律有

$$evB = m\frac{v^2}{r}$$

临界状态下,

$$r = \frac{r_p}{2}$$

$$m\frac{v^2}{\frac{r_p}{2}} = evB_c \tag{5.10-2}$$

由式(5.10-1)与式(5.10-2)解得

$$\frac{e}{m} = \frac{8V_a}{B_c^2 r_p^2}\text{（SI 制）} \tag{5.10-3}$$

式中,V_a 为加在二极管上的屏压,B_c 为临界磁感应强度,r_p 为二极管的阳极内径。

有限长直螺线管中点的磁感应强度为

$$B = \mu_0 nI\cos\theta = \mu_0 nI\frac{L}{\sqrt{L^2 + D^2}} \tag{5.10-4}$$

式中,n 为单位长度上线圈的匝数,1/m;θ 为螺线管中心对管口平均直径 D 的张角的一半;$\mu_0 = 4\pi \times 10^{-7}\text{Wb/(A·m)}$;$I$ 为电流强度,A。令

$$K = \mu_0^2 n^2\frac{L^2}{L^2 + D^2} \tag{5.10-5}$$

$$B_c^2 = KI_c^2 \tag{5.10-6}$$

代入式(5.10-3)得

$$\frac{e}{m} = \frac{8}{r_p^2 K}\cdot\frac{V_a}{I_c^2} \tag{5.10-7}$$

式中各物理量均用 SI 制。

2. 测定电子 e/m 的磁聚焦法

示波管中电子束的产生、加速和电聚焦原理参见实验 5.7"电子束的偏转与模拟示波器"。示波管的结构示意图参见图 5.7-1。

当示波管的加速阳极 A_2 对阴极的加速电压为 U 时,电子获得的轴向速度 $v_{//}$ 可由下式

决定:

$$v_{/\!/} = \sqrt{2Ue/m} \tag{5.10-8}$$

式中,e、m 分别为电子的电量和质量。

假如在垂直(或水平)偏转上施加交流电压,则在偏转板间形成一交变电场。电子束在此电场的作用下获得垂直于射线管轴线方向的速度,用 $\boldsymbol{v}_{\perp}$ 表示。此时,荧光屏上的效果则是光点作垂直(或水平)的周期振动,若交变电压的频率稍高,屏上就呈现一垂直(或水平)的亮线。

在示波管外套上一长直螺线管(长为 L、直径为 D),通直流电后,管中部产生均匀磁场,磁感应强度 $B(T)$ 可用下式计算:

$$B = \mu_0 nI\cos\theta = \mu_0 nI\,\frac{L}{\sqrt{L^2 + D^2}} \tag{5.10-9}$$

式中,n 为单位长度上线圈的匝数,$1/\mathrm{m}$;θ 为螺线管中心对口径之夹角的 $1/2$;$\mu_0 = 4\pi \times 10^{-7}\,\mathrm{Wb/(A \cdot m)}$;$I$ 为电流强度,A。

当示波管在偏转板交流电压作用下,电子获得 $\boldsymbol{v}_{\perp}$ 速度以后,加上轴向磁场 $\boldsymbol{B}$,电子的运动除了沿轴向匀速前进外(磁场对 $\boldsymbol{v}_{/\!/}$ 没有影响),还要在垂直于 $\boldsymbol{B}$ 的平面内作匀速圆周运动,其运动轨迹为一螺旋线。螺距为(电子每回转一周前进的距离)

$$h = Tv_{/\!/} = \frac{2\pi m}{eB}v_{/\!/} \tag{5.10-10}$$

电子圆周运动的周期 T 与 $\boldsymbol{v}_{\perp}$ 的大小无关,它仅取决于磁场 $\boldsymbol{B}$ 的强弱。

示波管出射的一束 $\boldsymbol{v}_{/\!/}$ 相同而横向偏转速度不同的各个电子,在磁场 $\boldsymbol{B}$ 作用下,因 h 和 $\boldsymbol{v}_{\perp}$ 无关,不同 $\boldsymbol{v}_{\perp}$ 的电子经各自的螺旋轨道旋转一周后(即经 T 时间后),又会在与出发点相距一个螺距的地方重新相遇,这就是磁聚焦的基本原理。螺距 h 与磁场 $\boldsymbol{B}$ 的强弱有关,当 $\boldsymbol{v}_{/\!/}$ 一定时,h 只取决于 $\boldsymbol{B}$,调节 $\boldsymbol{B}$ 的大小,使示波管中 D 点到荧光屏的距离 $l = h$(或是 h 的整数倍)(设此时的磁感应强度为 B_c),电子在荧光屏上的磁聚焦称一次聚焦($l = 2h$ 时称二次聚焦,其余类推)。

如图 5.10-4 偏转法磁聚焦电子轨迹示意图所示,在交变电场作用下,电子在不同时刻通过偏转板间的 $\boldsymbol{v}_{\perp}$ 之大小及方向各不相同(图 5.10-4(a)),从荧光屏正面看去,图 5.10-4(b)中,四个小图表示某些时刻电子轨道在垂直 $\boldsymbol{B}$ 的平面上的投影,$\boldsymbol{v}_{\perp}$ 向下的电子的螺旋轨道将投影为右边小圆 Ⅱ,$\boldsymbol{v}_{\perp}$ 向上的电子轨道投影为左边小圆 Ⅲ,所有螺线都与轴线相切。当

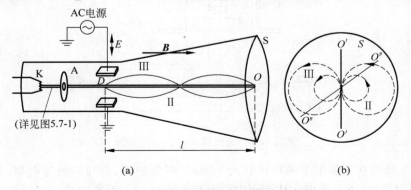

图 5.10-4　偏转法磁聚焦电子轨迹示意图

$B=0$ 时，电子射在荧光屏 $O'O'$ 线上。当 $0<B<B_c$ 时，电子射在荧光屏 $O''O''$ 线上（注意：并不是电子束中的电子同时分散地射在 $O''O''$ 上）。这样原来的 $O'O'$ 亮线旋转成 $O''O''$ 线了，$O''O''$ 的方向与长度随 $\boldsymbol{B}$ 的大小而变。当 $B=B_c$ 时，$O''O''$ 亮线又都集中到 O 点。

综上所述，通过电聚焦及施加偏转电压，使得屏上出现 $O'O'$ 亮线，然后使轴向磁场 $\boldsymbol{B}$ 由 $0 \to B_c$ 增加，屏上 $O'O'$ 线将旋转和逐渐变短，最后聚焦成一点。根据荧光屏上这个图像的变化就可以测定磁聚焦时的磁感应强度 B_c。此种产生磁聚焦的方法也称偏转旋转法。

通过 B_c 的测定可间接测得 e/m，定量关系如下：当 $l=h$ 时，$B=B_c$（一次聚焦），代入式(5.10-10)得

$$l=\frac{2\pi m}{e B_c} v_{/\!/} \tag{5.10-11}$$

再将式(5.10-8)代入上式并整理，得

$$\frac{e}{m}=\frac{8\pi^2 U}{l^2 B_c^2}\text{(C/kg)}\ \text{(SI 制)} \tag{5.10-12}$$

[仪器装置]

1. 磁控管法

实验仪器的主体是二极管及长直螺线管。GPS-2303C 直流稳压电源 CH2 路输出端为二极管灯丝（阴极）供电，CH1 路输出端为屏压（阳极）供电。SS1792C 直流稳压电源两路输出串联使用($0\sim60\text{V}$，3A)为直螺线管供电。数字微安表、数字伏特表、两块安培表等用于监测。

实验线路如图 5.10-5 所示。

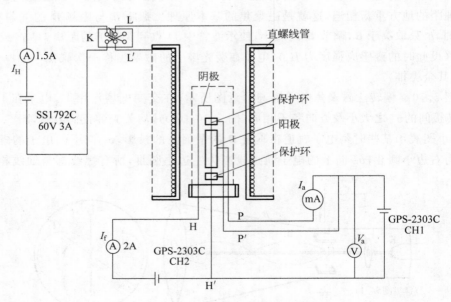

图 5.10-5　磁控管法测 e/m 线路图

说明：二极管在阳极上下两端还有两个圆环，叫保护环，它与阳极等电位，其作用是减少阳极两端附近的"边缘效应"，从而使阳极内部的电场与无限长圆筒（阳极）和导线（阴极）

间的电场非常接近。理想二极管中阳极保护环电极对于消除边缘效应的作用如图 5.10-6 所示。

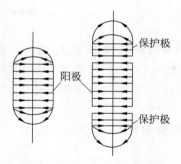

图 5.10-6　保护环电极对于消除边缘效应的作用示意图

2. 磁聚焦法

实验仪器为 DHB-B 型电子荷质比测定仪（由测试仪主机、测试仪电源和螺线管直流电源三大部分组成）。

示波管外接电路如图 5.10-7 所示。

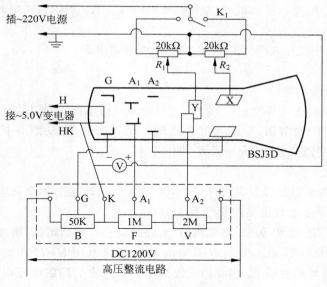

图 5.10-7　示波管外接电路示意图

[实验内容与测量]

1. 磁控管法测量电子 e/m

1）实验仪器调节

（1）按图 5.10-5 连线，电源上的电位器全部置于安全位置。（注意：未经教师检查不能接通电源。）

（2）接通 GPS-2303C 直流电源，令 CH2 路电压输出不超过 6V，电流输出不超过 0.75A

（切记），调节灯丝电流 I_f 为 0.70A，实验过程中要保持恒流。

（3）调节 GPS-2303C 电源 CH1 路电压输出，使 V_a 为 20V，并记下此时的屏流 I_a 值（励磁电流为 0）。

2）实验测量

（1）接通 SS1792C 电源，调节励磁电流，测量 I_a 值。

缓慢地增加激磁电流，令 I_H（A）为下列各值：0.200，0.400，0.500，0.550，0.600，0.625，0.650，0.700，0.720，0.740，0.760，0.780，0.800，0.820，0.840，0.860，0.880，0.900，记下相应的 I_a 值。

（2）为了消除外界磁场对测量的影响，改变励磁电流的方向（利用换向开关 K），重复（1）的测量。

注意事项：未经教师检查，不得擅自接通电源，以保护真空二极管（I_f 电流不宜超过0.75A）。测量过程中，要保持 I_f 与 V_a 的恒定。

2. 磁聚焦法测量电子 e/m

1）实验仪器调节

（1）参考图 5.10-7，将示波管引出的"Y""A_2"导线通过接线转换面板与测试仪相应插线孔相连（此处只接 Y 偏转，无 X 偏转）；将测试仪"～48V"两输出端分别与转换面板"～48V"两端插孔相连；将示波管其余引线"F""F""A_1""G""K"与测试仪相应插线孔相连。

（2）将螺线管引线接入 WYT-2C 直流稳压电源输出端。

2）实验测量

（1）观察电聚焦现象。

将接线转换面板选择开关置于"聚焦"。接通测试仪电源，预热后，将"电压调节"钮置于700V 挡，调节"辉度"调节钮，使荧光屏上出现一个不太亮的亮点（保护荧光屏！），再调节"聚焦"调节钮，使亮点直径比 1mm 小些，即电聚焦。

（2）观察磁聚焦现象。

① 将接线转换面板选择开关置于"～48V"（在 Y 偏转板上加交流电压）。调节测试仪"电压细调"钮，使屏上出现的亮线长度为 3～5cm。

② 接通励磁稳压电源，调节"电流调节"旋钮使其由 0 开始增加，则螺线管的电流 I 由 0 开始增大，观察磁聚焦现象。分别取不同的阳极加速电压 U（700V，750V，800V，850V，900V，950V），记录聚焦磁场 B_c 相应的电流强度 I_c。每次的励磁电流由 0→I_c 反复三至五次，记录数据。

③ 将螺线管线圈励磁电流反向，进行同样的观测并记录。

④ 测量结束时，将测试仪"电压调节"钮回置于 600V 挡。

［注意事项］

（1）观察磁聚焦时，$O'O''$线同时旋转和缩短，直至亮线两端点刚重合时为止（不要过头，否则数据误差大）。

（2）在多次测量 I_c 过程中，由式（5.10-12）可知，应保持电压 U 恒定。

（3）螺线管通电时间不要过长，以免线圈发热。

[实验数据处理]

1. 磁控管法测定电子 e/m

(1) 作 I_a-I_H 曲线。

以 I_a 为纵坐标，I_H 为横坐标（正、反向电流分别在第一与第二象限）作图。连成光滑曲线后，取 I_a 下降90%的 I_H 作为临界激磁电流 I_c。并取 $+I_c$ 和 $-I_c$ 的平均值计算 B_c。

(2) 由式(5.10-7)计算 e/m。

式中有些参数由实验室给出（参数 $r_p = 4.14\text{mm} = 4.14 \times 10^{-3}\text{m}$；$K = 1.023 \times 10^{-4}\text{H}^2/\text{m}^3$）。

(3) 将计算的电子 e/m 与公认值 $1.759 \times 10^{11}\text{C/kg}$ 比较，计算百分误差，分析误差产生的原因。

2. 磁聚焦法测定电子 e/m

(1) 作 I_c^2-U 曲线。

根据测得的数据绘制 I_c^2-U 曲线。根据式(5.10-9)及式(5.10-12)计算 e/m（两偏转板与屏之间的距离、螺线管参数等由实验室给出），即为磁聚焦法电子 e/m 的测量结果。

(2) 与 e/m 的公认值 $1.759 \times 10^{11}\text{C/kg}$ 比较，计算百分偏差，分析误差产生的原因。

[讨论]

(1) 磁控管法测量得到的 I_H-I_a 曲线与理想曲线不同的原因是什么？你能否对其微观机制进行分析和讨论？

(2) 磁聚焦法测量中，加速电压不同时，观测到的实验现象有何不同？如何解释看到的现象？

(3) 本实验的磁聚焦与实验5.7"电子束的偏转与模拟示波器"中的磁聚焦有何异同？

[结论]

通过对实验现象和实验结果的分析，你能得到什么结论？

[研究性题目]

结合磁控管法的实验结果，你能否设计实验测量出电子束中电子速率的分布？

[思考题]

(1) 在磁控管法测量中，若屏极电压发生改变，会对实验结果产生什么影响？

(2) 在磁聚焦法测量中，将接线面板开关选择为"聚焦"，调节"聚焦"旋钮使荧光屏上光点成为处于失焦状态的大光斑时，接通螺线管励磁电流后，会看到光斑随着励磁电流的增大而逐渐变小然后缩为一个小点，你能解释这个现象吗？

[参考文献]

[1]　阮永丰，万良风.关于用磁控管法测电子荷质比实验的理论研究[J].大学物理，1987(3)：9-12.

［2］ 沙振舜.物理实验丛书——电磁学实验：下［M］.上海：上海科学技术出版社,1992.

［3］ 西安理工大学.DZS-B电子束实验仪说明书［Z］.2000.

实验 5.11　用高阻测量仪测量陶瓷薄膜材料的电阻

［引言］

为了提高材料的表面耐磨性、耐腐蚀性和耐高温性等性能,往往在其工作表面覆盖一层或者几层硬质的陶瓷薄膜(涂层)。这些陶瓷薄膜(涂层)根据需要可以被制备成几个纳米(10^{-9} m)到几十个微米(10^{-5} m)的厚度。可以用于制备陶瓷薄膜的材料很多,有硅酸盐系薄膜,各种氧化物和复合氧化物薄膜,氮化物、硼化物、碳化物等非氧化物薄膜以及金属陶瓷薄膜等。其中氧化铝陶瓷薄膜由于具有良好的耐磨性、耐热性、耐腐蚀性、抗氧化性、电绝缘性以及相对可观的经济性,已成为目前产量最大、应用范围最广的陶瓷材料。

近年来,核聚变能成为人类可持续发展的新型能源,使得可控核聚变的研究成为热点,而我国在可控核聚变方面的研究一直处于世界领先水平。图 5.11-1 所示为目前世界上最大的国际热核聚变实验反应堆(International Thermonuclear Experimental Reactor,ITER),由欧盟、中国、美国、日本、韩国、印度和俄罗斯共同合作研究,以探索受控核聚变技术商业化可行性。其中聚变反应堆包层既要具有一定的结构强度,又要具有防氚渗透、绝缘、耐腐蚀、耐高温、抗热冲击等性能。单一材料往往不能满足包层材料的所有要求,经过多年的研究,目前世界上开展聚变堆研究的国家均认为这种在聚变堆用金属材料表面形成防氚渗透阻挡层的方案是可行的。防氚渗透包层要求在结构材料上制备不太厚的陶瓷涂层,该陶瓷涂层除了要满足抗辐射、抗热冲击等要求外,还要具有较高的电绝缘性。本实验使用科研中常用的实验方法,研究氧化铝陶瓷薄膜的电绝缘特性及其漏电机制。

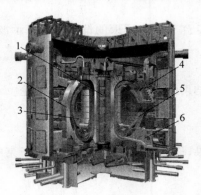

图 5.11-1　国际热核聚变实验反应堆结构示意图

1—中心螺旋管；2—包层；3—等离子体；4—诊断系统；5—第一壁；6—等离子体排出

［实验目的］

（1）了解绝缘材料的导电机理。

（2）了解绝缘材料电阻测量的测试原理。

（3）学会使用伏安法测量绝缘材料伏安特性曲线及其电阻的实验方法。

（4）学会使用高阻测量仪（高阻表）测量绝缘材料电阻的实验方法。

［实验仪器］

稳压电源，钠安/皮安表，吉时利高阻测量仪（高阻表）6517B，氧化铝陶瓷薄膜样品，绝缘电阻测试夹具。

［预习提示］

（1）了解绝缘材料的导电机理。

（2）了解绝缘材料的电绝缘特性测试方法。

（3）了解吉时利高阻测量仪（高阻表）6517B 的测试原理及操作步骤。

［实验原理］

1. 陶瓷薄膜的导电机理

材料的电绝缘性能主要受到其自身的能带结构的影响。图 5.11-2 展示出了金属、绝缘体和半导体的能带结构示意图，图中以电子能级密度 $Z(E)$ 为纵坐标来表示每个布里渊区的能带。

（1）金属。ⅠA 族碱金属（如锂、钠、钾、铷、铯）以及ⅠB 族金属（如铜、银、金）形成晶体时，其能带结构如图 5.11-2(a)所示，其价带只能填充至半满（满带中的电子对导电没有贡献），其电阻率一般为 $10^{-6} \sim 10^{-2} \Omega \cdot cm$。对于ⅡA 族碱土金属（如铍、镁、钙、锶、钡）以及ⅡB 族元素（如锌、镉、汞等）而言，其能带结构如图 5.11-2(b)所示，每个原子可以给出两个价电子，造成填满的能带结构，它们应具备绝缘体的性质，但这些元素形成晶体时，由于能带之间发生重叠，而造成在费米能级以上不存在禁带，因此这类元素形成的晶体也是导体。对于三价金属元素（如铝、镓、铟）而言，每个原子都可以给出三个价电子，可以填满一个带和一个半满的带，因此其形成的晶体也是导体。

（2）半导体。对于四价元素（如硅、锗）而言，其价带被电子完全填满，但导带与价带的能隙较小（单晶硅的能隙为 1.14eV，锗为 0.67eV），如图 5.11-2(d)、(e)所示，在热激发的情况下满带中的电子可以被激发到导带——如同金属中的半满带，这样在电场作用下这类晶体也可以表现出电导特性。

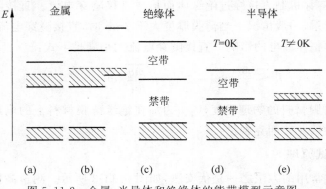

图 5.11-2　金属、半导体和绝缘体的能带模型示意图

238

(3) 绝缘体。对于绝缘体来说,其导带与价带的能隙一般都大于 3eV,如图 5.11-2(c) 所示,在热激发的情况下,电子很难被激发到导带,而在宏观上表现出电绝缘性。

陶瓷薄膜一般都具有良好的电绝缘性能,使用射频磁控溅射法制备的 Al_2O_3 陶瓷薄膜 的体电阻率一般可以达到 $10^{15}\,\Omega\cdot cm$ 以上的数量级。但陶瓷薄膜的绝缘性是相对的,若在 陶瓷薄膜的上下表面间施加一个电压,仍然会有微弱的载流子可以通过陶瓷薄膜而形成漏 电流,其导电机理目前尚未完全研究清楚。主流观点认为陶瓷材料体内的漏电流主要来自 欧姆输送电流、离子电导电流、Frenkel-Poole 热电子发射效应以及直接隧穿电流,而且不同 的陶瓷材料其漏电机理也不尽相同。

(1) 欧姆输送电流:当样品处于较高的温度下时,在样品两端施加一个低电压,由于热 激发作用,有少量的电子被激发出来从而形成电流。欧姆输送电流与电压、温度之间的关系 满足下式:

$$J \sim V\exp(-\Delta E_{ac}/kT) \tag{5.11-1}$$

式中,J 为欧姆输送电流的电流密度;V 为所施加电压;ΔE_{ac} 为电子激活能;k 为玻尔兹曼 常数;T 为绝对温度。

(2) 离子电导电流:在电场的作用下,晶体内的带电离子由于类似于扩散的作用在库 仑力的作用下在绝缘体内部移动,从而形成电流。离子电导电流与电压、温度之间的关系满 足下式:

$$J \sim (V/T)\exp(-\Delta E_{at}/kT) \tag{5.11-2}$$

式中,ΔE_{at} 为离子激活能,其他符号意义同前。

(3) 弗朗克-蒲尔(Frenkel-Poole)发射效应:在绝缘体中有一些电子处于某些"陷阱"中 而受到束缚,这些受到"陷阱"束缚的电子可以通过热激发而脱离"陷阱"。由于受到激发的 是"陷阱"中的电流,因此弗朗克-蒲尔发射的电流密度与"陷阱"的密度有关,即绝缘体中的 缺陷将很大程度上影响弗朗克-蒲尔发射的电流的大小。弗朗克-蒲尔发射的电流大小满足 下式:

$$J \sim V\exp\left[\frac{-q(\Phi - \sqrt{qE/\pi\varepsilon_l})}{kT}\right] \tag{5.11-3}$$

式中,Φ 为陷阱深度,其他符号意义同前。

(4) 直接隧穿电流:隧穿效应是在强电场作用下发生的绝缘体导电机制,电子在电场 作用下,利用量子隧穿机制直接穿过绝缘体而形成直接隧穿电流。直接隧穿电流与陶瓷薄 膜的厚度有很大关系,一般情况下当薄膜厚度大于 3nm 时,直接隧穿电流就非常小了,可以 不考虑其对绝缘体整体漏电的影响。直接隧穿电流大小满足下式:

$$J \sim \frac{A}{t_{diel}^2}\exp\left(-2t_{diel}\sqrt{\frac{2mq}{\hbar^2}}\left\{\Phi_B - \frac{V_{diel}}{2}\right\}\right) \tag{5.11-4}$$

式中,t_{diel} 为绝缘薄膜材料的物理厚度,V_{diel} 为加在绝缘薄膜材料上的电压,Φ_B 为电子需跨 越的势垒高度,$\hbar$ 为约化普朗克常量。

2. 高电阻测试原理

测量高值电阻常用的方法之一是伏安法,如图 5.11-3 所示。测量高值电阻的阻值或伏 安特性曲线时,由于电流表内阻相对于高值电阻 R 来说可以忽略,因此电路需采用电流表内接法。连接电路时使用一恒压源为电路供电,并使待测高值电阻 R 与一个纳安/皮安表串联,用电压表测量高值电阻和纳安/皮安表两端的电压。高值电阻的阻值可以由欧姆定律得到:

$$R = \frac{U}{I} \tag{5.11-5}$$

1) 体电阻和面电阻

体电阻和面电阻是表征绝缘材料电性能的非常重要的指标。体电阻 R_V 是指直接通过材料而形成漏电电流(体电流)I_V 时所体现出的电阻值,如图 5.11-4 所示。用体电阻换算出的电阻率称为体电阻率,可近似表示为

$$\rho_V = \frac{R_V S}{t} \tag{5.11-6}$$

式中,ρ_V 为体电阻率;S 为电极面积;t 为绝缘样品的厚度。体电阻率与材料的结构、缺陷等都具有非常密切的关系。

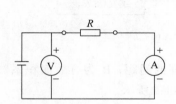

图 5.11-3 伏安法测高值电阻的电路原理图

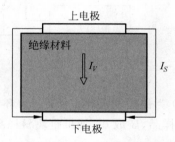

图 5.11-4 绝缘材料的体电流与表面电流

面电阻 R_S 是指在通过材料表面而形成漏电电流(表面电流 I_S)时所体现出的电阻,如图 5.11-2 所示。用面电阻换算出的电阻率称为面电阻率。面电阻率除了与材料的组成、结构和缺陷等因素有关外,还与材料的表面状况、处理条件和环境湿度等有关。而且有研究表明,环境湿度对绝缘材料面电阻有较大的影响,并影响材料真实电阻率的测量。

2) 体电阻率的测量

在测量体电阻率时,一般采用三电极法消除面电阻对电阻测试的影响。高阻测试用的三电极可以采用溅射的方法直接制备在绝缘样品表面,如图 5.11-5 所示,也可以直接将金属电极或导电橡皮电极加工成同心圆的形状压在待测绝缘样品表面。按图 5.11-6 所示连接电路,纳安或皮安表上显示电流为施加电压为 U 时通过样品的体电流 I_V,样品的体电阻 $R_V = \frac{U}{I_V}$,体电阻率为

$$\rho_V = \frac{K_V}{t} R_V = \frac{K_V}{t} \cdot \frac{U}{I_V} \tag{5.11-7}$$

式中,ρ_V 为体电阻率;K_V 为保护电极的有效面积;t 为样品厚度;R_V 为样品的体电阻;U 为测试电压;I_V 为测试电流(体电流)。

对于如图 5.11-5 所示的圆电极来说,保护电极的有效面积可以表示为

$$K_V = \pi \left(\frac{D}{2} + B \frac{g}{2} \right)^2 \tag{5.11-8}$$

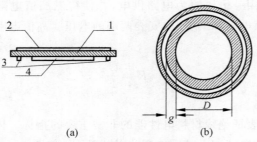

图 5.11-5　三电极法的电极位置示意图

(a) 侧视图；(b) 俯视图

1—绝缘样品；2—顶电极；3—环电极；4—保护电极

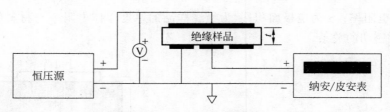

图 5.11-6　体电阻测试电路原理图

式中，D 为保护电极的直径；g 为环电极与保护电极之间的间距；B 为有效面积系数。对于薄膜样品，B 取 0；如果是块材样品，B 的取值如表 5.11-1 所示。

表 5.11-1　有效面积系数 B 的取值

g/t	B	g/t	B
0.1	0.96	1.0	0.64
0.2	0.92	1.2	0.59
0.3	0.88	1.5	0.51
0.4	0.85	2.0	0.41
0.5	0.81	2.5	0.34
0.6	0.77	3.0	0.29
0.8	0.71	∞	取 0

注：g 为环电极与保护电极之间的间距；t 为样品厚度；B 为有效面积系数。

3) 面电阻的测量

在某些科学研究中，除了需要得到样品的体电阻率以外，有时还希望得到样品的面电阻。面电阻的测量主要是通过位于待测样品表面的两个电极进行的，如图 5.11-7 所示，通过测量施加在待测样品表面的电势而引起的相应的漏电流可以计算得到面电阻，由于表面长度固定，测量中不依赖于待测样品的物理尺寸（厚度以及直径或长度）。待测样品的面电阻为

$$r_S = K_s \frac{U}{I} \tag{5.11-9}$$

式中，r_S 为面电阻；K_s 为电极常数，可以表示为

$$K_s = \frac{P}{g} \tag{5.11-10}$$

其中，P 为保护电极的有效周长，且 $P = \pi\left(D + \frac{1}{2}g\right)$。

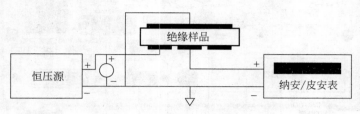

图 5.11-7　绝缘样品面电阻测试电路原理图

需要指出的是，绝缘电阻测试时往往有时间效应，即在样品两端施加电压 U 后，由于绝缘体样品表面会发生电荷累积，纳安/皮安表上显示的电流会随着时间的增加而逐渐减小，因此测试中每改变一次供电电压，应等待足够长的时间。

［仪器装置］

吉时利高阻测量仪 6517B 集成了稳压源、纳安/皮安表，依照连接方法不同可以进行电压测试、电流测试、电容器充电测试、温度和湿度测试以及可以直接测量绝缘样品的体电阻（率）和面电阻，其面板如图 5.11-8、图 5.11-9 所示。需要指出的是，如果使用吉时利高阻测量仪 6517B 直接测量样品的体电阻率和面电阻数值，需要配合吉时利的专用测试夹具，如吉时利 8009 测试夹具，设备可以根据夹具中的电极尺寸以及测试得到的样品电阻计算得到其体电阻率或者面电阻。

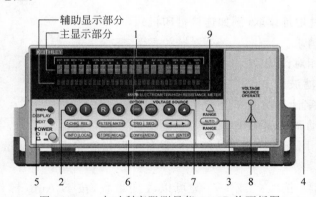

图 5.11-8　吉时利高阻测量仪 6517B 前面板图

1—显示器；2—功能键区；3—测量范围键；4—仪器支架；5—显示键；6—操作键区；7—电压源按键区；
8—电压源指示灯；9—可选功能键

按键功能如下：

（1）显示器：当显示器显示如下字符时，表示破折号后的相应功能或状态。

EDIT——编辑电压值。

ERR——读数可疑。

REM——远程模式。

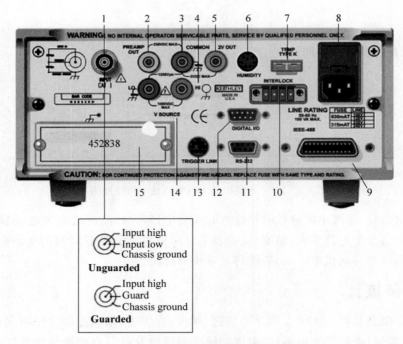

图 5.11-9　吉时利高阻测量仪 6517B 后面板图

1—三轴同轴电缆连接头；2—PREAMP 输出端；3—低阻抗连接端；4—外壳接地；5—电压输出端(2V)；6—吉时利 6517 湿度探头连接端；7—吉时利 6517-TP type K 热电偶温度探头连接端；8—电源；9—IEEE-488 连接接口；10—安全锁连接端；11—RS-232 接口；12—数字接口；13—TRIGGER 连接接口；14—电压源输出端；15—可选接口

TALK——通过地址读取(例如连接打印机)。

SRQ——服务请求。

REL——显示相对读数。

FILT——数值滤波器工作。

MATH——数字计算功能开启。

AUTO——自动调整范围开启。

(2)功能键区：用于选择测量功能——设备可以相应完成电压测量、电流测量、电阻测量以及电荷测量。

(3)测量范围键：按"△"或"▽"键可以改变量程，按下 Auto 键设备可以自动选择量程。

(4)显示键：按下 PREV 或 NEXT 键可以滚动显示多段函数。

(5)操作键区：

Z-CHK——是否进行零点检查(在改变功能前需要进行零点检查)。

REL——是否显示相对读数。

FILTER——显示在当前功能下数字滤波器的状态，可以将数字滤波器开启或关闭。

MATH——显示数字计算，经过配置后可用开关数学计算功能。

TRIG——触发单元。

SEQ——选择测试序列。

左右键——将箭头在数据输入位数、菜单选择以及显示信息上移动。

INFO——显示与当前显示相关的信息。

LOCAL——取消远程操作。

STORE——开启数据存储功能。

RECALL——显示读取数据(读数、编号以及时间),使用显示键选择最大值、最小值、平均值以及标准偏差。

CONFIG——配置功能以及操作。

MENU——存储或者调用仪器条件;设置通信;进行校准以及自测试;定义限值、数字输出以及其他各种操作。

EXIT——撤销选择,返回到菜单结构。

ENTER——保持读数,输入选择,在菜单结构内移动。

(6) 电压源按键区:OPER 键可以开启或关闭电压源,上下箭头可以调节电压源输出电压值。

(7) 电压源指示灯:指示灯亮表示开启电压源。

(8) 可选功能键:用于操作可选功能,也可用于查看外部扫描通道。

实验内容与测量

1. 陶瓷薄膜材料的伏安特性测量

使用稳压电源、纳安/皮安表、电压表、测试夹具,利用电流表内接法按照图 5.11-3 所示连接电路。缓慢提高电压,记录下在不同电压下流过待测样品的电流值,并绘制出伏安特性曲线。需要指出的是,对于陶瓷薄膜来说,施加的电压不可过大,可以施加的电压与样品的材料、杂质、薄膜厚度等因素都有很大的关系。实验中施加的电压不超过 10V。

2. 陶瓷薄膜的电阻测量

1) 吉时利高阻测量仪 6517B 的接线

使用吉时利高阻测量仪 6517B 测量陶瓷薄膜的电阻时需要将 6517B 与高电阻测试夹具连接,接线方式如图 5.11-10 所示。使用三同轴电缆与高电阻测量夹具盒相连,其中三同轴电缆的线芯接在样品的保护电极上,内屏蔽线接在样品的环电极上,外屏蔽线接在测试夹具的外屏蔽盒上。样品的顶电极与设备的电压源的 HI 端相连。

2) 吉时利高阻测量仪 6517B 的高阻测量步骤

(1) 按照如图 5.11-10(a)所示的连线图将吉时利高阻测量仪 6517B 与高阻测试夹具相连,并确保各个测试电极未接触到样品或短路,处于断开状态。

(2) 按下设备的电源键开启吉时利高阻测量仪 6517B,设备会自动开启零点检查功能,显示器显示 ZeroCheck。如果未开启可按下 Z-CHK 键,使设备进行零点检查。

(3) 按下 CONFIG 键,然后按下 R 键,此时显示器显示 CONFIGURE OHMS,通过左右键可以选择其下方相应的菜单,选中的菜单会闪动,依次选中 MEAS-TYPE 后按下 ENTER 键,并选中 RESISTANCE 后再次按下 ENTER 键,此时设备便进入电阻测试模式。

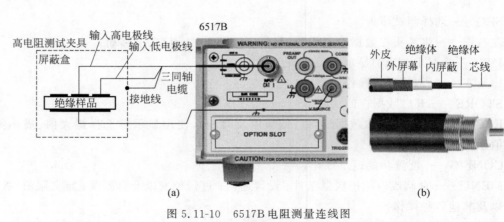

图 5.11-10　6517B 电阻测量连线图
(a) 设备连线图；(b) 三同轴电缆

（4）从 CONFIGURE OHMS 菜单中选择 VSOURCE 设置电压源工作模式,该模式可以改变 6517B 对待测样品施加电压的工作模式。设备有两种电压源工作模式：自动模式（Auto）和手动模式（Manual）。在自动模式下,6517B 可以自动选择 40V 或 400V 电压。但对于陶瓷薄膜样品来说施加在样品两端的电压不宜过大,一般加到 10V 左右即可,过高的电压有可能造成薄膜击穿而损坏仪器设备和待测样品,因此测试过程中电压源工作模式应选择使用手动模式。

选择电压测量模式的步骤为：按下 CONFIG 键,然后按下 R 键,此时显示器显示 CONFIGURE OHMS,通过左右键选中 VSOURCE 后按下 ENTER 键,再选中 MANUAL 后按下 ENTER 键,然后按下 EXIT 键返回主菜单。

（5）将待测陶瓷薄膜样品安装在夹具上,并使夹具上的探针与已经镀在待测样品上的三电极相连,连接方式如图 5.11-10(a) 所示。

（6）使用左右键以及 VOLTAGE SOURCE 中的上下调节键设置电压值。

（7）按下 RANGE 的上下键手动选择电阻测试量程,也可以按下中间的 AUTO 键,让 6517B 自动选择量程。

（8）消除测试夹具漏电流。为了得到更准确的待测样品电阻的测试结果,可以对测量到的电流分量执行 REL 以消除测试夹具的漏电流影响。按下 OPER 键关闭测试电压,此时 VOLTAGE SOURCE OPERATE 蓝色指示灯熄灭,并将待测样品从测试夹具中移除；选择 I 功能,然后按 Z-CHK 键关闭 zero check,同时确保 REL 也关闭（REL 指示灯灭）；按下 OPER 键对测试夹具施加设定电压；选择最低可能测量范围来显示电流读数,该读数就是测试夹具的漏电流；按下 REL 键对读数清零,这就消除了漏电流读数；按下 OPER 键确定测试电压处于关闭状态,然后开启 zero check；按下 CONFIG 键,然后按下 R 键显示 CONFIGURE OHMS 菜单；选择 AMPSREL 菜单项,选择 YES 建立检流计 REL 值,按 EXIT 键返回到菜单,并重新将待测样品安装到夹具中。

（9）按下 Z-CHK 键取消 zero check,然后按下 OPER 键加电压到待测样品上,此时开始电阻测量,设备右侧的 VOLTAGE SOURCE OPERATE 蓝色指示灯常亮。如果 VOLTAGE SOURCE OPERATE 蓝色指示灯闪烁,则说明设置的电压值超过电流限值,应设置更低的电压值进行测试。

（10）记录样品在规定的电压加载时间后设备显示的阻值和当前的测试电压。

（11）关机：依次按下 OPER 键，待 LED 灯熄灭后按下电源键关闭设备。

3）测量体电阻

适当选择施加在待测样品上的电压，测量待测陶瓷薄膜样品的体电阻。

注意：施加在样品上的电压不要过高（一般不高于 10V），过高的电压会击穿薄膜材料，造成设备和样品的损坏。

3. 计算体电阻率

测量制备在陶瓷薄膜样品上的各个电极尺寸，计算陶瓷薄膜的体电阻率。

［讨论］

由实验得到陶瓷薄膜材料的伏安特性曲线，并查阅相关文献讨论该样品的漏电机制。

［结论］

从本实验中你可以得到哪些结论？

［研究性题目］

参照吉时利 *Model 6517B Electrometer User's Manual* 设计实验，测量陶瓷薄膜样品的面电阻。

［参考文献］

[1] Keithley Instruments. Model 6517B Electrometer User's Manual[Z]. 2008.

[2] Keithley Instruments. High Resistance Measurements[Z]. 2005.

[3] ASTM International. Standard Test Methods for DC Resistance or Conductance of Insulating Materials [Z]. 2007.

[4] TANAKA T, NAGAYASU R, SAWADA A, et al. Electrical insulating property of ceramic coating materials in radiation and high-temperature environment[J]. Journal of Nuclear Materials, 2007, 367, 1155-1159.

[5] 任驰，杨红，韩德栋，等. Al_2O_3 栅介质的制备工艺及其泄漏电流输运机制[J]. 半导体学报，2003(10)：1109-1114.

[6] 孔祥华，杨穆，王帅. 材料物理基础[M]. 北京：冶金工业出版社，2010.

[7] 闫丹. 衬底温度及热处理对射频磁控溅射 HfO_2 薄膜介电特性的影响[D]. 北京：北京科技大学，2007.

[8] 闫丹. 磁控溅射制备 Er_2O_3 与 Al_2O_3 复合陶瓷薄膜及其表征[D]. 北京：北京科技大学，2020.

[9] 宋斌斌. 磁控溅射法制备聚变堆包层涂层的研究[D]. 北京：北京科技大学，2011.

[10] 杨帆. 磁控溅射制备 Si_xC_{1-x}/Al_2O_3 复合涂层的性质研究[D]. 北京：北京科技大学，2013.

实验 5.12　介电常数的频率特性

［引言］

最简单的电容器由两个平行的导体板组成，大多数电容器的两导体板间都充有不导电的材料，或者说电介质。如果极板和电介质均可以弯曲的话，就可以将三明治结构的电容器卷起来形成一个紧凑的单元来减小电容器的体积。电介质的存在能让两个大金属板分开很小的距离而没有实际接触，也增加了极板间最大可能的电势差，且电容比两极板间为真空时更大(有电介质时与没有电介质时的电容之比即为电介质的相对介电常数)。表 5.12-1 示出了一些材料相对介电常数的典型值。根据材料状态，电介质可以划分为气态电介质、液态电介质和固态电介质。常见的气态电介质有空气、氮气、六氟化硫等。固态电介质包括晶态和非晶态电介质两大类。非晶态电介质有玻璃、树脂和高分子聚合物等，晶态电介质如单晶或多晶陶瓷。虽然水的相对介电常数很大，但是，通常它不太适合作为电容器中的介质使用。原因在于纯水虽然是不良导体，但它也是一种很好的离子溶剂。任何溶解在水中的离子都会导致电荷在电容器的极板间流动，从而使电容器放电。

表 5.12-1　某些材料 20℃ 时的相对介电常数

材　　料	相对介电常数	材　　料	相对介电常数
真空	1	聚氯乙烯	3.18
空气(1atm)	1.00059	树脂玻璃	3.40
空气(100atm)	1.0548	玻璃	5～10
聚四氟乙烯	2.1	氯丁橡胶	6.70
聚乙烯	2.25	锗	16
苯	2.28	甘油	42.5
云母	3～6	水	80.4
聚酯薄膜	3.1	钛酸锶	310

表格来源：《西尔斯物理学》。

利用电容器存储和释放电能的能力产生了许多重要应用。在摄影师使用的电子闪光装置中，储存在电容器中的能量通过按下快门按钮释放出来，闪光管提供了两个极板间的导电通道，一旦按下快门按钮该通道建立起来，电容器中的储能便快速地转变成一个短暂而强烈的闪光。中国正在建设的"Z 机器"(Z Pulsed Power Facility)有望在瞬间产生约 6000 万 J 的能量，大约是美国桑迪亚实验室能够产生 270 万 J 能量的 22 倍。"Z 机器"瞬间产生的高能量来源于大量电容器在几纳秒内释放出的能量，用于高能量密度科学研究(图 5.12-1)。在电磁线圈炮的制作中，充电时电容器模块将电源输送的电能储存起来，放电时瞬间将能量释放到电磁线圈组装的炮管中，使其产生强磁场弹射出炮弹。在这些应用中，电容器两极板间需要充有介电常数大、耐压高的电介质，或者将多个电容进行并联，从而在电容模块充电完成时可以存储更多的电荷和能量。

通常电容器存储电能的能力可以用电容 C 来衡量，电容值与电容器的极板尺寸、间距以及电介质的相对介电常数相关。在设计电容器时，极板尺寸、间距需要根据具体应用环境的尺寸来设计，电容值的改变可以通过选择具有合适介电常数的电介质来完成。除介电常数外，介电损耗亦是反映电介质介电特性的参量，它表示的是介质在外加电场作用时，材料体系为存储一定电荷所消耗的能量。电介质的介电常数、介电损耗会随着交流电频率改变而改变。原因在于施加电压时电介质会发生极化，极化时会出现电介质内部的正负电荷重新分布，如果电介质处于交流电路中，正负电荷的重新分布也会随交流电频率的变化而变化。本实验通过测量电容和损耗因子随频率的变化，研究电介质的介电常数和损耗与频率的关系。

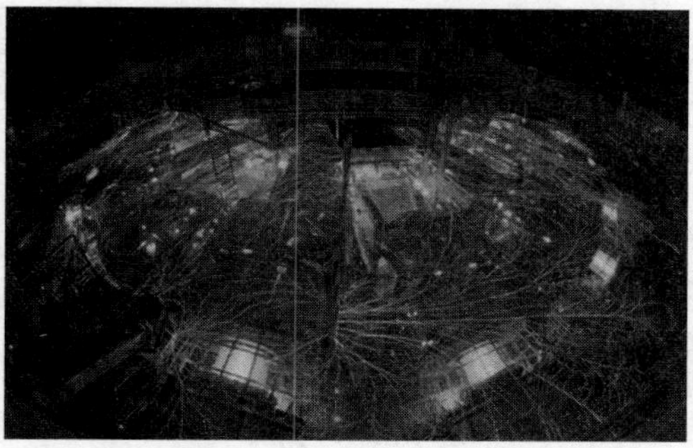

图 5.12-1　采用大量并联电容器的"Z 机器"

注：它们的等效电容 C 很大。因此，即使电势差很小，也能储存大量的能量。当电容模块向一目标（与拳头差不多大的钨丝球）放电时，产生的弧光如图中所示，该电弧能将目标加热到温度超过 2×10^9 K。

［实验目的］

（1）学习 Agilent 4284A 高精度阻抗分析仪与 16451B 夹具的使用方法。
（2）测量电容及损耗因子随交流电频率的变化。
（3）通过电容计算电介质的介电常数。

［实验仪器及样品］

Agilent 4284A 高精度阻抗分析仪与 16451B 夹具、待测电介质。

［预习提示］

（1）本实验的任务是利用阻抗分析仪与 16451B 夹具测量不同频率下的电容和损耗因子，并分析电介质的介电常数。
（2）随着频率的变化，电容和损耗因子有什么样的变化？ 为什么？

［实验原理］

1. 相对介电常数与损耗因子

当导体间电势差一定时，电容器的电容越大，导体上的电荷量就越大，电容器储存的能量就越多。因此，电容 C 衡量了电容器存储电能的能力。以极板为圆形的电容器为例，其电容可表示为

$$C = \varepsilon_0 \varepsilon_r \frac{S}{h} \tag{5.12-1}$$

式中，ε_0 为真空介电常数，其值为 8.85×10^{-12} F/m；ε_r 为电介质的相对介电常数；S 为有效电极面积；h 为电极之间的距离。

由式(5.12-1)可知，电介质的相对介电常数 ε_r，可以通过测量电容器的电容以及尺寸求得。代入真空介电常数的值，由式(5.12-1)推导出电介质的相对介电常数

$$\varepsilon_r = \frac{Ch}{\varepsilon_0 S} = \frac{1.44 \times 10^{11} Ch}{d^2} \tag{5.12-2}$$

式中，d 为电极的直径。

在外电场作用下，通常电介质中都会有损耗产生。因此，介电常数可以用复介电常数（ε_r^*）表示：

$$\varepsilon_r^* = \varepsilon_r' - i\varepsilon_r'' \tag{5.12-3}$$

式中，ε_r' 为电介质复介电常数的实部，即通常所说的介电常数，可以影响电容器的储能能力；ε_r'' 为复介电常数的虚部，称为介电损耗，表示在外电场作用下的能量损耗。通常用介电损耗角正切值（损耗因子）$\tan\delta$ 来描述介电损耗程度，其与复介电常数的关系为

$$\tan\delta = \frac{\varepsilon_r''}{\varepsilon_r'} \tag{5.12-4}$$

2. 材料介电性能随频率变化的情况

如果电容器的两电极间填充理想电介质，例如完全不导电的绝缘体，它在交变电场下内部没有能量的损耗，与真空作为电介质的唯一区别是它的相对介电常数为 ε_r。如果两电极间填充某一实际电介质，在交变电场作用下，电介质内部会有热量产生，这标志着电介质内部有能量的损耗。能量损耗是由电荷运动造成的，包括自由电荷和束缚电荷的运动。实际电介质并不是理想的绝缘体，其内部存在着少量自由电荷，自由电荷在电场作用下定向迁移，形成纯电导电流，自由电荷运动带来的能量损耗与电场频率无关。电介质中束缚电荷极化时的响应是非即时的，当束缚电荷移动时也会带来能量损耗，束缚电荷运动产生的能量损耗和电场频率有关。所以，实际电介质的介电损耗（ε_r''）是不为零的，其损耗主要来自材料的纯电导电流和极化非即时响应。极化弛豫时间（τ）是标志极化弛豫过程快慢的特征时间常数，τ 越大，极化弛豫过程越长，反之则越短。若给电介质施加交变电场 $E = \dot{E}e^{i\omega t}$，当施加电场的时间足够长时，复介电常数 ε_r^* 与弛豫时间（τ）的关系用德拜（Debye）弛豫方程表示：

$$\varepsilon_r^* = \varepsilon_\infty + \frac{\varepsilon_s - \varepsilon_\infty}{1 + i\omega\tau} \tag{5.12-5}$$

其实部与虚部以及 $\tan\delta$ 分别表示为

$$\varepsilon_r'(\omega) = \varepsilon_\infty + (\varepsilon_s - \varepsilon_\infty)\frac{1}{1 + \omega^2\tau^2} \tag{5.12-6}$$

$$\varepsilon_r''(\omega) = (\varepsilon_s - \varepsilon_\infty)\frac{\omega\tau}{1 + \omega^2\tau^2} \tag{5.12-7}$$

$$\tan\delta = \frac{\varepsilon_r''(\omega)}{\varepsilon_r'(\omega)} = \frac{(\varepsilon_s - \varepsilon_\infty)\omega\tau}{\varepsilon_s + \varepsilon_\infty\omega^2\tau^2} \tag{5.12-8}$$

式中，ε_∞ 为光频介电常数；ε_s 为静态介电常数；ω 为电场角频率。

由式(5.12-6)和式(5.12-7)可知，当角频率 $\omega = 0$ 时，$\varepsilon_r' = \varepsilon_s$，$\varepsilon_r'' = 0$，对应恒定电场下的情况；当角频率 ω 趋近于无穷大时，$\varepsilon_r' = \varepsilon_\infty$，$\varepsilon_r'' = 0$，对应光频下的情况。图 5.12-2(a)展示了随着角频率 ω 的变化，介电常数 ε_r' 和损耗因子 ε_r'' 的变化。随频率 ω 的增加，ε_r' 从静态介电常数 ε_s 降至光频介电常数 ε_∞。损耗因子 ε_r'' 随频率的增加先增大后减小，出现极大值，出现极值的条件是

$$\frac{\partial\varepsilon_r''}{\partial\omega} = 0 \tag{5.12-9}$$

由此计算得到极值频率 ω_m 为

$$\omega_m = 1/\tau \qquad (5.12\text{-}10)$$

当 $\omega = \omega_m = 1/\tau$ 时，由式(5.12-6)和式(5.12-7)可得

$$\varepsilon'_r = \frac{1}{2}(\varepsilon_s + \varepsilon_\infty) \qquad (5.12\text{-}11)$$

$$\varepsilon''_r = \frac{1}{2}(\varepsilon_s - \varepsilon_\infty) \qquad (5.12\text{-}12)$$

当 ω 处于 $\omega_m = 1/\tau$ 附近的频率范围时，ε'_r、ε''_r 急剧变化，ε'_r 由 ε_s 过渡到 ε_∞，与此同时，ε''_r 出现一极大值，如图 5.12-2(a)中 ε''_r-lgω 曲线所示。在这一频率区域，介电常数发生剧烈变化，同时出现极化的能量耗散，这种现象被称为弥散现象。介电常数发生剧烈变化的频率区域被称为弥散区域，弥散区域的出现是由极化的弛豫过程造成的。

$\tan\delta$ 与频率的关系类似于 ε''_r 与频率的关系。在 $\tan\delta$ 与频率的关系中也出现极大值，但 $\tan\delta$ 的极值频率 ω'_m 与 ε''_r 的极值频率 ω_m 不同，根据 $\tan\delta$ 的极值条件

$$\frac{\partial \tan\delta}{\partial \omega} = 0 \qquad (5.12\text{-}13)$$

可得

$$\omega'_m = \frac{1}{\tau}\sqrt{\frac{\varepsilon_s}{\varepsilon_\infty}} \qquad (5.12\text{-}14)$$

显然 $\omega'_m > \omega_m$，这是因为 $\tan\delta = \varepsilon''_r/\varepsilon'_r$，当 ε''_r 达到极大值时，ε'_r 还在随频率的增加迅速减少，因而 $\tan\delta$ 在较高的频率下才达到极值。当 $\omega = \omega'_m$ 时，由式(5.12-8)可得

$$\tan\delta_{\max} = \frac{\varepsilon_s - \varepsilon_\infty}{2\sqrt{\varepsilon_s\varepsilon_\infty}} \qquad (5.12\text{-}15)$$

$\tan\delta$ 与 ε''_r 情况类似，按照式(5.12-8)，当 $\omega \ll \dfrac{1}{\tau}\sqrt{\dfrac{\varepsilon_s}{\varepsilon_\infty}}$ 时，$\tan\delta$ 大致与 ω 成正比，当 $\omega \gg \dfrac{1}{\tau}\sqrt{\dfrac{\varepsilon_s}{\varepsilon_\infty}}$ 时，$\tan\delta$ 则大致与 ω 成反比，在 $\omega = \omega'_m$ 时出现极大值，如图 5.12-2(b)所示。

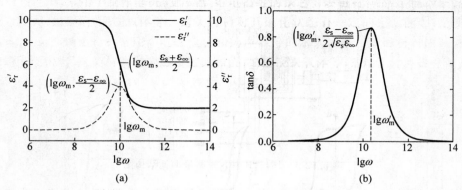

图 5.12-2　ε'_r、ε''_r、$\tan\delta$ 的频率特性曲线

(a) ε'_r、ε''_r 的频率特性曲线；(b) $\tan\delta$ 的频率特性曲线

图中 $\varepsilon_s = 10$，$\varepsilon_\infty = 2$，$\tau = 10^{-10}\,\mathrm{s}$

250

以上讨论的是在一定温度下，ε'_r、ε''_r 的频率特性曲线。ε'_r、ε''_r 随频率如此变化的原因是，电场在低频时变化很慢，它的变化周期比弛豫时间要长得多，弛豫极化完全来得及随电场发生变化，这时电介质的行为与静电场时的情况相接近，因此 ε'_r 趋近于静态介电常数，相应的介质损耗 ε''_r 很小。当电场频率逐渐升高时，电场的变化周期逐渐变短，当周期缩短到可与极化的弛豫时间相比较时，极化逐渐跟不上电场的变化了，介质损耗逐渐变得明显。这时随频率进一步升高，ε'_r 几乎从静态介电常数 ε_s 降至光频介电常数 ε_∞，同时介质损耗 ε''_r 出现极大值，并以热的形式散发出来，这就是极值频率 $\omega_m \tau = 1$ 附近的弥散区域。当电场频率很高时，电场变化很快，它的变化周期比弛豫时间短得多，弛豫极化完全跟不上电场的变化，这时只有瞬时极化发生，因此 ε'_r 接近于光频介电常数 ε_∞，介质损耗 ε''_r 很小，即瞬时极化不发生损耗。$\tan\delta$ 与频率的关系类似于 ε''_r 的情况，只不过其极值频率 ω'_m 大于 ε''_r 的极值频率 ω_m。

如果温度改变的话，介电常数发生剧烈变化对应的频率区域也会发生变化。对于一般电介质，当温度升高时，介电常数 ε'_r 剧烈变化的频率区域向高频方向移动，与此同时 ε''_r 和 $\tan\delta$ 的峰值也相应移向高频；反之，当温度降低时，介电常数发生剧烈变化的频率区域向低频方向移动。这种现象不难解释，当温度升高时，弛豫时间减少，因此可以和弛豫时间相比拟的电场周期变短，于是介电常数发生剧烈变化的频率区域整体向高频方向移动，损耗极值频率 ω_m 或 ω'_m 增加，反之则降低。式(5.12-10)和式(5.12-14)也表明了损耗极值频率 ω_m 或 ω'_m 随着弛豫时间改变而产生变化。

3. 16451B 电介质测量夹具的原理与使用

16451B 是电介质测量夹具，与有着四端对接口的阻抗分析仪或 LCR 表配合使用。16451B 采用 3 端子结构，能够消除边缘电容造成的误差。16451B 的结构如图 5.12-3 所示，无保护电极(unguarded electrode)连接测量仪器的 Hcur(大电流)和 Hpot(高电位)端子，无保护电极是不可以更换的。夹具上可以更换的电极由受保护电极(guarded electrode)和保护电极(guard electrode)组成。受保护电极连接测量仪器的 Lcur(小电流)和 Lpot(低电位)端子。保护电极连接测量仪器的保护端子(同轴电缆连接的外部电阻)。保护电极环绕在受保护电极周围以吸引电极边缘的电场，从而使测量结果更加精确。在测量时根据需求可以选择不同的保护/受保护电极(夹具配备 A、B、C、D 四种电极)，另外可以通过保护/受保护电极一侧千分尺上的旋钮调节其与无保护电极之间的距离。

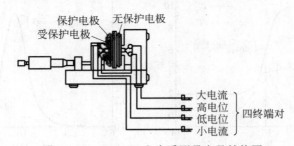

图 5.12-3　16451B 电介质测量夹具结构图

利用平行板技术，将电介质夹在 16451B 两电极间形成电容器，通过安捷伦公司四端对接口的 4284A 高精度阻抗分析仪测试电容值和损耗因子，将电容值等参数代入式(5.12-2)可以计算出电介质的介电常数。需要注意的是，可用于测量的电介质必须是表面光滑的等厚固体薄片，为了使测量准确，需要根据电介质的具体形态选择相应的测量方法和匹配的保护/受保护电极型号,具体参见表 5.12-2 对于测量方法的总结。

表 5.12-2　测量方法总结

测 量 方 法	接触电极法 (使用刚性金属电极)	接触电极法 (使用薄膜电极)	非接触电极法 (空气隙方法)
电极结构 (省略保护电极)	刚性金属电极	薄膜电极	
操作	简单―――――――――――――――――――――→复杂		
可用测试材料	厚的材料,光滑的材料	可以在表面镀上不改变其 性质的薄膜电极的材料	包含前两种方法可用的材 料、高压缩性材料、软材料
16451B 的电极	A、B	C、D	A、B

由表 5.12-2 可知,测量电容的方法主要分为两种:接触法(contact mode)和非接触法(non-contact mode)。接触法是指电极和被测材料直接接触,可以使用 16451B 夹具配备的 A、B、C、D 四种电极,C、D 电极用于表面镀膜的材料测试。非接触法是指电极和被测材料之间存在空气隙,需要使用 A、B 电极。A 和 B、C 和 D 电极的差别在于直径不同,四种电极尺寸如图 5.12-4 所示,A 和 B 电极的受保护电极直径分别为 38mm、5mm,C 和 D 电极所适

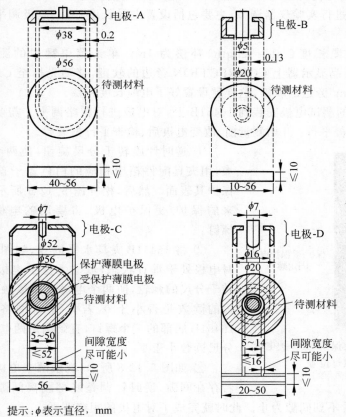

提示:φ表示直径,mm

图 5.12-4　16451B 夹具所配备的四种保护/受保护电极尺寸及其可以测量的材料尺寸示意图

注:图中尺寸单位为 mm

用的薄膜电极直径分别为 5～50mm、5～14mm。图 5.12-4 下方的长方形代表测试材料,四种电极所能测量的材料厚度均小于 10mm,需要注意的是 C 和 D 电极所测量的材料厚度包含薄膜电极的厚度。A 和 C 电极适用于测量直径较大的材料,B 和 D 电极适用于测量直径较小的材料。也就是说,在根据电介质的形态选择了测量方法后,还需要根据电介质的尺寸选择具体的电极进行电容等参量的测量。

［实验内容与测量］

下面介绍用接触电极法(使用刚性金属电极)进行电容等参量测量的实验内容,此种测量方法可以用的电极有 A 和 B,图 5.12-5 展示了电极 A 和 B 的结构示意图。

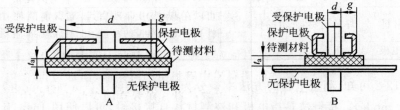

图 5.12-5　接触电极法用的 16451B 电极(刚性金属电极)结构示意图

1. 实验仪器调节

4284A 的前面板说明见本实验附录 1。将 16451B 夹具连接到 4284A 阻抗分析仪上,在开始测量前需要进行实验仪器调节,主要包括设置电缆长度补偿、电极调平、开路补偿与短路补偿。

(1) 设置电缆长度(cable length)补偿为 1m。单击菜单键中的测量设置(MEAS SETUP),按下液晶显示器上 CORRECTION 旁边的软键,移动光标至 CABLE,最后单击液晶显示器上"1m"旁边的软键,这样就设置好了电缆长度补偿。

(2) 将选中的测试电极安装到 16451B 上,对电极进行粗略调平。需要注意,以下三种情况均需调节电极平行:开始测量前、改变电极后、检查平行失败后。

保护/受保护电极
固定螺钉

图 5.12-6　固定保护/受保护电极
的螺钉位置

① 逆时针旋转千分尺旋钮,使两个电极间距离加大,用夹具配件箱中相应的白色盖子盖住无保护电极,保护其表面。然后,松开图 5.12-6 所示的螺钉,取下原来的保护/受保护电极,将要用的电极安装好并拧紧螺钉。

② 将 16451B 夹具水平放置,如图 5.12-7 所示,此时电极处于垂直状态,取下无保护电极表面的盖子,旋转千分尺的棘轮,使两个电极直接接触。检查此时千分尺的读数是否小于 0,若大于 0,则将电极分开,调整16451B 底部的三个螺钉,直到满足两电极直接接触时千分尺读数小于 0。

③ 如图 5.12-8 所示,观察两个电极间是否有间隙,若存在间隙,逆时针调整底部距离间隙最远的螺钉,重复步骤②,直到看不到间隙为止。此时就完成了对电极的粗略调平。

(3) 在测试之前还需要对测量夹具进行开路和短路补偿。

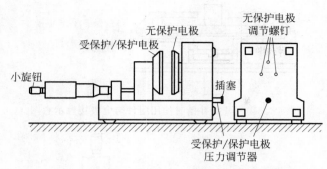

图 5.12-7　电极垂直放置和电极调平螺钉位置示意图

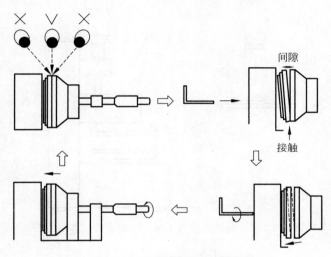

图 5.12-8　电极粗略调平步骤

① 开路补偿。

将夹具垂直放置,即使两电极处于水平状态,调节电极上方的千分尺将两电极间距拉开,从夹具配件盒中找到图 5.12-9 左侧示意的配件及其盖子,将配件和盖子一起连到保护/受保护电极上。参见图 5.12-10,使带着盖子的保护/受保护电极与无保护电极接触。然后,单击菜单键里的测量设置(MEAS SETUP),按下液晶显示器上CORRECTION 旁边的软键进行用户设置,移动光标到 OPEN 位置,按下液晶显示器上 MEAS OPEN旁边的软键进行开路补偿,听到蜂鸣声以后开路补偿结束。

② 短路补偿。

短路补偿取决于采用的电极,若是 A 或 B 电极,参见图 5.12-11 和图 5.12-12,将移开盖子以后的配件连到无保护电极上。然后,移动光标到 SHORT

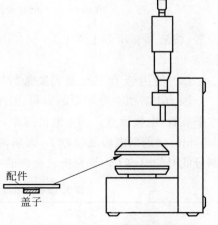

图 5.12-9　配件和盖子连接到保护/受保护电极的位置示意图

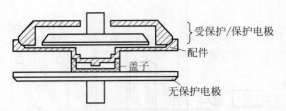

图 5.12-10　开路补偿时使用附件与电极接触示意图

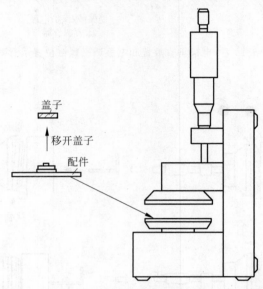

图 5.12-11　配件连接到无保护电极上的位置示意图

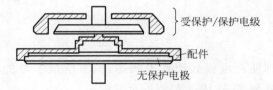

图 5.12-12　刚性金属电极短路补偿时配件与电极接触示意图

位置，按液晶显示器上 MEAS SHORT 旁边的软键进行短路补偿，听到蜂鸣声以后短路补偿结束。

（4）使用 A 和 B 电极需要进行精密调平（C 和 D 电极不需要）。

因为电容值会受灰尘的影响，因此在精密调平开始前应对电极进行清洗。将 16451B 夹具水平放置（电极垂直），调整电极间距，使千分尺读数为 0.01mm，如果在调整到千分尺读数为 0.01mm 之前两电极就接触了，则应调节夹具底部的三个螺钉，直到刻度可以调到 0.01mm。测量此时的电容 C_P，调整夹具底部的三个螺钉，直到测得的电容值满足表 5.12-3 为止。

表 5.12-3　测微计设置为 0.01mm 时的测量电容限值

电　　极	电容值
A	700～1000pF
B	12～17pF

注意：当电容值变为负值或非常大，或者损耗因子突然增加时(此时两个电极短接了)，应停止调整螺钉，迅速分离两个电极，否则，将可能损坏千分尺或电极表面。

2. 实验测量

(1) 设置待测参数。

单击菜单键里的显示格式(DISPLAY FORMAT)，移动光标到 FUNC 位置，按下液晶显示器上待测参量旁边的软键进行测量参数选择，如果此页没有所需的待测参数，则按下液晶显示器上 more 旁边的软键进行下一页参数察看和选择。参数选择为 C_P 和 D，选定后放入待测元件进行这两个参数的测量。

4284A 具体可测的参数见附录 2，在一个测量周期内可同时测量阻抗元件的两个参数：主参数和副参数。

(2) 测量 C_P 和 D 随频率的变化，并计算固定频率下电介质的介电常数。

将待测电介质放在夹具两电极之间，移动光标到 FREQ 位置，根据需要单击前四个软键，对测量频率进行增减。其中，单击液晶显示器上小箭头旁边的软键频率改变速度较慢(每次改变 10Hz)，单击显示器大箭头旁边的软键频率改变速度较快(数量级的变化)，也可以通过输入键(ENTRY Keys)输入任何一个在 20Hz～1MHz 范围内的频率值。当频率增减时，在显示器中央显示所测量的参数 C_P 和 D，此时记录随频率的变化电容和损耗因子的变化。测量完成以后，计算电介质在一定频率下的介电常数 ε_r 和损耗因子 $\tan\delta$，其中 ε_r 的计算公式见式(5.12-2)，$\tan\delta = D$。

［注意事项］

(1) 实验开始前必须进行电极调平、开路补偿与短路补偿；

(2) 4284A 高精度阻抗分析仪所提供的待测频率范围为 20Hz～1MHz。

［实验数据处理］

在交变电场的低频区域，电介质的介电常数较大，请选择其中一个频率计算用接触法测量的介电常数。

［讨论］

分析并讨论所测量材料的介电常数和损耗因子随频率的变化，并思考原因。

［结论］

写出通过本实验的研究，你得到的主要结论。

［思考题］

附录 3 介绍了非接触法(空气隙法)的测量方法与内容，请进行阅读，并思考接触法与非接触法测量原理的异同。

［研究性题目］

假设一个衬底上镀了一层薄膜材料，根据电容串联的相关知识以及本实验的实验装置设计实验测量薄膜的介电常数。

[附录1]　Agilent 4284A 前面板说明

安捷伦4284A前面板示意图如图5.12-13所示,下面介绍每个模块的作用。

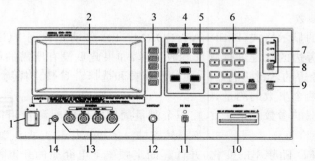

图 5.12-13　安捷伦 4284A 前面板说明

1—开关；2—液晶显示器；3—软键；4—菜单键；5—光标键；6—输入键；7—GPIB状态指示器；8—LCL键；9—TRIGGER键；10—存储卡插槽和解锁按钮；11—DC BIAS键；12—对比度控制旋钮；13—四端子对接口；14—框架终端

(1) 开关。它指电源开启/关闭开关,开关在 ON 位置时,所有工作电压应用于仪器;开关在 OFF 位置时,不向仪器施加工作电压。

(2) 液晶显示器。液晶显示器(LCD)显示测量结果、测试条件等。

(3) 软键。五个软键用于选择功能,每个软键的左侧都有一个软键标签。

(4) 菜单键。菜单选择键。有三个菜单键,分别为显示格式(DISPLAY FORMAT)、测量设置(MEAS SETUP)和目录/系统(CATALOG/SYSTEM),菜单键用于访问相应的仪表控制选项。

(5) 光标键。当光标移动到某一域,该域在液晶显示器上以反白显示,光标只能在域之间移动。

(6) 输入键。输入键用于将数字输入 4284A。输入键由数字 0～9、句点(.)、减号(一)、输入键(ENTER)和后退键(BACK SPACE)组成。输入键终止输入数据,并在输入行中显示输入的值(LCD屏幕底部的第二行);后退键删除输入值的最后一个字符。

(7) GPIB 状态指示器。GPIB 状态指示器包括 RMT(远程)、TLK(说)、LTN(听)和SRQ(服务请求)指示器。当 4284A 通过 GPIB 与控制器连接时,这些指示器用于显示其GPIB 状态。

(8) LCL 键。这是本地键,用于将 4284A 设置为本地(前面板)控制,前提是它处于远程且 GPIB 控制器未调用本地锁定。LCL 是 4284A 处于远程状态时唯一可用的前面板键。

(9) TRIGGER 键。这是用于手动触发 4284A 的触发键。

(10) 存储卡插槽和解锁按钮。存储卡插槽用于插入存储卡,解锁按钮用于弹出存储卡。

(11) DC BIAS 键。这是"直流偏置"键,用于启用直流偏置输出。"直流偏置"为拨动式开关,其开启/关闭 LED 指示灯位于"直流偏置"键上方,当"直流偏置"设置为 ON 时,其开启/关闭 LED 指示灯亮起;当"直流偏置"设置为 OFF 时,其开启/关闭 LED 指示灯熄灭。

如果"直流偏置"设置为 OFF,则即使根据 LCD 显示将直流偏置设置为 ON,也不会输出直流偏置。

(12) 对比度控制旋钮。这个旋钮用来调节 LCD 的对比度。

(13) 四端子对接口。这四个接口用于连接四端子对测试夹具或测试引线。

注意不要向四端子对接口施加直流电压或电流,否则会损坏 4284A。另外,在测量电容器之前,应确保电容器已完全放电。

(14) 框架终端。这是与仪器底盘相连的框架端子,可用于需要保护的测量。

[附录 2]　Agilent 4284A 测试功能

4284A 在一个测量周期内可以同时测量复阻抗的两个分量(参数)。主参数有 $|Z|$(阻抗绝对值)、$|Y|$(导纳绝对值)、L(电感)、C(电容)、R(电阻)、G(电导)。副参数有 D(耗散因子)、Q(品质因数)、R_S(ESR,等效串联电阻)、R_P(等效并联电阻)、X(电抗)、B(电纳)、θ(相角)。

主参数测量结果显示在液晶显示器中央两行大字的第一行,副参数测量结果显示在同一页面上两行大字的第二行。表 5.12-4 列出了主参数和副参数的组合,包括等效的并联和串联组合。

表 5.12-4　测试功能

主参数	串联模式	并联模式
Z	$Z\text{-}\theta(\text{rad})$ $Z\text{-}\theta(°)$	
Y		$Y\text{-}\theta(\text{rad})$ $Y\text{-}\theta(°)$
C	$C_S\text{-}D$ $C_S\text{-}Q$ $C_S\text{-}R_S$	$C_P\text{-}D$ $C_P\text{-}Q$ $C_P\text{-}G$ $C_P\text{-}R_P$
L	$L_S\text{-}D$ $L_S\text{-}Q$ $L_S\text{-}R_S$	$L_P\text{-}D$ $L_P\text{-}Q$ $L_P\text{-}G$ $L_P\text{-}R_P$
R	$R\text{-}X$	
G		$G\text{-}B$

[附录 3]　非接触法(空气隙法)测量方法与内容介绍

1. 实验仪器调节

参见接触法的实验内容,对安装好的电极进行粗略调平、开路和短路补偿,然后对测试电极进行精密调平。精密调平的方法与接触法稍有不同，将 16451B 夹具水平放置（电极垂直），调整电极间距，使千分尺读数为 0.01mm，如果在调整到千分尺读数为 0.01mm 之前就接触到了无保护电极，则应调节夹具底部的三个螺钉，直到刻度可以调到 0.01mm，测量此时的电容 C_P。测量电容时需要压住底部的压力调节器（在无保护电极的底端凸出的黑色圆柱），从顶端的调节螺孔开始，按顺时针次序调节三个螺钉，直到测得的电容值满足表 5.12-5 的条件。然后，一直压着压力调节器，按顺时针次序调节三个螺钉，直到测量的电容值满足表 5.12-6 的条件。

表 5.12-5	电极面垂直时开始按压压力调节器的电容限值		表 5.12-6	电极面垂直时一直按压压力调节器的电容限值
电　极	电容值		电　极	电容值
A	大于 200pF		A	700～1000pF
B	大于 5pF		B	12～17pF

最后，再将 16451B 夹具竖直放置（电极面为水平），检查电容值是否满足表 5.12-7 的条件。如果测量的电容值比限值要小，则水平放置 16451B，即将电极再置为垂直，压住压力调节器，小心调节三个螺钉，直到满足表 5.12-7 的条件为止。若电容变为负值或非常大，或者 D 迅速增加，则水平放置 16451B，调整压力调节器。方法为：移开压力调节器处的插栓，顺时针旋转内部螺丝，以增加压力，然后装好插栓，重新执行夹具竖直放置时的电极调平步骤。

注意：如果反复调节，电容始终无法满足表 5.12-7 中的条件，则将电容限值修正为表 5.12-8 所示。

表 5.12-7	电极面水平时的电容限值		表 5.12-8	电极面水平时的修正电容限值
电　极	电容值		电　极	电容值
A	大于 700pF		A	400～700pF
B	大于 12pF		B	7～12pF

2. 实验测量

（1）在电极间插入测试材料并且存在空气隙时的参数测量。

将待测材料放到电极中，待测参数设置为 C_S-D，旋转千分尺旋钮，调整电极间距，使得受保护电极与待测材料的间距小于材料厚度的 10%，测试不同频率下的电容 C_{S2} 和 D_2。

（2）没有插入测试材料时的参数测量。

移走被测材料，不改变电极间距，测试不同频率下的电容 C_{S1} 和 D_1。

（3）非接触法测量电介质介电常数的计算过程。

如图 5.12-14 所示，左侧为放入待测材料以后的测量示意图以及等效电路图，右侧为不放测量材料的测量示意图以及等效电路图，这两次测量电极间的距离保持不变。可以通过两次测量之间的电容差来准确得到介电常数。

材料介电常数 ε_r 和损耗因子 D_r 的计算见式（5.12-6）和式（5.12-7）。

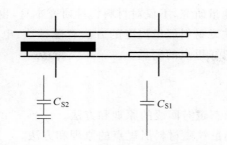

图 5.12-14 空气隙法测量示意图

$$\varepsilon_r = \cfrac{1}{1 - \left(1 - \cfrac{C_{S1}}{C_{S2}}\right) \times \cfrac{t_g}{t_a}} \tag{5.12-16}$$

$$D_t = D_2 + \varepsilon_r \times (D_2 - D_1) \times \left(\frac{t_g}{t_a} - 1\right) \tag{5.12-17}$$

式中，C_{S1}、D_1 为没有插入测试材料时的串联电容（单位为 F）和损耗因子；C_{S2}、D_2 为插入测试材料时的串联电容（单位为 F）和损耗因子；t_g 为受保护电极和无保护电极之间的距离，m；t_a 为测试材料的平均厚度，m。

[参考文献]

[1] YOUNG H D, FREEDMAN R A, FORD A L. 西尔斯当代大学物理（下）[M]. 吴平，邱红梅，徐美，等译. 13 版. 北京：机械工业出版社，2020.

[2] 张良莹，姚熹. 电介质物理[M]. 西安：西安交通大学出版社，1991.

[3] 史美伦. 交流阻抗谱原理及应用[M]. 北京：国防工业出版社，2001.

[4] 马万里. 掺杂型 $BaTiO_3$ 陶瓷介电与阻抗性能研究[D]. 西安：西安科技大学，2019.

[5] Agilent Technologies. 4284A Precision LCR Meter4284A Operation Manual[Z]. 2000.

[6] Keysight Technologies. Keysight 16451B Dielectric Test Fixture, Operation and Service Manual [Z]. 2008.

实验 5.13 铁磁材料居里点的测定

[引言]

19 世纪末，著名物理学家皮埃尔·居里发现，当把磁石加热到一定温度时，它的磁性就会消失。这一特征温度随后被称为"居里点"。居里点（T_C）也称居里温度或磁性转变点，是指材料可以在铁磁体和顺磁体之间转变的温度，低于居里点温度时为铁磁体的材料，在高于居里点温度时，其磁性消失成为顺磁体。当基于电磁效应工作的器件温度一旦超过其磁芯材料的居里温度时，磁芯材料的磁导率会急剧下降，即磁芯的电磁效应会消失。基于这个特点可以制作如电磁开关等控制器件。我们日常生活中使用的自动电饭锅就利用了磁性材料居里点的特性。即在电饭锅的底部中央安装一块磁铁和一块居里点为 103℃ 的磁性材料。当锅体温度达到 103℃ 时，磁性材料会因磁性消失而脱离磁铁对它的吸附，二者分开的同时带动电源开关自动断电。

260

对磁性材料居里点的测量研究,不仅对材料特性研究本身,也对工程技术及电器设计等具有重要意义。通常测量铁磁材料居里温度的方法有磁秤法、电桥法和感应法等。本实验是基于感应法实现铁磁材料居里点的测量。

[实验目的]

（1）了解示波器测量动态磁滞回线的原理和方法。
（2）学习利用感应法测量铁磁材料居里点的原理和方法。

[实验仪器及样品]

JLD-Ⅲ居里点测试仪及 5 个环状铁磁样品,JLD-Ⅲ高温型居里点测试仪及一个棒状样品。

[预习提示]

（1）了解磁性物质的分类及特点。
（2）初步了解铁磁物质由铁磁性转变为顺磁性的微观机理。
（3）了解用动态法测量铁磁材料磁滞回线的原理和方法。
（4）了解棒状样品和环状样品磁滞回线测量方法的异同。

[实验原理]

居里点是铁磁材料在升温过程中由铁磁体转变为顺磁体的转变温度,是铁磁体的基本特性之一。在居里点附近,材料的磁性会有突变。凡能精密测定磁性的方法都可用来测定居里点。本实验即采用示波器直接观察磁滞回线消失的方法来测定居里点。

1. 示波法测磁滞回线的原理

用示波器可以直观地观察、比较各种铁磁材料的磁滞回线,即示波器显示出的 B-H 线是被测磁性材料样品在交流电磁化下得到的动态磁滞回线。与测静态磁滞回线不同的是,材料中除了有磁滞损耗外,还有涡流损耗,且后者因使用交流电频率的不同而不同。其测量原理图如图 5.13-1 所示。

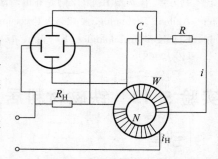

图 5.13-1　示波法测磁滞回线原理图

若给待测铁芯的初级线圈（N 匝）通以 $50\,\mathrm{Hz}$ 交流电,则样品次级线圈（W 匝）中产生的感生电动势为 $\varepsilon=-WS\dfrac{\mathrm{d}B}{\mathrm{d}t}$,次级回路电压方程为 $\varepsilon=Ri+u_C$,当 $R\gg\dfrac{1}{2\pi fC}$ 时,$Ri\gg u_C$,则 $i=\dfrac{\varepsilon}{R}-\dfrac{WS}{R}\cdot\dfrac{\mathrm{d}B}{\mathrm{d}t}$。在 t 时刻电容 C 端电压

$$u_C=\frac{q}{C}=\frac{q_0}{C}+\frac{1}{C}\int_0^t i\,\mathrm{d}t=\left(\frac{q_0}{C}+\frac{WS}{RC}B_0\right)-\frac{WS}{RC}B \qquad (5.13\text{-}1)$$

式(5.13-1)中,前项为 $t=0$ 时,由电容初始状态和铁芯初始状态决定的"直流"电压值。若

此项为零,则 $u_C = -\dfrac{WS}{RC}B$,即 $u_C \propto B$。将 u_C 输入示波器的 Y 轴,则示波器荧光屏上电子束竖直方向偏转的距离与磁感应强度 B 成正比。

又初级线圈中,$u_H = R_H i_H$,而 $H = n i_H$,所以,$u_H = \dfrac{R_H}{n}H$,即 $u_H \propto H$。将 u_H 输入示波器的 X 轴,则示波器荧光屏上电子束水平方向偏转的距离与磁场强度 H 成正比。

显然,磁化电流变化的每个周期内,示波器上都将显示出一闭合的稳定的磁滞回线 B-H 图。

2. 示波法测居里点的原理

材料的铁磁性是与材料内部的磁畴结构密切相关的。当铁磁体受到剧烈震动后,或在高温下由于剧烈热运动的影响,使得磁畴结构瓦解,则与磁畴相关的一系列铁磁性质(如高磁导率、磁滞等)将全部消失。而标志材料铁磁性消失转变为顺磁性的临界温度就是居里点。因此,本实验通过观察不同温度下铁磁性样品磁滞回线的变化,来测量临界转变温度——居里点。

1)棒状磁性介质样品

测量原理图如图 5.13-2 所示,励磁线圈中同轴放置三个探测线圈:H 探圈、两个面积相等匝数相同反向串联的 M 探圈。H、M 探圈两端各经一个积分串联电路 $r_H C_H$ 与 $r_B C_B$ 分别接到示波器的水平和垂直输入端。棒状磁性介质样品放在一个 M 探圈内。当磁场激发后,示波器光点的水平偏转距离正比于 H,垂直偏转距离正比于磁化强度 M,于是,示波器就显示一个 M-H 曲线。

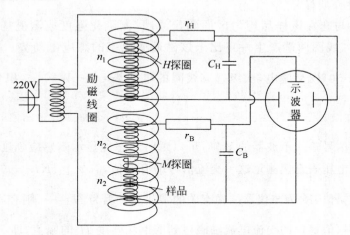

图 5.13-2 示波法测居里点原理图

探测线圈内装有玻璃水套隔热装置,电炉用于加热样品,温度由热电偶测量,当温度升到磁滞回线缩小至刚消失成直线时,或温度降到磁滞回线刚出现时,对应的温度即为居里点。

在 H 探圈回路上电压平衡方程为

$$n_1 \frac{\mathrm{d}\varphi}{\mathrm{d}t} = n_1 S_1 \mu_0 \frac{\mathrm{d}H}{\mathrm{d}t} = L_1 \frac{\mathrm{d}i_H}{\mathrm{d}t} + i_H r_H + \frac{1}{C_H}\int i_H \mathrm{d}t \tag{5.13-2}$$

式中,n_1、S_1、L_1 分别为 H 探圈的匝数、截面积和自感。

当 L_1 很小，$C_H r_H$ 很大时，上式变为 $n_1 S_1 \mu_0 \dfrac{dH}{dt} = i_H r_H$，即 $i_H = \dfrac{n_1 S_1 \mu_0}{r_H} \cdot \dfrac{dH}{dt}$，电容器 C_H 两端电压

$$u_{C_H} = \frac{1}{C_H} \int i_H dt = \frac{1}{C_H} \cdot \frac{S_1 \mu_0 n_1}{r_H} H \propto H \tag{5.13-3}$$

在 M 探圈回路上有

$$n_2 \left[S \frac{dB}{dt} + (S_2 - S) \mu_0 \frac{dH}{dt} - S_2 \frac{\mu_0 dH}{dt} \right] = L_{B_1} \frac{di_B}{dt} - L_{B_2} \frac{di_B}{dt} +$$

$$i_B r_B + \frac{1}{C_B} \int i_B dt \tag{5.13-4}$$

式中，n_2、S_2、L_{B_1}、L_{B_2} 分别为两个 M 探圈的匝数、截面积和自感；S 为样品截面积。

当 L_{B_1}、L_{B_2} 很小，$C_B r_B$ 很大时，式(5.13-4)变为 $n_2 \left(S \dfrac{dB}{dt} - S\mu_0 \dfrac{dH}{dt} \right) = i_B r_B$，所以 $i_B = \dfrac{n_2 S}{r_B} \left(\dfrac{dB}{dt} - \dfrac{\mu_0 dH}{dt} \right)$。电容器 C_B 两端电压为

$$u_{C_B} = \frac{1}{C_B} \int i_B dt = \frac{n_2 S}{C_B r_B} (B - \mu_0 H) = \frac{n_2 S}{C_B r_B} \mu_0 M \propto M \tag{5.13-5}$$

显然，将 u_{C_H}、u_{C_B} 分别输入示波器的 X、Y 轴，则示波器荧光屏上电子束水平、垂直方向偏转的距离分别与磁场强度 H、磁化强度 M 成正比。在磁化电流变化的每个周期内，示波器上都将显示出一闭合的稳定的磁滞回线 M-H 图。

2) 环状磁性介质样品

被磁化样品与套在该样品均匀区的测量线圈(测磁化强度或测磁场强度等)的磁通交联发生变化时，线圈两端产生一正比于该磁通变化率的感应电动势。如图 5.13-1 中，初级线圈中通以 50Hz 交流电，次级感应线圈的电动势 $\varepsilon = -WS \dfrac{dB}{dt}$，积分电路输出电压 $u = -\dfrac{WS}{RC} B \propto B$。

将这一交流信号输入示波器的 Y 轴，可以瞬时动态地显示磁感应强度 B 的变化规律。也可以利用数字电压表直接测量这一交流信号的有效值，有 $u_{eff} = K B_m$，式中 B_m 为磁感应强度正弦变化的幅值，K 为与仪器结构有关的常数。又因为 $H = \dfrac{B}{\mu}$，则有 $u_{eff} = \mu K H_m$，H_m 是由初级线圈内幅值稳定的交流电流励磁得到的磁场强度 H 的幅值，即 H_m 是恒定的，则 $u_{eff} \propto \mu$，即测量电压值的变化反映环状样品介质磁导率的变化。随着温度的升高，达到居里点 T_C 时磁介质的磁导率会发生突变，$\mu = 0$，则 $u_{eff} = 0$。

通过控制测试管内加热线圈流过的加热电流值的大小，使加热管中的温度逐步升高。测温装置采用集成温度传感器 AD590。

[仪器装置]

用于测量环状磁性介质样品居里点的 JLD-Ⅲ 居里点测试仪(含五种环状样品)。

用于测量棒状磁性介质样品居里点的 JLD-Ⅲ高温型居里点测试仪装置包括测试仪主机、磁化感应加热炉、水冷循环系统、示波器、热电偶、待测棒状样品等。实验装置原理图如图 5.13-3 所示。

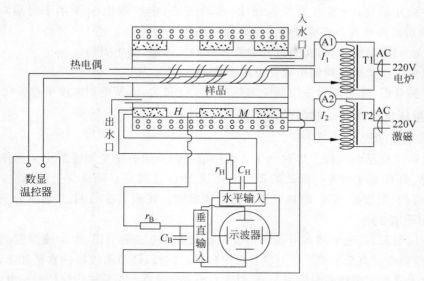

图 5.13-3　测棒状铁磁材料样品居里点实验装置原理图

[实验内容与测量]

1. 测量棒状磁性介质样品的居里点

1）实验仪器调节

（1）循环水装置接通电源。按图 5.13-3 接好测试仪主机与加热炉之间的励磁、加热及测温线路，将测试仪主机的 H、B 输出分别接入示波器通道 1 和通道 2。

（2）打开测试仪主机电源，按实验室要求适当调节励磁电流 I_2。打开示波器，当屏上回线出现时，调节示波器的水平和垂直灵敏度，使示波器屏上显示出大小适当的完整回线图形，调节测试仪主机上的移相旋钮，使示波器屏上回线图形闭合。把待测样品（镍棒）放入加热炉内 M 探圈的适当位置。适当调节样品的位置使回线的图形最大，再进一步调节励磁电流 I_2 使回线达到磁性饱和状态（励磁电流不要超过 3.0A）。

2）实验测量

（1）观察在升温过程中，棒状样品磁滞回线的变化。

调节电炉加热电流 I_1，从 0.5A 开始，使其每隔十余分钟增大大约 0.2A，最大不超过 2.5A。用数字温控表监测加热炉温度，观察磁滞回线的变化。

（2）测量磁滞回线突变温度（居里点 T_C）。

① 当温度升高到居里点时，磁滞回线突然消失，完全闭合变为一条直线，迅速读取此时数字温控表的读数 T_1。

② 适当减小加热炉电流 I_1，在降温过程中磁滞回线刚刚重现时，读取数字温控表的读数 T_2。

③ 再次通过调节电炉加热电流,使样品于回线完全闭合温度附近反复升温、降温,重复测量回线消失(出现)温度五次。

注意事项:

(1) 实验开始前,冷却水套要先通水,实验完毕,电炉断电至少半小时后(炉温低于100℃)冷却水套再停水。实验过程中务必保持循环水畅通。

(2) 实验炉体温度较高,实验过程中要注意避免触碰,防止烫伤。

(3) 避免在实验装置周围出现强电磁干扰。

(4) 实验升温、降温过程中应避免加热电流变化过大,以使电炉温度平稳变化。

2. 测量环状磁性介质样品的居里点

1) 实验仪器调节

(1) 将环状样品测试仪上加热电流及激励电压调节钮分别左旋置最小。选择并接入一种待测样品,将其正确地置于测试炉管中。按照 JLD-Ⅲ 居里点测试仪上的标注,接好励磁线圈、感应线圈、温度传感器、电热丝等部件的连接线。将测试仪的 H、B 输出分别接入示波器通道 1 和通道 2。

(2) 开启电源,接通示波器电源。调节测试仪激励电流调节钮,由示波器监测磁滞回线图形,增大励磁电流直至示波器屏上显示出饱和磁滞回线,调节示波器的水平和垂直灵敏度,使示波器屏上显示出完整的回线图形,且图形大小适于观察。实验中应保持激励电流的稳定。

2) 实验测量

(1) 测量样品升温过程中的 u_{eff}-T 曲线。

调节加热旋钮,使加热电流逐步加大。升温开始后,每隔 5℃ 或 3℃ 记录一次数字温度表和数字电压表显示的温度值 T 和电压值 V 数据,当电压显示变化较快时,每隔 1℃ 或 0.5℃ 记录一次数据,直至电压表示值小于 10。

(2) 观察升温过程中样品磁滞回线的变化。

升温开始后,记录数据的同时,注意观察示波器屏上磁滞回线的变化,直至回线完全闭合消失。记录图样变化特点。

测试结束时,应先把加热电流、励磁电流回调至最小。将电热丝连线拔掉,让加热炉管自然冷却到室温,关闭电源。更换测试样品再次进行测量。

注意事项:

(1) 更换待测样品时,应先关闭电源。

(2) 实验中升温过程由加热电流的大小来控制,不要使用太大的加热电流,以免升温过快,温度读数不准确。

[实验数据处理]

(1) 对棒状样品测量结果取平均值,得到棒状铁磁样品的居里温度 T_C。

(2) 根据环状样品实验数据,绘制 u_{eff}-T 曲线,在斜率最大处(突变处)作切线,该切线与横坐标轴相交的点就是环状铁磁样品的居里温度 T_C。

[讨论]

(1) 分析造成棒状样品磁滞回线消失和出现时温度差异的原因。如何保证居里点测量的准确性?

(2) 分析环状样品磁滞回线消失时, u_{eff} 不为零的原因。

[结论]

通过对实验现象和实验结果的分析,你能得出什么结论?

[研究性题目]

样品升温速率对居里点测量有何影响?样品形状对居里点测量有何影响?

[思考题]

(1) 为什么几个环状样品的居里点有所不同?影响居里点的因素有哪些?

(2) 为什么要对 u_{eff}-T 曲线采用切线法来确定居里点?

(3) 观察到的磁性材料样品磁滞回线的变化可以分为几个阶段,其变化的内在机理是什么?

[参考文献]

[1] 西安理工大学. JLD-Ⅲ居里点测试仪说明书[Z].2015.
[2] 西安超凡光电设备有限公司. JLD-Ⅲ高温型居里点测试仪实验讲义[Z].2015.

实验 5.14 用振动样品磁强计测量铁磁材料的磁滞回线

[引言]

铁磁性物质是一类磁性很强的物质,具有非常广泛的应用,且随着磁技术的发展,还在不断产生其新的应用领域。磁滞回线是铁磁性物质的基本特性。图 5.14-1 示出一磁性材料的磁滞回线,图中 B_s 称为饱和磁感应强度, B_r 称为剩余磁感应强度, H_c 称为矫顽力。通常根据磁滞回线的宽窄及形状将铁磁材料分成三类:软磁、硬磁和矩磁材料,如图 5.14-2 所示。软磁材料的饱和磁滞回线比较窄,矫顽力小,易磁化,也易退磁,如纯铁、硅钢等。由于其磁滞损耗小,常用于制作电机、变压器、继电器等的铁芯。硬磁材料的磁滞回线较宽,剩磁和矫顽力较大,如碳钢、钡铁氧体等。这类材料对其磁化状态有一定的记忆能力,是制作永磁体的材料。因此,硬磁材料常用作电磁仪表和扬声器等的永久磁铁。矩磁材料因其磁滞回线形状如矩形而得名,这类材料的剩磁接近饱和值,如锰镁铁氧体等,常用于计算机存储元件。

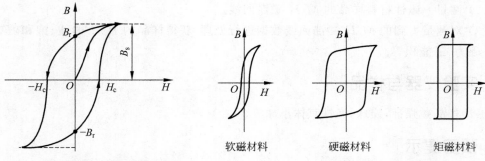

图 5.14-1 磁性材料的磁滞回线   图 5.14-2 不同铁磁材料的磁滞回线

无论是使用磁性材料,还是开发新的磁性材料,都需要了解材料的磁特性。磁滞回线的测量是磁性材料研究中的一项基本测量。振动样品磁强计是一种常用的磁特性测量装置。图 5.14-3 所示为采用振动样品磁强计测量的不同温度下沉积在热氧化硅基片上约 20nm 厚的 CoFe 薄膜沉积态和经过 450℃、60min 退火处理的磁滞回线。由测量曲线,可以知晓样品的饱和磁矩、矫顽力的数值,获得制备条件和热处理对材料磁性的影响规律,等等。

本实验将学习振动样品磁强计的工作原理和使用方法。

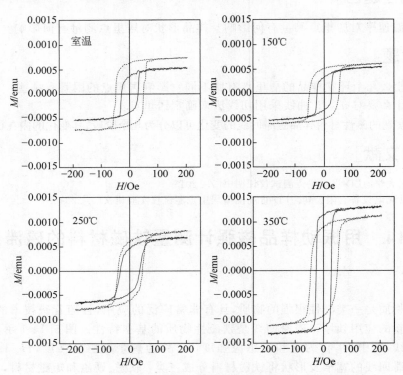

图 5.14-3　不同沉积温度 CoFe 薄膜沉积态及 450℃退火后磁滞回线
——沉积态；------450℃退火

[实验目的]

(1) 了解振动样品磁强计的结构及工作原理,学习振动样品磁强计的使用。

(2) 测量一磁性材料样品的 M-H 磁滞回线。

(3) 对测量得到的 M-H 磁滞回线数据进行处理,获得样品的 B-H 曲线、饱和磁矩、剩磁、矫顽力、磁能积等。

[实验仪器与样品]

振动样品磁强计,镍球,钡铁氧体小球等。

[预习提示]

(1) 了解振动样品磁强计测量样品磁矩的基本原理。直接测量的是什么物理量？其与样品磁矩有什么关系？

（2）了解什么是鞍区，如何判断样品放置在鞍区。

（3）了解如何对测量得到的原始数据进行处理，以及获得样品磁特性数据的方法。

[实验原理]

1. 振动样品磁强计的测量原理

振动样品磁强计（VSM）是磁性测量领域应用最广泛的一种标准设备，在科研和生产中有着广泛的应用。

如图 5.14-4 所示，将磁性样品放在坐标原点，在样品附近放置一个轴线与 z 轴平行的圆柱形线圈。如果样品较小，可近似看作一个磁矩为 m 的磁偶极子。该磁偶极子在空间 r 点产生的磁场为

$$H(r) = -\frac{m}{r^3} + \frac{3(m \cdot r)r}{r^5}$$

磁场 H 沿 x 方向施加，磁矩 m 只有 x 方向分量，故 $H(r)$ 的 z 方向分量为

$$H_z(r) = \frac{3mxz}{r^5}$$

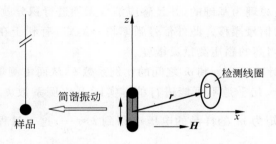

图 5.14-4　振动样品磁强计原理图

在圆柱形线圈中，一匝线圈中穿过的磁通量为

$$\Phi_1 = \mu_0 \int_S \frac{3mxz}{r^5} \mathrm{dS}$$

式中，S 为线圈所围的面积。测量时，使磁性样品沿 z 轴作小幅简谐振动，那么线圈中的磁通量就会发生周期性的变化，从而感应出一个电动势。为了方便起见，可以认为样品不动而线圈相对于样品振动，于是线圈位置就是随时间变化的函数

$$z = z_0 + a\sin\omega t$$

式中，z_0 为线圈的平衡位置，a 为简谐振动的振幅，ω 为振动的频率。线圈中的感应电动势等于线圈内的磁通对时间的微商，于是有

$$\varepsilon_1(t) = -\frac{\partial \Phi_1}{\partial t} = -3\mu_0 ma\omega\cos\omega t \int_S \frac{x(r^2 - 5z^2)}{r^7} \mathrm{dS}$$

N 匝线圈中总的感应电动势为

$$\varepsilon(t) = -\frac{\partial \Phi}{\partial t} = -3\mu_0 ma\omega\cos\omega t \sum_N \int_S \frac{x(r^2 - 5z^2)}{r^7} \mathrm{dS}$$

在小振幅近似下，上式中线圈的位置可以由其平衡位置代替，于是有

$$\varepsilon(t) = -3\mu_0 ma\omega\cos\omega t \sum_N \int_S \frac{x(r_0^2 - 5z_0^2)}{r_0^7}dS = -3\mu_0 ma\omega\cos\omega t\, G(r_0) \quad (5.14\text{-}1)$$

$$G(r_0) = \sum_N \int_S \frac{x(r_0^2 - 5z_0^2)}{r_0^7}dS \quad (5.14\text{-}2)$$

$G(r_0)$ 与线圈的形状和其与样品的相对位置有关，称为线圈的几何因子。只要线圈的形状及其与样品的相对位置固定不变，$G(r_0)$ 就是一个常数。在实际的振动样品磁强计中，线圈有不同的形状和放置方法，数量也不是一个，而是一对或两对，因此 $G(r_0)$ 有与式(5.14-2)不同的形式。采用成对的串联起来的线圈对称放置在振动轴两边，可以保证在这对线圈中由样品振动产生的感应电动势信号加强，而由磁场的波动引起的以及其他非样品产生的感应电动势信号相抵消。使用成对线圈的另一个好处是在两个(或四个)线圈的中心位置形成一个鞍区，使线圈中的感应电动势变成对样品位置的不敏感的函数，方便测量。

由式(5.14-2)可以看出，如果在测量过程中保持振动的幅度和频率不变，线圈的位置也固定不动，线圈中感应电动势的有效值 ε 将与磁矩 m 成正比，即

$$\varepsilon = km \quad (5.14\text{-}3)$$

定标后，通过测量感应电动势就能够实现对磁矩的测量。从上面的推导过程可以看出，这种测量是以电磁感应原理为基础的，并且感应信号无须进行积分就与被测磁矩成正比，从而避免了积分过程中的信号漂移。此外信号频率单一固定，有利于在测量过程中使用锁相放大技术，从而获得相当高的磁矩测量灵敏度。

原则上，可以通过计算确定 ε 和 m 之间的比例系数 k，从而由测量的电压得到样品的磁矩。但这种计算很复杂，几乎是不可能进行的。实际上比例系数 k 是由实验的方法确定的，即通过测量已知磁矩为 m 的样品的电压 ε，得到 $k = \dfrac{\varepsilon}{m}$，这一过程称为定标。定标过程中标样的具体参数(磁矩、体积、形状和位置等)越接近待测样品的情况，定标越准确。

VSM 测量采用开路方法(磁路不闭合)，磁化的样品表面存在磁荷，表面磁荷在样品内产生与外磁场方向相反的退磁场 NM，其中 N 为退磁因子，由样品的具体形状决定。所以在样品内，总的磁场并不是振动样品磁强计磁体产生的磁场 H，而是 $H-NM$。因此，对测量数据必须进行退磁因子修正，即把 H 用 $H-NM$ 来代替。x、y、z 三个方向的退磁因子之和 $N_x + N_y + N_z = 1$，球形样品三个方向等效，因此 x 方向的退磁因子为 1/3。

样品放置的位置对测量的灵敏度有影响，参见图 5.14-5。样品沿磁场方向(x 方向)离开中心位置，感应信号变大；沿振动方向(z 方向)和横向方向(y 方向)离开中心位置，感应信号变小。中心位置是感应信号 x 方向的极小值和 y、z 方向的极大值，称为鞍点。鞍点附近感应信号对位置不敏感的小区域称为鞍区。测量时，样品应放置在鞍区内，这样可以使由样品具有非零体积而引起的误差最小。

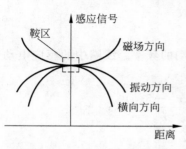

图 5.14-5　样品位置对线圈感应信号的影响

2. 振动样品磁强计系统

图 5.14-6 所示为振动样品磁强计系统结构图。该系统由振动单元、电磁铁及磁场控制单元、磁矩测量单

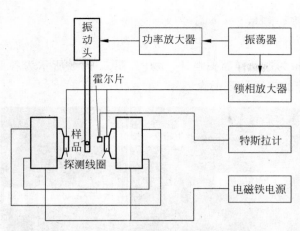

图 5.14-6　振动样品磁强计系统结构图

元、磁场测量单元组成。

1）振动单元

振动单元包括振荡器、功率放大器、振动头等，主要功能是使固定在样品杆上的样品产生微小振动。振动频率约为 180Hz。振动方式为电磁驱动。通过旋转螺钉，样品可方便地在 x 和 y 方向移动，z 方向的调整需要调整振动头的高度。

2）电磁铁及磁场控制单元

电磁铁用来产生大小和方向可以调节的磁场，最大磁场约为 1.3T。磁场电源输出功率 1.8kW，具有稳流功能，输出直流电压 0～180V，电流 0～10A。

3）磁矩测量单元

磁矩测量单元由探测线圈、锁相放大器组成。探测线圈采用四线圈法，在电磁铁每个极头上沿着 z 方向放置两个线圈，它们之间相互串联反接。之后两对线圈再串联反接，总信号被送到锁相放大器。锁相放大器的参考信号由振荡器引入，以保证与样品信号的频率严格相同。为补偿相位的移动，设置了移相旋钮，相位可在 0～2π 的范围内调整。量程分为 4 挡，可测量的最大磁矩为 20emu，灵敏度为 5×10^{-4}emu。

4）磁场测量单元

磁场用霍尔传感器制成的特斯拉计测量，可测量的最大磁场为 2T，灵敏度为 10^{-4}T。

表 5.14-1 列出了本实验所用振动样品磁强计的主要技术指标。

表 5.14-1　振动样品磁强计的主要技术指标

磁矩测量灵敏度	5×10^{-4}emu
磁矩测量范围	$5\times10^{-4}\sim20$emu
磁场测量灵敏度	10^{-4}T
磁场测量范围	$1\times10^{-4}\sim2$T

［实验内容与测量］

1. 实验内容

利用镍球标样对振动样品磁强计进行标定，测定钡铁氧体小球样品的 m-H 回线。

2. 实验操作步骤与测量

（1）开机前准备。

① 图 5.14-7 所示为振动样品磁强计实物图，图 5.14-8 所示为各部分的连线图。根据图 5.14-8 检查各部分的连线是否正确。

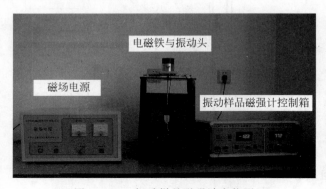

图 5.14-7　振动样品磁强计实物图

② 称出镍球标样的质量，计算出镍球标样的磁矩（实验室提供的镍球标样的比磁化强度为 54.56emu/g）。

③ 参照图 5.14-9，将标定用的镍球标样放入样品盒，注意不要拉动样品杆以免使振动杆变形，使用泡沫塑料板垫在振动头下，把样品盒移出磁体，然后用一只手捏住样品杆，另一只手装入样品。

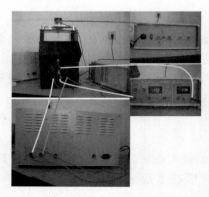

图 5.14-8　振动样品磁强计各部分之间的连线

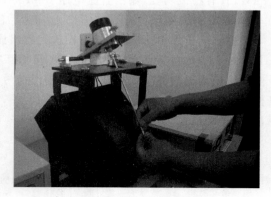

图 5.14-9　更换样品

（2）将振动样品磁强计控制箱电源接通，启动振动头，预热 10min。

（3）旋转调零旋钮调整零点。

（4）相位调整。将称好质量且与待测样品形状和体积相似的镍球标样放进样品盒中，给电磁铁加上约 5000Oe 的磁场（在此磁场下镍球标样已磁化饱和），调节相位旋钮，使磁矩示数达到极大。

（5）鞍点调整。沿 x、y、z 三个方向移动样品，观察磁矩信号 m 的变化，找到鞍点位置（z 方向的调整需要松开固定振动头的螺钉，改变振动头的高度。此设置出厂前已经调整好，可以不必经常调整）。在随后的测量过程中要使样品处于鞍点位置。

(6) 旋转振动样品磁强计控制箱后面板上的定标旋钮,将磁矩值调整到等于镍球标样的磁矩值。

(7) 称好待测铁氧体球样品质量,将待测样品放入样品盒中,逐点测量样品的 m-H 曲线(先将磁场加到正向最大,退到零后反向加到最大再加到正向最大,形成闭合曲线)。

磁场电源使用说明:首先将"磁场调节"旋钮逆时针旋至最小,按下"总电源"开关,该开关灯亮;再按动"启动"按键开关,该键灯亮,电源开始正常工作。这时顺时针调节"磁场调节"旋钮,即可有电流输出至电磁铁线圈;由"磁场电压"和"磁场电流"表可监测输出的电压和电流值。

测量时须缓慢调节"磁场调节"旋钮,以使输出电流稳定地连续改变。

改变磁场方向时,需将输出电压和电流调到零,按动"磁场换向"按键,该键灯亮,表示换向完成;再换向时,再按动"磁场换向"按键(这时该键灯灭)。

电源使用完后,将输出电压和电流调到零(即将"磁场调节"旋钮逆时针旋至最小),按下"总电源"按键开关(该键抬起,键灯灭),断开总电源。

[注意事项]

(1) 启动、关闭磁场电源和改变磁场方向时,务必将"磁场调节"旋钮逆时针旋至最小,再进行相关操作。

(2) 样品很小,取用和放置时务必小心。

(3) 尽量避免使磁场电流长时间处于较大值,以免磁体过热。

[实验数据处理与分析]

1. 获得 M-H 曲线

(1) 将磁矩测量值转换为磁化强度 M

$$M = \frac{m\rho}{g}$$

式中,m 为磁矩的测量值,emu;g 为样品质量,g;ρ 为样品密度,kg/m³(铁氧体样品的密度由实验室提供);M 为磁化强度,A/m。

(2) 进行退磁因子修正。将 H 用 $H - NM$ 来代替,对于球形样品退磁因子 N 为 $\frac{1}{3}$。

(3) 画出经过退磁因子修正后的 M-H 曲线,从图中得到剩磁 M_r、内禀矫顽力 H_c。

2. 获得 B-H 曲线

(1) 计算磁感应强度 B

$$B = \mu_0(H + M)$$

其中,H、M 的单位为 A/m;μ_0 为真空磁导率,其值为 $4\pi \times 10^{-7}$ N/A²;B 的单位是 T。

(2) 根据 $B = \mu_0(M + H)$ 作 B-H 曲线,从 B-H 曲线上得到剩磁 B_r、矫顽力 H_c。

(3) 计算磁能积。

磁能积 $(BH) = B \times H$,其中 B 的单位为 T,H 的单位为 A/m,BH 的单位为 J/m³。逐点计算第二象限的磁能积 $|BH|$,作 $|BH|$-B 曲线,找到最大磁能积 $(BH)_{max}$。

[讨论]

用数据库资源(如 CNKI 中国期刊全文库)查阅相关文献,对本实验的测量结果进行对比讨论。

[结论]

写出通过本实验的测量,你得到的主要结果。

[研究性题目]

本实验所用装置及方法可用于更多材料磁特性的研究,同学们可自行选定某磁性材料,测量和研究其磁特性。

[附录]

几个磁学物理量单位的转换见表 5.14-2。

表 5. 14-2　几个磁学物理量单位的转换

符号	物　理　量	换　算　关　系
B	磁通量密度,磁感应强度	$1G = 10^{-4}T = 10^{-4}Wb/m^2$
H	磁场强度	$1Oe = \dfrac{10^3}{4\pi}A/m$
m	磁矩	$1erg/G = 1emu = 10^{-3}A \cdot m^2 = 10^{-3}J/T$
M	磁化强度	$1erg/(G \cdot cm^3) = 1emu/cm^3 = 10^3 A/m$

[参考文献]

[1]　吉林大全数码科技有限公司.振动样品磁强计使用说明[Z].2008.

[2]　吴平.理科物理实验教程[M].北京:冶金工业出版社,2010.

实验 5.15　磁性薄膜磁电阻的测量

[引言]

材料的电阻会因为外加磁场而增加或减少,这种现象称为磁电阻效应,同时称电阻的变化为磁阻(MR),在金属中 MR 是可以忽略的。半导体有较大的磁电阻各向异性。利用磁电阻效应,选用锑化铟、砷化铟等具有高迁移率的材料可以制成磁敏电阻元件。磁敏电阻元件主要用于进行磁场检测,制作无接触电位器、磁卡识别传感器、无接触开关等。磁阻效应已广泛应用在各类传感器中,如位移传感器、转速传感器、位置传感器和速度传感器等。随着金属多层膜和颗粒膜的巨磁电阻(GMR)及稀土氧化物的特大磁电阻(CMR)的发现,以研究、利用和控制自旋极化的电子输运过程为核心的磁电子学得到极大发展。同时用巨磁电阻材料构成磁电子学器件,在信息存储领域获得很大的应用,如在 1994 年计算机硬盘中使用了巨磁电阻(GMR)效应的自旋阀结构的读出磁头,取得了 1Gb/in 的存储密度。1997

年,IBM 公司将第一个商业化生产的数据读取磁头投放市场。由于 GMR 磁头在信息存储运用方面的巨大潜力,激发了人们对各种材料的磁电阻效应进行深入广泛研究的热情,使得人们对于磁电阻效应的物理起源有了更深的认识,促进了磁电阻效应的广泛应用。

目前,已被研究的磁性材料的磁电阻效应可以大致分为由磁场直接引起的磁性材料的正常磁电阻(OMR)、与技术磁化相联系的各向异性磁电阻(AMR)、掺杂稀土氧化物中庞磁电阻(CMR)、磁性多层膜和颗粒膜中特有的巨磁电阻(GMR)以及隧道磁电阻(TMR)等。

本实验中对 NiFe 薄膜材料及磁性多层膜材料磁电阻的测量,涉及相关磁性薄膜材料和磁电子学的基础知识,为同学们提供了一个接触和了解磁性及磁性薄膜材料科学研究和高新技术领域的机会。

[实验目的]

(1) 了解磁性薄膜材料科学和磁电子学的一些基本知识。

(2) 了解磁电阻(MR)、各向异性磁电阻(AMR)、巨磁电阻(GMR)和庞磁电阻(CMR)等基本概念。

(3) 掌握四探针法测量磁性薄膜磁电阻的原理和方法。

[实验仪器及样品]

亥姆霍兹磁场线圈,四探针组件,HY1791-10S 直流磁场电源,SB118 精密直流电压电流源,PZ158A 直流数字电压表,待测磁性薄膜样品。

[预习提示]

(1) 了解各种磁电阻的含义,掌握磁性薄膜各向异性磁电阻的测量方法和计算公式。

(2) 理解实验仪器和测量电路图的工作原理,了解所测物理量的量级及对测量仪器精度的要求。

(3) 查阅相关文献,学习有关磁电阻的知识。

[实验原理]

1. 物质的磁性简介

物质的磁性是物质极其复杂又丰富多彩的物理性质,是人们最早认识的物性之一。它对科技的发展起到重要的推动作用,人们十分关注对磁性的研究,并由此诞生了磁电子学,但人类对物质磁性的认识仍未十分清楚。

自然界中的所有物质均有磁性,即其在外磁场中恒被磁化而获得磁矩。单位体积的磁矩称为磁化强度,用 M 表示;磁化强度 M 与磁场强度 H 的比值定义为磁化率,用 χ 表示,即 $\chi = M/H$。

物质的磁性大体可分为五类,即抗磁性、顺磁性、反铁磁性、铁磁性及亚铁磁性。

抗磁性物质的磁化率为负值,其磁化强度 M 与磁场 H 反向;顺磁性物质的磁化率为正,M 与 H 同向。这两种物质磁化率的数值均很小,为 $10^{-4} \sim 10^{-7}$。反铁磁性物质的磁化率也为正值,其数值亦很小。因此上述三种物质均属弱磁性物质,但反铁磁性物质有磁相变点,称为奈耳点 T_N。当温度高于 T_N 时,反铁磁性物质呈顺磁性;当温度低于 T_N 时,原子磁矩自发地反平行排列,或按螺旋形或其他形式排列,原子磁矩相互抵消,不加磁场时,$M=0$,在磁场作用下,M 很小,χ 为 $10^{-5} \sim 10^{-4}$,呈磁有序的弱磁性。

铁磁性物质、亚铁磁性物质及反铁磁性物质均为磁有序物质,只有前两种物质属于强磁性物质,它们都有相变点,称为居里点 T_c,当温度高于 T_c 时,物质呈顺磁性,只有当温度低于 T_c 时才呈现铁磁性或亚铁磁性。强磁性的特点是:其磁化率远高于弱磁性的磁化率,χ 为 $10^0 \sim 10^5$,其磁化曲线呈非线性,较易于达到磁饱和,磁化率 χ 与磁导率 μ($\mu = B/H$,B 称为磁通密度或磁感应强度)随磁场而变,有磁滞现象等。

根据应用上的不同要求和材料表现出的磁性差别,可将磁性材料分为软磁和硬磁两类。

软磁材料有硅钢片、铁镍合金等,其特点是磁导率高、矫顽力低,在外磁场较弱时,磁化强度即可达到较高值,取消外磁场时,材料保留的剩余磁感应值很小,很容易退磁,宏观上不显磁性。

硬磁材料有碳钢、稀土钴等,这类材料在磁场中难于被磁化,一旦被磁化又难于退磁,因此硬磁材料也称永磁材料。其特点是剩余磁感应值高、矫顽力高。

2. 磁性薄膜的发展

早在一百多年前人们就观测到铁磁金属输运特性受到磁场影响的现象。磁场可以使许多金属的电阻发生改变,只不过变化率很小,一般不超过 $2\% \sim 3\%$,这种由磁场引起的电阻变化称为磁致电阻(magnetoresistance,MR)。

Thomson 于 1857 年发现铁磁多晶体的各向异性磁电阻效应。直到 1971 年,Hunt 提出利用铁磁金属的各向异性磁电阻效应制作磁盘系统的读出磁头的设想,磁电阻效应才引起人们广泛的关注。最初磁头制作技术中所采用的坡莫合金薄膜的各向异性磁电阻效应,室温值仅为 2.5% 左右。

20 世纪 80 年代末,Baibich 发现 Fe/Cr 多层膜的磁电阻效应比坡莫合金大一个数量级,故将其命名为巨磁电阻(giant magnetoresistance,GMR)效应。随后人们又发现,不仅在"铁磁金属/非磁金属"多层膜中,在"铁磁金属/非磁金属"的颗粒膜中同样存在巨磁电阻效应。"铁磁金属/非磁金属"多层膜的 GMR 值虽较高,但所需饱和磁场高达 1T,其磁场灵敏度也不高,为此,人们又提出和发展了"铁磁层/非磁隔离层/铁磁层/反铁磁层"钉扎型自旋阀结构、"铁磁层/非磁隔离层/铁磁层"不同矫顽力型自旋阀结构和"磁性金属/绝缘体/磁性金属"隧道结结构等。1994 年在类钙钛矿 La-Ca-Mn-O 系列中发现了超大磁电阻(colossal magnetoresistance,CMR)效应。

3. 金属薄膜电阻率的主要机制和来源

通常的金属块体材料电阻率的大小是由金属中自由电子的平均自由程的长短来决定的。金属中自由电子的平均自由程可以理解为:在外加电场的作用下,自由电子在金属中作定向运动,从而形成电流;当作定向运动的自由电子同金属中的声子(由原子晶格的热振动产生)、缺陷(如点缺陷、杂质、空洞、晶粒间界等)发生碰撞后,会改变自由电子原来的定向运动方向,能够发生这种碰撞的最短距离就称为自由电子的平均自由程。由碰撞引起的自由电子原定向运动方向的改变是金属块体材料具有电阻率的根源。对于上述内容,可以这样理解:金属中自由电子的平均自由程越短,金属材料的电阻率越大;反之,金属中自由电子的平均自由程越长,金属材料的电阻率越小。

　　根据薄膜的定义,薄膜材料在厚度(膜厚)上是非常薄的。如果金属薄膜的膜厚小于某一个值时,薄膜的厚度将对自由电子的平均自由程产生影响,从而影响薄膜材料的电阻率,这就是所谓的薄膜的尺寸效应。

　　下面通过图 5.15-1 示意性说明薄膜的尺寸效应。金属薄膜的膜厚为 d,电场 E 沿着 $-x$ 方向。假定自由电子从 O 点出发到达薄膜的表面 H 点,O 到 H 的距离与金属块体材料中自由电子的平均自由程 λ_B 相等,即 $OH = \lambda_B$。自由电子运动方向与 z 轴(薄膜膜厚方向)的夹角为 φ_0,在 φ_0 所对应的立体角范围内(图 5.15-1 中的 B 区),由 O 点出发的自由电子运动到薄膜表面并与其发生碰撞时所

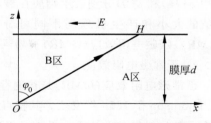

图 5.15-1　薄膜电阻率尺寸效应示意图

走过的距离小于自由电子的平均自由程 λ_B。这意味着,B 区中的自由电子在与声子和缺陷发生碰撞之前就会与薄膜的表面发生碰撞,即 B 区中自由电子的平均自由程小于块体材料中自由电子的平均自由程 λ_B。但是,在大于 φ_0 所对应的立体角范围内(图 5.15-1 中的 A 区),由 O 点出发的自由电子运动到薄膜表面并与其发生碰撞时所走过的距离大于自由电子的平均自由程 λ_B,即自由电子的平均自由程没有受到薄膜表面的影响。综合上述分析,金属薄膜材料中有效自由电子平均自由程由 A 区和 B 区两部分组成,由于 B 区中自由电子的平均自由程小于块体材料中自由电子的平均自由程,所以金属薄膜材料中有效自由电子平均自由程小于块体材料中自由电子的平均自由程 λ_B,从而使薄膜材料的电阻率高于块体材料的电阻率。进一步考虑,当薄膜的膜厚 d 远远大于块体材料的自由电子平均自由程 λ_B 时,薄膜表面对在电场作用下自由电子的定向运动将没有影响,这时薄膜的电阻率将表现为与块体材料的电阻率相同,即当薄膜的膜厚很厚时,薄膜也就变成了块体材料。一般情况下,室温下的金属块体材料,其自由电子的平均自由程为十几纳米至几十纳米,例如金的自由电子的平均自由程约为 40nm。

　　1938 年,法奇斯(Fuchs)提出了金属薄膜的膜厚引起薄膜电阻率改变的求解方法,随后于 1950 年,桑德海默尔(Sondheimer)将法奇斯的理论进一步完善,直到现在还有很多学者在不断修改、完善薄膜电阻率与膜厚的关系式。目前,较为简单又能很好地反映出金属薄膜电阻率尺寸效应的公式是 Lovell-Appleyard 公式,其表达式如下:

$$\rho_F = \rho_B\left(1 + \frac{3}{8} \times \frac{\lambda_B}{d}\right) \tag{5.15-1}$$

式中,ρ_F 为金属薄膜的电阻率;ρ_B 为金属块体材料的电阻率;λ_B 为金属块体材料的自由电子的平均自由程;d 为薄膜的膜厚。

　　从式(5.15-1)中可以看出,当薄膜的膜厚 d 与块体材料的自由电子的平均自由程 λ_B 相当时,薄膜的电阻率是大于块体材料的电阻率的;当薄膜的膜厚 d 远远大于块体材料的自由电子的平均自由程 λ_B 时,式(5.15-1)中右边第二项趋近于零,薄膜的电阻率是趋于块体材料电阻率的,即当薄膜的膜厚很厚时,薄膜也就变成了块体材料。

4. 磁性薄膜的磁电阻效应

　　磁电阻效应 MR 是指物质在磁场的作用下电阻发生变化的物理现象。表征磁电阻效

应大小的物理量为 MR,其定义为

$$MR = \frac{\Delta\rho}{\rho} = \frac{\rho(H) - \rho(0)}{\rho(0)} \times 100\% \qquad (5.15-2)$$

其中 $\rho(H)$ 和 $\rho(0)$ 分别表示物质在磁场 H 中和磁场为零时的电阻率。磁电阻效应按磁电阻值的大小和产生机理的不同可分为正常磁电阻效应（OMR）、各向异性磁电阻效应（AMR）、巨磁电阻效应（GMR）和超巨磁电阻效应（CMR）等。

1) 正常磁电阻效应

正常磁电阻效应（OMR）是普遍存在于所有金属中的磁致电阻效应,它由英国物理学家 W. Thomson 于 1856 年发现。其特点是：磁电阻 MR>0；各向异性,但 $\rho_\perp > \rho_{/\!/}$（$\rho_\perp$ 和 $\rho_{/\!/}$ 分别表示外加磁场与电流方向垂直及平行时的电阻率）；当磁场不高时,MR 正比于 H^2。

OMR 来源于磁场对电子的洛伦兹力,该力导致载流体运动发生偏转或产生螺旋运动,因而使电阻升高。大部分材料的 OMR 都比较小,以铜为例,当 $H = 10^{-3}$ T 时,铜的 OMR 仅为 $4 \times 10^{-8}\%$。

2) 各向异性磁电阻效应

在居里点 T_c 以下,铁磁金属的电阻率随电流 I 与磁化强度 M 的相对取向而异,称之为各向异性磁电阻效应（AMR）,即 $\rho_\perp \neq \rho_{/\!/}$。各向异性磁电阻值通常定义为

$$AMR = \frac{\Delta\rho}{\rho} = \frac{\rho_{/\!/} - \rho_\perp}{\rho_0} \qquad (5.15-3)$$

这里的 ρ_0 为铁磁材料在理想退磁状态下的电阻率。不过由于理想的退磁状态很难实现,通常认为 ρ_0 近似等于平均电阻率 ρ_{av},即 $\rho_0 \approx \rho_{av} = \frac{1}{3}\rho_{/\!/} + \frac{2}{3}\rho_\perp$。温度为 5K 时,铁、钴的各向异性磁电阻比约为 1%,而坡莫合金（$Ni_{81}Fe_{19}$）为 15%；室温下坡莫合金的各向异性磁电阻比仍有 2%～3%。图 5.15-2 所示为不同衬底温度下沉积的 NiFe 薄膜的磁电阻（MR）变化曲线（$H/\!/I$）,从图中可以明显地观察到磁滞现象。

3) 金属多层磁性薄膜中的巨磁电阻效应

金属多层磁性薄膜是人为生长的、由金属磁性材料（铁、钴、镍及其合金等）和金属非磁性材料（铜、铬、银和金等）构成的金属超晶格材料。在（100）GaAs 基片上用分子束外延（MBE）生长的单晶（100）Fe/Cr/Fe 三层膜和 Fe/Cr 超晶格,当 Cr 层的厚度为 9Å 时,在 4.2K 下 20kOe 的外磁场磁电阻值 MR 高达 100%,故命名为巨磁电阻（GMR）。Fe/Cr 超晶格的磁电阻效应在低温 1.5K 高至 200%。用溅射方法制

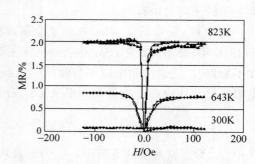

图 5.15-2　NiFe 单层薄膜的磁电阻变化曲线

备的 Fe/Cr 多层膜,在室温和低温 4.2K 时,GMR 分别为 25% 和 100%。各种铁磁层（Fe、Ni、Co 及其合金）和非磁性层（包括 3d、4d 以及 5d 非金属）交替生长而构成的磁性多层膜中,许多都具有巨磁电阻效应,其中尤以多晶 Co/Cu 多层膜的磁电阻效应最为突出,在低温 4.2K 和室温时 GMR 值分别为 130% 和 70%,所加饱和磁场约为 10kOe。Co/Cu 多层膜室温的 GMR 值远大于多晶 Fe/Cr 多层膜的值,仅在一定 Fe 含量的 Co/Fe/Cu 多层膜中,其

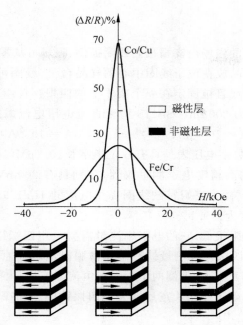

图 5.15-3 Fe/Cr、Co/Cu 多层膜的磁电阻变化曲线

磁电阻值比 Co/Cu 多层膜的有所增加。图 5.15-3 所示为 Fe/Cr、Co/Cu 多层膜的磁电阻变化曲线。

4）磁性多层膜巨磁电阻的理论解释

Mott 提出二流体模型对巨磁电阻予以简单的解释。图 5.15-4 和图 5.15-5 分别为零场及较大外磁场作用下传导电子的运动情况。图 5.15-4 对应着零场时传导电子的运动状态，此时多层膜中同一磁性层中原子的磁矩排列方向一致，但相邻磁性层原子的磁矩反平行排列。按照 Mott 的二流体模型，传导电子分为自旋向上和自旋向下的电子，多层膜中非磁性层对这两种状态的传导电子的影响是相同的，而磁性层的影响却完全不同。当两个磁性层的磁矩方向相反时，两种自旋状态的传导电子在穿过磁矩与其自旋方向相同的磁性层后，必然在下一个磁性层处遇到与其自旋方向相反的磁矩，并受到强烈的散射作用，宏观上表现为高电阻状态；当外场足够大时，使得磁性层的磁矩都沿外场方向排列（图 5.15-5），则自旋与其磁矩方向相同的电子受到的散射小，而方向相反的电子受到的散射作用强，即有一半的传导电子存在一个低电阻通道，宏观上多层膜表现出低电阻状态。图 5.15-4(b) 和图 5.15-5(b) 表示对应高阻态和低阻态的等效电路图。

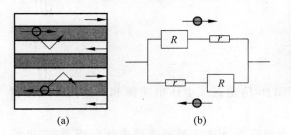

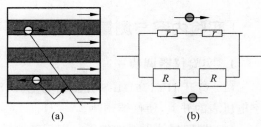

图 5.15-4 零场时传导电子的运动状态　　　　图 5.15-5 强场时传导电子的运动状态

[仪器装置]

磁性薄膜样品上所加的磁场由亥姆霍兹线圈提供,磁场可从零线性增加到180Oe,磁场灵敏度可达到0.5Oe。样品放在位于线圈中心的样品台上,线圈可在360°范围内绕样品旋转。四探针组件由具有引线且被固定在一个架子上的四根探针组成,相邻两探针的间距为3mm,探针针尖的直径约为200μm。SB118精密直流电压电流源提供一个精密恒流源,它的输出电流在$1\mu A(1\mu A=10^{-6}mA)\sim 200mA(1mA=10^{-3}A)$范围内可调,其精度为$\pm 0.03\%$。PZ158A直流数字电压表是具有6位半字长、$0.1\mu V(1\mu V=10^{-6}V)$电压分辨率的带单片微机处理技术的高精度电子测量仪器,分别具有200mV、2V、20V、200V、1000V的量程,其精度为$\pm 0.006\%$,为亥姆霍兹线圈提供电流的HY1791-10S直流电源的输出电流在0~10A之间,其精度为$\pm 0.1\%$。

铁磁金属薄膜的磁电阻很低,它的电阻率测量需要采用四端接线法。本实验中采用四探针法,图5.15-6示出了四探针法测量铁磁金属薄膜磁电阻的原理图。如图所示,让四探针的针尖同时接触到薄膜表面上,外侧两个探针与恒流源连接,内侧两个探针连接到电压表上。薄膜面积为无限大或薄膜样品长宽远远大于四探针中相邻探针间距离的时候,金属薄膜的电阻率ρ_F可由下式给出：

$$\rho_F = \frac{\pi}{\ln 2} \frac{V}{I} d \tag{5.15-4}$$

式中,d为薄膜的膜厚；I为流经薄膜的电流,即恒流源提供的电流；V为电流流经薄膜时产生的电压,即电压表的读数。

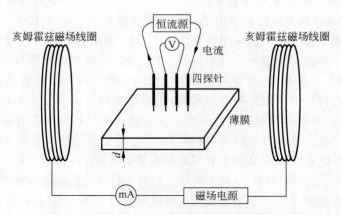

图5.15-6 四探针法测量铁磁金属薄膜磁电阻的原理图

[实验内容与测量]

1. 实验仪器调节

(1) 打开HY1791-10S直流磁场电源、SB118精密直流电压电流源和PZ158A直流数字电压表的开关,使仪器预热。

(2) 把四探针引线的端子分别正确地插入相应的SB118精密直流电压电流源的"电流输出"孔和PZ158A直流数字电压表的"输入"孔中。注意电流的方向和电位的高低关系。

（3）认真观察镀有薄膜的衬底（样品），确定具有薄膜的一面。

（4）调整样品台的高低，使样品台表面恰在两个亥姆霍兹线圈的中心，以保证样品处于均匀磁场中。

（5）将样品放在样品台上，使具有薄膜的一面向上。拧动四探针架上的螺丝，让四探针的针尖轻轻接触到薄膜的表面，把四探针架固定在样品台上，使四探针的所有针尖同薄膜有良好的接触。

注意事项：

（1）在拧动四探针架上的螺丝时，用手扶住四探针架，不要让四探针在样品表面滑动，以免探针的针尖划伤薄膜。

（2）在拧动四探针架上的螺丝时，不要拧得过紧，以免四探针的针尖严重划伤薄膜，只要四探针的所有针尖同薄膜有良好的接触即可。

2. 实验测量

1）测量铁磁金属 NiFe 薄膜的磁电阻

（1）使用 SB118 精密直流电压电流源中的电流源部分，适当选择"量程选择"的按键以及适当调节"电流调节"的"粗调"和"细调"旋钮，在样品上施加一个与磁场平行的恒定电流。

（2）调节 HY1791-10S 直流电源的输出，使磁场从零慢慢增大，测量不同磁场下对应的样品电压值，直到磁电阻不再增加（即达到饱和）为止；再将磁场慢慢降为零，测量不同磁场下对应的电压值。磁场反向后，重复以上操作。

（3）调节样品台与亥姆霍兹线圈的相对方位，在样品上施加一个与磁场垂直的恒定电流，重复（2）中的测量。

2）测量不同条件（衬底、基片温度、溅射气压）下制备的 NiFe 薄膜磁电阻

按前述测量 1）中（2）和（3）的步骤进行测量。具体制备条件见实验室提供的资料。

实验完成后，正确关闭各仪器的电源，把测量样品从样品台上取下收好，整理好工作台面。

注意事项：

（1）保证磁场线圈电流调节的单调性。

（2）在选择电流值时，最大的电流值对应的电压值不能超过 5mV，以免流过薄膜的电流太大导致样品发热，从而影响测量的准确性。

（3）换测量样品时，一定要把恒流源的电流调为零。

3）测量 NiFe/Cu/NiFe 三层薄膜的磁电阻（选做）

分别测量非磁性层 Cu 厚度不同的 NiFe/Cu/NiFe 三层膜的磁电阻。测量方法同测量 1）（只测量电流与磁场平行时即可）。样品具体参数见实验室提供的资料。

［实验数据处理］

1. 对铁磁金属 NiFe 薄膜的磁电阻测量数据的处理

（1）将测量时所用的亥姆霍兹线圈磁场的电流值换算为相应的磁场数值。

（2）分别将磁场与电流平行时以及磁场与电流垂直时测得的电压随磁场的变化值输入计算机并整理，根据测出的电压值计算出所测薄膜样品在不同磁场下的电阻，同时根据

式(5.15-4)算出所测薄膜的电阻率。

(3) 分别将磁场与电流平行时以及磁场与电流垂直时测得的电阻随磁场的变化值进行整理,应用式(5.15-2)和式(5.15-3)计算出所测薄膜样品的磁电阻(MR)和各向异性磁电阻(AMR)。

(4) 画出铁磁金属 NiFe 薄膜的磁电阻(MR)和各向异性磁电阻(AMR)随磁场变化的曲线。

2. 对 NiFe/Cu/NiFe 三层薄膜的磁电阻测量数据的处理(选做)

对 NiFe/Cu/NiFe 三层薄膜样品测量数据的处理同上述 1,画出 NiFe/Cu/NiFe 三层薄膜的磁电阻(MR)随磁场变化的曲线。

[讨论]

(1) 根据测量结果分析磁电阻随磁场变化的规律,并予以解释。

(2) 分析平行磁电阻与垂直磁电阻随磁场变化的特点,理解它们的关系与差别。

(3) 比较不同条件下(衬底、基片温度、溅射气压)制备的 NiFe 薄膜磁电阻(包括 MR 和 AMR)的测量结果,你得到了哪些结论? 试加以分析和解释。

(4) 比较非磁性层 Cu 厚度不同的 NiFe/Cu/NiFe 三层薄膜的磁电阻的测量结果,你获得了哪些知识?

(5) 比较 NiFe 薄膜和 NiFe/Cu/NiFe 三层薄膜磁电阻的测量结果,你获得了哪些知识?

(6) 为了获得准确的实验结果,在实验中须注意哪些因素? 它们带来的误差是系统误差还是偶然误差? 影响程度如何? 如何定量估计? 如何避免或尽量减小此误差?

[结论]

通过对实验现象和实验结果的分析,你能得到什么结论?

[研究性题目]

(1) 选择适当的样品研究 NiFe 薄膜厚度对薄膜磁电阻特性的影响。

(2) 选择适当的样品研究薄膜衬底对薄膜磁电阻特性的影响。

[思考题]

(1) 什么是磁饱和? 什么是磁滞效应? 你在实验中是否观察到了磁滞现象?

(2) 为什么测量薄膜磁性时要强调磁场电流的单调性,更不能在同一点反向测量?

[参考文献]

[1] 蔡建旺,等.磁电子学中的若干问题[J].物理学进展,1997,17(2):119-149.

[2] 钟文定.铁磁学[M].北京:科学出版社,1998.

[3] 陈宜生,等.物理效应及其应用[M].天津:天津大学出版社,1996.

[4] 王力衡,等.薄膜技术[M].北京:清华大学出版社,1991.

[5] 唐伟忠.薄膜材料制备原理、技术及应用[M].北京:冶金工业出版社,1998.

[6] 姜宏伟.磁电子学讲座第三讲——磁性金属多层膜中的巨磁电阻效应[J].物理,1997,26(9): 562-567.

[7] 吴平,李希,高艳清,等.工艺参量对 $Ni_{80}Fe_{20}$ 薄膜结构与磁电阻特性的影响[J].物理实验,2006, 26(6): 8-11.

实验 5.16 磁耦合谐振实验

[引言]

磁耦合谐振,即两个谐振频率相同的物体将会产生很强的相互耦合,与远离谐振环境的物体有较弱的交互,可实现非辐射性能量的无线传输,它是目前无线供电技术的一种解决方案。

无线电能传输主要是通过电磁波的近场耦合或远场辐射以非接触的方式来实现能量的传输与转换,在军事、航空航天、油田矿井、水下作业、工业机器人、电动汽车、无线传感器网络、医疗器械、家用电器、RFID 等领域具有重要的应用价值。目前,无线电能的传输方式主要有:①电磁感应耦合式 ICPT,利用类似变压器的原理实现近距离高效率的能量传输;②磁耦合谐振式 MCR-WPT,利用电磁耦合和共振的原理,在系统谐振频率下通过发射与接收端之间的能量转换通路实现中距离高效率的能量传输;③基于微波 MPT 或激光 LWPT 的远场辐射式,通过天线或平行激光实现远距离的能量传输。表 5.16-1 所示为无线电能传输三种方式的比较。

表 5.16-1 无线电能传输方式比较

传输方式	传输效率	功率等级	传输距离
远场辐射式 MPT 或 LWPT	低	大	远
电磁感应耦合式 ICPT	高	大/中	近
磁耦合谐振式 MCR-WPT	高	中/低	中

本实验将学习磁耦合谐振的基本原理以及在无线电能传输 MCR-WPT 技术中的应用,研究能量传输效率与传输距离的关系,使同学们加深对互感、耦合、谐振、频率分裂等物理概念的理解。

[实验目的]

(1) 掌握磁耦合谐振的基本原理以及在无线电能传输 MCR-WPT 技术中的应用。

(2) 了解能量传输效率与传输距离的关系,加深对自感、互感、耦合、谐振等概念的理解。

(3) 观察频率分裂现象。

(4) 研究能量的穿透性。

[实验仪器]

SS2323 型直流稳压电源,TFG6920A 型函数/任意波形发生器,TBS1102B-EDU 型数字示波器,四线圈磁耦合谐振实验仪,功率放大器,负载(LED、灯泡)。

[预习提示]

(1) 了解磁耦合谐振式无线电能传输 MCR-WPT 技术的基本原理和实验方法。

(2) 了解自感、互感特性、LC 谐振电路、频率分裂。

(3) 了解直流稳压电源、函数/任意波形发生器、数字存储示波器的使用。

[实验原理]

1. 电磁耦合

两个作用对象利用交变电磁场的相互转化关系产生能量相互作用的现象称为电磁耦合。在距离电磁场源一个波长的近场范围内,电场与磁场相互激发与感应,电磁场的能量在发射与接收端附近以及两个对象之间的一定空间范围内呈周期性的来回流动,且基本不向外界进行电磁能量的辐射。

线圈之间的电磁耦合关系与线圈之间通过的磁通量和通过线圈的电流有关,两线圈的耦合强度由线圈的自感系数 L_1、L_2 和两线圈间的互感系数 M 决定。两个电磁耦合线圈之间的耦合强度通常用耦合系数 k 来描述:

$$k = \frac{M}{\sqrt{L_1 L_2}} \leqslant 1 \tag{5.16-1}$$

耦合系数 k 的大小与两线圈的形状结构和相对位置,以及线圈周围空间的磁介质有关。当线圈之间的距离增大时,k 值会出现较快、较大的减小,从而大大降低能量传输的效果。

2. 共振与谐振

共振是振动系统或外力驱动另一系统使其以较大的振幅振动的现象。当一个系统能够在两种或两种以上不同的储能模式之间进行能量的传递和交换时(如单摆的动能和势能),就可以发生共振。响应振幅相对最大值的频率称为系统的共振频率。然而,系统从一个周期到另一个周期总会有能量的损失,称为阻尼。当阻尼较小时,共振频率近似等于系统的固有频率。有些系统有多个不同的共振频率。

当共振现象出现在电磁系统中时,又称为谐振。然而,电磁谐振系统不同于一般的力学共振系统,谐振的产生取决于系统中两个不同方面的相互作用,而不是通过外部因素驱动。电磁谐振发生在具有电感 L 和电容 C 的谐振电路中,在特定的谐振频率下,电感的磁场在线圈中产生电流给电容充电,然后电容放电为电路提供电流,在电感中形成磁场;电荷通过电感器在电容板之间反复移动,能量在电容的电场和电感的磁场之间来回转换。一旦对电路进行充电,电路中的振荡将自我维持且不断重复,并不需要外部周期性的驱动作用。

在谐振电路中,有两个重要的参数:谐振频率 f_0 和品质因数 Q。由于电感的电抗和电容的电抗大小相等,$\omega L = 1/\omega C$,因此可以得到电路的谐振频率和品质因数分别为

$$f_0 = \frac{1}{2\pi\sqrt{LC}} \tag{5.16-2}$$

$$Q = \frac{\omega L}{R} \tag{5.16-3}$$

电路谐振的质量由品质因数 Q 决定,在谐振电路系统中,品质因数 Q 是电阻的函数。Q 值越高,谐振电路中的储能损耗率就越低,电路振荡的衰减速度就越慢。

3. 磁耦合谐振式无线电能传输系统

磁耦合谐振式无线电能传输(magnetic coupled resonant wireless power transfer,MCR-WPT)技术主要指在高频条件下,通过两个固有频率相同的对象之间产生电磁耦合与谐振,实现电磁能量在空间中的转换,因此可以完成能量从驱动装置到设备装置的无线传输。

磁耦合谐振式无线电能传输系统如图 5.16-1 所示,系统由 4 部分组成,包括驱动线圈(A)、发射线圈(S)、接收线圈(D)与设备线圈(B)。其中发射线圈(S)与接收线圈(D)是由电感 L 与电容 C 组成的振荡电路,具有相同的固有频率。独立的发射线圈(S)和接收线圈(D)由于与电源和设备隔离,因此可以具有很高的品质因数 Q,从而提高能量转换效率和降低能量由于电阻和辐射产生的损耗。

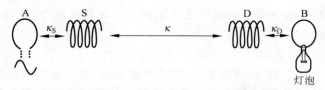

图 5.16-1 磁耦合谐振式无线电能传输系统原理示意图

四线圈 MCR-WPT 系统的电能传输过程为从 A 到 S,再从 S 到 D,最后从 D 到 B 再到负载端。具体如下:

(1)从 A 到 S:驱动线圈(A)利用接入高频交流电源产生交变磁场,发生近距离的电磁感应耦合使发射线圈(S)产生自谐振。

(2)从 S 到 D:由于发射线圈(S)和接收线圈(D)具有一样的固有频率,且与产生的交变磁场的频率相同,因此发射线圈(S)和接收线圈(D)之间发生耦合谐振,电磁能量在两线圈之间实现周期性的交换振荡,从而建立起一条能量传输的通路。在这一过程中,发射线圈(S)和接收线圈(D)之间进行磁场能量的交换,发射线圈(S)和接收线圈(D)的谐振回路中发生电感 L 中的磁场能和电容 C 中的电场能的相互转换。

(3)从 D 到 B:接收线圈(D)中储存的能量,通过近距离电磁感应耦合转移到设备线圈,进而为设备提供电能,从而实现系统源源不断的无线电能传输。

由上述传输过程可以看出,电磁耦合和谐振是系统实现有效的中远距离无线能量传输的两大必要条件。

4. 磁耦合谐振模型

耦合模理论(coupled mode theory)是基于能量的微扰方法分析振动(波动)系统(如力学、光学、电磁学等)在空间或时间上耦合的理论。耦合模理论允许将大范围的设备和系统建模为一个或多个耦合对象。因此耦合模理论适用于电磁场中多个耦合对象物理系统的研究。无线电能传输系统中的能量耦合问题,不同于传统耦合模理论中关注电磁波在波导中的传播的耦合情况。系统需要根据实现无线电能传输的两大必要条件——电磁耦合和谐振,分析两个或多个振荡对象在近场范围中的耦合情况。对于 MCR-WPT 系统,当只考虑

系统中的发射谐振线圈(S)和接收谐振线圈(D)两个谐振对象时,耦合模方程可以表示为

$$\frac{\mathrm{d}a_\mathrm{S}}{\mathrm{d}t} = (\mathrm{i}\omega_\mathrm{S} - \Gamma_\mathrm{S})a_\mathrm{S} + \mathrm{i}\kappa_\mathrm{SD}a_\mathrm{D} \tag{5.16-4}$$

$$\frac{\mathrm{d}a_\mathrm{D}}{\mathrm{d}t} = (\mathrm{i}\omega_\mathrm{D} - \Gamma_\mathrm{D})a_\mathrm{D} + \mathrm{i}\kappa_\mathrm{DS}a_\mathrm{S} \tag{5.16-5}$$

式中,a_S、a_D 为发射线圈(S)和接收线圈(D)的耦合模幅度;ω_S、ω_D 为发射、接收线圈的固有角频率;Γ_S、Γ_D 为发射、接收线圈的固有衰减率;κ_SD、κ_DS 为发射线圈(S)和接收线圈(D)之间的耦合系数,$\kappa = \kappa_\mathrm{SD} = \kappa_\mathrm{DS}$。

在两个谐振对象——发射线圈(S)和接收线圈(D)完全相同的情况下,系统才能达到最佳的谐振状态,因此有 $\omega_\mathrm{S} = \omega_\mathrm{D} = \omega$,$\Gamma_\mathrm{S} = \Gamma_\mathrm{D} = \Gamma$。通过求解耦合模方程可以得到每个谐振对象所包含的能量为

$$|a_\mathrm{S}(t)|^2 = a_0^2 \mathrm{e}^{-2\Gamma t}\cos^2(\kappa t) \tag{5.16-6}$$

$$|a_\mathrm{D}(t)|^2 = a_0^2 \mathrm{e}^{-2\Gamma t}\sin^2(\kappa t) \tag{5.16-7}$$

其中 a_0 为发射、接收线圈中能量耦合的最大幅值。因此在系统中,发射线圈(S)和接收线圈(D)中储存的总能量为

$$W(t) = |a_\mathrm{S}(t)|^2 + |a_\mathrm{D}(t)|^2 = a_0^2 \mathrm{e}^{-2\Gamma t} \tag{5.16-8}$$

由式(5.16-6)～式(5.16-8)可以看出,当系统谐振时,每个谐振对象中所包含的能量由耦合系数 κ、各自的衰减系数 Γ 所决定。耦合系数 κ 体现了系统中两个谐振对象的能量耦合与转换的能力,衰减系数 Γ 则体现了系统在谐振耦合过程中能量损耗的情况。

定义 MCR-WPT 系统的能量传输因子

$$\mathcal{G} = \frac{\kappa}{\Gamma_\mathrm{S}\Gamma_\mathrm{D}} \tag{5.16-9}$$

当 $\mathcal{G} \leqslant 1$ 时,在发射和接收线圈两个谐振对象之间的能量转换会随时间的变化迅速地衰减。由于 $\kappa \leqslant \Gamma$,系统能量耦合的速度远小于系统能量损耗的速度,因此两个谐振对象之间完全无法建立起能量传输的通路。

当 $\mathcal{G} \gg 1$ 时,两个谐振对象之间的能量转换随时间衰减的速度很慢,系统能量耦合的速度远大于系统能量损耗的速度,因此发射线圈与接收线圈之间可以建立起较为稳定的能量传输通路。

1) 系统谐振状态下的能量传输效率

在整个 MCR-WPT 系统中负责主要能量传输的对象为发射线圈(S)和接收线圈(D)。发射线圈(S)与接收线圈(D)的谐振通过驱动线圈(A)与发射线圈(S)之间的电磁感应耦合激发产生。发射与接收线圈通过谐振建立能量传输通路后,电能通过设备负载(W)与接收线圈(D)电磁感应耦合,从接收线圈(D)中获取能量。因此,驱动线圈(A)将作为系统的驱动项 F_A,而发生在负载(W)电路中的电能损耗将为系统提供一个额外的衰减项 Γ_W,负载所能提取到的能量将由负载的损耗功率决定。因此,整个磁耦合谐振系统的耦合模方程可以表示为

$$\frac{\mathrm{d}a_\mathrm{S}}{\mathrm{d}t} = (\mathrm{i}\omega_\mathrm{S} - \Gamma_\mathrm{S})a_\mathrm{S} + \mathrm{i}\kappa_\mathrm{SD}a_\mathrm{D} + F_\mathrm{A} \tag{5.16-10}$$

$$\frac{\mathrm{d}a_\mathrm{D}}{\mathrm{d}t} = (\mathrm{i}\omega_\mathrm{D} - \Gamma_\mathrm{D} - \Gamma_\mathrm{W})a_\mathrm{D} + \mathrm{i}\kappa_\mathrm{DS}a_\mathrm{S} \tag{5.16-11}$$

系统从驱动源输入的总功率为 $P_{total}=2\Gamma_S|a_S|^2+2(\Gamma_D+\Gamma_W)|a_D|^2$,从负载端所提取的功率为 $P_{work}=2\Gamma_W|a_D|^2$。因此,系统的电能传输效率可以表示为

$$\eta=\frac{P_{work}}{P_{total}}=\frac{\Gamma_W|a_D|^2}{\Gamma_S|a_S|^2+(\Gamma_D+\Gamma_W)|a_D|^2} \tag{5.16-12}$$

由上式可得

$$\eta=\frac{1}{1+\dfrac{\Gamma_D}{\Gamma_W}\left(1+\dfrac{\Gamma_S|a_S|^2}{\Gamma_D|a_D|^2}\right)} \tag{5.16-13}$$

将 $\dfrac{a_D}{a_S}=\dfrac{\kappa}{\Gamma_D+\Gamma_W}$,能量传输因子 $\mathcal{G}=\dfrac{\kappa}{\Gamma_S\Gamma_D}$ 代入式(5.16-13)中,可得

$$\eta=\frac{1}{1+\dfrac{\Gamma_D}{\Gamma_W}\left[1+\dfrac{1}{\mathcal{G}^2}\left(1+\dfrac{\Gamma_W}{\Gamma_D}\right)^2\right]} \tag{5.16-14}$$

由式(5.16-14)可以看出,MCR-WPT 系统的传输效率由系统中两谐振线圈以及设备负载端之间的能量耦合情况和能量损耗情况决定。影响 MCR-WPT 系统传输效率的关键部分在于能量传输因子 $\mathcal{G}$,系统的电能传输效率将随着 $\mathcal{G}$ 的增大而增大,且只有当 $\mathcal{G}\gg1$ 时,系统才能够获得足够高的无线电能传输效率。另外,系统也可以通过调整 Γ_W/Γ_D 的大小来获得更高的传输效率,而 Γ_W/Γ_D 的调整往往需要通过改变接收线圈(D)和负载部分(W)之间的阻抗匹配情况来实现。

2) MCR-WPT 系统的传输特性

在 MCR-WPT 系统中,一方面,两个对象之间的电磁谐振一般通过发射和接收线圈中的分布电感和分布电容来实现;另一方面,系统中能量的损耗与谐振线圈中产生的电阻有关,高频谐振下的线圈会产生欧姆电阻(R_o)和辐射电阻(R_r),一般情况下 R_r 远远小于 R_o。结合电磁学理论和线圈的结构参量可得

$$\Gamma=R/2L=(R_o+R_r)/2L\approx R_o/2L \tag{5.16-15}$$

$$\kappa_{DS}=\kappa_{SD}=\kappa=\omega M/[2(L_SL_D)^{1/2}] \tag{5.16-16}$$

$$\mathcal{G}=\frac{\kappa}{\Gamma}=\frac{\omega M}{R} \tag{5.16-17}$$

由式(5.16-17)和式(5.16-3)可以看出,MCR-WPT 系统的能量传输情况由能量传输因子 $\mathcal{G}$ 和两个谐振对象的品质因数 Q 共同决定。品质因数 Q 表征了各线圈在自身电路振荡过程中的能量转换情况,Q 越高,线圈在自谐振过程中损失的能量就越少;能量传输因子 $\mathcal{G}$ 则表征了发射与接收线圈之间的能量耦合与损耗情况。进一步分析可知,系统的电能传输特性将由谐振频率、互感系数、自感系数以及损耗电阻决定。

MCR-WPT 系统的能量传输能力、效率与线圈的结构形状设计有着十分紧密的联系,因为线圈的结构形状决定了系统在工作状态时电磁场的分布状态以及对于电磁能量的相互耦合能力,同时也决定了系统中谐振频率的要求。对于系统中的两个谐振对象所采用的空心螺线管型线圈(线圈匝数为 N,线圈导线半径为 a,线圈半径为 r,线圈长度为 h),利用其结构形状参数,我们可以计算出线圈的固有频率和系统的互感系数、自感系数以及系统的损耗。

3）频率分裂现象

根据耦合模理论,在距离较近的范围内,两个谐振耦合对象之间随距离的变化会出现频率分裂现象,能量传输作为频率的函数曲线会出现两个峰值:

$$\Delta\omega = 2\left[\left(\kappa^2 - \Gamma^2\right)^{1/2}\right] \tag{5.16-18}$$

频率分裂现象同样可以由系统中接收与发射对象之间的能量耦合与损耗情况来表征。由式(5.16-14)、式(5.16-15)可知,MCR-WPT 系统中两个谐振对象之间的能量耦合与损耗情况与两线圈之间的相对位置有关。

如图 5.16-2 所示,传输距离越近,频率分裂现象越明显,系统中两谐振线圈之间的能量转换能力越强。随着传输距离从 30cm 增加到 75cm,由频率分裂现象产生的能量双峰逐渐向中间靠拢合并(Δf 从 1.31MHz 缩小到 0MHz),最终形成一个峰值,频率分裂现象消失。另外,随着传输距离的增大,系统的能量峰值会出现较小幅度的减小。对于 MCR-WPT 系统,可以把频率分裂正好消失时对应的频率作为系统的谐振频率。而且对于系统中结构参量相同的两个谐振线圈,系统的频率分裂具有对称性。

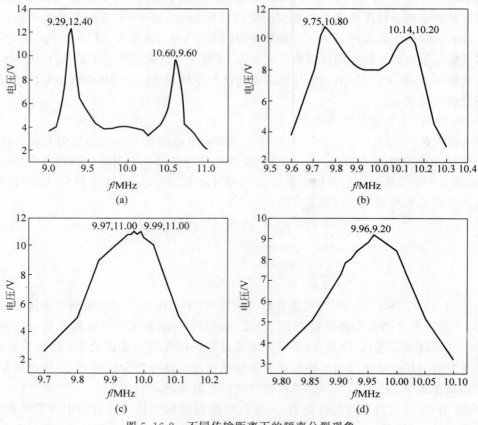

图 5.16-2　不同传输距离下的频率分裂现象

（a）传输距离 30cm；（b）传输距离 45cm；（c）传输距离 60cm；（d）传输距离 75cm

4）系统频率特性

当两个谐振线圈处于共轴且平行的位置时,中心距离为 D 的两线圈之间的互感系数可以表示为

$$M = \frac{\mu_0 \pi N_1 N_2 r_1^2 r_2^2}{2(r_1^2 + D^2)^{3/2}} \tag{5.16-19}$$

在 MCR-WPT 系统中，为了达到最佳的谐振状态，两个线圈的结构参数应该完全相同，以获得相同的固有频率。由此可得 $N_1 = N_2$ 且 $r_1 = r_2$，因此系统中两谐振对象在共轴正对时的互感系数可以表示为

$$M = \frac{\mu_0 \pi N^2 r^2}{2(r^2 + D^2)^{3/2}} \tag{5.16-20}$$

由式(5.16-17)，可以得到能量传输因子

$$\mathcal{G} = \frac{\kappa}{\Gamma} = \frac{\omega M}{R} = \sqrt{\mu_0 \sigma \pi f}\ \frac{2\pi N r a}{(r^2 + D^2)^{3/2}} \tag{5.16-21}$$

对于 MCR-WPT 系统而言，若想获得足够高的传输效率，$\mathcal{G}$因子的值须远远大于1。通过$\mathcal{G} \gg 1$ 来估算得出 MCR-WPT 系统的谐振频率 f 一般需要达到兆赫兹的级别（即 $10^6\,\mathrm{Hz}$）。

结合电磁学理论和线圈的结构参量，计算线圈的有效电感 L 和有效电容 C，可得空心螺线管型线圈的固有频率表达式：

$$f_0 = \frac{1}{2\pi \sqrt{LC}} = \frac{1}{2\pi r N^2} \sqrt{\frac{1.75 h(r+h)}{10 \mu_0 \varepsilon_0 \pi r a}} \tag{5.16-22}$$

由式(5.16-22)可以看出线圈的固有频率是由线圈自身的形状与结构属性决定的，其中的影响因素包括螺线圈匝数、线圈的半径和长度，以及线圈的导线半径。线圈半径增大与线圈螺线匝数增多会降低线圈的固有频率，使 MCR-WPT 系统更加容易达到系统在谐振状态时工作频率的要求。但是随着螺线匝数的增多，由于匝间距离的缩短，会减小线圈单匝螺线之间的极间电容，从而影响线圈中电感与电容的相互匹配。

5) 系统的距离传输特性

由式(5.16-21)可以看出，系统的能量传输因子$\mathcal{G}$与两线圈之间的相对距离和位置、谐振频率有关。当系统中两线圈同轴平行共对时，$\mathcal{G}$因子成为距离 D、谐振频率 f 的函数，其关系如图 5.16-3 所示。

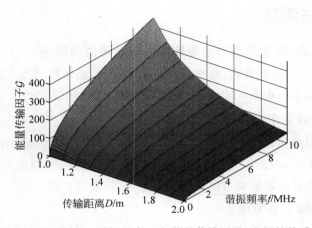

图 5.16-3　距离 D、谐振频率 f 与能量传输因子$\mathcal{G}$之间的关系图

从图 5.16-3 中可以看出,能量传输因子 $\mathcal{G}$ 的值随着两谐振线圈之间相对距离的增大而减小。两谐振线圈对磁场能量的耦合能力随着它们之间距离的增大而逐渐减弱,从强耦合状态过渡到弱耦合状态。

尽管能量传输因子 $\mathcal{G}$ 的值随着线圈之间相对距离的增加会出现较快减小,然而,由于 $\mathcal{G}$ 因子中系统较高的谐振频率 f 参数(兆赫兹级别)的存在,系统在 $1\sim2\text{m}$ 的传输距离内仍然可以保持较高的 $\mathcal{G}$ 因子值,实现有效的能量耦合与传输。由此可以十分突出地体现出"谐振"在 MCR-WPT 系统中所发挥的关键作用。

将式(5.16-21)代入式(5.16-14),可以得到系统的传输效率 η 与传输距离 D 的关系曲线,如图 5.16-4 所示。

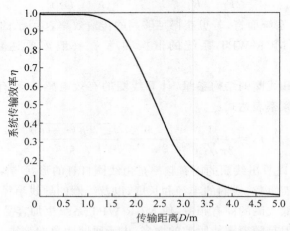

图 5.16-4　系统传输效率 η 与传输距离 D 的关系曲线

MCR-WPT 系统的传输距离最远可以达到接近 5m,且系统能在 1.6m 左右的距离内保持高达 90% 的电能传输效率,在 2.5m 的距离内仍然能够具有 50% 以上的效率,可以实现较为有效的无线电能传输,充分体现了 MCR-WPT 系统在中距离的无线电能传输上的明显优势。

［实验内容与测量］

1. 外接不同负载,研究负载对谐振频率与传输距离的影响

设备线圈连接灯泡,改变发射、接收线圈之间的距离,调节信号发生器改变信号频率,点亮灯泡并记录谐振频率与距离。同上,设备线圈连接 LED 屏,点亮"USTB"字符。

2. 测量电能传输效率与传输距离的关系

负载线圈连接示波器,任选实验 1 中的谐振频率,固定发射线圈组件,移动接收线圈,改变两者之间的相对距离,步长 5cm,记录示波器信号的幅度变化(幅度相对大小与能量传输效率正相关),画出能量传输效率与距离关系曲线,求出最佳传输距离。

3. 研究谐振体频率分裂现象

固定发射、接收线圈之间的距离(分别选择 4 个距离,其中最大距离为实验 2 的最佳传输距离),根据示波器记录信号幅度随函数信号发生器输出频率的变化情况,分别画出信号

幅度随频率的变化曲线。

提示：频率值范围 5～12MHz，取值次数不低于 50 次，在变化较弱处可以大分度取值。

4. 研究能量传输效率与发射、接收线圈相对角度的关系

固定发射、接收谐振线圈之间的距离，调节函数信号发生器输出信号频率，使示波器信号的幅度最大。使发射线圈固定不动，顺时针转动接收谐振线圈，每次转动 5°，直至 90°，记录示波器信号幅度的变化，画出系统传输效率随距离的变化曲线。

5. 磁耦合谐振系统中能量的穿透性研究

固定发射、接收线圈之间的距离，调节函数信号发生器输出信号频率，使示波器信号的幅度最大，在两线圈中分别放入泡沫板和金属板，观察示波器信号的幅度变化，记录并解释其现象。

［注意事项］

(1) 功率放大器输入电压不能超过 10V。

(2) 函数信号发生器正弦信号峰-峰值不能超过 2V。

［讨论］

根据磁耦合谐振模型，讨论线圈匝数 N 与线圈半径 r 对系统传输距离和效率的影响。

［结论］

通过对实验现象和数据的分析、讨论，你能得到什么结论？

［研究性题目］

利用整流模块，自制无线手机充电器。

［思考题］

如何提高能量传输效率与距离？

［附录］　四线圈 MCR-WPT 实验装置系统示意图及参数

1. 系统结构

四线圈 MCR-WPT 实验装置系统示意图如图 5.16-5 所示。

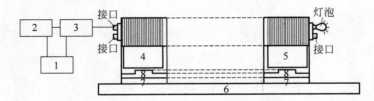

图 5.16-5　四线圈 MCR-WPT 实验装置系统示意图

1—电源；2—信号发生器；3—功率放大器；4—发射装置；5—接收装置；6—导轨；7—导轨滑块；8—旋转台底座

2. 线圈参数

四线圈结构从左到右依次为激励线圈、发射线圈、接收线圈以及负载线圈,均采用线径 $d=1mm$ 的漆包线进行绕制。发射与接收谐振线圈的结构参数为：螺线匝数 $N=15$,线圈半径 $r=10cm$,线圈长度 $h=10cm$。激励与负载线圈的结构参数：匝数 $N=1$,半径 $r=7cm$。系统在工作时的谐振频率约为 10MHz。

［参考文献］

［1］ 杨庆新.无线电能传输技术及其应用[M].北京：机械工业出版社,2014.

［2］ ANDRE K,ARISTEIDIS K,ROBERT M,et al. Wireless power transfer via strongly coupled magnetic resonances[J]. Science,2007,317(6)：83-86.

［3］ 翟渊,孙跃,戴欣,等.磁共振模式无线电能传输系统建模与分析[J].中国电机工程学报,2012, 32(12)：155-160.

第6章

光 学 实 验

实验 6.1　光的分波面干涉

［引言］

历史上,人们对光的本质的认识经历了一个漫长而曲折的过程。早在几百年前的牛顿时代,对于光的本质就存在着粒子说和波动说,粒子说和波动说展开了长达几个世纪的争论。1817 年,法国物理学家菲涅耳设计并进行了著名的双棱镜干涉实验,为光的干涉现象的存在提供了无可辩驳的证据,更为波动光学奠定了坚实的基础。因此,菲涅耳双棱镜实验被认为是光的波动理论被普遍承认的决定性实验。

在本实验中,我们将观察双棱镜干涉现象,加深对相关理论的理解,同时学习一种基于分波面干涉的应用:用双棱镜产生的分波面干涉测量光波波长。

［实验目的］

(1) 观察双棱镜产生的干涉现象,了解干涉现象的特点,加深对干涉原理的理解。

(2) 熟悉干涉装置的光路调节技术,掌握光具座上多元件的等高共轴调节方法。

(3) 掌握用双棱镜测量光波波长的原理和方法。

［实验仪器］

二维＋LD 半导体激光器,双棱镜,凸透镜,白屏,光电探头,激光功率指示计等。

［预习提示］

(1) 了解光的分波面干涉现象。

(2) 理解用双棱镜测量光波波长的原理和方法,了解需要测量哪些物理量。

［实验原理］

图 6.1-1 所示为双棱镜干涉装置的结构原理示意图。双棱镜由两个底边连在一起,楔角 β_1、β_2 都很小(小于 $1°$,为清楚起见,示意图将楔角放大了许多)的三角棱镜组成。实际上,两个棱镜是由一块玻璃制成的,其 α 角接近 $180°$。

由光源发出的光束经过透镜 L_1 会聚于狭缝(狭缝平行于双棱镜的棱,且垂直于纸面),

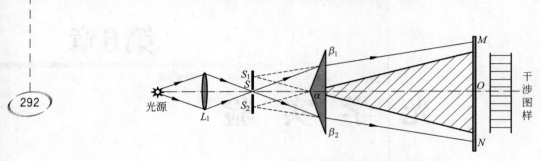

图 6.1-1　双棱镜双光束干涉结构原理示意图

使之成为具有较大光强的线状光源 S。如图 6.1-1 所示，借助双棱镜的折射，可将光源(单缝) S 发出的光分成沿不同方向传播的两束光，这两束光相当于虚光源 S_1 和 S_2 发出的光束。因为这两束光是由同一光源 S 发出的，所以是相干的，在光束重叠区域(图 6.1-1 中画有斜线的区域)就会发生干涉，在屏 MN 上可以观察到平行于狭缝的等间距、明暗交替的线形条纹。虚光源 S_1 和 S_2 就是相干光源。因为楔角 β_1、β_2 很小，S、S_1 及 S_2 可近似看成在同一平面内。

　　如图 6.1-2 所示，设两虚光源 S_1 和 S_2 间的距离为 d，虚光源平面中心到屏 MN 的中心 O 之间的距离为 D，S_1、S_2 所发出的两光束在 P 点相遇时，光程差为

$$\Delta \approx \frac{Xd}{D} \tag{6.1-1}$$

式中，X 为屏 MN 上任意一点 P 到中央 O 点的距离，且 $X, d \ll D$。

　　设屏 MN 上第 k(k 为整数，包括 0)级明条纹与中心 O 相距为 X_k，则

$$X_k = \frac{D}{d}k\lambda \tag{6.1-2}$$

而 k(k 为非 0 整数)级暗条纹的位置为

$$X'_k = \frac{D\lambda}{d}\left(\mid k \mid - \frac{1}{2}\right) \tag{6.1-3}$$

进一步，可以得到两相邻暗条纹(或明条纹)的间距为

$$\Delta X = \frac{D}{d}\lambda \tag{6.1-4}$$

由此可以推出光波波长 λ 为

$$\lambda = \frac{d}{D}\Delta X \tag{6.1-5}$$

测出 ΔX、d、D，就可以由式(6.1-5)得到光波波长 λ 的值。

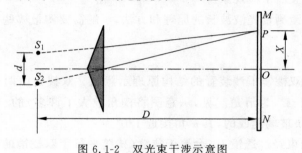

图 6.1-2　双光束干涉示意图

[实验内容与数据处理]

1. 双棱镜干涉装置的共轴调节与干涉现象的观察

实验装置外观如图 6.1-3 所示。具体实验步骤如下：

（1）如图 6.1-3 所示，依次将二维＋LD 半导体激光器、凸透镜 L_1、双棱镜、光电探头＋位移架（与激光功率指示计连接好）放置在实验导轨上。目测粗调至各元件中心等高，使中心线平行于导轨，并确保激光光斑能够进入光电探头中。

图 6.1-3 双棱镜干涉实验装置外观图

注意：双棱镜的交棱应为竖直方向，交棱的前后方向不予考虑。

（2）用白屏换下光电探头，调节透镜及双棱镜，使得在白屏上看到清晰的干涉条纹。

（3）再次前后移动双棱镜，可观察到干涉条纹的粗细变化和条纹数量的变化，使干涉条纹数达到 5～7 条（至此，在以下的测量过程中，二维＋LD 半导体激光器、双棱镜和白屏（或光电探头）的滑块位置不再变化）。

（4）用光电探头换下白屏，选择光电探头适当的光阑（如 0.2mm 的细缝），同时调整激光功率指示计的量程按钮，选择适当的量程。转动测微旋钮，对干涉条纹进行扫描，观察光强的变化情况，以便确定暗纹的中心位置。

（5）将导轨上各滑块及各元件全部固定，保持稳定。

（6）用白屏换下光电探头，在双棱镜和白屏之间放置凸透镜 L_2（如图 6.1-4 所示，使 D 稍大于 $4f_2$，$f_2＝100\text{mm}$），调节凸透镜 L_2 的高度，使之与系统共轴。

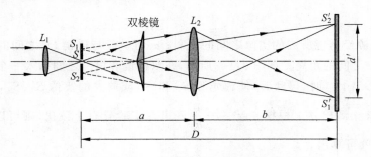

图 6.1-4 双棱镜干涉光路示意图

（7）移动凸透镜 L_2，在白屏上得到虚光源的清晰的放大或缩小的像（两个清晰的光斑）。用光电探头换下白屏，在像的附近缓慢前后移动凸透镜 L_2，当凸透镜 L_2 移动到某一位置时光电探头测到的光强度最大，此时系统各器件的位置即为光学成像时的确切位置。

2. 利用双棱镜分波面干涉测量光波波长

根据式（6.1-5），测出相邻干涉明纹或暗纹的间距 ΔX、两虚光源的间距 d、虚光源平面

中心到屏 MN 中心之间的距离 D，就可以获得光波波长。实验测量内容与数据处理如下：

1）测量两虚光源 S_1、S_2 之间的距离 d

测量虚光源 S_1、S_2 之间的距离 d 可以选择下述方法之一。

（1）利用透镜两次成像法测两虚光源的间距 d。

保持狭缝与双棱镜的位置不变，在双棱镜和白屏之间放置凸透镜 L_2，如图 6.1-5 所示。凸透镜的焦距 $f_2 = 100\text{mm}$，移动白屏使其平面到狭缝的距离大于 $4f_2$。移动凸透镜 L_2，可以在两个不同的位置上看到两个虚光源 S_1、S_2 经凸透镜 L_2 所成的实像，其中一个为放大的实像，另一个为缩小的实像。用光电探头＋位移架分别测量放大像和缩小像中两像间的距离，如果测得放大像中 S_1 和 S_2 的像间的距离为 d_1、缩小像中 S_1 和 S_2 的像间的距离为 d_2，则根据式

$$d = \sqrt{d_1 d_2} \tag{6.1-6}$$

可以求得两虚光源 S_1、S_2 之间的距离 d。d_1、d_2 各测 5 次，取其平均值，代入式（6.1-6）即可求出 d。

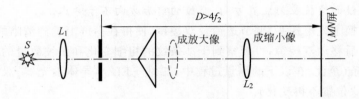

图 6.1-5　利用透镜两次成像法测两虚光源之间距离示意图

同时记录放大像（或缩小像）所对应的 b 值（即凸透镜 L_2 与屏之间的距离）。

（2）根据透镜成像原理测定两虚光源的间距 d。

根据透镜成像原理测定两虚光源的间距 d 的方法是一种较为简便的方法。根据透镜成像原理可得

$$d = \frac{a}{b} d' \tag{6.1-7}$$

式中，d' 为两光源经透镜所成的实像之间的距离；a 为单缝与透镜 L_2 之间的距离；b 为透镜 L_2 与屏 MN 之间的距离。如图 6.1-5 所示，在双棱镜和白屏之间插入一个焦距为 f_2 的凸透镜 L_2，当 $D > 4f_2$ 时，移动 L_2 使虚光源 S_1 和 S_2 成放大的实像 S_1'、S_2'，间距为 d'，用光电探头＋位移架测出 d'；根据 $\frac{1}{f} = \frac{1}{a} + \frac{1}{b}$，$b$ 可在实验导轨上读出，则可以求出物距 a，利用式（6.1-7）就可算出 d。

2）测量缝与屏之间的距离 D

由 $\frac{1}{f} = \frac{1}{a} + \frac{1}{b}$ 求出物距 a 之后，即可计算出 D 值：

$$D = a + b \tag{6.1-8}$$

3）测量 ΔX

取下透镜 L_2，用光电探头测出相隔较远的 n 条暗纹之间的距离，即可得到相邻条纹的间距 ΔX。重复测量 3 次，取平均值。

4）计算波长及其不确定度

将 ΔX、d、D 值代入式（6.1-5）中，计算激光波长 λ 及其不确定度。

［结论］

通过对实验现象和实验结果的分析，你能得到什么结论？

［研究性题目］

（1）本实验中双棱镜的楔角很小，设计实验方案，测量其楔角。

（2）自搭装置，利用两个平面反射镜研究光的干涉现象。

［思考题］

（1）双棱镜是怎样实现双光束干涉的？干涉条纹是怎样分布的？干涉条纹的间距与哪些因素有关？

（2）用本实验测光波波长，哪个量的测量误差对实验结果影响最大？应采取哪些措施来减少误差？

［参考文献］

［1］北京方式科技有限责任公司.双棱镜干涉实验说明书［Z］.2020.

［2］吴平.理科物理实验教程［M］.北京：冶金工业出版社,2010.

［3］何艳,喻莉,罗志娟,等.双棱镜干涉实验物理思想的思考［J］.高师理科学刊,2020,40(2)：97-99.

［4］吴平,邱红梅,徐美.当代大学物理(下册)［M］.北京：机械工业出版社,2021.

［5］陈余行.双光束干涉法测量双棱镜的楔角［J］.大学物理实验,2017,36(6)：65-67.

实验 6.2　光的分振幅干涉

［引言］

光的干涉现象是光的波动学说的实验基础之一。根据相干光源的获得方式，可将光的干涉分成两大类：分波面干涉和分振幅干涉。分振幅干涉又包括等倾干涉和等厚干涉两种，它们是光的干涉现象实际应用的主要形式。在本实验中，将观察光的等厚干涉现象，加深对光的干涉理论的理解，同时学习光的等厚干涉现象的两种实际应用：①用牛顿环产生的等厚干涉测量透镜的曲率半径；②用空气劈尖干涉测量细丝直径。这些应用原则上都可以说是以光的半波长为最小测量单位进行长度测量，因此测量精度大大高于常用长度测量量具。利用光的等厚干涉现象和原理，还可以在科学研究与生产实际中发展许多新的应用。

［实验目的］

（1）观察牛顿环和空气劈尖产生的干涉现象，了解等厚干涉的特点，加深对干涉原理的理解。

（2）掌握用牛顿环测平凸透镜曲率半径的原理和方法。

(3) 掌握用空气劈尖测量细丝直径的原理和方法。

(4) 学习测量显微镜的使用方法。

[实验仪器]

钠光灯及电源,具有分光镜和螺旋测微机构的测量显微镜,牛顿环,空气劈尖等。

[预习提示]

(1) 实验的具体任务是测量一块平凸透镜的曲率半径和一根细丝的直径。

(2) 理解用牛顿环测平凸透镜曲率半径的原理,了解需要测量哪些物理量;了解测量显微镜配备的螺旋测微机构,思考如何安排具体实验测量过程以避免空程差的产生。

(3) 理解用空气劈尖测量细丝直径的原理,理清需要测哪些量,如何测。

[实验原理]

1. 用牛顿环测平凸透镜的曲率半径

牛顿环属于用分振幅方法产生的干涉现象,它产生的是等厚干涉条纹。把一块曲率半径为 R 的平凸透镜的凸面放在另一块极平的玻璃片上,如图 6.2-1 所示,在两块玻璃面间就会形成一层以接触点 O 为中心而四周逐渐增厚的空气薄层-空气膜。若以单色光从正上方垂直照射,则由空气膜的上下两表面反射的两束光线成为相干光。如果从上方观察由反射光所产生的干涉图案,就会看到以暗点为中心的一组明暗相间的同心圆环,如图 6.2-2 所示,这种图案叫作牛顿环。

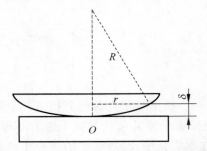

图 6.2-1 用牛顿环测平凸透镜曲率半径的原理示意图

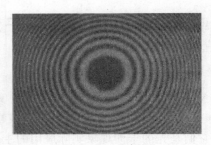

图 6.2-2 牛顿环

如图 6.2-1 所示,当波长为 λ 的单色光垂直入射时,由空气膜上表面和下表面反射的光的光程差为

$$\Delta = 2\delta + \frac{\lambda}{2} \tag{6.2-1}$$

式中,δ 为与牛顿环中心距离为 r 处空气隙的厚度;$\frac{\lambda}{2}$ 为由于光从下表面(光疏媒质到光密媒质的交界面)反射时,发生半波损失所引起的附加光程差。显然,由于光程差仅随空气隙的厚度 δ 而改变,故干涉条纹是厚度相同的点的连线,即以接触点为中心的一系列同心圆环。

由图 6.2-1 所示的几何关系,有

$$R^2 = r^2 + (R-\delta)^2 = r^2 + R^2 - 2R\delta + \delta^2 \tag{6.2-2}$$

当 $R \gg \delta$ 时,由式(6.2-2)可得 $\delta = \dfrac{r^2}{2R}$,代入式(6.2-1)得

$$\Delta = \frac{2r^2}{2R} + \frac{\lambda}{2} \tag{6.2-3}$$

当光程差为半波长的奇数倍时,产生暗条纹,由式(6.2-3)可得

$$\frac{2r_m^2}{2R} + \frac{\lambda}{2} = (2m+1)\frac{\lambda}{2}, \quad m = 0, 1, 2, \cdots \tag{6.2-4}$$

由式(6.2-4)可以看出,相邻暗环对应的光程差相差一个波长。如图 6.2-2 所示,如果我们从中心圆斑开始数暗环的个数,数到第 4 个暗环时,就表明第 4 个暗环处的光程差比中心圆斑处多了 4 个波长,由这一数值就可以得到第 4 个暗环处的空气隙的高度。在这里,通过数暗环的个数,就实现了以半波长为最小长度单位进行空气隙高度的测量。这种方法可以应用到许多类似场合,以半波长为最小长度单位测出微小长度量,例如测量薄膜变形量、光学元件的平整度,等等。

由式(6.2-4)得

$$r_m = \sqrt{mR\lambda} \tag{6.2-5}$$

对式(6.2-5)可作如下讨论:

(1)当 $m = 0$ 时,$r = 0$,表明在理想接触下,牛顿环中心暗点应为几何点,但实际情况常常是一个暗斑。

(2)暗环的半径与 m 的平方根成正比,当 R、λ 一定时,m 越大,即暗环级次越高,相邻暗环之间的间距越小,故由 O 点向外,牛顿环越来越密。

(3)若测出 m 和 r_m,并知道 λ,就可以算出透镜的曲率半径 R。反之,已知 R,测出 m 和 r_m,也可以算出光波长。

在实际应用上述原理时发现,由于玻璃接触时的弹性形变、接触点不干净等原因,平凸透镜的凸面与平面玻璃不能很理想地只以一个点相接触,观察到的牛顿环中心往往不是一个暗点,而是一个不很规则的圆斑,这样 r_m 不易测量得很准确,干涉环的级数也不能准确确定。为了解决这些问题,我们可以测量两个暗环的半径。设测出第 n 个环的半径 r_n 和第 m 个环的半径 r_m,代入式(6.2-5)得

$$r_n^2 - r_m^2 = nR\lambda - mR\lambda = (n-m)R\lambda \tag{6.2-6}$$

$$R = \frac{r_n^2 - r_m^2}{(n-m)\lambda} \tag{6.2-7}$$

式中,$n-m$ 为暗环的级次差,可以准确测定。

实际测量时,因为暗环圆心不易准确找出,暗环半径也不易准确测量,我们一般测量暗环的直径。由于暗环圆心不易准确找出,在测量暗环直径时,有可能得到的不是严格的直径而是弦长,设所测弦长距圆心距离为 x,如图 6.2-3 所示,这样就有

$$D_m = 2\sqrt{r_m^2 - x^2} \tag{6.2-8}$$

$$D_n = 2\sqrt{r_n^2 - x^2} \tag{6.2-9}$$

最后可得

$$R = \frac{D_n^2 - D_m^2}{4(n-m)\lambda} \qquad (6.2\text{-}10)$$

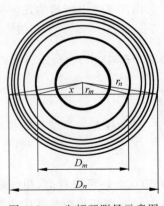

图 6.2-3　牛顿环测量示意图

式中 D_m、D_n 为两个暗环的直径或弦长。本实验入射光用波长为 589.3nm 的纳光，用测量显微镜测出第 m 圈和第 n 圈的直径或弦长，由式(6.2-10)便可算出透镜的曲率半径 R。反过来，若已知曲率半径 R，也可以求出入射光的波长。

2. 用空气劈尖干涉测量细丝直径

如图 6.2-4 所示，取两块光学平面玻璃板，使其一端接触，另一端夹着待测细丝(细丝与接触棱边应相互平行)，这样在两块玻璃板之间就会形成一个空气劈尖。当平行单色光垂直射向玻璃板时，由空气劈尖下表面反射的光束与空气劈尖上表面反射的光束就有一定的光程差。这两束光在空气劈尖的上表面相遇时发生干涉，形成一组与两玻璃接触的棱边平行、间隔相等、明暗相间的干涉条纹。这种干涉条纹也是一种等厚条纹。设入射的单色光波长为 λ，在空气劈尖厚度为 d 处发生干涉的两束光线的光程差为

$$\Delta = 2d + \frac{\lambda}{2} \qquad (6.2\text{-}11)$$

式中，$\lambda/2$ 为光线从劈尖下表面反射时发生的半波损失。

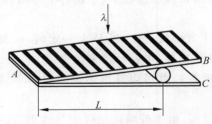

图 6.2-4　劈尖及干涉条纹示意图

若在空气劈尖厚度为 d 处形成暗条纹，光程差必须满足下述干涉条件：

$$\Delta = 2d + \frac{\lambda}{2} = (2m+1)\frac{\lambda}{2} \qquad (6.2\text{-}12)$$

式中，$m = 0,1,2,\cdots$ 为干涉条纹级数。上式可简化为

$$d = \frac{m\lambda}{2} \qquad (6.2\text{-}13)$$

由式(6.2-12)可知，当 $d = 0$ 时，光程差 $\Delta = \lambda/2$，即玻璃板的接触棱边呈零级暗条纹。由式(6.2-13)可知，两相邻条纹之间对应的劈尖空气厚度相差 $\lambda/2$。

若金属的细丝到劈尖棱边的距离为 L，且该处空气厚度为 d(即细丝直径)，由棱边到细丝处暗条纹总数为 $m = N$，则式(6.2-13)变为

$$d = \frac{N\lambda}{2} \qquad (6.2\text{-}14)$$

式中，$N = Lm_l$(L 为劈尖两玻璃片交线处到夹细线处的总长度，m_l 为单位长度的干涉条

纹数)。

以钠光灯为光源,$\lambda = 589.3\text{nm}$,测出 N 之后,就可以得到细丝的直径 d。

[实验测量与数据处理]

1. 掌握测量显微镜的使用方法

按照附录的介绍,学习测量显微镜的构造、调节方法和读数方法。

2. 测量平凸透镜的曲率半径 *R*

(1) 如图 6.2-5 所示,将牛顿环仪放在测量显微镜正下方的载物台上,倾斜度可调的分光镜大致调到图中所示的位置。开亮钠光灯,钠光光源发射出来的光通过牛顿环仪上方的分光镜反射后垂直入射到平凸透镜上,在上面的显微镜中可以观察到牛顿环。轻微调节分光镜的倾斜度、测量显微镜与光源的相对位置,使显微镜中视场亮度合适。调节测量显微镜的目镜,使目镜中看到的叉丝最清晰,将显微镜镜筒下降到接近牛顿环然后再缓慢上升,使在显微镜中看到的明暗相间的牛顿环最清晰。

图 6.2-5　牛顿环测试图

(2) 轻微改变牛顿环仪的位置,转动测量鼓轮使显微镜叉丝交点落在牛顿环中心斑上。本测量欲测出第 5、10、15、20、25、30 环的直径,因此测量前要观察整个调节范围内能否测出第 30 环的直径。

(3) 测量时,转动测微鼓轮,使显微镜中的叉丝交点从左侧的第 32 环移至与第 30 环暗条纹相重合处,记下读数 r_{30}。以后按递减的次序依次测到第 25、20、15、10、5 环,记录读数 d_{25}、d_{20}、d_{15}、d_{10}、d_5。继续向右过牛顿环中心,记下竖丝依次与另一边的第 5、10、15、20、25、30 环相切时的读数 d'_5、d'_{10}、d'_{15}、d'_{20}、d'_{25}、d'_{30}。测量 3 次。

注意:整个测量过程中,鼓轮必须单方向旋转,不能倒转,以避免空程差。旋转鼓轮时要慢,切不可移过头又返回来再读数,这样将产生较大的误差。

数据处理:同一环左右两边读数之差就是该环的直径。d_5 与 d'_5 为一组数据,d_{10} 与 d'_{10} 为一组数据,d_{15} 与 d'_{15} 为一组数据;d_{20} 与 d'_{20} 为一组数据,d_{25} 与 d'_{25} 为一组数据,d_{30} 与

d'_{30}为一组数据,分别计算透镜的曲率半径 R。推导误差传递公式,进行不确定度估算,波长的不确定度近似取为 0.3nm。

3. 测量细丝直径

(1) 取下牛顿环将空气劈尖放在显微镜正下方,调节显微镜使其正好聚焦在干涉条纹上,从目镜中看到清晰的干涉条纹。

(2) 调节显微镜及劈尖盒的位置,当转动测微鼓轮时,十字叉丝的竖丝要保持与条纹平行。

(3) 转动测微鼓轮,在劈尖面的三个不同部位,分别测出 20 条暗纹的总长度 l,求其平均值及单位长度的干涉条纹数 $m_l = \dfrac{20}{l}$。

(4) 测劈尖两玻璃片交线处到夹细线处的总长度 L,测 1 次,并给出 L 的不确定度。

数据处理:用式(6.2-14)计算金属细丝的直径 d。导出误差传递公式,进行不确定度估算,其中条纹数的误差自行给出估计值,波长的不确定度近似取为 0.3nm。

[结论]

通过对实验现象和实验结果的分析,你能得到什么结论?

[研究性题目]

试用空气劈尖方法,自己搭建光路,测量纸张厚度和头发丝直径。

[思考题]

(1) 若看到的牛顿环局部不圆,劈尖干涉条纹局部弯曲,是什么原因?

(2) 比较牛顿环和劈尖干涉的共同点,为什么称作等厚干涉?"厚"是指哪一个厚度?

[附录]　JLC 型测量显微镜使用说明

15J(JLC 型)测量显微镜外形如图 6.2-6 所示。

目镜 1 安插在棱镜座 3 的目镜套筒内,目镜止动螺钉 2 可以固定目镜的位置。棱镜座 3 能够转动。物镜 5 直接旋转在镜筒 4 上,组合成显微镜。转动调焦手轮 15 使显微镜上下升降进行调焦。支架 13 借显微镜固定螺钉 12 紧固在主立柱 14 的适当位置上。45°反射玻璃片(分光镜)安装在圆形套筒内,套筒安装在物镜 5 的下方。

X-Y 轴直角测量坐标中,旋转测微鼓轮 9 时,测量工作台沿着 X 轴方向移动。测微鼓轮 9 边上刻线 100 等分,每格相当于移动 0.01mm。旋转测微鼓轮 7 时,测量工作台沿着 Y 轴方向移动。测微鼓轮 7 边上刻线 50 等分,每格相当于移动 0.01mm。

测量工作台 6 周围刻有角度值,绕垂直轴旋转后由游标读数,格值是 6'(1/10 度)。测量工作台装配在平台 11 上,平台与立柱 14 可用平台固定螺钉 10 制紧。为了满足需要,平台可以拆卸。为得到明亮的视场,还可将反光镜装在底座 8 上,并可以根据光源方向四面转动,以得到更好的观察效果。

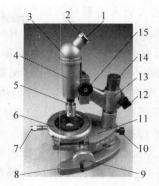

图 6.2-6 测量显微镜的外形

1—目镜；2—目镜止动螺钉；3—棱镜座；4—镜筒；5—安装有分光镜的物镜；6—测量工作台；7—Y轴测微鼓轮；8—底座；9—X轴测微鼓轮；10—平台固定螺钉；11—平台；12—显微镜固定螺钉；13—显微镜支架；14—主立柱；15—调焦手轮

仪器测量精度：若以 L 表示被测件长度（mm），测量地点的温度为（20 ± 3）℃时，仪器的示值误差为

$$\Delta_{L仪} = \pm\left(5 + \frac{L}{15}\right)\mu m \tag{6.2-15}$$

［参考文献］

吴平.大学物理实验教程［M］.2版.北京：机械工业出版社，2015.

实验 6.3 菲涅耳与夫琅禾费衍射

［引言］

衍射是波在传播路径上遇到障碍物之后，绕过障碍物的边缘而进入其几何阴影内传播的现象。我们在日常生活中就能观察到声波和水波的衍射现象，比如"隔墙有耳"、水波可以绕过障碍物继续向前传播等。同样地，光的衍射现象是当光的传播遇到障碍物受到限制，发生偏离直线传播（而并非反射和折射）的现象。比如，我们在夜间拍摄路灯、月亮、蜡烛、星空等小而亮的光点时，当镜头的光圈缩小时，就可以拍摄出星芒的效果，如图 6.3-1 所示，这其实是光线通过镜头叶片产生衍射导致的。光的衍射现象有力地说明了光具有波动性。

图 6.3-1 夜晚路灯拍摄出的星芒

光的衍射现象是 1660 年由意大利人格里马第最先发现的,是他用太阳光照射小孔和单缝时观察到的。19 世纪法国物理学家菲涅耳完成了衍射的定量分析,提出了惠更斯-菲涅耳原理。1821 年德国物理学家夫琅禾费研究了平行光的单缝衍射,第一个定量研究了衍射光栅。随着光学理论和应用研究的不断深入,光的衍射现象已经被应用在各个科学技术领域中,例如,全息照相技术中的物像再现、材料科学中的物质机构和元素的判断、光学仪器中的单色光的实现、光学仪器的分辨率的提高、微小尺寸(如缝宽、细丝直径等)的高精度非接触测量、信息光学中的光学图像处理技术等。

一般我们把光的衍射现象分为两类:一类是菲涅耳衍射,又称近场衍射,是光源或接收屏距离衍射屏有限远,或者光源和接收屏两者距离衍射屏都有限远时的衍射;另一类是夫琅禾费衍射,又称远场衍射,是光源和接收屏都距障碍物无限远或相当于无限远时的衍射。衍射现象与波长有很大的关系,波长越长,衍射现象越明显。光的波长很短,所以通常难于观察。本次实验我们就借助光学仪器观察和比较这两类衍射现象。

［实验目的］

(1) 观察和比较菲涅耳衍射和夫琅禾费衍射现象,加深对光的衍射现象和理论的理解。

(2) 使用光电元件测量单缝夫琅禾费衍射的光强分布,验证光强分布理论。

(3) 由单缝夫琅禾费衍射图样确定缝宽,并与理论值比较。

(4) 观察并比较圆孔、方孔、细丝、圆屏等的菲涅耳衍射和夫琅禾费衍射现象,对比互补屏的衍射图像。

［实验仪器及样品］

导轨(1000mm),激光功率指示仪,二维可调半导体激光器,扩束镜,衍射元器件,一维位移架,12 挡挡光探头,导轨滑块,白屏。

［预习提示］

(1) 无限远的距离在光学实验中如何设计? 在夫琅禾费衍射实验中,用激光器做光源时,为什么可以不用透镜进行实验?

(2) 在单缝夫琅禾费衍射实验中,如何设计实验求出缝宽?

［实验原理］

1. 菲涅耳衍射

菲涅耳衍射是在菲涅耳近似成立的基础上观察的衍射现象。光源或接收屏距离衍射屏有限远,此时的光线不是平行光,即波阵面不是平面。分析菲涅耳衍射多采用半波带法,此外还有菲涅耳积分法、分数傅里叶变换法,而半波带法是一种近似方法。本实验通过菲涅耳衍射的实验装置的搭建和对实验结果的观测,对菲涅耳衍射半波带及由半波带法导出的计算公式进行深入分析。

菲涅耳吸收了惠更斯的次波思想,并加入次波相干叠加思想,提出了惠更斯-菲涅耳原理。它可以表述为:波面上的任意点都可以看作新的振动中心,它们发出球面次波,空间任意点 P 的振动是该波面上所有这些次波在该点的相干叠加。由此推出了点源球面波的衍射积分公式,并提出波带法解出积分结果,对当时人们已熟知的圆孔衍射现象和圆屏衍射现象给出了恰当的解释和说明。由于菲涅耳在理论推导中作了一些假设,因此该理论的严密性不足。基尔霍夫利用格林积分定理和亥姆霍兹方程推导出一个严格的积分公式,弥补了菲涅耳衍射理论的不足。

　　下面将具体分析圆孔菲涅耳衍射。如图 6.3-2 所示,位于 S 点的单色点光源发出的球面光波照射到一个开有小圆孔的衍射屏 C 上,由于受到圆孔的限制,光波将发生衍射,在衍射屏后面的 P 点观察其衍射图样,其中 P 点的光强度为受圆孔限制的波前上各个子波的贡献之和。假设圆孔的半径为 ρ,波前 Σ 是以光源 S 为中心的球面,半径为 R,顶点 O 到场点 P 的距离为 b。以场点 P 为球心,分别以 $r_1=b+\lambda/2, r_2=b+\lambda, r_3=b+3\lambda/2, \cdots, r_k=b+k\lambda/2\cdots$ 为半径作球面,将透过圆孔的波前 Σ 截成若干个环带。由于相邻环带至场点 P 的光程差均为半波长,故这些环带称为半波带。设半波带的面积依次为 $\Delta\Sigma_1, \Delta\Sigma_2, \Delta\Sigma_3, \cdots$,它们对场点 P 贡献的次波扰动分别为 $\Delta\widetilde{U}_1, \Delta\widetilde{U}_2, \Delta\widetilde{U}_3, \cdots$,如果用 $\widetilde{U}_k(P)$ 表示第 k 个半波带发出的次波在 P 点产生的复振幅,则有

$$\widetilde{U}_k(P)=A_k \mathrm{e}^{\mathrm{i}\varphi_k} \tag{6.3-1}$$

式中,A_k 表示振幅的大小;φ_k 表示位相。

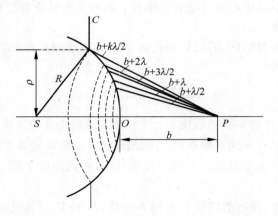

图 6.3-2　圆孔的菲涅耳衍射与波带分割示意图

　　则根据惠更斯-菲涅耳原理,P 点的总扰动为

$$\widetilde{U}(P)=\sum \Delta\widetilde{U}_R \tag{6.3-2}$$

　　各半波带所贡献的次波扰动之间的相位关系和振幅关系如下:

　　相位关系:由于各半波带是从同一等相面上分割出来的,它们到点 P 的光程差逐次递增 $\dfrac{\lambda}{2}$,因此相位依次递增 π,设 $\Delta\widetilde{U}_1=A_1$,则 $\Delta\widetilde{U}_2=-A_2$,$\Delta\widetilde{U}_3=A_3$,$\cdots$,从而

$$\widetilde{U}(P)=A_1-A_2+A_3+\cdots+A_k+\cdots \tag{6.3-3}$$

　　振幅关系:根据惠更斯-菲涅耳原理,有

$$A_k \propto f(\theta_k)\frac{\Delta\Sigma_k}{r_k} \tag{6.3-4}$$

式中,$f(\theta_k)$ 为倾斜因子,随 θ_k 的增大而缓慢减小。

由几何关系,我们可以得到第 k 个半波带的面积 $\Delta\Sigma_k$ 为

$$\Delta\Sigma_k = \Sigma_k - \Sigma_{k-1} = \frac{\pi Rb\lambda}{R+b} \tag{6.3-5}$$

当 $\lambda \ll b$ 时,由式(6.3-5)可得

$$\frac{\Delta\Sigma_k}{r_k} = \frac{\pi R\lambda}{R+b} \tag{6.3-6}$$

所以 $\dfrac{\Delta\Sigma_k}{r_k}$ 与 k 无关,是一个常数,由式(6.3-4)和式(6.3-6)可知,不同级次半波带振幅的大小 A_k 只与倾斜因子 $f(\theta_k)$ 有关。因为倾斜因子 $f(\theta)$ 随着 θ 的增大而缓慢减小,所以半波带振幅的大小 A_k 随着波带级次的增大而缓慢单调地减小。

由式(6.3-3)可知,对于圆孔衍射,当孔的大小刚好露出第 1 半波带时,$U(P) = A_1$,我们以自由光场的光强 I_0 作为度量衍射光强的参考值,P 点处的亮度 $I(P) = A_1^2 = 4A_0^2 = 4I_0$,是一个亮点,其衍射光强是全部半波带贡献的 4 倍,这种局部效应可能大于整体效应是相干叠加特有的性质。当孔露出两个半波带时,$U(P) = A_1 - A_2 \approx 0$,从而 $I(P) \approx 0$,中心都是暗点。一般来说当孔包含前面不多的奇数个半波带时,$U(P) \approx A_1$,中心都是亮点,衍射光强 $I(P)$ 为 $4I_0$;当孔包含前面不多的偶数个半波带时,$U(P) \approx 0$,中心都是暗点,$I(P) \approx 0$。这就解释了圆孔衍射图样中心强度随着孔半径 ρ 的增大亮暗交替变化的现象。圆孔的菲涅耳衍射的图样见图 6.3-3(a)。

对于某个特定的衍射装置,若已知圆孔的半径 ρ,则被圆孔限制的波面相对于场点 P 可分割的半波带的数目为

$$k = \frac{R+b}{\lambda Rb}\rho^2 = \frac{\rho^2}{\lambda}\left(\frac{1}{R} + \frac{1}{b}\right) \tag{6.3-7}$$

由上式可见,半波带数 k 的值取决于 4 个因素:照射光波的波长 λ、波面的曲率半径 R、圆孔的半径 ρ 以及衍射光屏到观察点 P 之间的距离 b。给定这 4 个参数中的任意 3 个,则 P 点的合振动强度随第 4 个参数的不同而发生变化,由此决定了圆孔(或其他衍射孔)的菲涅耳衍射的特点。

对于一定的 ρ 和 R,露出的波带数 k 随 b 变化,从而 P 点的光强度也不同。也就是说当 P 点沿着轴线移动时,露出的半波带数的奇偶性将交替变化,P 点的强度也作明暗交替变化。

由式(6.3-7)可知,当 $K_2 - K_1 = 1$ 时,有如下关系:

$$\rho^2 = \frac{\lambda}{\dfrac{1}{b_2} - \dfrac{1}{b_1}} \tag{6.3-8}$$

对于确定的照射光源来说,波长 λ 一定,根据式(6.3-8),通过记录相邻亮暗点距孔径平面的距离 b_1 和 b_2,即可计算出圆孔的直径。

如果是圆屏衍射,我们可以自圆屏边缘作一系列的半波带,最后一个半波带振幅为零。因此 P 点的衍射场为

$$U(P) = A_k - A_{k+1} + A_{k+2} - \cdots = \frac{1}{2}A_k \approx A_0 \tag{6.3-9}$$

$$I(P) \approx I_0 \tag{6.3-10}$$

可见,无论半波带总数是奇数或者偶数,中心总是亮点,称为泊松点。圆屏菲涅耳衍射的图样见图 6.3-3(b)。

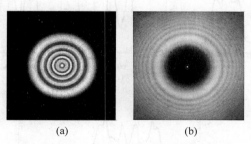

(a)　　　　　　　　(b)

图 6.3-3　菲涅耳衍射示意图

(a) 圆孔;(b) 圆屏

同样地,我们也可以给出直边、单缝和单丝的菲涅耳衍射的示意图,见图 6.3-4。由于波面仅在垂直于直边或狭缝方向受到限制,而在平行于直边或狭缝方向不受限制,因此,可以想象一个直边或者狭缝的衍射图样将在垂直于直边或狭缝方向出现强度的非均匀分布,而在平行于直边或者狭缝方向仍具有自由传播时的强度分布特征。因此,在平面波或柱面波照射下,直边和单缝的菲涅耳衍射图样应是一组沿垂直于直边或狭缝方向展开的亮暗相间的直线形条纹。需要说明的是,不同缝宽会导致衍射图样细节的变化,如图 6.3-5 所示。随着缝宽的增大,屏上出现的亮暗条纹增多,暗条纹强度的比值也发生了变化。当缝宽达到一定值时,衍射图样可以看成是单缝的两个边的直边衍射的组合,如图 6.3-4(b)所示。

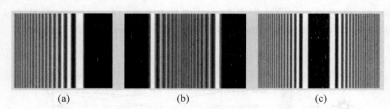

(a)　　　　　　　(b)　　　　　　　(c)

图 6.3-4　菲涅耳衍射示意图

(a) 直边;(b) 单缝;(c) 单丝

2. 夫琅禾费衍射

夫琅禾费衍射原理图如图 6.3-6 所示。单色点光源 S 位于透镜 L_0 的物方焦点 F_0 上(或单色线光源过焦点 F_0 且沿垂直于纸平面的方向展开),其所发出的球面(或柱面)光波经透镜 L_0 准直后,变为沿主轴方向传播的平面波并垂直投射在衍射屏 C 上,进而由透镜 L 将衍射屏在无限远处引起的夫琅禾费衍射图样成像在 L 的像方焦平面上。此时,光源和接收屏相对于单缝都可以认为是在无限远处。

1) 单缝衍射

单缝夫琅禾费衍射原理如图 6.3-7 所示。

单缝衍射的光强分布 $I(\theta)$ 由下式表示:

$$I(\theta) = I_0 \frac{\sin^2 u}{u^2} \tag{6.3-11}$$

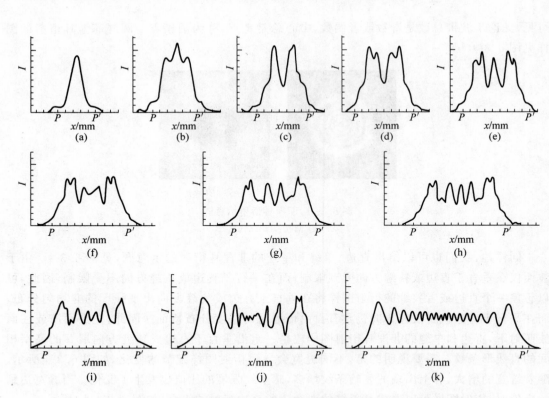

图 6.3-5　不同缝宽对应的单缝衍射菲涅耳衍射光强分布曲线

(a) $d=0.5\text{mm}$；(b) $d=0.6\text{mm}$；(c) $d=0.7\text{mm}$；(d) $d=0.8\text{mm}$；(e) $d=0.9\text{mm}$；(f) $d=1.025\text{mm}$；

(g) $d=1.10\text{mm}$；(h) $d=1.20\text{mm}$；(i) $d=1.30\text{mm}$；(j) $d=1.60\text{mm}$；(k) $d=2.40\text{mm}$

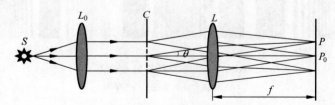

图 6.3-6　平面光波照射下的夫琅禾费衍射原理图

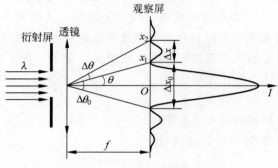

图 6.3-7　单缝夫琅禾费衍射原理

式中，$u=\dfrac{\pi a\sin\theta}{\lambda}$，其中 a 为单缝宽度，λ 为光波波长，θ 为衍射角。

当 $\theta=0$ 时，$u=0$，此时光强为最大。这是中央零级亮条纹，称为主极强。式(6.3-11)中 I_0 的大小取决于光源的亮度，并与单缝宽度 a 的平方成正比。

当 $\sin\theta=k\dfrac{\lambda}{a}$，其中 $k=\pm1,\pm2,\pm3,\cdots$ 时，$u=k\pi$。这时 $I(\theta)=0$，即出现暗条纹。实际上 θ 很小，可以认为 $\sin\theta\approx\theta$，即暗条纹在

$$\theta=k\frac{\lambda}{a} \tag{6.3-12}$$

的位置出现。

由几何关系可知

$$\theta\approx\frac{x_k}{f} \tag{6.3-13}$$

式中，x_k 为第 k 级暗条纹在接收屏上距中心的距离，f 为衍射屏到接收屏之间的距离。将以上两个方程联立，即得到单缝宽度

$$a\approx\frac{k\lambda f}{x_k} \tag{6.3-14}$$

其他亮条纹(次极强)所在的位置为

$$\theta\approx\sin\theta=\pm1.43\frac{\lambda}{a},\pm2.46\frac{\lambda}{a},\pm3.47\frac{\lambda}{a},\cdots \tag{6.3-15}$$

这些次极强相对于主极强的相对强度分别为

$$\frac{I(\theta)}{I_0}=0.047,0.017,0.008,\cdots \tag{6.3-16}$$

夫琅禾费单缝衍射的光强分布曲线如图 6.3-8 所示。

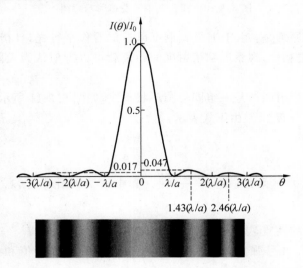

图 6.3-8　单缝衍射光强分布曲线和衍射示意图

2) 矩形孔衍射

通过分析单缝夫琅禾费衍射的规律可以看出，衍射过程具有一种逆反性，即狭缝越窄，

照射光波面受到的限制就越强烈，衍射图样展开范围越大；反之亦然。由此可以得到矩形孔夫琅禾费衍射的规律：矩形孔可以看作两个狭缝的正交叠置，光波不仅同时在两个正交方向上受到限制，而且在其他方向上也受到限制。

矩形孔衍射的光强分布 $I(\alpha, \beta)$ 由下式表示：

$$I(\alpha, \beta) = I_0 \frac{\sin^2\alpha}{\alpha^2} \frac{\sin^2\beta}{\beta^2} \tag{6.3-17}$$

式中，$\alpha = \dfrac{\pi a \sin\theta_a}{\lambda}$；$\beta = \dfrac{\pi b \sin\theta_b}{\lambda}$。其中 a 和 b 为矩形孔边长；λ 为光波波长；θ_a 和 θ_b 为衍射角。

图 6.3-9　矩形孔夫琅禾费衍射示意图

由此可以看出，矩形孔夫琅禾费衍射光强相当于两个正交方向展开的单缝夫琅禾费衍射光强的乘积，相应的衍射图样强度分布同时受到 $\dfrac{\sin^2\alpha}{\alpha^2}$ 和 $\dfrac{\sin^2\beta}{\beta^2}$ 两个因子的调制。矩形孔夫琅禾费衍射示意图如图 6.3-9 所示，矩形孔的长宽比不同，衍射图样的细节会有不同。

3）圆孔衍射

当衍射屏上的开孔非常小时，还可以用细激光束直接照射衍射屏，并在衍射屏后较远处的任一垂直于光轴的平面上观察夫琅禾费衍射图样，如图 6.3-10 所示。

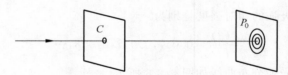

图 6.3-10　圆孔夫琅禾费衍射示意图

这种观察方式的原理是：由于细激光束可以近似看作平行光，且衍射屏上被照射区域的横向尺寸很小，与之相比，观察屏到衍射屏的距离就可以近似认为无限远，因而满足远场条件。

圆孔的夫琅禾费衍射图样是一组同心圆环状条纹，如图 6.3-11 所示。

圆孔衍射的光强分布 $I(\theta)$ 由下式表示：

$$I(\theta) = I_0 \left[2 \frac{J_1(u)}{u} \right]^2 \tag{6.3-18}$$

式中，$J_1(u)$ 为一阶贝塞尔函数；$u = \dfrac{2\pi a \sin\theta}{\lambda}$。其中 a 为圆孔半径，λ 为光波波长，θ 为衍射角。

根据贝塞尔函数的性质，当 $u=0$，即 $\theta=0$ 时，$I(\theta) = I(\theta_0) = I_0$。这表明，圆孔衍射的中心始终是一个亮点，并且强度取最大值，其他各级次强度极大值和极小值中心位置分别为：

极大值位置：

$$\sin\theta_1' = 0.819 \frac{\lambda}{a}, \quad \sin\theta_2' = 1.333 \frac{\lambda}{a}, \quad \sin\theta_3' = 1.840 \frac{\lambda}{a}, \cdots \tag{6.3-19}$$

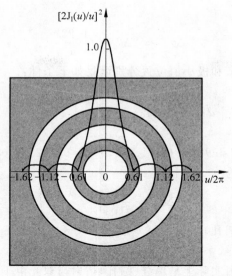

图 6.3-11　圆孔夫琅禾费衍射沿横向光强分布及衍射图样示意图

极小值位置：

$$\sin\theta_1 = 0.610\frac{\lambda}{a}, \quad \sin\theta_2 = 1.116\frac{\lambda}{a}, \quad \sin\theta_3 = 1.619\frac{\lambda}{a}, \quad \cdots \tag{6.3-20}$$

次极强相对于主极强的相对强度分别为

$$\frac{I(\theta)}{I_0} = 0.0175, 0.0042, 0.0016, \cdots \tag{6.3-21}$$

图 6.3-11 所示为圆孔夫琅禾费衍射光场沿横向的强度分布示意图。

4）双缝或双孔夫琅禾费衍射

假设狭缝宽度（或圆孔半径）为 a，两狭缝（或两圆孔）的间距为 d，两个狭缝（或圆孔）产生的衍射光波相干叠加后的强度分布如下所示：

双缝：

$$I(\theta) = I_0\left(\frac{\sin\alpha}{\alpha}\right)^2\cos^2\beta \tag{6.3-22}$$

式中，$\alpha = \dfrac{\pi a\sin\theta}{\lambda}$；$\beta = \dfrac{\pi b\sin\theta}{\lambda}$。其中 λ 为光波波长，θ 为衍射角。

双孔：

$$I(\theta) = I_0\left(2\frac{J_1(\alpha')}{\alpha'}\right)^2\cos^2\beta \tag{6.3-23}$$

式中，$J_1(\alpha')$ 为一阶贝塞尔函数；$\alpha' = \dfrac{\pi a\sin\theta}{\lambda}$；$\beta = \dfrac{\pi b\sin\theta}{\lambda}$。其中 λ 为光波波长；θ 为衍射角。

双缝（孔）夫琅禾费衍射图样的强度分布由单缝（孔）衍射因子和缝（孔）间干涉因子的乘积决定，其中单缝（孔）衍射因子中央主极大的角宽度为：

单缝：

$$\Delta\theta_{s0} \approx \frac{2\lambda}{a\cos\theta} \approx \frac{2\lambda}{a} \tag{6.3-24}$$

圆孔：

$$\Delta\theta_{c0} \approx 2\Delta\theta_1 \approx \frac{1.22\lambda}{a} \tag{6.3-25}$$

缝(孔)间干涉因子的极大值和极小值位置分别满足如下条件：

极大值位置：

$$d\sin\theta = \pm j\lambda, \quad j = 0,1,2,3,\cdots \tag{6.3-26}$$

极小值位置：

$$d\sin\theta = \pm(2j+1)\lambda, \quad j = 0,1,2,3,\cdots \tag{6.3-27}$$

由此得到亮条纹的角宽度为

$$\Delta\theta_j \approx \frac{\lambda}{d\cos\theta} \approx \frac{\lambda}{d} \tag{6.3-28}$$

当 $a < d$ 时，在单缝(圆孔)衍射的每一级亮条纹区内将出现一系列新的强度极大点和极小点。

双缝(孔)夫琅禾费衍射实际上是单缝(圆孔)衍射与双光束干涉的综合效应，或者说，双缝(孔)夫琅禾费衍射图样实际上是受单缝衍射因子调制的双光束干涉图样。双光束干涉的结果，使得衍射图样的背景上叠加了一组等间隔余弦平方型干涉条纹。从杨氏双缝(孔)干涉角度来讲，由于单缝(圆孔)衍射因子的存在，干涉条纹并不等于强度，而是随着衍射角的增大而逐渐减小。只有当缝宽(圆孔半径)无限接近于波长时，单缝(圆孔)衍射的中央条纹的角宽度趋于最大(π)，且强度分布趋于平缓，在此中央亮纹区域内双缝干涉条纹的强度才近似相等。这就是说，杨氏双缝(孔)干涉图样实际上是位于单缝(圆孔)衍射中央亮条纹区的双缝(孔)衍射图样在缝宽(圆孔半径)较小情况下的一种极限形式。

5) 障碍物衍射(圆屏、单丝等)

对于直径极小的细丝、微屏的非接触测量可以采用光衍射互补测定法，它基于巴比涅(A. Babinet)原理。如图 6.3-12 所示，Σ_a 与 Σ_b 是一对透光率互补的屏面，现将它们作为衍射屏先后插入衍射系统中，设 Σ_a 屏造成的衍射场为 $\tilde{U}_a(P)$，互补屏 Σ_b 造成的衍射

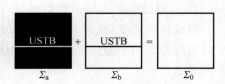

图 6.3-12 互补屏的效果

场为 $\tilde{U}_b(P)$，而无障碍时，全波前 Σ_0 的自由光场为 $\tilde{U}_0(P)$。由于 $\Sigma_b + \Sigma_a = \Sigma_0$，根据衍射积分公式得

$$\tilde{U}_a(P) + \tilde{U}_b(P) = \tilde{U}_0(P) \tag{6.3-29}$$

这表明两个互补屏造成的衍射场之和等于自由光场，这个结论称为巴比涅原理。

我们可以由全波前的自由光场 $\tilde{U}_0(P)$ 和衍射屏 Σ_a 的衍射场 $\tilde{U}_a(P)$ 推知互补屏 Σ_b 的衍射场 $\tilde{U}_b(P)$。特别是由点光源照明，其后装有成像光学系统，并在光源的几何像平面上接收衍射图样的情形，这时自由光场就是服从几何光学规律传播的光场，它在像平面上除像点 P 之外 $\tilde{U}_0(P)$ 皆等于零，从而除几何像点外处处有

$$\tilde{U}_a(P) = -\tilde{U}_b(P) \tag{6.3-30}$$

取它们与各自复共轭的乘积，则得

$$I_a(P) = I_b(P) \tag{6.3-31}$$

即除了几何像点之外,在像平面两个互补屏上分别产生的衍射图样完全相同。所以利用巴比涅原理,很容易由圆孔、单缝等的衍射特性得到圆屏、细丝等的衍射特性。

3. 测量光强的元件——光电池

光电池是利用半导体的光电效应制成的元件,常用的光电池有硒光电池和硅光电池两种。如果把功率指示计连接到光电池的两极,同时用光照射光电池表面,电路中就会有光电流产生。在照度不太大时,光电流与入射光通量成正比,叫作线性响应。线性响应范围与负载电阻的阻值 R_g 有关,当 $R_g = 0$ 时,可得到最大的线性响应范围。因此,在实际应用中,要选用具有低内阻的电流计。

[实验内容与测量]

1. 菲涅耳衍射

实验装置示意图如图 6.3-13 所示。使用激光器产生的激光通过小孔扩束镜达到非远场条件,光束经过衍射屏后,可以使用白屏观察接收到的衍射条纹,或者使用 12 挡挡光探头测量并记录相对光强。

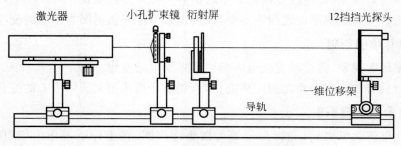

图 6.3-13　菲涅耳衍射装置示意图

1）菲涅耳圆孔衍射现象的观察

（1）改变圆孔的大小,保持接收屏位置不变,观察衍射实验现象。

（2）选择某一圆孔,改变接收屏的位置,观察衍射现象,会看到衍射图样的中心呈"亮→暗→亮→暗"的变化。

2）菲涅耳单缝衍射现象的观察

（1）缓慢、连续地将狭缝由窄变宽,观察并记录屏上的衍射图样。

（2）固定缝宽,缓慢、连续地改变接收屏的位置,观察衍射现象的变化。

2. 夫琅禾费衍射

按照图 6.3-14 安装好实验装置的各个部件。调节狭缝使之垂直于导轨平面,使激光垂直照射在缝所在的平面上,缝所在位置和光探头之间应有一个较大的距离。

观察夫琅禾费单缝衍射现象,并测试缝宽度:

（1）打开激光电源,横向调节单缝平面的位置,使激光垂直照射在单缝的中央,用光电探头测量缝后衍射斑点光强左右是否对称。如果衍射斑点光强左右不对称,则横向微调衍

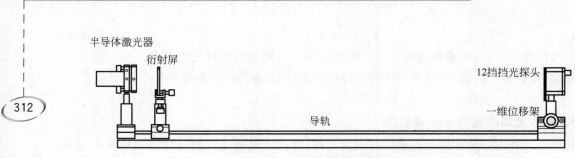

图 6.3-14 夫琅禾费衍射装置示意图

射单缝的位置,使得衍射斑点左右完全对称。

(2) 转动光探头框架上的螺旋测微旋钮,使光探头从左到右或从右到左单方向移动,每隔 $0.500\,\mathrm{mm}$ 测一次光电流 $I(\theta)$。可从左右第三极暗纹开始测量。

(3) 测量第 k 级暗条纹在接收屏上距中心的距离 x_k 以及衍射屏到接收屏之间的距离 f,代入式(6.3-14),求出缝宽的实验值,并与理论值进行比较。

[实验数据处理]

1. 菲涅耳圆孔衍射

(1) 观察衍射现象,描述改变圆孔大小时衍射图样发生的变化。

(2) 当衍射屏与观察平面之间距离变化时,观察并描述衍射图样中心的变化。

2. 菲涅耳单缝衍射

(1) 观察衍射现象,描述改变缝宽时衍射图样发生的变化。

(2) 当衍射屏与观察平面之间距离变化时,观察并描述衍射图样中心的变化。

3. 夫琅禾费单缝衍射

(1) 以光电流为纵坐标、光探头位置为横坐标作图,在坐标纸上作出衍射光强分布曲线,将曲线形状与图 6.3-8 进行比较。把实验测量得到的次极强相对于主极强的相对强度值与式(6.3-16)给出的理论值进行比较。

(2) 由衍射光强分布曲线求单缝宽度 a,与已知的衍射单缝宽度进行比较。用式(6.3-14),根据半导体激光的波长和光强曲线中暗条纹出现的位置,求出衍射单缝宽度,并与已知的单缝宽度值进行比较。

[讨论]

(1) 在圆孔菲涅耳衍射中,衍射图样中心的相对强度随衍射屏与观察平面之间距离变化是怎样的关系?

(2) 在单缝夫琅禾费衍射中,缝宽变宽或变窄,会对衍射图像造成怎样的影响?

(3) 分析圆屏、单丝及双丝衍射实验现象与圆孔、单缝及双缝衍射实验现象之间的关系。

[结论]

通过对实验现象和实验结果的分析,你能得到哪些结论?

[研究性题目]

观察并描述方孔、单缝、圆屏、单丝的菲涅耳衍射以及圆孔、方孔、圆屏、单丝等夫琅禾费衍射现象,讨论这些现象的产生机理。

[思考题]

(1)菲涅耳圆孔衍射图样的中心点可能是亮的,也可能是暗的,而夫琅禾费圆孔衍射图样的中心总是亮的。这是为什么?

(2)夫琅禾费圆孔衍射花样是否只取决于圆孔的直径,它与圆孔的位置是否偏离主轴有无关系?

(3)用白光光源观察单缝夫琅禾费衍射,衍射图样将有怎样的变化?

(4)单缝夫琅禾费衍射图像与激光输出的光强度大小是否有关?

[参考文献]

[1] 赵凯华,钟锡华.光学[M].北京:北京大学出版社,1984.

[2] 赵建林.光学[M].北京:高等教育出版社,2006.

[3] 梁柱.光学原理教程[M].北京:北京航空航天大学出版社,2005.

[4] 叶玉堂,等.光学教程[M].北京:清华大学出版社,2005.

[5] 潘毅,李训谱,牛孔贞.菲涅耳单缝衍射动态演示实验[J].大学物理,2012,24(11):52.

[6] 陈熙谋.大学物理通用教程 光学[M].北京:北京大学出版社,2009.

[7] 范希志.光学实验教程[M].北京:清华大学出版社,2016.

实验 6.4 偏振光特性与旋光仪的使用

[引言]

1809 年,法国物理学家马吕斯发现了光的偏振现象,开启了人们对偏振光的研究。经过 200 多年的发展,偏振光相关的技术在日常生活中已经有很多应用。例如:机动车前挡风玻璃和车前灯玻璃应用偏振技术,可以使驾驶人看到自己的车灯发出的光,而看不到对面车灯的光,从而保障夜间行车的安全。偏振光相关领域一直以来也都是热门研究方向,近来法国研究人员受沙漠蚂蚁的启发,研制出一款新型"蚂蚁机器人",这是首款无须全球定位系统就可以自由探索周围环境并自动返回的行走机器人。该机器人主要借助太阳的偏振光来测量航向,从而给自身定位。吉林大学研究团队利用手性光子晶体膜,在近紫外及近红外范围内将入射光分解为左旋圆偏振光和右旋圆偏振光;左旋圆偏振光被膜反射,右旋圆偏振光则透过膜,膜两侧的圆偏振光都具有很高的强度。该技术展示了优良的圆偏振光防伪应用(图 6.4-1)。除此之外,偏振光还在立体光学显示、圆偏振光信息加密、生物编码、光学数据存储和光学器件开发等方面具有广阔的应用前景。

本实验利用光偏振实验仪来展示偏振光的基本特性,验证马吕斯定律,通过自组装偏振光旋光实验仪来测定旋光材料的旋光度,并介绍偏振光的应用。

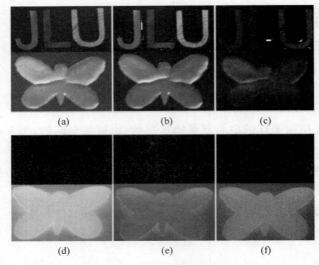

图 6.4-1　圆偏振光与防伪技术

[实验目的]

（1）了解产生偏振光的条件及检验偏振光的方法。

（2）验证马吕斯定律。

（3）了解 1/4 波片、1/2 波片的性质和作用。

（4）了解圆、椭圆偏振光的产生以及检验方法。

（5）了解旋光现象和旋光仪。

（6）自组装旋光仪并测量糖溶液的旋光度。

[实验仪器及样品]

光具座，光源（可见光激光器 650nm/4mW），光功率指示器，偏振片，1/4 波片，1/2 波片，旋光晶体，旋光仪试管，WXG-4 型圆盘旋光仪，电子天平，量筒，烧杯，葡萄糖，果糖，去离子水。

[预习提示]

（1）本实验的任务是了解光的偏振特性以及偏振特性的应用。通过改变线偏振光的起偏和检偏角度，获得角度和光强之间的关系，了解光的偏振特性。

（2）根据自己掌握的偏振光特性，先通过实验现象判断光学器件的类型（起偏器、检偏器和波片等）。

（3）根据实验原理自己组装旋光仪，利用旋光仪观察两种糖溶液的旋光现象，了解旋光物质的旋光性质，并测量其旋光度。

[实验原理]

1. 偏振光的种类及偏振原理

光波是一种电磁波，电磁波是横波，光波中的电矢量与波的传播方向垂直。光波的电矢

量 **E** 和磁矢量 **H** 相互垂直,且都垂直于光的传播方向 **c**(图 6.4-2)。通常用电矢量 **E** 代表光的振动方向,并将电矢量 **E** 和光的传播方向 **c** 所构成的平面称为光振动面。

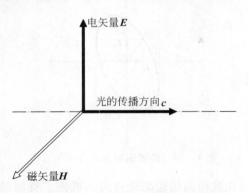

电矢量**E**

光的传播方向**c**

磁矢量**H**

图 6.4-2 光波的电矢量 **E**、磁矢量 **H** 和光的传播方向 **c** 关系图

光的偏振状态可以分为五种,即线偏振光、椭圆偏振光、圆偏振光、自然光和部分偏振光。在传播过程中,电矢量的振动方向始终在某一确定方向的光称为平面偏振光或线偏振光(图 6.4-3(a))。光源发射的光是由大量分子或原子辐射构成的。单个原子或分子辐射的光是偏振的,由于大量原子或分子的热运动和辐射的随机性,它们所发射的光的振动面出现在各个方向的概率是相同的。一般来说,在 10^{-6} s 内各个方向电矢量的时间平均值相等,故这种光源发射的光对外不显现偏振的性质,称为自然光(图 6.4-3(b))。在发光过程中,有些光的振动面在某个特定方向上出现的概率大于其他方向,即在较长时间内电矢量在某一方向上较强,这样的光称为部分偏振光(图 6.4-3(c))。

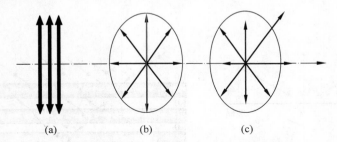

(a)   (b)   (c)

图 6.4-3 线偏振光、自然光和部分偏振光示意图

(a) 线偏振光;(b) 自然光;(c) 部分偏振光

还有一些光,其振动面的取向和电矢量的大小随时间作有规律的变化,电矢量末端在垂直于传播方向的平面上的轨迹是椭圆或圆,这种光称为椭圆偏振光(图 6.4-4)或圆偏振光。其中线偏振光和圆偏振光又可看作椭圆偏振光的特例。椭圆偏振光可看作两个沿同一方向 z 传播的振动方向相互垂直的线偏振光的合成。

由图 6.4-4 可知,偏振光 **E** 可以分解为 x 方向的分量 E_x 和 y 方向的分量 E_y,E_x 和 E_y 分别可由式(6.4-1)和式(6.4-2)来表示:

$$E_x = A_x \cos(\omega t - kz) \tag{6.4-1}$$

$$E_y = A_y \cos(\omega t - kz + \varepsilon) \tag{6.4-2}$$

式中,A 为振幅;ω 为两光波的圆频率;t 表示时间;k 为波矢量的数值;ε 为两波的相对位

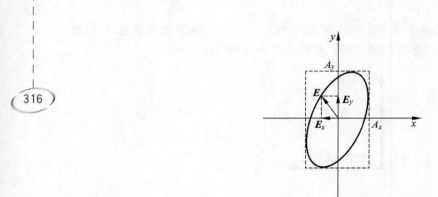

图 6.4-4　椭圆偏振光的合成示意图

相差。合成矢量 E 的端点在波面内描绘的轨迹为一椭圆。椭圆的形状、取向和旋转方向由 A_x、A_y 和 ε 决定。当 $A_x = A_y$ 及 $\varepsilon = \pm \pi/2$ 时,椭圆偏振光变为圆偏振光;当 $A_x = 0$(或 $A_y = 0$)及 $\varepsilon = 0$ 或 $\pm \pi$ 时,椭圆偏振光变为线偏振光。

2. 自然光变为线偏振光

一束自然光入射到介质的表面,其反射光和折射光一般是部分偏振光。在特定入射角即布儒斯特角 θ_b 下,反射光成为线偏振光,其电矢量垂直于入射面。若光由空气入射到玻璃平面上(图 6.4-5),则有

$$\tan\theta_b = \frac{n_2}{n_1} = \tan 57° = 1.540 \tag{6.4-3}$$

若入射光以布儒斯特角 θ_b 射到多层平行玻璃片上,经多次反射最后透射出来的光也接近于线偏振光。

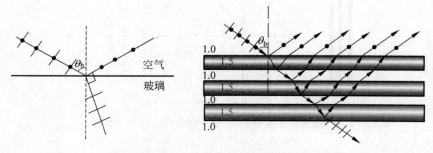

图 6.4-5　用玻璃片反射产生偏振光和用玻璃片堆产生线偏振光

自然光经过偏振片,其透射光基本上变为线偏振光,这是由于偏振片具有选择吸收性的缘故,入射光波中,电矢量 E 垂直于偏振片透光方向的成分被强烈吸收,而 E 平行于透光方向的分量则被吸收较少。

3. 偏振光的检测

鉴别光的偏振态的过程称为检偏,所用的装置称为检偏器。实际上,起偏器和检偏器是通用的。用于起偏的偏振片称为起偏器,用于检偏的称为检偏器。

根据马吕斯定律,强度为 I_0 的线偏振光通过检偏器后,透射光的强度为

$$I = I_0 \cos^2\theta \tag{6.4-4}$$

式中,θ 为入射光偏振方向与检偏器的偏振轴之间的夹角。显然,当以光线传播方向为轴转动检偏器时,透射光强度 I 将发生周期性变化。当 $\theta=0°$ 时,透射光强度达极大值;当 $\theta=90°$ 时,透射光强度达极小值,我们称之为消光状态,这种情况接近于全暗;当 $0°<\theta<90°$ 时,透射光强度 I 介于最大值和最小值之间。因此,根据透射光强度变化的情况,可以区别线偏振光、自然光和部分偏振光。图 6.4-6 所示为自然光通过起偏器和检偏器的变化情况。

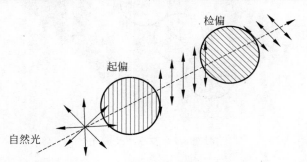

图 6.4-6 自然光通过起偏器和检偏器的变化

五种偏振态的光可以通过表 6.4-1 所示方法进行辨别。

表 6.4-1 五种偏振态的光的辨别方法

操作Ⅰ	令入射光通过偏振片Ⅰ,改变偏振片Ⅰ的透振方向 P_1,观察透射光强的变化			
现象	有消光	强度无变化	强度有变化但无消光	
判定	线偏振	自然光或圆偏振光	部分偏振光或椭圆偏振光	
操作Ⅱ	1. 令入射光先后通过 1/4 波片和检偏器,改变检偏器的透振方向,观察透射光的强度变化		2. 令入射光先后通过 1/4 波片和检偏器,改变检偏器的透振方向。(波片的光轴方向须与操作Ⅰ中偏振片Ⅰ产生强度极大或极小的透振方向重合)	
现象	有消光	无消光	有消光	无消光
判定	圆偏振	自然光	椭圆偏振	部分偏振

4. 波晶片

单轴晶体发生双折射时所产生的寻常光(o 光)和非常光(e 光)都是线偏振光。前者的 **E** 垂直于 o 光的主平面(晶体内部某条光线与光轴构成的平面),后者的 **E** 平行于 e 光的主平面。波晶片是从单轴晶体中切割下来的平行平面板,其表面平行于光轴。当一束偏振光正入射到波晶片上时,光在晶体内部便分解为 o 光与 e 光。o 光的电矢量垂直于光轴,e 光的电矢量平行于光轴,如图 6.4-7 所示。而两者的传播方向不变,仍都与界面垂直。但 o 光在晶体内的波速为 v_o,e 光的波速为 v_e,即相应的折射率 n_o、n_e 不同。设晶片的厚度为 L,则两束光通过晶片后就有位相差:

$$\delta=\frac{2\pi}{\lambda}(n_o-n_e)L \tag{6.4-5}$$

其中 λ 为光波在真空中的波长。$\delta=2k\pi$ 的晶片称为全波片;$\delta=2k\pi\pm\pi$ 的晶片称为半波片(或二分之一晶片,1/2 波片);$\delta=2k\pi\pm\pi/2$ 的晶片称为四分之一波片(或 1/4 波片)。

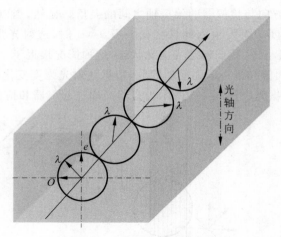

图 6.4-7　波晶片及旋光

5. 旋光性和旋光度

在发现偏振光之后，人们很快认识到某些物质能使偏振光的偏振面发生偏转，产生旋光现象。物质使平面偏振光的偏振面旋转的性质称为旋光性，具有旋光性的物质称为旋光物质。平面偏振光入射旋光物质后，偏正面旋转的角度称为旋光度，迎着射来的光线看去，若偏振面顺时针方向旋转，称为右旋；若偏振面逆时针方向旋转，称为左旋。

旋光物质的旋光性与分子内部结构有关，人们提出了手性及手性分子的概念来描述这种分子内部结构。单糖类是最常见的手性分子物质，大多数单糖具有手性。比如葡萄糖和果糖两种单糖具有不同的手性，葡萄糖为左旋糖而果糖为右旋糖。葡萄糖或果糖溶液能使偏振光产生方向相反的偏振面旋转。

溶液的旋光度与溶液中所含旋光物质的旋光能力、溶液的性质、溶液浓度、样品管长度、温度及光的波长等有关。当其他条件均固定不变时，旋光度 θ 与溶液浓度 C 呈线性关系，即

$$\theta = \beta C \tag{6.4-6}$$

式中，比例常数 β 与物质旋光能力、溶剂性质、样品管长度、温度及光的波长等有关。

物质的旋光能力用比旋光度即旋光率来量度，旋光率用下式表示：

$$[\alpha]_\lambda^t = \frac{\theta}{LC} \tag{6.4-7}$$

式中，$[\alpha]_\lambda^t$ 右上角的 t 表示实验时的温度，℃，右下角的 λ 为旋光仪采用的单色光源的波长，nm；θ 为测得的旋光度，(°)；L 为样品管的长度，dm；C 为溶液浓度，g/100mL。

由式(6.4-6)可知：①偏振光的振动面是随着光在旋光物质中向前行进而逐渐旋转的，因而振动面转过角度 θ 与透过的长度 L 成正比；②振动面转过的角度 θ 不仅与透过的长度 L 成正比，还与溶液浓度 C 成正比。

［实验内容与测量］

1. 偏振光的基本特性

(1) 如图 6.4-8 所示，将激光器、未知光学器件(偏振片或波片)、白屏依次安装在光学

导轨上,调节各器件的位置使之达到同轴,转动未知光学器件,观察光的变化,根据现象判断未知光学器件的类型。以激光器为光源,安装偏振片 P,使出射光束垂直射到偏振片 P 上,以 P 作为起偏器,旋转 P,观察并描述光屏 E 上光斑强度的变化情况。

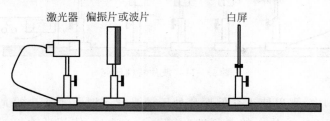

图 6.4-8　判断未知光学器件

（2）如图 6.4-9 所示,在 P 后加入作为检偏器的偏振片 A,固定 P 的方位,转动 A,观察、描述光屏 E 上光斑强度的变化情况,与步骤（1）所得的结果比较,并作出解释。

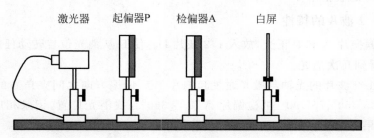

图 6.4-9　观察偏振光现象

（3）验证马吕斯定律,如图 6.4-10 所示。以光功率指示器代替白屏接收 A 出射的光强,具体操作为：①调整激光器和光探头的高度使激光射入光探头的探测孔；②放上起偏器 P 找到它的实际零点（即光功率指示器数值最大的位置,非偏振片的 0 刻度）；③放上检偏器 A,同样找到它的实际零点（方法同上）；④在实际零点的基础上每转过 10°记录一次相应的光强（光电流值）,设计表格记录相应数据并作图。

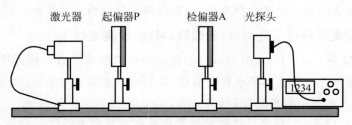

图 6.4-10　验证马吕斯定律

2. 研究 1/4 波片的特性

（1）以激光器为光源垂直照射于一组相互正交的偏振片 P、A 上（即转动检偏器 A 直到功率指示器读数为零或者说使其处于消光状态）,在 P、A 间插入一 1/4 波片 C,如图 6.4-11 所示,观察并记录 1/4 波片插入前后透过 A 的光强变化。

（2）保持正交偏振片 P 和 A 的取向不变,转动插入其间的 1/4 波片 C 一周,观测并描述夹角改变时透过 A 的光强度的变化情况,并作出解释。

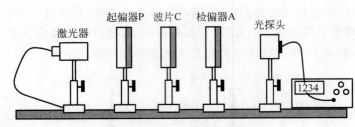

图 6.4-11 波片特性研究

（3）在步骤（2）中，再以使正交偏振片处于消光状态时 1/4 波片的光轴位置作为 0°线（注意：0°线并非指 1/4 波片上的 0 刻度），转动 1/4 波片，使其光轴与 0°线的夹角依次为 15°、30°、45°、60°、75°、90°等值，在取上述每一个角度时都将检偏器 A 转动一周（从 0°转到 360°），观察并记录从 A 透出的光的强度变化并分析情形，然后作出解释。将以上观测的结果记录在设计好的表格中。

3. 研究 1/2 波片的特性

（1）先使偏振片 A 和 P 正交，放入 1/2 波片 D。使 D 从消光位置转动任意角度，再将 P 旋转 360°，能看到几次消光？

（2）改变 1/2 波片的光轴与激光通过起偏片 P 后偏振方向之间夹角 θ 的数值，使其分别为 15°、30°、45°、60°、75°、90°，把检偏片 A 旋转 360°寻找消光位置，记录相应的角度 θ，解释上面实验结果，并由此总结出 1/2 波片的作用。

4. 石英晶体旋光度（选做）

（1）以激光器为光源垂直照射于一组相互正交的偏振片 P、A 上（即转动检偏器 A 直到功率指示器读数为零或者说使其处于消光状态），在 P、A 间插入石英旋光晶体，观察石英旋光晶体插入前后，透过 A 的光强变化。

（2）保持正交偏振片 P 和 A 的取向不变，转动插入其间的石英旋光晶体使出射的激光最强（功率指示计上读取），记下此时旋光晶体上的刻度值，再旋转旋光晶体使系统重新进入消光状态，并记下此时旋光晶体的刻度值，推算出偏转角即为石英晶体的旋光度。

5. 自组装旋光仪测量手性材料（葡萄糖、果糖）的旋光特性

（1）配置浓度为 C_0（单位：g/100mL）的葡萄糖和果糖水溶液。用天平称取 5g 葡萄糖或果糖，用量筒量取 25mL 去离子水将糖溶解，配制成溶液装入样品管，浓度为 C_0。同时记录测量环境温度 t 和记录激光波长 λ（635nm）。

（2）如图 6.4-12 所示，用半导体激光器作光源在光具座上组装一台旋光仪。先将半导体激光器发出的激光与起偏器、光功率计探头调节成等高同轴。调节起偏器转盘，使输出偏振光最强（半导体激光器发出的是部分偏振光）。将检偏器放在光具座的滑块上，使检偏器与起偏器等高同轴（检偏器与起偏器平行）。调节检偏器转盘使从检偏器输出的光强为零，此时检偏器的透光轴与起偏器的透光轴相互垂直。将样品管（内有葡萄糖或果糖溶液）放于支架上，用白纸片观察偏振光入射至样品管的光点和从样品管出射的光点形状是否相同，以检验玻璃是否与激光束等高同轴。如果不同轴可调节样品管支架下的调节螺钉使其达到同轴。此时可观察到透过检偏器的光强不为零。转动检偏器 A 使得输出光强为零，检偏器转

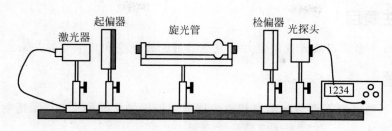

图 6.4-12　自组旋光仪示意图

过的角度便是该浓度溶液的旋光度 θ（注意葡萄糖和果糖溶液的旋光方向）。

（3）测量不同浓度（单位：g/100mL）的糖水溶液。简单的方法是将浓度为 C_0 的溶液依次兑水配成浓度为 $C_0/2$、$C_0/4$、$C_0/8$，加上纯水（浓度为零），共 5 种试样，分别测出不同浓度下的旋光度。

（4）以溶液浓度为横坐标，旋光度为纵坐标，绘出葡萄糖溶液的旋光直线，将此直线的斜率代入式（6.4-7），求得该物质的旋光率。

[注意事项]

（1）实验中所述的偏振片转 $0°$、$10°$ 等指的是实际零点和在实际零点的基础上转动的角度，并非刻度值。

（2）实验要求光垂直射入偏振片、波片。

（3）实验前要对功率指示器调零（即没有光进入光探头时示数应该为零，否则可转动调零旋钮使其为零）。

（4）半导体激光器功率较强，不要用眼睛直接观察激光束。

（5）半导体激光器发射的激光不可直接入射至探测器上，以免损坏探测器。

（6）测量时，将数字式光功率计的量程置于 $0\sim1.999\mathrm{mW}$ 挡，以后根据需要把量程减小到 $0\sim199.9\mu\mathrm{W}$ 挡。

[实验数据处理]

（1）在极坐标纸上作出转动角 θ 与光电流 I 的曲线（或在直角坐标纸上作 I 和 $\cos^2\theta$ 的关系曲线），来验证马吕斯定律。

（2）计算糖溶液的旋光率。

[讨论]

本实验所用旋光仪的原理是什么？在本实验中，光功率计使得偏振光光强为零（消光）的判断变得很简单。讨论在没有光功率计的情况下，如何利用旋光晶体、起偏片、检偏片测量旋光物质的旋光度。

[结论]

通过实验的现象和结果分析，你能得出什么结论？

[研究性题目]

利用 WXG-4 型圆盘旋光仪测量并研究糖溶液的旋光度和其浓度的关系。

[思考题]

（1）求在下列情形下理想起偏器和检偏器两个偏振轴之间的夹角：①透射光强度是入射自然光强度的 1/3；②透射光强度是最大透射光强度的 1/3。

（2）设计一个方案区别自然光、部分偏振光、圆偏振光、椭圆偏振光和线偏振光。

（3）将一振幅为 A 的线偏振光入射到 1/4 波片上，偏振光的振动面与波片的光轴成 45°，取光轴为 y 轴，这时出射光是圆偏振光，如果波片使 o 光比 e 光超前位相 1/2，则圆偏振光应为左旋还是右旋？（光传播方向垂直于纸面向外，迎着光看，逆时针为左旋。）

（4）为何用检偏器透过光强为零（消光）的位置测量旋光度，而不用检偏器透过光强为最大值的位置来测？

[参考文献]

[1] 吴平. 理科物理实验教程[M]. 北京：冶金工业出版社，2010.
[2] 张三慧. 大学物理学[M]. 3 版. 北京：清华大学出版社，2009.
[3] 北京方式科技有限公司. F-PZ1030 型光的偏振实验仪说明书[Z]. 2020.
[4] 上海复旦天欣科教仪器有限公司. FD-PE-B 型偏振光旋光实验仪说明书[Z]. 2020.
[5] 赵凯华. 新概念物理教程——光学[M]. 北京：高等教育出版社，2004.

实验 6.5　分光仪调节及三棱镜折射率测量

[引言]

光线入射到光学元件（如平面镜、三棱镜、光栅等）上时会发生反射、折射或衍射。光的反射定律、折射定律定量描述了光线在传播过程中方向发生偏折时角度间的相互关系。折射率、光波波长、色散率等物理量可以通过测量相关的角度来确定。因此，精确测量光线偏折的角度是光学实验技术的重要内容之一。分光仪就是一种精确测量入射光和出射光之间偏转角度的光学仪器。这种仪器装置精密，结构较为复杂，调节要求也较高，需要经过学习和训练才能很好地使用。

折射率是材料的基本特性之一，其值为光在真空中的传播速率与光在该介质中的传播速率之比，主要用来描述材料对光的折射能力。材料的折射率越高，使入射光发生折射的能力越强。折射率不仅与物质有关，还与入射光频率有关，密度、温度、应力等因素的变化也会引起折射率的变化。将不同折射率的材料组合起来，可以有许多实际应用。例如，光导纤维是一种由玻璃或塑料制成的纤维，纤芯部分是高折射率玻璃，表层部分是低折射率的玻璃或塑料，光在纤芯内传输，在表层交界处不断进行全反射，沿"之"字形向前传输；利用不同折射率薄膜组成复合薄膜，可以减少光的反射，增加透过率（增透膜），望远镜、照相机镜头、眼镜片等常常镀有增透膜。显然，对材料折射率的了解，是实际应用开发的基础。

测量材料折射率的方法很多，本实验将学习一种利用三棱镜折射测量三棱镜材料折射率的方法。

［实验目的］

（1）学习分光仪的调节和使用。

（2）测量三棱镜顶角及最小偏向角。

（3）计算玻璃对汞光的折射率及测量不确定度。

［实验仪器］

JJY 分光仪（仪器误差 1′），双平面反射镜，玻璃三棱镜，汞灯。

［预习提示］

（1）熟悉分光仪的结构、原理，各调节螺钉和手轮的作用。

（2）了解分光仪的调节要求，熟悉分光仪的调节步骤。

（3）如何用自准法测量三棱镜顶角？画出光路图，给出测量公式。

（4）如何测量最小偏向角？画出光路图，给出测量公式。

［实验装置］

1. 分光仪的构造

分光仪主要由自准直望远镜、平行光管、载物台、刻度盘及游标盘等四部分组成。分光仪的结构如图 6.5-1 所示。

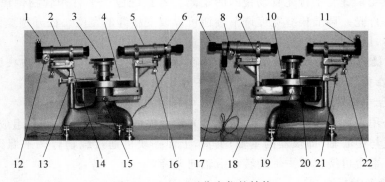

图 6.5-1　JJY 型分光仪的结构

1—狭缝宽度调节旋钮；2—平行光管；3—载物台；4—刻度盘及游标盘；5—望远镜；6—望远镜目镜锁紧螺钉；7—目镜视度调节手轮；8—望远镜目镜体前后移动手轮；9—望远镜水平调节螺钉；10—载物台锁紧螺钉；11—狭缝体锁紧螺钉；12—狭缝体前后移动手轮；13—游标盘微调螺钉；14—平行光管水平调节螺钉；15—望远镜止动螺钉；16—望远镜光轴高度调节螺钉；17—小棱镜照明系统；18—刻度盘微调螺钉；19—刻度盘止动螺钉；20—载物台调平螺钉；21—游标盘止动螺钉；22—平行光管光轴高度调节螺钉

1）自准直望远镜

分光仪采用的是自准直望远镜，用以观察和确定平行光方向。这是一种带有阿贝目镜的望远镜，由目镜、分划板和物镜组成，分别装在三个套筒中，彼此可以沿轴向相对滑动，如图 6.5-2(a)所示。中间分划板套筒里装有一块分划板，其上刻有如图 6.5-2(b)中所示的十字线，中间十字的水平线为分划板的几何中心线。分划板下方与一块 45° 全反射小棱镜（阿贝棱镜)的一个直角面紧贴,在这个直角面上刻有一个透光十字,该透光十字位于与分划板上十字线对称的位置,即下十字线处。在套筒上正对着小棱镜另一直角面处开有一个小孔,小孔下方装有一个小灯,并且在小灯和小棱镜之间加入了一块绿色滤光片。小灯发出的光经绿色滤光片后进入小孔,先经小棱镜的直角面射向小棱镜的斜面,再经小棱镜的斜面反射而照亮小棱镜另一直角面上所刻透光十字。如果该透光十字正好处于物镜的焦平面上,则从透光十字发出的绿色的光经物镜后形成平行光束。

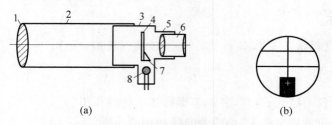

(a)　　　　　　　　　　　　(b)

图 6.5-2　自准直望远镜结构与分划板及十字刻线

1—望远镜物镜；2—望远镜套筒；3—分划板套筒；4—分划板；5—目镜套筒；6—目镜；7—阿贝棱镜；8—小灯珠

目镜套筒装在分划板套筒里并可沿分划板套筒在一小范围内前后滑动,以改变目镜和分划板十字线的距离,使分划板十字线能调到目镜焦平面上。调节望远镜观察平行光时,要使分划板十字线既处于物镜焦平面上,同时又处于目镜焦平面上,成为共焦系统。

2) 平行光管

平行光管又称准直管,用来产生平行光束。平行光管由狭缝体和物镜组成,旋转狭缝体系统手轮可改变狭缝与平行光管物镜间的距离。若狭缝位于平行光管物镜焦平面上,则平行光管射出平行光。调节狭缝宽度调节旋钮可以改变狭缝的宽度。松开狭缝体锁紧螺钉可以转动狭缝体,用以改变狭缝的方向,如是垂直方向还是水平方向等。

注意：狭缝的刀口是经过精密研磨制成的,**不可将狭缝闭合**,以免损伤狭缝。为避免损伤狭缝,只有在望远镜中看到狭缝像的情况下才能调节狭缝的宽度。

3) 载物台

载物台是用来放置平面镜、棱镜、光栅等光学元件的平台,由两块圆盘组成,下面一块圆盘是固定的且与中心轴(即仪器的主轴)垂直,上面一块可通过载物台调平螺钉来调节其高度和倾斜度。平台可绕仪器主轴旋转和沿轴向升降。

4) 刻度盘及游标盘

刻度盘及游标盘用来确定望远镜和载物台的相对方位。刻度盘上刻有 720 条等分的刻线,每一格的格值为 30′,刻度范围为 0°～360°。对径方向设有两个游标读数窗口。游标上刻有 30 条等分的刻线。游标上的 30 格与刻度盘上的 29 格角度值相等,故游标的最小分度值为 1′。如图 6.5-3 所示,读数时首先看游标的零刻线对应于刻度盘主尺上的读数,可准确读至 30′;不足 30′ 的角度部分,由游标上与刻度盘主尺对齐的那条刻线的数值给出。

测量角度时,刻度盘与游标盘分别与载物台和望远镜相连。望远镜和载物台相对转过的角度从相隔 180° 的两个游标读数窗口中读出,两个读数取平均值,才是所测角度的数值,这样可消除刻度盘与中心轴不同心的偏心差(见本实验附录 1“双游标消除偏心差”)。

5) 分光仪的主要调节螺钉和手轮

参见图 6.5-1,分光仪的几个主要调节螺钉和手轮的作用如下：

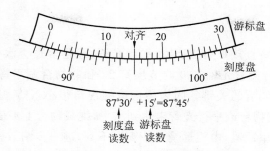

图 6.5-3 分光仪角度的读取

"1"是狭缝宽度调节旋钮,狭缝宽度调节范围为 0.02～2.00mm。

"6"是望远镜目镜锁紧螺钉,松开它可以让目镜装置绕望远镜的光轴转动,从而改变目镜中分划板上十字线的方位。

"7"是目镜视度调节手轮。它是目镜调焦装置,转动它可以使眼睛通过目镜很清楚地看到目镜中分划板上的刻线,即看清望远镜中的十字线。

"8"是望远镜目镜体前后移动手轮,转动手轮可以使望远镜目镜体在望远镜套筒内前后滑动,调节目镜中分划板上的十字线,使其位于望远镜物镜的焦平面上。

"10"是载物台锁紧螺钉。松开它时载物台可绕中心轴自由转动,锁紧它则载物台与中心轴固连。

"12"是狭缝体前后移动手轮,转动手轮可以使狭缝位于平行光管透镜的焦平面上。

"15"是望远镜止动螺钉。松开它时望远镜可绕中心轴自由转动,锁紧它则望远镜与中心轴固连。

"16"是望远镜光轴高度调节螺钉,它的作用是调节望远镜光轴水平。

"19"是刻度盘与望远镜连接的固紧螺钉(即刻度盘止动螺钉),它的作用是:松开它,望远镜与刻度盘之间不连接,转动望远镜时刻度盘不动。**若要测量角度,必须将该螺钉拧紧使望远镜与刻度盘紧密连接,转动望远镜时,刻度盘跟着一起转动。**

"20"是载物台调平螺钉(3 个),用于调节载物台平面与刻度盘平行、与中心转轴垂直等。

"21"是游标盘止动螺钉。拧紧它就使游标盘与中心轴牢固连接,松开它则游标盘可绕中心轴转动。**在调节分光仪时要松开这个螺钉,使游标盘可绕中心轴转动;而在测量角度时,要先将游标放在便于读数的位置,然后拧紧这个螺钉。**

"22"是平行光管光轴高度调节螺钉,它的作用是调节平行光管光轴水平。

2. 分光仪的调节

1) 调节要求

分光仪是较精密的测角仪器,为了准确地测量角度,必须达到如下要求:

(1) 狭缝必须处于平行光管透镜的焦平面上,由平行光管射出的光是平行光束;

(2) 望远镜必须聚焦于无穷远处,使射入望远镜的平行光会聚在望远镜的分划板十字线平面上,即成为共焦光学系统;

(3) 望远镜光轴和平行光管光轴都严格垂直于仪器主轴,转动望远镜时,其光轴扫过的平面精确地平行于刻度盘平面。

2）调节步骤

（1）目测粗调。

从分光仪侧面用眼睛直接观察望远镜、平行光管、载物台是否水平，可以调节望远镜光轴高度调节螺钉 16、平行光管光轴高度调节螺钉 22 和载物台调平螺钉 20 满足这一要求。目测粗调好坏是分光仪调节的关键。因为望远镜的视角很小（JJY 型分光仪望远镜的视角为 3°22′），若望远镜或载物台或平行光管未达到水平，则载物台上平面镜的反射光或平行光管射出的光线不能进入望远镜，由望远镜目镜观察不到，进一步调节就难于进行。

（2）目镜调焦。

目镜调焦的目的是，使眼睛通过目镜能够很清楚地看到目镜分划板上的十字线。调焦方法：先把目镜视度调节手轮 7 旋出，然后一边旋进一边从目镜中观察，直至分划板上的十字线成像清晰为止。

（3）调节望远镜，使其聚焦于无穷远处。

调节望远镜聚焦于无穷远用的是自准直方法。其原理是分划板的十字线处于望远镜物镜焦平面上，由其下十字线处透光十字发出的绿光经过望远镜物镜成为平行光，若在望远镜的前方放置一平面镜，该平面镜可以把该平行光反射回来，再经物镜成像于望远镜物镜焦平面上，这样就可以从目镜中看到清晰的透光十字的绿色十字反射像，这就是用自准直法调节望远镜使其聚焦于无穷远，适合观察平行光的原理。

将平行平面反射镜如图 6.5-4 所示放置在载物台上，使其位于载物台下任意两调平螺钉连线的中垂线上，并使其置于载物台的中央。拧紧载物台锁紧螺钉 10，使载物台与刻度盘固连在一起，松开游标盘止动螺钉 21，使刻度盘连同载物台可以绕中心轴自由转动。在后面的调节中，应转动刻度盘，使其带动载物台绕中心轴转动，而不要直接转动载物台。将望远镜正对平面反射镜，使望远镜光轴大致垂直于反射面，缓缓地左右转动刻度盘带动载物台绕中心轴转动，使从平面镜反射回来的绿光进入望远镜，这时在望远镜的视场中将出现一个光团。找到光团后，转动手轮调节望远镜焦距，光团处应呈现反射绿色十字像，如图 6.5-5 所示。若观察不到，则应改变望远镜及载物台的倾斜度（调节望远镜光轴高度调节螺钉 16 及载物台调平螺钉 20 中的 B_2 或 B_3）找到反射像，细心调节，使得能够清晰地看到反射绿色十字像，左右摆动头观察分划板上的十字线和反射绿色十字像，若其间无相对移动（即无视差），则表明它们处于同一平面上。此时望远镜已调成共焦系统，适合观察平行光。

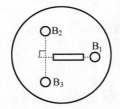

图 6.5-4　平面镜的放置方法

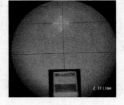

图 6.5-5　望远镜视场中的反射绿十字像

（4）用渐进法调节望远镜光轴与仪器主轴垂直。

这一步调节的基本原理是：平面镜平面的法线方向就是与仪器主轴垂直的方向。如果望远镜光轴与仪器主轴垂直，则望远镜光轴就是平面镜平面法线方向，根据光线反射原理，入射角应等于反射角,从望远镜分划板下十字线处发出的光经过平面镜反射后应该出现在望远镜分划板的上十字线处。基于这个基本原理,这一步调节的目标就是要使反射绿色十字像出现在分划板上十字线处。

具体调节方法如下:

① 转动刻度盘带动载物台及平面镜,依次使平面镜的两个镜面正对望远镜,通过望远镜观察由两个镜面反射回来的绿色十字像。若只能观察到一个镜面有反射像,则在可以看到反射像时,从望远镜筒外直接看向平面镜,观察平面镜中绿色十字的高度,然后转到平面镜另一面,仍然从望远镜筒外直接看向平面镜,找到平面镜中的绿色十字,调节望远镜光轴高度调节螺钉 16 和载物台下调平螺钉 20,将平面镜中绿色十字的高度调整到与平面镜另一面中绿色十字大致相同的高度,再从望远镜中观察,进一步调节望远镜光轴高度调节螺钉 16 和载物台下调平螺钉 20,直到平面镜两个面的反射绿色十字像均出现在望远镜视场中。

注意:寻找另一面反射像时螺钉调节的幅度要小,望远镜光轴高度调节螺钉 16 和载物台下调平螺钉 20 应联合调节,不要只调一个螺钉,避免把另一面已有的反射绿色十字像调丢。

② 当从望远镜中看清平面镜两平面反射回来的绿色十字像时,它一般不会处于如图 6.5-5 所示的上十字位置,这是由于望远镜光轴不严格垂直于平面镜反射面。为此采用逐步逼近的渐进调节法调节:调节望远镜光轴高度调节螺钉 16,使反射十字像与分划板上十字线水平线间的距离缩小一半,再调节载物台下的螺钉 B_2(或 B_3),使反射十字像水平线与分划板十字线水平线重合。然后转动刻度盘带动载物台及平面镜,转过 180°,使平面镜另一面正对望远镜,用与上述同样的方法调节望远镜光轴高度调节螺钉 16 和载物台下的螺钉 B_3(或 B_2)。如此反复数次,直至平面镜转过 180°前后的绿色反射十字像水平线均与分划板上十字线水平线重合。至此,望远镜的光轴已垂直于仪器主轴了。渐进调节法非常重要,**不遵循渐进调节法的调节,可能会将之前的调节破坏殆尽。**

③ 在平面镜转动过程中,观察反射绿十字像移动方向是否与分划板水平线平行。如果不平行,则是由于分划板歪斜,十字线竖线不平行于仪器主轴。此时应松开目镜锁紧螺钉 6,转动目镜视度调节手轮 7(分划板随同转动)直至反射绿十字像始终沿分划板十字线水平线方向移动。不要破坏望远镜的聚焦,锁定目镜锁紧螺钉。

注意:此后望远镜的当前状态(除绕仪器主轴转动外)在整个实验过程中均要保持不变。

(5)平行光管调焦与平行光管光轴垂直于仪器主轴。

平行光管调焦的目的是把狭缝调整到平行光管透镜的焦平面上,使之能产生平行光,方法如下:

① 取下平面镜,开亮汞灯,用汞灯照明狭缝。

② 将望远镜正对平行光管,从望远镜中观察狭缝的像,若像不清晰,可前后移动狭缝体前后移动手轮 12 使像清晰,这时平行光管已能产生平行光了。转动手轮调节狭缝宽度,使狭缝的像既细锐又足够明亮。

调节平行光管的光轴垂直于仪器主轴是利用已经垂直于仪器主轴的望远镜来调节的。松开狭缝体锁紧螺钉 11,旋转狭缝机构,将狭缝转成水平,调节平行光管光轴高度调节螺钉 22,使狭缝的像与分划板中十字线的水平线重合,这时平行光管光轴与望远镜光轴平行,因而平行光管光轴与仪器主轴垂直。转动狭缝机构,使狭缝的像与望远镜分划板垂直刻线平行,调节平行光管水平调节螺钉14,使狭缝的像重合于分划板垂直刻线,至此平行光管的光轴与望远镜光轴重合。不要破坏平行光管的调焦,锁紧狭缝体。

至此,分光仪的调节便完成了。

[实验原理]

1. 用分光仪测量三棱镜材料折射率的原理

当一束平行单色光从折射率为 n_1 的介质入射到折射率为 n_2 的介质界面时,会发生反射和折射,如图 6.5-6 所示。入射光、折射光和反射光与过入射点的界面法线共面。入射角 θ_1、折射角 θ_2 和反射角 θ_3 之间的关系如下:

$$\theta_1 = \theta_3, \quad n_2 \sin\theta_2 = n_1 \sin\theta_1 \tag{6.5-1}$$

这就是光的折射定律(Snell 定律)。

三棱镜的横截面如图 6.5-7 所示,用三角形 ABC 表示。AB 和 AC 是透光的光学表面,又称折射面,其夹角 $\angle BAC$ 称为三棱镜的顶角,这里用 A 表示顶角。BC 为毛玻璃面,称为三棱镜的底面。假设一束平行单色光从折射率为 n_1 的介质入射到折射率为 n_2 的三棱镜的 AB 面,经折射后由另一面 AC 面射出,如图 6.5-7 所示,光的行进方向发生了变化,入射光和出射光行进方向间的夹角 δ 称为偏向角。偏向角与各入射角、折射角的关系如下:

$$\delta = \theta_{i1} - \theta_{t1} + \theta_{t2} - \theta_{i2} = (\theta_{i1} + \theta_{t2}) - (\theta_{t1} + \theta_{i2}) \tag{6.5-2}$$

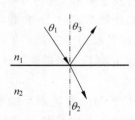

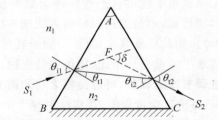

图 6.5-6 光的反射与折射 　　　　图 6.5-7 一束单色光入射到三棱镜上

入射角 θ_{i1} 改变,则 δ 也会随之变化。实验发现,随着入射角 θ_{i1} 的改变,δ 会出现一个最小值,称为最小偏向角,记作 δ_{min}。理论证明此时有

$$\theta_{i1} = \theta_{t2} \quad 和 \quad \theta_{t1} = \theta_{i2} \tag{6.5-3}$$

即入射方向和出射方向处于三棱镜的对称位置上,并且有

$$\frac{n_2}{n_1} = \frac{\sin\dfrac{A + \delta_{min}}{2}}{\sin\dfrac{A}{2}} \tag{6.5-4}$$

上式意味着如果可以测出三棱镜的顶角和最小偏向角,就可以得到 n_2/n_1 的值。当棱镜置于空气中时,$n_1 = 1$,有

$$n_2 = \frac{\sin\dfrac{A + \delta_{min}}{2}}{\sin\dfrac{A}{2}} \tag{6.5-5}$$

由于利用分光仪可以测得 $\delta_{\min}$ 和顶角 A，因此通过式(6.5-5)可求出棱镜对该单色光的折射率 n_2。

2. 用自准法测量三棱镜顶角 A 的原理

所谓自准法就是利用具有自准目镜的望远镜自身的平行光，射出望远镜的物镜后被平面镜(或三棱镜的反射面)反射回来。用自准法测量三棱镜顶角的方法如图 6.5-8 所示。将分光仪调节好后，打开目镜照明系统，将三棱镜放置在载物台上，用望远镜对准三棱镜的一个光学平面，使反射回来的绿十字像垂直线与分划板十字线的垂直线重合，记下望远镜角位置左、右游标窗口读数(P_1，P_1')。再将望远镜转到与另一光学面垂直的位置，使反射回来的绿十字像垂直线与分划板十字线的垂直线重合，记下望远镜的角位置(P_2，P_2')。望远镜转过的角度 $|P_1-P_2|$ 或 $|P_1'-P_2'|$ 就是三棱镜顶角的补角，即

$$A = 180° - \frac{|P_1-P_2|+|P_1'-P_2'|}{2} \tag{6.5-6}$$

其中当 $|P_1-P_2|>180°$ 时，式(6.5-6)中的 $|P_1-P_2|$ 应按 $360°-|P_1-P_2|$ 代入；同理，$|P_1'-P_2'|>180°$ 时，式(6.5-6)中的 $|P_1'-P_2'|$ 应按 $360°-|P_1'-P_2'|$ 代入。

3. 最小偏向角的测量原理

测量最小偏向角的原理如图 6.5-9 所示。对于材质、顶角一定的三棱镜来说，当单色平行光入射时，其最小偏向角是唯一的，而大于最小偏向角的偏向角很多，如何找到最小偏向角呢？方法为：如图 6.5-9(a)所示放置三棱镜，由平行光管射出的光线经三棱镜折射而发生偏转，用望远镜观察此出射光线，这时偏向角很可能不是最小的。此时，拧紧游标盘止动螺钉，松开载物台锁紧螺钉，慢慢转动载物台，在望远镜中观察，使绿色亮线向入射光方向靠近，即使偏向角减小。望远镜要跟着折射的绿色亮线转动，使绿色亮线不离开望远镜视场，否则无法测量。当载物台转到某一位置时，再转动载物台，无论是向左或是向右，绿色亮线都向离开入射线的方向移动，即向偏向角增大的方向移动，这个位置即是最小偏向角的位置。反复试验，找出绿色亮线移动方向发生转折的确切位置，转动望远镜，使绿色亮线与分划板垂直线重合，记下此时望远镜的角位置读数(P_1，P_1')。然后如图 6.5-9(b)放置三棱镜，用同样的方法找出最小偏向角的位置，记下此时望远镜的角位置读数(P_2，P_2')，这种方法测量的是 2 倍最小偏向角，因此有

$$\delta_{\min} = \frac{1}{2}\left(\frac{1}{2}|P_1-P_2|+\frac{1}{2}|P_1'-P_2'|\right) \tag{6.5-7}$$

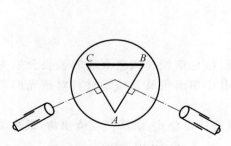

图 6.5-8　测量三棱镜顶角

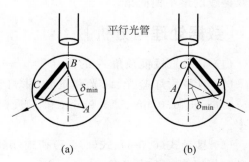

平行光管

(a)　　　　　　(b)

图 6.5-9　测量最小偏向角的原理

式中 $|P_1-P_2|$ 或 $|P'_1-P'_2|$ 的处理同式(6.5-6)的情况。

也可以只采用图 6.5-9(a)或(b)中的任一光路图进行测量,这时测量的就是最小偏向角本身,试自行给出最小偏向角计算公式。

[实验内容与测量]

本实验欲测量三棱镜材料的折射率,为此,要测出三棱镜的顶角及最小偏向角。具体实验步骤如下:

1. 调节分光仪

按照"实验装置"部分"2. 分光仪的调节"的步骤,调节分光仪。

2. 调节三棱镜,使其主截面与仪器主轴垂直

垂直于棱镜两折射面的截面称主截面。使三棱镜主截面与仪器主轴垂直,实际上就是使三棱镜的主截面与刻度盘平面和望远镜光轴平行,这样才能用分光仪准确地测量相关角度。

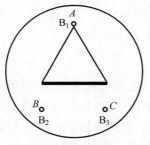

图 6.5-10　三棱镜在载物台上的放置方法

将三棱镜的三个角对准载物台调平螺钉 20 的三个螺钉放置,即如图 6.5-10 所示放置,使三棱镜的 A 角对应 B_1 螺钉,B 角对应 B_2 螺钉,C 角对应 B_3 螺钉。

借助调好的望远镜,用自准法调节棱镜主截面的水平度,使两个光学面的法线均与仪器主轴垂直:①打开目镜照明系统,转动载物台使 AB 面正对望远镜,只调节 B_3,使在望远镜视场中看到的反射绿十字水平线与分划板的上十字线水平线重合(注意:与用平面反射镜做实验时相比较,此时的反射像的强度要弱许多,需仔细观察寻找);②转动载物台使 AC 面正对望远镜,只调节 B_2,使在望远镜视场中看到的反射绿十字水平线与分划板的上十字线水平线重合。反复多次调节,直至 AB 面、AC 面反射的绿十字像水平线都与分划板的上十字线水平线重合。

3. 测量

(1) 完成前面的调节后,按照三棱镜顶角测量原理测量三棱镜的顶角。

(2) 用汞灯照亮平行光管的狭缝,按照最小偏向角测量原理,测量汞灯蓝色、绿色和黄色双谱线的最小偏向角。

[数据处理与分析]

(1) 计算三棱镜顶角 A 的值。

(2) 计算汞灯蓝光、绿光和黄光(汞灯蓝色谱线、绿色谱线和黄色双线的波长分别为 435.83nm、546.07nm、576.96nm 和 579.06nm)的最小偏向角及三棱镜材料对该光的折射率。

(3) 推导式(6.5-6)、式(6.5-7)和式(6.5-5)的误差传递公式,估算三棱镜顶角、最小偏向角和折射率的不确定度。

(4) 给出三棱镜顶角 A、最小偏向角和折射率测量结果的完整表达。

[讨论]

对实验现象和实验结果进行分析讨论,并将自己的测量结果与文献的数据进行比较。

[结论]

通过对实验现象和实验结果的分析,你能得到什么结论?

[研究性题目]

对汞灯的不同谱线测量最小偏向角。计算三棱镜对这些谱线的折射率,研究棱镜折射率 n 随波长变化的现象。

[附录1] 双游标消除偏心差

为了消除刻度盘与分光仪中心轴之间的偏心差,分光仪的设计上在刻度圆盘同一直径的两端各装有一个游标,测量时两个游标都应读数。测量角度时,算出每个游标的两次读数的差,再取平均值,这样可以消除偏心差。

图 6.5-11 表示分光仪存在偏心差的情况。图中,刻度盘中心在 O 点,载物台中心在 O' 点。两游标与载物台固连(拧紧螺钉 10),并在其直径两端与刻度盘弧相接触。通过 O' 点的虚线表示两个游标零线的连线。假定载物台从 P_1 转到 P_2,实际转过的角度为 θ,而刻度盘上的读数分别为 P_1 和 P_1'、P_2 和 P_2',计算得到转角分别为 $\theta_1 = |P_2 - P_1|$ 和 $\theta_2 = |P_2' - P_1'|$。

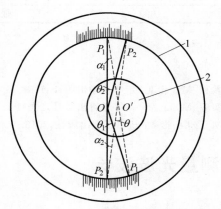

图 6.5-11 双游标消除偏心差示意图
1—刻度盘;2—载物台

根据几何定理:$\alpha_1 = \dfrac{1}{2}\theta_1$,$\alpha_2 = \dfrac{1}{2}\theta_2$,而 $\theta = \alpha_1 + \alpha_2$,故载物台实际转过的角度为

$$\theta = \frac{1}{2}(\theta_1 + \theta_2) = \frac{1}{2}\left[|P_2 - P_1| + |P_2' - P_1'|\right]$$

由上式可见,两个游标读出的转角的平均值即为载物台实际转过的角度,因而使用两个游标的读数装置,可以消除偏心差。

[附录2] 汞光谱线的波长

汞在可见光区域光谱线的波长见表 6-5-1。

表 6.5-1 汞在可见光区域光谱线的波长

谱线颜色	波长/nm	相对强度
紫色	404.65	强（可以看见）
	407.78	强（可以看见）
	410.80	弱（很难看见）
蓝紫色	433.92	弱（很难看见）
	434.75	弱（很难看见）
蓝色	435.83	很强（看得很清楚）
蓝绿色	491.60	较强（可以看见）
	496.03	弱（很难看见）
绿色	535.40	弱（很难看见）
	546.07	很强（看得很清楚）
黄绿色	567.58	弱（很难看见）
黄色	576.96	很强（看得很清楚）
	579.06	很强（看得很清楚）
	585.93	弱（很难看见）
	589.02	弱（很难看见）
橙色	607.26	弱（很难看见）
红色	612.34	较强（可以看见）
	623.43	强（可以看见）

[参考文献]

[1] 丁慎训,张孔时.物理实验教程[M].北京：清华大学出版社,1992.

[2] 沈元华,陆申龙.基础物理实验[M].北京：高等教育出版社,2003.

[3] 吴平.大学物理实验教程[M].2 版.北京：机械工业出版社,2015.

实验 6.6　用光栅测量光波波长

[引言]

复色光通过透明介质或一定的分光元件分解成单色光的现象称为色散现象。图 6.6-1 示意性地展示了白光经过棱镜后的色散。1666 年，牛顿发现棱镜可以将阳光分解成七色光的色散现象。其实，我国明代就有记载"就日照之，成五色如虹霓"，这是世界上对光的色散现象的最早记录。把复色光分成单色光的过程称为分光。棱镜、光栅都可以把复色光分解成单色光，它们是光谱仪、单色仪及许多光学精密测量仪器的核心元件。

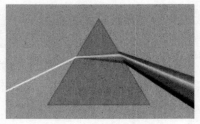

图 6.6-1　棱镜色散

本实验将利用光栅测量汞灯在可见光区域的一些谱线的波长,让同学们对分光元件的作用以及汞灯的光谱特性有直观体验。

[实验目的]

(1) 学习调节分光仪和使用分光仪观察光栅衍射现象。
(2) 学习利用光栅衍射测量光波波长的原理和方法。
(3) 了解角色散与分辨本领的意义及测量方法。

[实验仪器]

JJY 分光仪(仪器误差 1′),光栅,平行平面反射镜,汞灯等。

[预习提示]

(1) 阅读实验 6.5 中"实验装置"部分的"1. 分光仪的构造"和"2. 分光仪的调节"内容,了解分光仪的调节要求,熟悉分光仪的调节步骤。
(2) 利用光栅测量光波波长的方法是什么?
(3) 了解光栅的放置和调节方法。

[实验原理]

1. 光栅方程

光栅是一种重要的分光元件,分为透射光栅和反射光栅。本实验中使用的是透射光栅。在一块透明的平板上刻有大量相互平行、等宽、等间距的刻痕,这样一块平板就是一种透射光栅,其中刻痕部分为不透光部分。若刻痕之间透光部分(即狭缝)的宽度为 a,刻痕宽度为 b,则光栅常数为 $d=a+b$。通常,光栅常数是很小的,例如,在 10mm 内刻有 3000 条等宽、等间距的狭缝的光栅。

当一束波长为 λ 的平行光垂直照射在光栅上时,如图 6.6-2 所示,每一个狭缝透过的光都会发生衍射,向各个方向传播。经过光栅衍射,与光栅面法线成 φ 角的平行光,经过透镜后会聚于透镜焦平面处屏上一点 P_1,φ 角称为衍射角。由于光栅上各狭缝是等间距的,所以沿 φ 角方向的相邻光束间的光程差都等于 $d\sin\varphi$,因为光程差一定,因此它们彼此之间将发生干涉。用透镜将经过光栅衍射的平行光会聚于透镜焦平面处屏上,将呈现由单缝衍射和多缝干涉综合作用所形成的光栅衍射条纹。

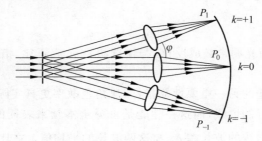

图 6.6-2　光栅衍射示意图

当沿 φ 角方向传播的相邻光束间光程差 $d\sin\varphi$ 等于入射光波长的整数倍时，各缝射出的聚焦于屏上 P_1 点的光因相干叠加得到加强，形成明条纹。因此光栅衍射形成明纹的条件是 φ 必须满足

$$d\sin\varphi = k\lambda, \quad k = 0, \pm 1, \pm 2, \cdots \tag{6.6-1}$$

此式称为光栅方程，它是研究光栅衍射的基本公式。

满足光栅方程的明条纹称主极大条纹，也称光谱线。k 称为主极大级数。$k=0$ 时，$\varphi=0$，称为零级条纹，对应于中央明条纹，中央明条纹聚集了入射光总能量的大部分，因而较亮。$k=\pm1$，$k=\pm2$，$\cdots$ 分别为对称地分布在中央明条纹两侧的第 1 级、第 2 级$\cdots$主极大条纹。

由 $|\sin\varphi| \leqslant 1$ 知，主极大的级数限制是

$$k \leqslant \frac{d}{\lambda} \tag{6.6-2}$$

即在给定光栅常数的情况下，光谱级数是有限的，再综合考虑不同级次谱线光强的变化，实验中通常最多能观察到第 2、3 级主极大条纹。

用分光仪测得第 k 级谱线的衍射角后，若已知光栅常数 d，根据式(6.6-1)就可求出入射光的波长，这就是用光栅测量光波波长的基本原理。反之，若给定波长 λ，则根据式(6.6-1)可求出光栅常数 d。

若单色平行光不是垂直照射在光栅上，而是以入射角 θ 斜入射到光栅上，则光栅方程变为

$$d(\sin\theta + \sin\varphi) = k\lambda, \quad k = 0, \pm 1, \pm 2, \cdots \tag{6.6-3}$$

2. 光栅色散本领与分辨本领

由式(6.6-1)可知，如果入射光波长不同，则同等级光谱衍射角 φ 不同，波长越长，衍射角越大。这就是光栅的分光原理。如果入射光是复色光，则由于波长不同，衍射角 φ 也各不相同，于是不同的波长就被分开，按波长从小到大依次排列，成为一组彩色条纹，这就是光谱，这种现象称色散现象。

光栅作为一种色散元件，角色散率是其主要性能参数之一。角色散率表示光栅将不同波长的同级谱线分开的程度。

设两单色光的波长分别为 λ_1、λ_2，其波长差为 $\delta_\lambda = |\lambda_2 - \lambda_1|$，第 k 级衍射角之差为 δ_φ，则该级次的角色散率为

$$D_\varphi = \frac{\delta_\varphi}{\delta_\lambda} \tag{6.6-4}$$

式中，δ_λ 的单位为 nm；δ_φ 的单位为 rad。由式(6.6-1)得

$$D_\varphi = \frac{\delta_\varphi}{\delta_\lambda} = \frac{k}{d\cos\varphi} \tag{6.6-5}$$

上式表明角色散率 D_φ 与光栅常数成反比，与谱线级数 k 成正比，谱线级次越高，角色散率越大。

光栅分辨本领是光栅的另一重要性能指标，比角色散率更具实际意义。角色散大，并不能保证能分辨出两条靠近的谱线，而这一性能是由分辨本领来表征的。分辨本领定义为刚好能分辨开的两条单色谱线的波长差 δ_λ 与这两波长的平均值 $\bar{\lambda}$ 之比，即

$$R = \frac{\bar{\lambda}}{\delta_\lambda} \qquad (6.6\text{-}6)$$

[实验内容与测量]

光栅方程(6.6-1)是在平行光垂直入射到光栅平面的条件下得出的,因此在实验中调节仪器时要注意满足此要求。以下是调节的具体步骤:

(1) 按实验6.5中"实验装置"部分的"1.分光仪的构造"和"2.分光仪的调节"内容调节好分光仪。

(2) 调节光栅平面使之与平行光管光轴垂直。

分光仪及平行光管调节好后,将光栅按如图6.6-3所示的方式放置在载物台上。挡住光源的光,开亮望远镜上的小灯,转动载物台(连同光栅),从望远镜中观察光栅平面反射回来的绿色十字像,如像的水平线不在分划板上十字线水平线处,只能调节载物台调平螺钉的 B_2(或 B_3),使二者重合。此时光栅平面已垂直于平行光管光轴,锁紧载物台锁紧螺钉,固定载物台(连同光栅)。

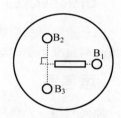

图 6.6-3　光栅放置图

注意:由于光栅表面的反射远低于平面反射镜,因此反射回来的绿十字像亮度较弱,寻找起来不那么容易,若观察不到,可用平面镜或其他物体置于光栅前面或后面,加强反射,待找到反射绿色十字像后,撤去平面镜或其他物体,再进行调节。

(3) 调节光栅使其透光狭条与仪器主轴平行。

转动望远镜观察衍射条纹的分布。以分划板横线为参考线,比较左右两侧谱线在视场中的高度是否一致。如果高度不同,说明光栅狭缝与仪器主轴不平行,可调节载物台螺钉 B_1(千万不能动 B_2 和 B_3)使谱线等高。

经过上述调节以后,就可以进行衍射角的测量了。

(4) 用汞灯照亮平行光管的狭缝,使平行光垂直照射在光栅上,转动望远镜定性观察谱线的分布规律与特征;然后改变平行光在光栅上的入射角度,转动望远镜定性观察谱线的分布变化。

(5) 测量肉眼可以很清楚地看到汞灯紫色、蓝色、绿色、黄色 I、黄色 II 的 1 级谱线。使平行光垂直照射在光栅上,先使望远镜对准中央亮线,然后向左转动望远镜,对观察到的每一条汞光谱线,使谱线中央与分划板的垂直线重合,记录望远镜左、右窗口的角位置。向右转动望远镜进行测量,读出和记录各谱线望远镜左、右窗口的角位置。

(6) 使平行光以某一角度斜入射到光栅上,测量绿色谱线的 1 级衍射谱线。

[实验数据处理]

(1) 求出紫色、蓝色、绿色、黄色 I、黄色 II 的 1 级谱线的衍射角,并求出 λ 和 U_λ。

当平行光垂直入射到光栅上时,衍射角计算公式为

$$\varphi = \frac{1}{2}\left(\frac{1}{2} \mid P_右 - P_左 \mid + \frac{1}{2} \mid P'_右 - P'_左 \mid \right)$$

注意:当 $\mid P_右 - P_左 \mid > 180°$ 时, $\mid P_右 - P_左 \mid$ 应按 $360° - \mid P_右 - P_左 \mid$ 代入。

(2) 求出角色散率 D_φ 和分辨本领 R。

（3）对斜入射情况进行数据处理和分析。

[讨论]

讨论光栅的作用,汞光谱线的分布规律与特征,平行光入射角度对谱线分布的影响等,对实验结果进行评价。

[结论]

通过对实验现象和实验结果的分析,你能得到什么结论?

[研究型题目]

测量汞灯绿色谱线($\lambda = 546.1$nm)的 1、2、3 级衍射谱线,计算波长和不确定度,探讨提高波长测量准确度的途径。

[思考题]

如何利用分光仪测量光栅的光栅常数?给出实验方法和主要实验步骤。

[参考文献]

[1] 吴百诗,张孝林.大学物理基础[M].北京:科学出版社,2007.
[2] 吴平.大学物理实验教程[M].2 版.北京:机械工业出版社,2015.

实验 6.7 光栅光谱仪的使用

[引言]

光谱仪是一种将复色光分解为光谱线并进行测量的光学仪器。对光谱仪获得的光谱进行分析,可以研究物质的辐射特性,光与物质的相互作用,物质的结构(原子、分子能级结构)与成分,遥远星体的温度、质量、运动速度和方向,等等。例如,图 6.7-1 所示为一台荧光光谱仪,它可以对荧光物质的光致发光特性进行测量和研究;图 6.7-2 所示为一台显微共焦拉曼光谱仪,它可以对样品进行高空间分辨率的成分分析。图 6.7-3 所示为使用光谱仪测量的太阳光谱。通常,天文学家将光谱仪与天文望远镜联用,通过测量恒星的光谱得知其组

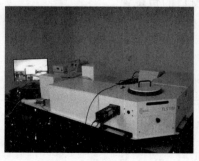

图 6.7-1 荧光光谱仪

图 6.7-2 显微共焦拉曼光谱仪

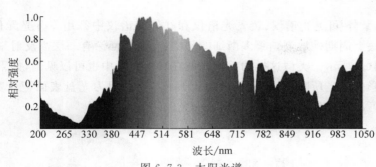

图 6.7-3　太阳光谱

成成分,还可以根据由于多普勒效应造成的恒星谱线的红移或蓝移现象判断恒星的运动情况,这些知识对于我们了解宇宙的形成至关重要。光谱仪不仅是科学研究中经常用到的实验设备,还是实际应用中对物质的结构和成分进行观测、分析和处理的基本设备,具有分析精度高、测量范围大、速度快和样品用量少等诸多优点,广泛应用于采矿、冶金、地质、石油化工、医药卫生、食品、农业、环境保护、天体与空间物理、军事侦察等领域。

根据分光元件的不同,光谱仪分为光栅光谱仪、棱镜光谱仪、干涉光谱仪等不同类型。本实验使用的是平面光栅光谱仪。

［实验目的］

(1) 了解平面反射式闪耀光栅的分光原理及主要特性。

(2) 了解光栅光谱仪的结构,学习使用光栅光谱仪。

(3) 测量钨灯和汞光在可见光范围的光谱。

(4) 测定光栅光谱仪的色分辨能力。

(5) 测定干涉滤光片的光谱透射率曲线。

［实验仪器］

WGD-8 平面光栅光谱仪(波长范围 200～800nm,波长精度 ±0.4nm,波长重复性 ±0.2nm),汞灯,钨灯/氘灯组件,干涉滤光片等。

［预习提示］

(1) 了解平面反射式闪耀光栅的分光原理。

(2) 了解光栅光谱仪的结构,了解光线行进的路径。

(3) 了解光电倍增管的基本结构、工作原理、工作条件及其使用注意事项。

(4) 测量光栅光谱仪的色分辨能力需要测量哪些量? 列出主要实验步骤。

(5) 测量干涉滤光片的光谱透射率曲线需要测量哪些量? 应怎样安排实验?

［实验原理］

1. 平面反射式闪耀光栅的原理

1) 平面反射式光栅与光栅方程

平面反射式闪耀光栅是目前光学分析法中广泛使用的分光元件,在原子发射光谱仪、原子吸收光谱仪、紫外-可见光谱仪、荧光光谱仪和红外光谱仪中都用作分光元件。平面反射式光栅是在衬底上周期性地刻画很多微细的刻槽,光栅表面涂有一层高反射率金属膜,其横断面如图 6.7-4(a)所示。类似这样的反射光栅在日常生活中也可以见到,如果你看过光盘,一定会被它多彩的反光所吸引,如图 6.7-4(b)所示,这是因为光盘表面记录数据的微小凹陷合在一起也可以看作反射光栅,它起到了分光作用。

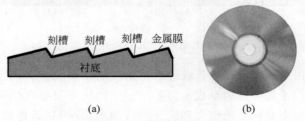

图 6.7-4　反射式光栅

(a) 平面反射式光栅横断面；(b) 光盘表面的反射光栅作用

为简单起见,假定刻槽的横断面为锯齿形,如图 6.7-5 所示,设光栅共有 N 条刻槽,光栅常数为 d,光栅平面法线为 n,槽面法线为 n',槽面与光栅平面的夹角为 γ。平行光以入射角 i 入射到光栅上,经光栅衍射后,考虑 θ 方向上的光的强度 I_θ。理论上可以推出:

$$I_\theta \propto \left(\frac{\sin\alpha}{\alpha}\right)^2 \left(\frac{\sin N\beta}{\sin\beta}\right)^2 \tag{6.7-1}$$

其中

$$\alpha = \frac{\pi a\left[\sin\theta + \sin i - (\cos\theta + \cos i)\tan\gamma\right]}{\lambda} \tag{6.7-2}$$

$$\beta = \frac{\pi d(\sin\theta + \sin i)}{\lambda} \tag{6.7-3}$$

式(6.7-1)中, $\left(\dfrac{\sin\alpha}{\alpha}\right)^2$ 项是单条刻槽的衍射造成的,通常叫作单槽衍射因子。 $\left(\dfrac{\sin N\beta}{\sin\beta}\right)^2$ 是各槽之间的干涉造成的,通常叫作槽间干涉因子。由式(6.7-1)可知,主极大(也是实际上观察到的光谱线)出现在 $\sin\beta=0$ 的方向上,即出现在 $\beta=k\pi(k=0,\pm 1,\pm 2,\cdots)$ 的方向上。把这个值代入式(6.7-3),可以得到

$$d(\sin\theta + \sin i) = k\lambda \tag{6.7-4}$$

这便是平面反射式光栅的光栅方程。这里规定衍射角 θ 恒为正; i 与 θ 在光栅平面法线的同侧时为正,异侧时为负; k 是光谱级。

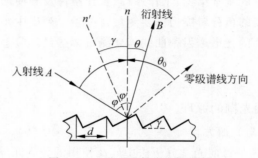

图 6.7-5　平面反射式光栅衍射

在常用的平面光栅光谱仪中,一般这样安放光栅:谱板中心到光栅中心的连线与入射光线在同一平面内,因此,对于所获取的谱线来说,衍射角 θ 实际上都可以认为等于入射角 i。在这种情况下,光栅方程(6.7-4)便化为

$$2d\sin\theta = k\lambda, \quad k = 0, \pm 1, \pm 2, \cdots \tag{6.7-5}$$

由式(6.7-5)可以看出,$k\lambda$ 值相同的谱线衍射角度 θ 相同,即在相同的衍射角度 θ 出现衍射级次为 $k=1, k=2, k=3\cdots$ 不同波长的光同时出射的情况,这些波长满足 $\lambda_1 = \dfrac{\lambda_2}{2} = \dfrac{\lambda_3}{3}$ 的关系。在用光栅光谱仪扫描和分析谱线时要注意倍频现象。例如,将一束波长为 325nm 的单色光入射到光栅光谱仪中,光栅光谱仪会在波长为 325nm 的位置扫描到一个信号,在波长为 650nm 的位置也扫描到一个信号,但这个信号有可能是波长为 325nm 的单色光经光栅衍射后的 2 级衍射产生的,并不是真的有波长为 650nm 的单色光入射到光谱仪中。一般把这种现象称为光谱仪的倍频现象,由 2 级或 3 级衍射信号所产生的信号称为倍频峰。在实际操作中,通常可以通过加滤光片的方法来消除这种倍频现象。

2) 闪耀问题

图 6.7-6 所示为 $N=4$ 时的光栅相对光强分布曲线。从图中可以看到,$\left(\dfrac{\sin\alpha}{\alpha}\right)^2$-$\sin\theta$ 曲线是 $\left(\dfrac{\sin N\beta}{\sin\beta}\right)^2$-$\sin\theta$ 曲线的包络线,它决定光谱线的强度。由此可见,衍射因子决定光谱线的强度,而干涉因子则决定光谱线的位置。

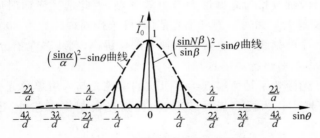

图 6.7-6 光栅相对光强分布曲线

下面分析什么方向光谱线强度最大。由光强分布公式(6.7-1)可见,当 $\alpha = 0\mathrm{rad}$ 时,干涉因子的值最大,这就是说强度 I_θ 的极大值发生在 $\alpha = 0\mathrm{rad}$ 的方向上。把 $\alpha = 0\mathrm{rad}$ 代入式(6.7-2)中,可以推出强度最大的方向就是槽面反射定律所规定的方向(参见图 6.7-5,$\varphi' = -\varphi$ 方向)。也可以这样理解:把每一个槽面看作一个小反射镜,它总是把入射光的大部分强度反射到遵守反射定律的方向,结果在槽面反射定律所规定的方向衍射光最强。就好像通常看物体光滑表面反射时耀眼的光一样,我们把这个方向叫作闪耀方向。而干涉图像(即谱线)的位置不受反射面形状的控制,只由各个面对应点的光程差所决定,即仍由光栅方程(6.7-4)决定,所以 0 级谱线的方向仍然在 $\theta_0 = -i$ 的方向上,即光栅平面反射定律所规定的方向上。闪耀方向与 0 级谱线方向不重合,这样我们就把光强最大的方向从原来的 0 级方向转移到某一需要的方向(闪耀方向)了。

于是可以得出结论:0 级光谱出现在光栅平面反射的方向上,而闪耀方向则是刻槽平面的反射方向。

如前所述,在常用的平面光栅摄谱仪中,所拍摄的光谱满足 $\theta=i$,可以推出这时有 $\theta=i=\gamma$,由式(6.7-5)得

$$\lambda=\frac{2d\sin\gamma}{k} \tag{6.7-6}$$

通常把这个波长叫作闪耀波长。能使闪耀方向落在 0 级光谱以外的光栅叫作闪耀光栅(或定向光栅)。我们知道,透射光栅的能量集中在 0 级光谱中,0 级光谱由于色散为 0,强度很大,但没有用,反而成为有害的杂光;闪耀光栅可以把能量集中到我们所需要的光谱级中,这样既增加了有用的光强,又减少了有害的杂光,所以比透射光栅优越得多。

使闪耀方向落在我们所需要的光谱级中,是设计制造平面反射光栅的任务。当刻槽的横断面为锯齿形时,根据式(6.7-6),闪耀方向就由槽面与光栅平面的夹角 γ(称为闪耀角)决定。例如,当 $d=\frac{1}{1200}$mm 时,希望在 $\theta=i$ 的情况下闪耀方向落在一级光谱中的 $\lambda=250$nm 处,求 γ 值。可得

$$\gamma=\arcsin\frac{k\lambda}{2d}=\arcsin\frac{1\times250\times10^{-6}}{2\times\frac{1}{1200}}$$

可以算出闪耀角 γ 为 $8°38'$。

光栅作为重要的分光器件,它的性能直接影响整个系统的性能。选择光栅主要考虑如下因素:

(1) 闪耀波长。闪耀波长为光栅最大衍射效率点,因此选择光栅时应尽量选择闪耀波长在实验所需要波长附近。如实验为可见光范围,可选择闪耀波长为 500nm。

(2) 光栅刻线。光栅刻线多少直接关系到光谱分辨率,刻线多光谱分辨率高,刻线少光谱覆盖范围宽,要根据实验情况灵活选择。

(3) 光栅效率。光栅效率是衍射到给定级次的单色光与入射单色光强度的比值。光栅效率越高,信号损失越小。为提高光栅效率,除提高光栅制作工艺外,还可采用特殊镀膜工艺。

2. 平面光栅光谱仪结构与组成

本实验所用平面光栅光谱仪外观如图 6.7-7 所示。光栅光谱仪主要由光学系统、电子系统和计算机组成,整套仪器由计算机控制。

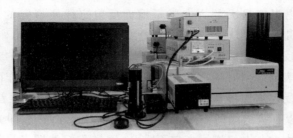

图 6.7-7　实验所用平面光栅光谱仪外观

1) 光学系统

光栅光谱仪光学系统原理图如图 6.7-8 所示。光源发出的光束进入入射狭缝 S_1,S_1 位

于反射式准光镜 M_2 的焦面上,通过 S_1 射入的光束经 M_2 反射成平行光束投向平面光栅 G 上,衍射后的平行光束经物镜 M_3 成像在 S_2 或 S_3 上。光栅 G 放置在一个平台上,由步进电机带动,可以绕通过光栅平面的铅垂轴转动,从而可以改变平行光束相对于光栅平面的入射角。

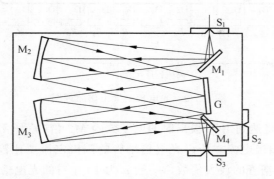

图 6.7-8　光栅光谱仪光学系统原理图

M_1—平面反射镜;M_2—反射式准光镜;M_3—物镜;M_4—平面反射镜;G—平面衍射光栅;S_1—入射狭缝; S_2—出射狭缝(光电倍增管接收);S_3—出射狭缝(CCD 接收)

WGD-8 型光栅光谱仪所使用的光栅 G 每毫米刻线为 1200 条,闪耀波长为 250nm,M_2、M_3 凹面镜的焦距为 500mm。入射狭缝、出射狭缝均为直狭缝,狭缝宽度在 0～2mm 范围连续可调。顺时针旋转为狭缝宽度加大,反之减小,每旋转一周狭缝宽度变化 0.5mm。为延长使用寿命,调节时注意狭缝宽度最大不超过 2mm,平时不使用时,狭缝最好开到 0.1～0.5mm。

2) 电子系统

电子系统主要由电源系统、光接收系统、步进电机系统等部分组成。我们重点介绍光电倍增管光接收系统。

光接收系统由光电倍增管及放大电路构成。光电倍增管是将光信号转换成电信号的器件,它是测光仪器和光电自动化设备中的主要探测元件,是目前测光信号最灵敏的器件之一,它可以检测每秒几个光子的光强,其绝对灵敏度不亚于人的眼睛,而在定量测量方面则超过了眼睛。因此它被广泛地应用于紫外、可见和近红外(<1.2μm)区域微弱光信号的测量工作中。

(1) 光电倍增管的基本结构。

图 6.7-9 所示为光电倍增管的工作原理图。光电倍增管是利用光电阴极 K 与多级"次级发射极"制成的光电探测器。

光电阴极 K 接负高压,阳极 A 接电源正极,各倍增极电压由直流电源经分压电阻供给,每相邻倍增极间的工作电压控制在 70～100V,负载 R_L 接在阳极处。当光照射到光电阴极 K 上时,只要光子能量大于光电阴极材料的逸出功,光电阴极表面就发射出电子,在真空中被 K 和 D_1 间电场加速,而射到第一个"初级发射极"(或称打拿极)D_1 上。快速的电子轰击使 D_1 产生二次电子发射,出射的电子数为入射电子数的 M 倍(M 为次级发射系数),这些电子又在 D_1 和 D_2 间的电场作用下飞向 D_2,因而在 D_2 上又产生新的二次电子流,它的数量是原来光电子的 M^2 倍。如果电子逐一地在各个二次发射极下被倍增,从最后一个二次发

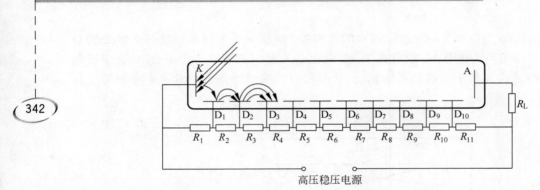

图 6.7-9　光电倍增管工作原理图

射极 D_n 出射的电子数将达到由 K 极出射的电子数的 M^n 倍(n 为倍增极个数)。这些电子由阳极 A 收集而成为阳极电流。所以光电倍增管的阳极电流要比没有倍增极的光电管大 M^n 倍,M^n 称为光电倍增管的放大倍数。一般 n 为 10 左右的光电倍增管,其放大倍数可达 10^6 量级。

光电倍增管的阳极电流在一定范围内与入射光功率呈线性关系,即随入射光功率的增加,阳极电流按比例增长。但当入射光功率大到一定程度时,阳极电流先出现饱和现象,而后反而下降。光电阴极受强光照射后,发射电子的速度太高,以至于光电阴极内部来不及重新补充电子,因而灵敏度下降。轻度疲劳时,停止光照一段时间可以自然恢复其性能。但如果入射光强度太强,管内电流太大,以至于光电阴极和倍增极发热而分解,会造成光电管的永久破坏。因此,使用光电倍增管时,切勿使入射光太强。

注意:光电倍增管工作时不能打开密闭封罩,否则因曝光而引起的阳极电流会使管子烧坏。切记,加有负高压的光电倍增管暴露在自然光下就会损坏!!!

(2) 光电倍增管的基本特性。

光电倍增管的基本特性由下列参数表征:

① 灵敏度。

光电倍增管接收到单位辐射功率后所产生的电信号大小称响应率(或积分灵敏度,简称灵敏度),单位用伏/瓦(V/W)、安/瓦(A/W)、伏/流明(V/lm)等表示。光电倍增管的灵敏度可达几十甚至几百安/流明,因而能探测到极微弱的光,是目前探测紫外、可见和近红外光最灵敏的探测器。但是光电倍增管不能探测太强的光,否则光电阴极和次级发射极极易"疲乏"而使灵敏度下降,而阳极电流太大会使"疲乏"更甚以至损坏,因此测量时阳极的工作电流一般不能超过 $10\mu A$。

② 暗电流。

光电倍增管接上工作电压之后,在没有光照的情况下,它仍会有一个很小的阳极电流输出,此电流称为暗电流。产生的暗电流主要是由光电阴极和次级的热电子发射所产生的热电流和光电倍增管各极间的漏电流。当极间电压较低时,暗电流主要由漏电流决定;在极间电压较高时,暗电流主要来自热电子发射。暗电流的存在限制了对微弱光信号的测量,所以光电倍增管暗电流的大小就成了衡量光电倍增管质量的重要参数之一。一只质量好的光电倍增管,不仅暗电流数值小,而且比较恒定。在要求较高的测量工作中,可采取冷却措施,以抑制热电流从而减小暗电流。

③ 光谱特性。

当光照射光电倍增管时,产生的光信号的强度与入射光的辐射功率的大小有关,也与光的波长有关。当波长一定时,光电流的强度与辐射功率成正比。当入射光为单色光,且各单色光辐射功率一定时,光电流强度随波长变化而变化。这种现象称为光电倍增管的光谱特性。由于光电阴极对不同波长的光信号的响应能力是不同的,所以光电倍增管特性中都标明其峰值波长(最灵敏的波长)和适用的波长范围。在一般的使用场合,应根据使用的波段选择相应的光电倍增管,以保证在该波段内有较高的测量灵敏度。

3) 光栅光谱仪操作

本实验仅使用光电倍增管接收模式。光栅光谱仪光电倍增管负高压由专用的高压模块提供,用来供给光电倍增管工作时所需的高压,可调范围为0~1000V,由光栅光谱仪电源前面板上的"高压调节"旋钮来控制。负高压的单位为伏特(V),一般负高压加至300~600V即可,可根据光强信号的强弱适当地进行增减。

调节负高压、入射或出射缝的宽度,均可以改变光电倍增管所接收到的信号的大小。

除入射狭缝宽度、出射狭缝宽度和光电倍增管接收系统的负高压不受计算机控制,需手动调节设置以外,WGD-8 光栅光谱仪的控制和光谱数据处理操作均由计算机来完成。

软件系统的主要功能有仪器系统复位、光谱扫描、各种动作控制、测量参数设置、光谱采集、光谱数据文件管理、光谱数据的各种计算等。

3. 色分辨率

光栅光谱仪的色分辨率是分开两条邻近谱线能力的量度。本实验中,利用汞灯的两条黄色谱线(波长分别为 576.96nm 以及 579.06nm)计算光栅光谱仪色分辨能力。汞灯光强 I 与波长 λ 的关系曲线 I-λ 如图 6.7-10 所示。在坐标纸上画出汞灯光强 I 与波长 λ 的关系曲线 I-λ,如果从图上测出两谱线 λ_1、λ_2 峰间的间隔 a,以及峰的半宽度 b,则得分辨能力为

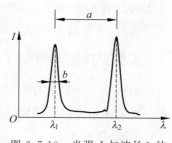

图 6.7-10　光强 I 与波长 λ 的
关系曲线

$$\Delta\lambda = \frac{b}{a}\delta\lambda \tag{6.7-7}$$

其中 $\delta\lambda = \lambda_2 - \lambda_1$,取 2.10nm。

4. 滤光片的光谱特性

滤光片对不同波长的光的透射能力不一样(如红光滤光片和蓝光滤光片)。当波长为 λ、光强为 $I_0(\lambda)$ 的单色光垂直入射在滤光片上时,透过滤光片的光强若为 $I_T(\lambda)$,则定义其光谱透射率为

$$T(\lambda) = \frac{I_T(\lambda)}{I_0(\lambda)} \tag{6.7-8}$$

若以白光为光源(在本实验中采用钨灯光源),经光谱仪出射的单色光由光电倍增管接收并转化成电流,相应的光强值由测光仪显示,出射的单色光所产生的光电流 $i_0(\lambda)$ 与入射光光强 $I_0(\lambda)$、光谱仪的光谱透射率 $T_0(\lambda)$ 和光电器件的光谱响应率 $S(\lambda)$ 成正比,即

$$i_0(\lambda) = KI_0(\lambda)T_0(\lambda)S(\lambda) \tag{6.7-9}$$

式中，K 为比例系数。

现将光谱透射率为 $T(\lambda)$ 的滤光片插入光路，放置在入射狭缝之前，则光电流变为

$$i_T(\lambda) = KI_T(\lambda)T_0(\lambda)S(\lambda)$$
$$= KI_0(\lambda)T(\lambda)T_0(\lambda)S(\lambda) \tag{6.7-10}$$

由式(6.7-9)和式(6.7-10)可得

$$T(\lambda) = \frac{i_T(\lambda)}{i_0(\lambda)} = \frac{I_T(\lambda)}{I_0(\lambda)} \tag{6.7-11}$$

由式(6.7-11)可知，若测得不同波长的光电流 $i_0(\lambda)$ 和加滤光片后相应的光电流 $i_T(\lambda)$，则可计算出光谱透射率 $T(\lambda)$。

透射率 $T(\lambda)$ 随波长变化的曲线如图 6.7-11 所示，称为透射率曲线。图中 T_0 为峰值透射率，也就是滤光片透射率的最大值。$\Delta\lambda$ 为滤光片的通带半宽度，它是透射率为峰值之半所对应的波长范围。通带半宽度越窄，说明滤光片的单色性越好。λ_0 为中心波长，是透射率为最大值时所对应的光波的波长，它表征滤光片更适合于哪一种波长。中心波长 λ_0、通带半宽度 $\Delta\lambda$ 以及峰值透射率 T_0 是滤光片的三个特征量。

干涉滤光片是利用干涉现象而不是利用吸收或散射来消除那些不需要的光波的，它除了具有吸收滤光片的大部分光谱以外，还能透射很窄的波段，甚至窄到 0.1nm。

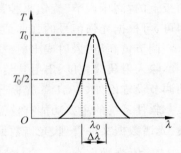

图 6.7-11 透射率 $T(\lambda)$ 随波长变化的曲线

[实验内容与测量]

实验内容为测量汞灯和钨灯光谱，了解两种光源的光谱特性；测量光栅光谱仪的色分辨率；测量滤光片的光谱特性。

1. 准备工作

按以下步骤开机：①开机前，先缓慢旋转入射狭缝宽度调节旋钮，用眼睛直接观察入射狭缝宽度的示值与狭缝宽度之间的对应关系，以免调节时搞反方向而将狭缝关死；②打开光栅光谱仪电源，高压调节到 300～600V，入射缝、出射缝缝宽均预置为 0.15～0.30mm；③将钨灯/氖灯组件安装到入射狭缝的卡座上，打开氖灯；④打开计算机。

在计算机桌面上双击快捷方式 Opt-WGD8A 图标，屏幕上依次出现图 6.7-12 所示的启动画面和检索画面，无须任何操作，等待一会儿就会出现如图 6.7-13 所示的工作界面。工作界面出现后，就可以在 WGD-8A 软件平台上工作了。

2. 测量参数设置

在工作界面左侧有"参数设置"栏，如图 6.7-13 所示。

测量模式：选择能量模式，示值范围 0.0～1000.0。测量中如果信号超出此范围，需适当调整狭缝缝宽和高压值。

扫描间隔：扫描间隔分为 0.02nm、0.04nm、0.10nm、0.20nm、1.00nm、2.00nm 六种，例如选择 1.00nm 时，仪器会每隔 1.00nm 记录一个数据。实验时须根据测量需求进行选择，如需要初步了解全部谱线特征时可选择大一点的扫描间隔，需要精细测量时可选择小一

图 6.7-12　光栅光谱仪操作软件启动画面

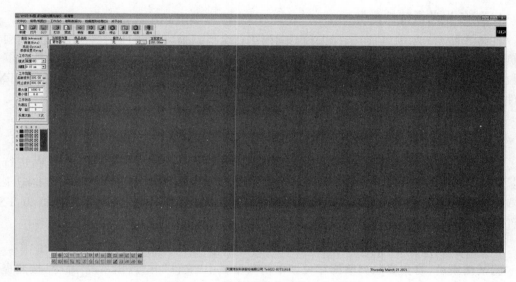

图 6.7-13　光栅光谱仪系统工作界面

点的扫描间隔。

波长范围：最大范围为 200～800nm，可以根据实验需要分别设定上下限。

负高压：目前工作界面上的"负高压"选项不可用。负高压的调节需要用光栅光谱仪电源前面板上的"负高压调节"旋钮手动调节，由仪表读数。

注意：关机时要先将负高压调至零位再关机。

增益：设置放大器的放大率，有 1～8 挡，可先选 1。

采集次数：在每个数据点，采集数据取平均的次数。可在 1～1000 次之间改变，可先选 1。

3. 校准光谱仪的波长指示值

利用氘灯波长值为 486.0nm 的谱线校准光谱仪。光源采用氘灯，选择较大扫描间隔，单击菜单栏中的"单程"命令进行快速全谱扫描。单击后，光谱仪开始自动扫描。应根据能量信号大小手动调节负高压值、入射狭缝宽度和出射狭缝宽度，获得适当大小的能量信号，然后再选择较小扫描间隔扫描氘灯光谱。如果扫描过程中，进行中断及修改参数等处理，再次扫描时系统仍然继续从上一次的波长扫起。

"读取数据"菜单中包括"读取数据""刻度扩展""寻峰""波长修正"等命令。读取数据时，可以采用列表方式或光标方式读取当前图谱的横、纵坐标。"列表方式"会在屏幕上给出包含波长和强度值的数据表格，采用"光标"读取时，将光标置于谱线上的某一个数据点处，相应的波长和强度值会在界面下方显示。"寻峰"可以根据输入的峰值高度，自动检索出当前图谱文件在一定范围内的峰值，并给出结果。"扩展"可以对当前横坐标的起始、终止刻度在系统允许的范围内进行相应的放大或缩小。

利用"读取数据"菜单中的命令读出测量的氘灯光谱谱线波长。如果光谱仪给出的氘灯谱线波长值与标准波长有偏差，可用该菜单中的"波长修正"命令按照提示进行修正。

校准后，在 200～800nm 范围重新扫描氘灯光谱，用"读取数据"菜单命令读取氘灯谱线波长和强度，保存实验数据为 TXT 文件。

4. 滤色片光谱特性测量

将钨灯置于入射狭缝前，选择大扫描间隔进行全谱扫描，根据扫描结果判断是否需要调整负高压、狭缝缝宽等，以得到合适的图谱，保存实验数据为 TXT 文件。然后保持仪器各参数不变，将绿色滤光片插入入射狭缝卡座插槽中，再扫描一次图谱，保存实验数据为 TXT 文件。最后，在无光照射下扫描一次图谱(暗电流值)，保存实验数据为 TXT 文件。

5. 汞灯光谱测量和光谱仪分辨率测量

(1) 将入射缝宽和出射缝宽设置为 0.15～0.20mm，负高压为 300～600V。

(2) 关闭钨灯/氘灯组件电源后移去钨灯/氘灯组件。将汞灯置于入射狭缝前，进行大扫描间隔的快速全谱扫描，根据光谱测量结果进一步调节狭缝宽度、负高压等，使得记录的谱线高度适当，再进行一次小扫描间隔(如 0.02nm)的全谱扫描，保存实验数据为 TXT 文件。

6. 退出系统与关机

测试结束后，将负高压调节至零位。单击菜单栏中"文件"→"退出系统"命令，按照提示关闭电源，退出仪器操作系统。

〔实验数据处理〕

(1) 画出氘灯、汞灯与钨灯的光谱线。

(2) 计算光栅光谱仪的分辨能力。

(3) 计算滤光片的透射率。计算出滤光片的透射率，作出透射率 T 与波长 λ 的关系曲线 T-λ。从图中求出滤光片的中心波长 λ_0、通带半宽度及峰值透射率 T_0。

〔讨论〕

(1) 对汞灯与钨灯的光谱特征进行对比讨论。总结所测的汞灯光谱线及谱线强度。

(2) 列出你所知道的分光系统的优缺点。

〔结论〕

通过对实验现象和实验结果的分析，你能得到什么结论？

[研究性题目]

(1) 用光栅光谱仪测量不同浓度氯化铁水溶液的浓度。

(2) 研究光栅光谱仪的倍频现象。

[思考题]

对光栅光谱仪光学系统进行分析,说明为什么在出射狭缝 S_2 处可得到单色光。

[参考文献]

[1] 张之翔.平面反射光栅[J].物理教学,1979(3):15-19.

[2] 曾泳淮.关于平面反射式闪耀光栅的问题讨论[J].大学化学,1997,12(5):47-49.

[3] 天津港东科技股份有限公司.WGD-8/8A 组合式多功能光栅光谱仪使用说明书[Z].2020.

[4] 丁慎训,张孔时.物理实验教程[M].北京:清华大学出版社,1992.

[5] 刘书声.现代光学手册[M].北京:北京出版社,1993.

[6] 吴平.大学物理实验教程[M].2 版.北京:机械工业出版社,2015.

实验 6.8 LED 的光谱特性研究

[引言]

发光二极管的英文为 light-emitting diode,简称 LED。1993 年在日本日亚化学工业工作的中村修二首次成功地将镁元素掺入氮化镓中,制备出了宽带隙 P 型半导体材料,并将其成功应用于具有广泛应用价值的蓝光 LED 中。2014 年,中村修二与天野浩、赤崎勇一起因此获得了诺贝尔物理学奖。蓝光 LED 的发明是后来白光 LED 的基础,也是我们日常生活中照明光源快速被 LED 所替代的基础,可以说是一项里程碑式的发明。LED 光源具有诸多优点:①能量转换效率高,目前市面上所售的 LED 光源的能量转换效率可以达到 160lm/W 以上,约是白炽灯的 10 倍,日光灯管的 2 倍以上;②使用寿命长,在有良好散热的情况下,LED 的使用寿命可以达到 10 万 h,是白炽灯的 100 倍,日光灯管的 10 倍以上;③体积小,LED 一般可以制造得很小,长度小于 2mm,这样不仅易于安装,而且更易于与透镜配合使光束会聚或发散,目前很多汽车都开始采用 LED 作为其前照灯。除此以外,LED 还有反应时间短、抗频闪能力强、抗机械冲击能力强、单色性好等特点。

本实验利用光栅光谱仪测量 LED 的发光光谱,同学们可以从实验中了解 LED 的工作原理和光谱特性。

[实验目的]

(1) 了解电致发光和光致发光的基本原理。

(2) 了解 LED 的工作原理。

(3) 测量不同种类 LED 的光谱特性。

(4) 研究 LED 的发光光谱与工作电流之间的关系。

［实验仪器］

WDS-3 平面光栅光谱仪(测量范围 200～800nm)，汞灯，LED 灯组，恒流源。

［预习提示］

(1) 了解 LED 的工作原理。

(2) 了解光栅光谱仪的结构及其使用方法。

(3) 了解 LED 的光谱特性。

［实验原理］

1. LED 的工作原理

LED 实际上是一个 PN 结注入器件，蓝光 LED 的基本结构(同质结结构)如图 6.8-1(a)所示，当未施加电压时，N 型区的电子和 P 型区的空穴相互扩散，并在建立了自建电压 V_0 后平衡并形成空间电荷区。当对 LED 施加一个正向偏压时，随着电压 V 的增大，自建电压由原来的 V_0 降低为 V_0-V，随着平衡的打破，来自 N 型区的电子开始向 P 型区扩散，即为电子注入，如图 6.8-1(b)所示。注入的电子主要在 P 型区发生复合，复合后形成光子，因此这种复合发光主要发生在空间电荷区的 P 型一侧。这种由于多数载流子注入而引起电子和空穴对发生复合发光的现象称为注入式电致发光。需说明的是，电子和空穴对复合所发出光子的方向是随机的。

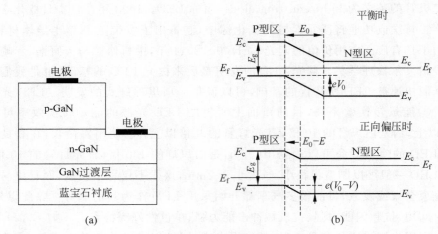

图 6.8-1　LED 的结构以及能带示意图

(a) 具有简单的 PN 结的蓝光 LED 结构示意图；(b) LED 能带示意图

为了让更多的光子从 P 型区(常被称为窗口层)辐射出来，在制备工艺中往往需要尽量减少 P 型区的厚度。但在减少厚度后，会造成部分注入的电子直接隧穿到达 P 型区的表面，由于表面缺陷的存在，达到表面的电子被缺陷俘获并以热的形式释放能量，产生无辐射复合，从而降低了 LED 的发光效率。相对于同质结结构，异质结两侧材料具有不同的禁带宽度，如图 6.8-2 所示，它们接触以后由于费米能级不同而产生电荷转移，直到将费米能级拉平。这就导致能带出现不连续,界面处出现能带的凸起和凹口(势垒上将出现一个尖峰),从而对注入的电子起到了更好的限制作用,避免了漏电流的产生。为了提高 LED 的发光效率,采用不同禁带宽度的材料制备的异质结结构构成 PN 结,这是目前工业生产中一种常用的 LED 设计工艺。

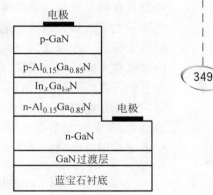

图 6.8-2　双异质结 LED
结构示意图

在二极管中电子空穴对相互复合而形成的光子能量取决于材料的禁带宽度,可以近似表示为

$$E_g = h\nu \qquad (6.8\text{-}1)$$

式中,h 为普朗克常数;ν 为光子频率;E_g 为半导体禁带宽度。对于异质结蓝光 LED,其光子主要产生于靠近 p-GaN 的量子阱中,所以光子能量取决于量子阱材料 $In_xGa_{1-x}N$ 合金的禁带宽度。通过调节 In 组分,其禁带宽度可在 $0.7eV$(InN)与 $3.4eV$(GaN)之间连续可调。为了得到更长的发光波长,红光 LED 采用了 LaGaAs/GaAs 的材料体系,以调整禁带宽度。

2. LED 的发光光谱特性

1)蓝光、绿光和红光 LED 的发光光谱特性

由于光子能量取决于禁带宽度,因此 LED 具有较好的单色性。图 6.8-3 展示了归一化后的蓝光、绿光和红光 LED 的发光光谱。从图中可以看到这三种 LED 的发光光谱的中心波长分别为 458nm、530nm 和 636nm,而光谱半宽度分别为 17nm、32nm 和 16nm。显然蓝光和红光 LED 相比于绿光 LED 具有更好的单色性,这是由于随着技术的不断进步,红光和蓝光 LED 的技术和工艺已经非常成熟,市面上可以买到的红光和蓝光 LED 灯珠均具有非常好的工艺质量;而绿光 LED 相对于蓝光 LED 来说是在量子阱中掺杂更多的 In 组分使其禁带宽度变窄,容易引入更多的生长缺陷以及组分非均匀性,技术难度有所增加,目前市面上可以买到的绿光 LED 的性能还不能和蓝光 LED 相比。

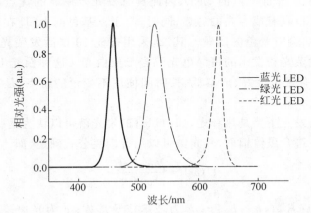

图 6.8-3　蓝光、绿光和红光 LED 的发光谱线

2)驱动电流对 LED 的发光特性的影响

如果用不同的电流来驱动 LED(以蓝光 LED 为例),实验表明其发光光谱也会有所不同,如图 6.8-4 所示。观察曲线不难发现,当驱动电流增加时,发光光谱的强度随之增加,中

心波长也略有变化。由此可见,在该实验电流范围,随着驱动电流的增加,蓝光 LED 的发光光谱发生了蓝移。当驱动电流增大时,LED 中的 PN 结的低能态首先被填满,量子阱中的载流子将进一步跃迁到更高的激发态上,因此,其所发射的光的波长也会相应变短,这种效应常被称为能带填充效应。实际上,随着驱动电流进一步增大,由于散热受限,LED 的结温会急剧升高,同时发生斯托克斯偏移,造成发光波长偏长。能带填充效应以及斯托克斯偏移是一对相互竞争的关系,是影响 LED 发光峰位的主要因素。同时,结温升高导致非辐射复合增加,发光强度增速减缓。但是,过高的驱动电流会对 LED 寿命造成影响,因此在本实验中不要采用过大的驱动电流。

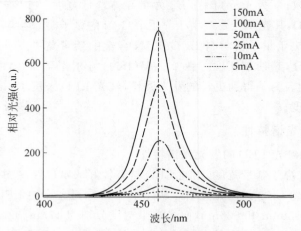

图 6.8-4　不同电流驱动下,蓝光 LED 的发光谱线

3) 白光 LED 的发光光谱特性

目前,常见的白光 LED 主要有两种实现方法。其一,将红、绿、蓝(三基色)三种不同颜色的 LED 集成在一起,经过适当的比例匹配后混合成白光。由于这种方法制造的白光 LED 所发出的光都来自各自颜色的 LED,因此具有发光效率高的优点。但也正是这个原因,使得这种白光 LED 具有成本高的劣势,同时,由于三基色的 LED 在使用过程中衰减速度不同,长时间使用后会有变色的问题。其二,采用蓝光 LED 激发荧光粉的方式,用 LED 本身的蓝光和其激发荧光粉发出的黄绿色光混合形成白光。这种白光 LED 虽然发光效率有所降低,但是其具有显色性好、成本低、长时间使用不变色的特点,是市场上常用的白光 LED 的制造方案。

假设一种光源的发光主要是热释光,如白炽灯的发光就可以认为是一种很好的热释光。这种光源的发光特性符合黑体辐射,其光谱可以用普朗克公式确定,即

$$U(\omega) = \frac{\hbar \omega^3}{\pi^2 c^3} \frac{1}{e^{\frac{\hbar \omega}{kT}} - 1} \tag{6.8-2}$$

式中,$\hbar$ 为约化普朗克常数,$\hbar = h/2\pi$；k 为玻尔兹曼常数；c 为光速；T 为发光体的温度(绝对温度)；ω 为发光体的辐射频率,可以表示为 $\omega = \dfrac{2\pi c}{\lambda}$,而 λ 为发光体的辐射波长。如果测出式(6.8-2)中辐射强度最大值所对应的波长,就可以计算发光体的色温,辐射强度最大时所对应的波长与发光体的色温的关系为

$$\lambda = \frac{2.9 \times 10^6}{T} \tag{6.8-3}$$

其中,λ 的单位为 nm。如果一个符合黑体辐射的发光体所发出的光谱的峰值对应的波长为 500nm,所对应的发光体的温度为 5800K,我们就说这个发光体的色温为 5800K。我们一般把符合黑体辐射的光源定义为理想光源,例如太阳、白炽灯、卤素灯等都可以认为是理想光源,但 LED 并不是一个可以看作理想光源的发光体。图 6.8-5 示出了两种不同色温的白光 LED 的发光光谱,可以看出实验中测量的白光 LED 是用蓝光 LED 激发荧光粉混合发光而形成的。在生产过程中使用不同配比的荧光粉,调节荧光粉的发光光谱使其整体发光看上去和某一色温的理想光源相同,我们就可以用这一色温来标称不同的白光 LED 的照明特性,该色温也可以称为白光 LED 的发光色温。

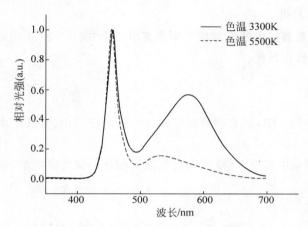

图 6.8-5 两种不同色温的白光 LED 的发光光谱

[实验内容与测量]

1. 准备工作

(1) 根据实验 6.7 中关于光谱仪的操作内容调节好光谱仪的入射和出射狭缝,打开光栅光谱仪电源,并将高压调节到 $-600 \sim -300\text{V}$ 之间(具体数值由具体实验情况而定),打开计算机,并打开相应的光谱仪软件。

(2) 在光谱仪软件中设置好测量参数。

(3) 校准光谱仪的波长指示值。

利用汞灯光谱作为标准谱线校准光谱仪。原则上,为了提高测量的准确性,实验中一般采用与待测光谱范围相近的标准谱线对光谱仪进行校准,例如,如果测量蓝光 LED,其光谱范围如图 6.8-3 所示,我们在实验中应采用汞灯的蓝色谱线(435.83nm)进行校准;测量绿光 LED 时,则采用汞灯的绿色谱线(546.07nm)进行校准。汞灯的常用谱线见实验 6.7。然而,实际操作中,往往实验时间有限,考虑到仪器设备的稳定性和线性程度较高,我们一般采用全部实验所测量光谱的中间值对其进行校准。本实验中,可以采用汞灯的绿色谱线(546.07nm)对光谱仪进行校准。

2. 测量白光、暖白光、蓝光、红光、绿光 LED 的光谱特性

移去汞灯,分别将不同颜色的 LED 置于入射狭缝前,使用恒流源为 LED 进行供电,供电电流为 100mA。选择合适的参数分别测量不同颜色的 LED 的光谱特性,得到合适的图谱,保存实验数据为 TXT 文件。

3. 测量驱动电流对 LED 光谱特性的影响

选择一种单色 LED,分别使用恒流源为其提供 5mA、10mA、15mA、25mA、50mA、100mA 以及 150mA 的供电电流,测量该 LED 的光谱,测量中不可改变仪器的其他参数,包括入射、出射狭缝的宽度,光电倍增管的高压,以及软件参数如增益、波长校正值等。得到合适的图谱,保存实验数据为 TXT 文件。

4. 退出系统与关机

测试结束后,将负高压调节至零位。单击菜单栏中"文件"→"退出系统"命令,按照提示关闭电源,退出仪器操作系统。

[数据处理]

(1) 将不同颜色的 LED 的光谱数据绘制在一张光谱图中,并从图中读出中心波长和光谱半宽度。

(2) 将不同的驱动电流下 LED 的光谱数据绘制在一张光谱图中,分析驱动电流对 LED 发光特性的影响。

[讨论]

光致发光与电致发光在 LED 光谱中的作用如何？

[结论]

通过对实验现象和实验结果的分析,你能得到什么结论？

[研究性题目]

(1) 设计实验,研究不用颜色的 LED 在不同的驱动电流下的发光光谱变化情况。

(2) 发光效率是一个光源的重要参数,定义为光源的辐射通量与输入电功率的比值。设计实验,研究实验中所提供的 LED 的发光效率。

[参考文献]

[1] 张师平,吴平,闫丹,等. 将 LED 光谱测量引入大学物理实验[J]. 物理与工程,2021,31(1): 104-108.

[2] NAKAMURA S,MUKAI T,SENOH M. High-Power GaN P-N Junction Blue-Light-Emitting Diodes [J]. Japanese Journal of Applied Physics,1991,30: 1708.

[3] 吴平. 大学物理实验教程[M]. 2 版. 北京: 机械工业出版社,2015.

[4] 蒋大鹏. 白光 LED 及相关照明器件工艺技术研究[D]. 长春: 长春光学精密机械与物理研究所,2003.

[5] 孙陈红. 大电流注入下绿光 LED 光电特性研究[D]. 南京: 南京大学,2017.

实验 6.9　全息照相

[引言]

普通照相是立体景物的平面记录。在一张风景照片上,近处的垂柳、远处的高山、天空中的白云等景物都被记录在一张平面相片上,我们只能凭借经验和想象来确定它们的远近位置。在照片上近处的垂柳必然会遮掉后面远处高山的一部分。尽管我们改变眼睛的观察方向,也绝不可能看到被遮挡的部分。从这个意义上讲,普通照相并没有反映出景物的实际状况。人们渴望看到对实际景物完全、真实、立体的记录,而全息照相技术使人们获得了打开完全、真实、立体记录实际景物大门的钥匙。

全息照相是以光的干涉和衍射理论为基础的波前记录和再现技术。全息照相的思想最早是加柏于 1948 年提出来的。从那时起到 20 世纪 50 年代末,全息照相都是用水银灯作为光源,由于水银灯光源的相干性太差,因此这一时期全息照相技术进展非常缓慢,离实际应用还有很大距离。1960 年,一种高相干度的光源——激光诞生了,应用激光可以很容易地拍摄到全息图像,并能够很容易地进行全息图像的再现。激光的出现使全息照相技术向实际应用迈出了关键的一步。现在,全息照相技术已经在立体成像、干涉计量检测、信息存储等应用领域获得了巨大进展。

[实验目的]

(1) 了解全息照相的基本原理。

(2) 掌握漫反射物体的透射全息图拍摄方法及底片冲洗方法。

(3) 观察物像再现。

[实验仪器]

激光器,成套全息照相光学元件及隔震光学平台,白屏(用以接收光和观察干涉条纹图样),全息干板,被照物体等。

[预习提示]

(1) 了解激光全息照相原理与物像再现原理。

(2) 明确光路的调节及要求。

[实验原理]

人的眼睛可以看到一个物体,是由于物体所发出的光波(自发光或反射光)携带着物体所包含的信息传播到眼睛,由眼睛在视网膜上成像所致。光信息包含光波的波长、振幅和位相,它们决定了所看见物体的颜色、亮暗、远近和形状。只要能够记录并再现该特定的光波,即使物体不存在,我们也如同看到逼真的物体一样。所以,要想从照片上看到人的眼睛直接观察物体时获得的图像,就要解决记录和再现这一光波的问题。

图 6.9-1 给出了普通照片与全息照片的差别。普通照相是通过照相机透镜把来自物体

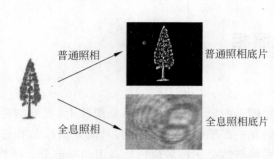

图 6.9-1 普通照相与全息照相的差别

的光聚焦于底板上，底板经过曝光冲洗后，我们就得到了物体的负片，负片上各点的沉积银层透光性与物体上各点的光强一一对应，我们在底板上看到的是物体的负像。由于底板只是记录了物体上各点的光强分布，并没有记录反映物体之间相对位置、远近的相位信息，因而是所拍摄物体的二维平面像。全息照相记录的是整个物体发出的光波（即物体上各点发出的光波的叠加）。借助于参考光，全息照相术用干涉的方法记录了物光波的振幅和位相分布，即记录下物光波与参考光波相干后的全部信息。这些信息以干涉条纹花样的形式被记录，可以说，全息照片就是储存起来的被拍摄物体的干涉图样。所以，全息底片上显现的不是物体的影像，而是细密的干涉条纹，就好像是一个复杂的衍射光栅。若想看到物体的影像，必须对全息底片进行适当的再照明，重建原来的物光波，才能再现物体的三维立体像。

1. 全息记录

全息照相的光路图如图 6.9-2 所示。用激光照射物体，物体因漫反射而发出物光波。波场上每一点的振幅和位相都是空间坐标的函数。我们用 O 表示物体每一点发出的物光的复振幅与位相。将用同一激光束经分光镜分出的另一部分光直接照射到底板上，这个光波称为参考光波，它的振幅和位相也是空间坐标的函数，其复振幅和位相用 R 表示，参考光通常为平面或球面波。这样在记录光信息的底板上的总光场是物光与参考光的叠加。叠加后的复振幅为 $O+R$，从而底板上各点的光强分布为

$$I = (O+R)(O^* + R^*)$$
$$= OO^* + RR^* + OR^* + O^*R$$
$$= I_O + I_R + OR^* + O^*R \tag{6.9-1}$$

式中，O^* 与 R^* 分别是 O 和 R 的共轭量；$I_O = OO^*$，$I_R = RR^*$，分别为物光波和参考光波独立照射底板时的光强；$OR^* + O^*R$ 为干涉项。

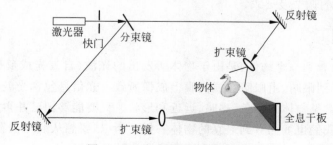

图 6.9-2 全息照相实验光路图

在底板上光强 I 的分布就是物光波和参考光波干涉形成的干涉条纹,我们用感光底板将其记录下来。由于干涉条纹在底板上各点的强度取决于物光波和参考光波在各点的振幅和位相,因而底板上就保留了物光波的振幅和位相分布的信息。

2. 物像再现

底板经过曝光冲洗以后,形成各处透光率不同的全息照片,它相当于一个复杂的光栅。一般来说,光透过这样的全息照片时,振幅及位相都会发生变化。如果令

$$t = 透过光的复振幅/入射光的复振幅 \tag{6.9-2}$$

则复振幅透过率 t 一般为复数。但对于平面吸收型全息照片(这种底板各处透过率的不同仅仅是由于沉积的银层对光的不同吸收引起的)而言 t 为实数。如果曝光及冲洗合适(线性处理),可使得

$$t = t_0 - KI \tag{6.9-3}$$

式中,t_0 为未曝光部分的透过率,t_0 和 K 都是常数。

物像的再现是用光照射已经摄制好的全息照片并观察透过光,这个过程也称为波前重现。通常再照光与拍摄全息照片的参考光束 R 相同,因此透过的光波如果用 W 表示,则有

$$W = tR = t_0 R - KIR \tag{6.9-4}$$

由于 t_0 是实数,根据式(6.9-1),把 I 代入式(6.9-4)得到

$$W = t_0 R - KR(I_O + I_R + OR^* + O^*R) \tag{6.9-5}$$
$$= [t_0 - K(I_O + I_R)]R - KI_R O - KRO^* R$$

式(6.9-5)右边每一项代表透过全息照片的一个衍射波。第一项与参考波 R 成正比,因而是按一定比例重建的参考波,或者说是直接透过的再照光,相当于零级衍射波。第二项与原来的物光成正比,是按一定比例重建的物光波,相当于一级衍射波,且是发散光。这个光波按惠更斯原理继续传播,与原来物体在原来位置发出的光波相同,仅仅是振幅按一定比例改变,位相改变180°。因此,全息照片后面的观察者对着这个光波方向观察时,可以看到原来物体的三维立体像(虚像),如图 6.9-3 所示,就好像是通过一个窗口观察原来的物体一样,而且改变方向,可以看到物体各部分之间相对位置的变化(视差)。第三项与物光波的共轭光波 O^* 有关,它是因衍射而产生的另一个一级衍射波,称为孪生波,可成实像,也可成虚像。

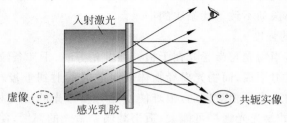

图 6.9-3 物像再现

为了更直观地理解上述原理,我们来看一个用干涉方法制作光栅的例子。在图 6.9-4(a)中,光波 1 和 2 是相干的两束平行光,它们在相遇区域产生干涉,形成等间距的干涉条纹,条纹取向垂直于1、2两光束构成的平面(即垂直于纸面)。P 是照相底片,曝光后经过显影、定影处理,则底片就是透光、不透光的条纹,这就是一个光栅,其光栅常数(干涉条纹间距)为

$$d = \frac{\lambda}{\sin\theta} \qquad\qquad (6.9\text{-}6)$$

将该光栅放回原处,用 1 光照射,如图 6.9-4(b)所示,光栅衍射方程为

$$d \cdot \sin\varphi = k\lambda \qquad\qquad (6.9\text{-}7)$$

比较式(6.9-6)与式(6.9-7),$k=1$ 的 $+1$ 级衍射光在 $\varphi=\theta$ 方向,所以看到的衍射光 $2'$ 与原光束 2 一样。衍射光 $2'$ 对应的就是式(6.9-5)中的第二项,所以对着这个方向观察,可以看到原来物体的虚像。而 -1 级衍射光在 $\varphi=-\theta$ 方向,我们把对应的 $2''$ 光称为共轭光波。图 6.9-4(a)是对 2 光的记录,图 6.9-4(b)是对 2 光的再现,其中 1 光是参考光,2 光是物光。

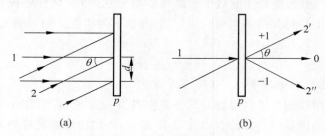

图 6.9-4 用干涉方法制作光栅

由于底片上任何一小部分都包含整个物体的信息,因此,只利用拍摄的全息底片的一小部分也能再现整个物像。

3. 全息照片拍摄要素

1)相干光源

物光和参考光必须是相干光,所以用相干性很强的激光作光源。利用分束镜把激光器发出的光分成两束,一束作为物光,一束作为参考光,并使其光程大致相等,以使两束光能够发生相干干涉。

2)光学系统振动

物光和参考光形成的干涉条纹间距很小,每毫米有上千条条纹。在曝光过程(曝光时间 10~50s)中,如果条纹移动超过半个条纹的宽度,就不能形成全息图;条纹移动小于半个条纹宽度,全息图像虽然可以形成,但清晰度会受到影响。因此,在曝光过程中必须保持干涉条纹稳定不变。为此,光源、光路中各光学元件、被摄物体和感光底板都必须放在防振平台上,以使外界各种微小振动不致干扰条纹的记录。

3)物光、参考光的强度

由干涉理论可知,当物光与参考光在干板处强度相等时,干涉条纹的反衬度最好。但在实际光路中,参考光直射干板,而物光要经物体表面散射后射到干板,散射光强与物体表面的反射率有关,因而物光光强相对较弱,很难使物光与参考光的强度相等。调节光路时,一般尽可能使全息干板处物光光强尽可能大,适当减弱参考光的强度,使物光与参考光的光强比为 1:3 到 1:5。

4)全息记录干板

全息记录干板是表面涂有一层感光乳胶的玻璃,这是由于玻璃有一定刚度,不会变形弯曲。对于不同波长的激光,要选用不同型号的感光乳胶。例如,激光波长为 650nm,根据式(6.9-6),$\theta=30°$,$\lambda=650$nm,$d=1.27\times10^{-6}$m,则每毫米有上千条条纹,所以要求全息干

板具有非常高的分辨率。普通照片底片由于银化合物的颗粒较粗,每毫米只能记录几十到几百条条纹,不能用来记录全息照相中的干涉条纹。全息照相必须用特制的高分辨率的感光底板。实验使用的全息干板是红敏光致聚合物全息干板,对波长 630～680nm 的红光敏感,分辨率约为 4000 线/mm。

由式(6.9-6)还可以看出,物光与参考光夹角越大,条纹的间距就越小,对干板的分辨率要求就越高,所以夹角不宜太大。但另一方面,夹角大,物像再现时可在较大范围内从不同角度观察物像,反之则观察窗较小。一般使物光与参考光之间的夹角为 15°～50°这一范围。

[实验内容与测量]

1. 全息图拍摄

(1) 按照图 6.9-2 配置光路系统。

光路系统应满足下列条件:

① 物光束和参考光束由分束镜至全息干板之间的光程应大致相等。

② 用扩束镜将物光束扩展到使整个被摄物都能受到光照,参考光束也应扩展到使全息干板有均匀的光照。注意全息干板与被摄物的距离应控制在 5cm 之内,且应保证全息干板尽可能正对被摄物,以接收较多的物光,参考光应均匀照明并覆盖整块全息干板。

③ 照在全息干板上的物光束和参考光束之间的夹角在 15°～50°范围为宜。

④ 关闭室内照明灯,在放全息干板的地方,物光与参考光的光强比为 1：3～1：5 为宜。可分别遮挡参考光及物光,用光强测量装置测量光强。

(2) 将激光器出射的激光遮挡住,装夹好全息干板,使乳胶面向着被拍摄物体。静置几分钟使防振台不振动后取消遮挡,激光曝光 10～50s(参见实验室给出的参考数据)。

要特别注意:在曝光过程中绝对不要触及防震台并保持室内安静。

(3) 曝光后的干板处理:①在蒸馏水内静置浸泡 5s;②在纯度为 40％的异丙醇中静置脱水 10～20s;③在纯度为 60％的异丙醇中静置脱水 60～80s;④在纯度为 80％的异丙醇中静置脱水 15～20s;⑤在纯度为 100％的异丙醇中脱水观察 60～80s;⑥取出后,迅速用吹风机将其吹干。

2. 物像再现

(1) 如图 6.9-3 所示,将吹干的全息干板放回原位置,感光乳胶面仍向着物体,用原参考光照射,去掉物,向全息干板的后方观察,即可看到位置、大小与原物一样的三维立体像(原始虚像,相当于图 6.9-4(b)中的＋1 级衍射光)。改变观察角度、参考光源到干板的距离,观察物像的变化。

(2) 挡掉全息干板的一部分,仍然可看到完整的物体像。

[注意事项]

(1) 各种光学镜面严禁用手触摸。

(2) 实验过程中切勿用眼睛直视激光束,以免损伤视网膜。

(3) 各组应在相同时间统一曝光,以避免相互干扰。曝光时不能走动、说话,不要有任何振动,以提高拍摄成功率。

[讨论]

(1) 如果你照的全息底片观察不到物像再现的虚像或实像,试分析其原因。什么因素影响全息照片的图像质量?

(2) 当你的全息底片不慎打碎时,用碎片能够观察到物体的整个像吗? 为什么?

(3) 归纳全息照相与普通照相的不同点。

[结论]

写出通过实验你最想告诉大家的结论。

[研究性题目]

(1) 研究物光束和参考光束的强度比对拍摄全息图的影响。

(2) 研究物光束和参考光束之间的夹角对拍摄全息图的影响。

(3) 观察和研究共轭光波的成像规律。

[参考文献]

[1] 代伟.全息照相实验技巧探讨[J].实验技术与管理,2007,24(8):35-38.

[2] 北京方式科技有限责任公司.半导体激光全息实验仪实验说明书[Z].2020.

[3] 黄水平,张飞雁,张易,等.全息照相实像的优化拍摄与再现[J].大学物理,2010,29(2):40-42.

[4] 郭开惠,吴平,严映律,等.全息照相再现成像的深入研究[J].兰州大学学报(自然科学版),1999,35(2):43-47.

[5] 韩东峰.全息照相实验相关问题的理论探究[J].洛阳理工学院学报(自然科学版),2010,20(2):78-81.

[6] 吴平.大学物理实验教程[M].2版.北京:机械工业出版社,2015.

实验 6.10 迈克尔逊干涉仪

[引言]

迈克尔逊干涉仪是美国著名的实验物理学家迈克尔逊(Albert Abraham Michelson,1852—1931)于 1880 年发明的光学仪器,它是一种基于分振幅干涉原理的精密干涉仪。利用该干涉仪,迈克尔逊和莫雷一起完成了历史上著名的迈克尔逊-莫雷实验。该实验表明光在不同方向上的传播速率相同,从而否定了地球相对于"以太"的运动,推翻了当时的"以太"学说。这一结论与黑体辐射并称为 19 世纪至 20 世纪初物理学史上的"两朵乌云",它动摇了经典物理学的基础,为爱因斯坦创立狭义相对论提供了条件。由于迈克尔逊在精密光学仪器制造和借助这些仪器进行光谱学和计量学研究中所做出的突出贡献,他于 1907 年成为美国历史上第一位诺贝尔物理学奖获得者。

迈克尔逊干涉仪在近代物理学和计量科学中具有重大的影响,它的突出特点是产生干涉的两路光在空间上完全分开,因此可以比较容易地改变两路光的光程差,根据光程差变化导致的干涉信号变化,反过来分析引起光程差变化的原因。迈克尔逊干涉仪的基本原理已经被广泛地应用于工程和科学研究等领域,比如,我们可以用它来测量微小长度或微小位移,也可以用它来测量材料的折射率以及折射率随相关状态的变化等。迈克尔逊干涉仪也是许多其他专用干涉仪的原型,比如干涉成像光谱仪、傅里叶变换光谱仪以及干涉显微镜等都是以迈克尔逊干涉仪为原型改进发展而来的。

2017 年瑞典皇家科学院将诺贝尔物理学奖授予美国的三位物理学家(Rainer Weiss、Barry C. Barish 和 Kip S. Thorne),以表彰他们在 LIGO 检测器和引力波观测中的决定性贡献。LIGO 的全称是激光干涉引力波天文台(图 6.10-1),其本质就是一架放大加强版的迈克尔逊干涉仪,它根据引力波导致的干涉仪两臂光程差变化引起的干涉信号变化来探测引力波。这一伟大的成就体现了迈克尔逊干涉仪在前沿科学技术中的重要地位。

图 6.10-1 激光干涉引力波天文台(LIGO)

本实验利用迈克尔逊干涉仪观察定域和非定域干涉条纹,研究条纹的移动及其变化规律,以期深入理解迈克尔逊干涉仪的基本原理。

[实验目的]

(1) 理解迈克尔逊干涉仪的光路及基本原理,掌握其调节方法。

(2) 观察等倾、等厚和非定域干涉现象,了解各类干涉条纹的形成条件、条纹特点及其变化规律。

(3) 了解迈克尔逊干涉仪的应用,学会用迈克尔逊干涉仪测量氦氖激光(He-Ne 激光)的波长、钠光波长及钠黄光双线的波长差。

[实验仪器及样品]

迈克尔逊干涉仪、氦氖激光器、钠光灯、观察屏等。

[预习提示]

(1) 利用迈克尔逊干涉仪如何实现等厚和等倾干涉?调节迈克尔逊干涉仪使其出现干涉条纹的关键因素是什么?

(2) 等倾干涉条纹和等厚干涉条纹各有什么特点?

(3) 利用点光源产生的非定域干涉条纹测定激光波长的基本原理是什么?

(4) 如何测量钠光波长?测量钠灯双黄线波长差的基本原理是什么?

[实验原理]

1. 迈克尔逊干涉仪的结构和读数方法

迈克尔逊干涉仪的型号众多,样式各异,甚至我们还可以通过自搭光路自行组建迈克尔逊干涉实验仪,但各种系统的结构基本相同。现在以 WSM-100 型迈克尔逊干涉仪为例说明其结构。

图 6.10-2 所示为 WSM-100 型迈克尔逊干涉仪实物图。仪器的主体部分固定在一个稳定的底座上,并由三个调平螺钉支撑。仪器的主体由分光板、补偿板、可移动反射镜(动镜)M_1、固定反射镜(固镜)M_2、精密丝杠、粗调手轮以及细调手轮等组成。动镜和固镜安装在两个相互垂直的臂上,背后各有三个调节螺钉,用来调节反射镜的方位。两个互相垂直的拉簧螺钉用于更加精细地调节固镜镜面的倾斜度。分光板和补偿板与两臂成 45°平行放置,两者的折射率和厚度等物理性质相同,唯一区别是在分光板的底面上镀了一层半透半反膜。粗调手轮以及细调手轮通过齿轮可带动精密丝杠转动,转动的精密丝杠可通过防转挡块及顶块带动动镜在导轨上前后移动。

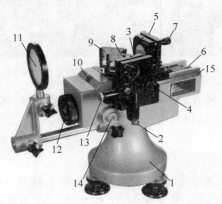

图 6.10-2　WSM-100 型迈克尔逊干涉仪实物图

1—底座；2—垂直拉簧螺钉；3—固镜 M_2；4—固镜 M_2 角度调节螺钉；5—动镜 M_1；6—精密丝杠；7—动镜 M_1 角度调节螺钉；8—补偿板 P_2；9—分光板 P_1；10—读数窗口；11—观察屏(毛玻璃)；12—粗调手轮；13—水平拉簧螺钉；14—细调手轮；15—导轨

迈克尔逊干涉仪上装有精密的读数装置用以确定动镜的位置,其读数方法与螺旋测微器类似,只是有两层嵌套而已。具体来说,其读数装置由三部分组成:毫米刻度主尺、读数窗口以及细调手轮上的刻度盘。旋转粗调手轮,使读数窗口中的刻度圆盘转一圈,动镜移动 1mm,因此读数窗口中刻度盘上的最小分度值为 0.01mm。细调手轮转一圈可使动镜移动 0.01mm,因此细调手轮刻度盘上的最小分度值为 0.0001mm。读数时首先读取装在导轨侧面的毫米刻度主尺,只读到毫米整数位,不估读;再读取读数窗口中的圆盘指示刻度,读到 0.01mm 位,也不估读;最后读取细调手轮上指示的刻度,并估读一位,读到 0.00001mm位。最终读数为这三部分之和,有 7 位有效位数,如图 6.10-3 所示。

2. 迈克尔逊干涉仪的光路

迈克尔逊干涉仪的光路如图 6.10-4 所示,来自光源的入射光进入分光板 P_1 之后,在半

毫米刻度主尺：47mm　读数窗口：0.34mm　细调手轮：0.00368mm
　　　　　　　　　　　　最终读数：47.34368mm

图 6.10-3　迈克尔逊干涉仪的读数方法

透半反膜上一分为二，一部分反射成为光束 1，另一部分透射成为光束 2；光束 1 到达动镜 M_1 之后，被反射，再次进入分光板，然后折射成为光束 $1'$；光束 2 进入补偿板 P_2，到达固镜 M_2，被 M_2 反射后，再次进入补偿板，经半透半反膜反射后成为光束 $2'$；光束 $1'$ 和 $2'$ 相干叠加，产生干涉。补偿板用来补偿光程，使得光束 1 和光束 2 都是两次通过玻璃板，补偿两路光通过玻璃板的次数不同而引起的光程差。有了补偿板之后，分析光程差时只需要考虑两路光在空气中的几何路程不同引起的光程差。

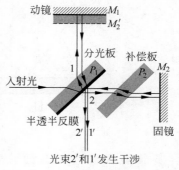

图 6.10-4　迈克尔逊干涉仪的光路图

　　容易看出，这种干涉其实就是光路分开的薄膜干涉。假设固镜 M_2 相对于半透半反膜形成的虚像为 M_2'。相干叠加的光束 $1'$ 和 $2'$ 可以看成由 M_1 和 M_2' 之间的空气薄膜上下表面反射而成的。移动 M_1 的位置可以改变空气薄膜的厚度，调整 M_1 镜或 M_2 镜的方位可以改变空气薄膜上下表面之间的夹角（相当于改变空气劈尖的顶角）。随着空气薄膜厚度和顶角的变化，可以观察到等厚或等倾干涉条纹的移动。

3. 干涉条纹形成机理

1）扩展光源照明时的等倾干涉条纹

　　调节动镜 M_1 和固镜 M_2，使两者相互垂直，即此时 M_1 和 M_2' 相互平行，两者之间形成厚度均匀的空气薄膜，如图 6.10-5 所示。对有限空间内的任一点 P，从扩展光源上每一点都能找到两条经薄膜上下表面反射后相交于此的光线，如图 6.10-5(a)所示，由于各组光线（如 1、$1'$ 和 2、$2'$）的光程差不同，干涉效果不同，非相干叠加后 P 点的强度会变得均匀，因此对有限空间内的任意点，不会产生干涉条纹。但若从不同光源点发出的光是平行的，如图 6.10-5(b)所示，每束光经薄膜上下表面反射的光（如 1、$1'$ 和 2、$2'$）也是相互平行的，在这种情况下，各组光线的光程差相等，即 $\Delta_{11'} = \Delta_{22'}$，干涉效果相同，因此非相干叠加后仍然会有干涉条纹。由于平行光在无穷远处汇聚，因此，我们说扩展光源时均匀薄膜上的干涉定域在无穷远处。利用透镜则可将干涉条纹成像在透镜的焦平面上。

　　如图 6.10-5(c)所示，光线 1、$1'$ 的光程差 $\Delta = 2d\cos\gamma$，其中 d 为反射点处的薄膜厚度（即 M_1 与 M_2' 之间的距离），γ 为膜内的折射角。显然，只要光线的折射角 γ 相同，经薄膜上下表面反射后的两束光光程差 Δ 就相等，它们叠加后就将产生同一级干涉条纹。折射角 γ 相等意味着入射角 i 也相等，或者说倾角相等，因此，倾角相同的光线对应着同一级条纹，故将这种条纹称为等倾干涉条纹。倾角相同的光线分布在以光源点为顶点的圆锥面上，相应

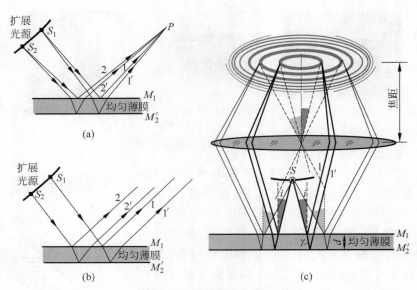

图 6.10-5　等倾干涉光路示意图

地在透镜焦平面上呈现出的干涉图样为一系列同心圆环。人的眼睛相当于一个可成像的透镜，因此直接用眼睛看无穷远处也可以观察到一系列的同心干涉圆环。

　　根据光学知识可知干涉明纹和暗纹的产生条件为

$$\Delta = 2d\cos\gamma = \begin{cases} k\lambda, & \text{干涉相长（明纹中心）} \\ (2k+1)\dfrac{\lambda}{2}, & \text{干涉相消（暗纹中心）} \end{cases}, \quad k = 0,1,2,\cdots \quad (6.10\text{-}1)$$

式中，k 为干涉条纹的级次；λ 为入射光的波长。据此明暗纹条件可以分析出等倾干涉条纹的特点：

　　（1）条纹级次分布。在干涉图样中心，$\gamma \to 0$，光程差最大，条纹级次最高，因此等倾干涉条纹中心级次最高，外沿级次最低。

　　（2）条纹吞吐。当薄膜厚度 d 增大时，k 级亮纹对应的膜内折射角 γ 增大，也就是说，k 级亮环的半径增大，圆环不断从中心吐出并向外扩大，观察到吐的现象。d 减小时，k 级亮环的半径减小，圆环向中心收缩不断被吞没。圆环每吞吐一环，光程差变化一个波长，意味着薄膜厚度变化半个波长。实验中可通过缓慢平移动镜 M_1 来观察条纹的吞吐，若条纹吞吐 N 环，则 M_1 平移的距离为

$$\Delta d = N\frac{\lambda}{2} \qquad\qquad\qquad (6.10\text{-}2)$$

本实验中，通过测量吞吐 N 环时 M_1 平移的距离 Δd，反过来求解未知的钠光波长。

　　（3）条纹间距。由式（6.10-1）可以得到相邻两级条纹对应的倾角差：$\Delta\gamma = \gamma_{k+1} - \gamma_k \approx \lambda/(2n_2 d\sin\gamma_k)$，显然，倾角越大，倾角差越小，因此，条纹不是等间隔的，而是内疏外密。同时，由式（6.10-1）还可以得到相邻两级圆环对应的倾角平方差与膜厚的关系：$\gamma_{k+1}^2 - \gamma_k^2 \approx \lambda/(n_2 d)$。由此式可以看出，$d$ 越大，倾角平方差越小，这说明薄膜越厚，相邻条纹之间的距离越小，条纹越密；薄膜厚到一定程度，条纹就密不可分了，如图 6.10-6 所示。

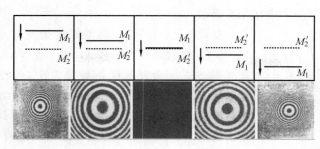

图 6.10-6　等倾干涉条纹随 M_1 和 M_2' 的相对位置变化示例

2）扩展光源照明时的等厚干涉条纹

当动镜 M_1 和固镜 M_2 不严格垂直时，M_1 和 M_2' 间有一不为零的小夹角，两者之间相当于厚度不均匀的空气薄膜（空气劈尖），如图 6.10-7 所示。来自光源的光线入射到薄膜上表面后一分为二，经薄膜上下表面反射和折射后在薄膜附近（比如 P 点和 P' 点）相干叠加。因此，对非均匀厚度的薄膜，扩展光源照明时干涉定域在薄膜近旁。由于存在一定的定域深度，因此在薄膜的表面仍然可以看到干涉条纹，通常就简单地说，非均匀薄膜情形，干涉定域在薄膜表面。

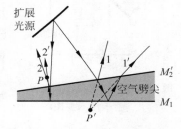

图 6.10-7　等厚干涉光路示意图

可以证明，在 P 点或 P' 点相干叠加的两束光（2、2′或 1、1′）的光程差仍可近似地用 $\Delta = 2d\cos\gamma$ 来表示，干涉相长或干涉相消的条件与式（6.10-1）相同。这种情况下的干涉条纹形状与薄膜上的等厚线分布有关，故将这种干涉条纹称为等厚干涉条纹。

实验中缓慢平移动镜 M_1，薄膜厚度 d 发生变化，可以观察到条纹的移动。图 6.10-8 给出了几种等厚干涉条纹及其对应的 M_1 和 M_2' 的相对位置。当 γ 很小时，光程差 $\Delta \approx 2d - d\gamma^2$。在左右两旁靠近交线处，如图 6.10-8（c）所示，由于 γ 和 d 都很小，$d\gamma^2$ 相比 $2d$ 可以忽略，光程差近似由 d 完全决定，因而产生的条纹近似为与交线平行的直条纹。离交线（即劈尖棱边）较远处，$d\gamma^2$ 项的影响不能忽略，必须通过增大 d 来补偿由于 γ 的增大而引起的光程差的减小，所以干涉条纹在 γ 逐渐增大的地方要向 d 增大的方向移动，使得干涉条纹逐渐变成弧形，弯曲方向凸向交线处，如图 6.10-8（b）和（d）所示。若 d 大到一定的程度，则干涉条纹消失，如图 6.10-8（a）和（e）所示。

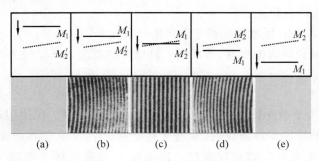

图 6.10-8　等厚干涉条纹随 M_1 和 M_2' 的相对位置变化示例

3）点光源照明时的非定域干涉条纹

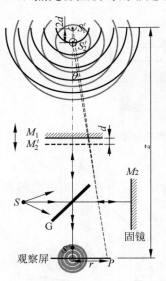

图 6.10-9　点光源的非定域
干涉示意图

如图 6.10-9 所示，调整好的迈克尔逊干涉仪的 M_1 和 M_2 垂直，也就是说 M_1 和 M_2' 相互平行，假设两者间距为 d。点光源 S 关于分光板 G 的虚像为 S'，再经 M_1 和 M_2' 反射后成虚像 S_1' 和 S_2'，S_1' 和 S_2' 之间的距离为 M_1 和 M_2' 间距的两倍。来自点光源 S 的光线经 G 和 M_1、M_2 反射后等效于两个虚光源 S_1' 和 S_2' 发出的相干光束。这两个虚光源发出的球面波在它们相遇的空间中处处相干，因此呈现非定域干涉现象。若 M_1 和 M_2 不垂直，也可作类似的分析，只是 S_1' 和 S_2' 的位置不同。非定域干涉条纹的形状与 S_1'、S_2' 和观察屏的相对位置有关，可能为圆、椭圆、双曲线或直条纹。通常我们把观察屏安放在与 S_1' 和 S_2' 连线垂直的位置上（图 6.10-9），因此看到的是明暗相间的同心圆条纹，圆心在 S_1' 和 S_2' 连线与观察屏的交点处。

可以证明，虚光源 S_1' 和 S_2' 到观察屏上任一点 P 的光程差可近似表示为

$$\Delta \approx 2d\cos\theta \approx 2d\left(1 - \frac{r^2}{2z^2}\right) \tag{6.10-3}$$

式中，r 为 P 点到圆心的距离，r 相对于虚光源 S_1' 的张角为 θ，z 为观察屏到 S_1' 之间的距离。据此式以及干涉相长和干涉相消的条件可以分析得到图 6.10-9 中圆条纹的特性：

（1）条纹级次分布。在圆环中心，$r = 0$，光程差最大，因此中心级次最高。

（2）条纹间距。由式(6.10-3)以及明纹的产生条件 $\Delta = k\lambda$ 可以得到相邻两个亮环的半径差 $\Delta r = r_{k+1} - r_k \approx \dfrac{\lambda z^2}{2r_k d}$。显然，半径 r_k 越大的地方，间距 Δr 越小，因此圆条纹内疏外密。

（3）条纹吞吐。对 k 级亮纹而言，$\Delta \approx 2d\left(1 - \dfrac{r^2}{2z^2}\right) = k\lambda$，$d$ 增大时半径也增大，条纹外扩；反之，d 减小时，条纹内缩。因此，实验中缓慢平移 M_1 镜，可观察到条纹的"吞"或"吐"现象。条纹每吞吐一环，光程差变化一个波长，相当于 M_1 平移半个波长；条纹吞吐 N 环时 M_1 平移的距离可用式(6.10-2)表示。本实验中通过测量条纹吞吐 N 环时 M_1 平移的距离 Δd，来计算入射激光的波长。

4）光谱双线使条纹衬比度随光程差作周期性变化

为了描述干涉条纹的清晰程度，通常引入衬比度的概念。条纹衬比度 V 定义为

$$V = \frac{I_{\max} - I_{\min}}{I_{\max} + I_{\min}} \tag{6.10-4}$$

其中 $I_{\max}$、$I_{\min}$ 分别为干涉光场中光强分布的最大值和最小值。在使用迈克尔逊干涉仪观察低压钠灯双黄线的等倾干涉条纹时，缓慢平移动镜 M_1，可观察到条纹的吞吐，同时也会发现干涉条纹的衬比度发生周期性变化。这是由于钠黄光包含波长非常接近的两束光（$\lambda_1 = 589.5930\text{nm}$，$\lambda_2 = 588.9963\text{nm}$），而这两束光各自形成一套干涉条纹；当两者的亮纹

重合时,条纹明暗对比鲜明,衬比度最大;当一套条纹的亮纹和另一套条纹的暗纹重合时,条纹明暗对比差,衬比度最小。随着 M_1 的移动,这两套干涉条纹的光程差同步发生变化,由于波长不同,两套干涉条纹随着光程差的变化吞吐速度不同,波长较短的吞吐较快,从而使得条纹衬比度发生变化。图 6.10-10 显示了光程差变化引起的钠双线等倾干涉条纹衬比度从最大(约等于 1)到最小(约等于 0)再到最大的周期性变化。

V最大　　$0<V<1$　　V最小　　$0<V<1$　　V最大

图 6.10-10　由光程差变化引起的钠黄光双线等倾干涉条纹衬比度的周期性变化

在视场中心的干涉条纹从衬比度最小变化到相邻的下一个衬比度最小的过程中,短波长的条纹比长波长的条纹多吞吐一级。设长波 λ_1 吞吐 N_1 级时,短波 λ_2 吞吐 N_1+1 级,在此过程中 M_1 平移的距离为 Δd,则这两束光的光程差变化量可表示为 $N_1\lambda_1=(N_1+1)\lambda_2=2\Delta d$,由此可得到钠双线的波长差

$$\Delta\lambda=\lambda_1-\lambda_2=\frac{\lambda_1\lambda_2}{2\Delta d}\approx\frac{\bar{\lambda}^2}{2\Delta d} \tag{6.10-5}$$

其中 $\bar{\lambda}$ 为钠双线的平均波长。若平均波长已知,通过测量 Δd,即可得到钠双线的波长差。

[实验内容与测量]

1. 观察非定域干涉条纹

(1) 打开激光光源,调节激光器使其光束大致垂直于固镜 M_2 入射,并去掉观察屏 E,可以看到两排激光点,如图 6.10-11 所示。

(2) 通过粗调手轮移动 M_1 镜的位置,使得通过分光板分开的两路光光程大致相等。

(3) 调节 M_1、M_2 镜后面的两个旋钮(注意要均匀调整),使两排激光点重合为一排,并使两个最亮的光点重合在一起。此时再放上观察屏 E,就可以观察到干涉条纹。

(4) 仔细调节 M_1、M_2 镜后面的旋钮,使 M_1 与 M_2' 平行,这时在屏上可以看到同心圆条纹,这些条纹为非定域条纹,如图 6.10-12 所示,当移动观察屏 E 的位置或改变两路光的光程差时,圆环将变大或缩小。

图 6.10-11　直接观察动镜看到两排激光点

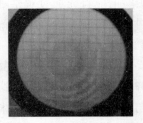

图 6.10-12　观察屏 E 上观察到的非定域干涉条纹

（5）转动微调（或粗调）手轮，观察干涉条纹的形状、疏密及条纹的"吞""吐"随光程差的变化。

2. 测量氦氖激光波长

（1）调整仪器的测量零点（零点调整好后不可再旋动仪器的粗调旋钮）。

（2）向同一个方向缓慢旋动微调手轮，当观察到条纹有显著的吞吐时，开始记录此时动镜的位置。持续沿同一方向旋动微调手轮，条纹中心每"吞"或"吐"50 条条纹记一次动镜的位置，连续记录 10 次。

3. 测量钠黄光波长

（1）将光源换为钠灯，在钠光灯与分光板之间放置一块磨砂玻璃，并将观察屏取下，通过分光板直接观察干涉条纹。

（2）缓慢旋转微调手轮，观察钠灯产生的干涉条纹的吞吐。

（3）每"吞"或"吐" 25 条条纹记一次动镜的位置，连续记录 6 次。

4. 测量钠光双线的波长差 $\Delta\lambda$

继续缓慢旋转微调手轮移动动镜，观察条纹衬比度的周期性变化，记录条纹从衬比度最小到相邻的下一个衬比度最小时动镜的位置，连续记录 6 次。

［实验数据处理］

本次实验中涉及的相关参数有：氦氖激光波长，632.8nm；钠黄光平均波长，589.3nm；钠黄光双线波长差，0.597nm；迈克尔逊干涉仪的仪器误差为 $\Delta_{仪}=0.0001$mm。

（1）基于"实验内容与测量"第 2 部分的实验数据计算氦氖激光波长 λ 及其误差。

（2）基于"实验内容与测量"第 3 部分的实验数据计算钠光波长 λ_{Na} 及其误差。

（3）基于"实验内容与测量"第 4 部分的实验数据计算钠光双线的波长差及其误差。

［注意事项］

（1）实验中严禁直视激光束，以免损伤眼睛。

（2）仪器上各光学元件精度极高，严禁用手触摸各光学表面。反射镜背面的角度调节旋钮的调节范围有限，如果旋钮向后顶得过松则可能在实验过程中由于微小的振动而使镜面倾角发生变化，如果旋钮向前顶得过紧，有可能会使反射镜变形而使条纹形状变得不规则，甚至可能损坏设备。

（3）实验前应首先通过观察和旋转粗调手轮使两路光的光程大致相等。

（4）调节光路时应确保两排激光点重合为一排，务必使两个最亮的光点重合在一起，否则将看不到干涉条纹。

（5）读数前先调整零点：将微调鼓轮沿某一方向旋转至零，然后按同方向转动粗调手轮使之对齐某一刻度，在测量时必须仍以同方向转动微调鼓轮使动镜 M_1 移动，这样才能使粗调手轮与细调手轮二者读数互相配合。在调整好零点以后，应将微调鼓轮按原方向转几圈，直到干涉条纹吞吐稳定后才能开始读数。测量一旦开始，微调手轮只能向一个方向转动，中途不能倒转，以免引起空程差，影响测量精度。

[讨论]

(1) 迈克尔逊干涉仪中补偿板的作用是什么？如果没有补偿板，还能观察到干涉条纹吗？如果能，分析条纹的形状及其随动镜平移时的变化规律。如果不能，说明原因。

(2) 利用迈克尔逊干涉仪能观察到椭圆或者双曲状的干涉条纹吗？如果能，在什么条件下能观察到？这些干涉条纹的形成机理是什么？

(3) 讨论其他自己感兴趣的问题。

[结论]

通过对实验现象和实验结果的分析，你能得到什么结论？

[研究性题目]

(1) 设计实验，使用迈克尔逊干涉仪测量薄透明体的厚度和折射率。

(2) 已知在温度和湿度确定、气压不太大时，空气折射率的变化量与气压的变化量成正比，设计实验，使用迈克尔逊干涉仪测量一个大气压下空气的折射率。

[思考题]

(1) 调节迈克尔逊干涉仪光路时看到的激光点为什么是两排而不是两个？两排激光点是如何形成的？

(2) 迈克尔逊干涉仪中看到的等倾干涉条纹与牛顿环实验中看到的干涉条纹有何区别？

(3) 能否利用等倾干涉条纹的形状来判断 M_1 与 M_2' 的平行度？

[参考文献]

[1] 吴平. 大学物理实验教程[M]. 2 版. 北京：机械工业出版社，2015.
[2] 姚启钧. 光学教程[M]. 5 版. 北京：高等教育出版社，2014.
[3] 吕斯骅，段家忯，张朝晖. 新编基础物理实验[M]. 2 版. 北京：高等教育出版社，2013.
[4] 孙晶华. 操纵物理仪器 获取实验方法——物理实验教程[M]. 北京：国防工业出版社，2009.
[5] 安宇森，蔡荣根，季力伟，等. 2017 年诺贝尔物理学奖解读[J]. 物理，2017，46(12)：794-801.

实验 6.11　用干涉显微镜测量薄膜厚度

[引言]

薄膜是人工制作的厚度在 $1\mu m(10^{-6}m)$ 以下的固体膜，"厚度 $1\mu m$ 以下"并不是一个严格的区分定义。一般来说薄膜都是被制备在一个衬底（如玻璃、半导体硅等）上，它的厚度（简称膜厚）是薄膜材料的一个最为基本、最为重要的物理量，在很大程度上决定着薄膜材料的物理特性，如电学性质、光学性质、磁学性质、力学性质等。因此，膜厚的测量在薄膜材料的研究开发和生产中占有非常重要的地位。膜厚的测量方法主要有干涉法、台阶仪测量法、扫描电子显微镜观测法、断面透射电子显微镜观测法、椭圆偏振仪法、电阻测量法、

Rutherford 背散射法等，其中干涉法在设备的投入上最为经济，测量最为简便、快速。干涉法是非接触式测量，不会对膜表面造成任何伤害，精度很高，不仅可以用于透明薄膜，也可以用于不透明薄膜。因此，现在用干涉方法测量膜厚的技术已被广泛地应用在科研开发和生产中。本实验采用干涉显微镜测量薄膜厚度。

［实验目的］

（1）了解干涉显微镜的结构原理，学习干涉显微镜的光路调节与使用。

（2）学习用干涉显微镜测量薄膜厚度的原理和方法。

［实验仪器］

6JA 干涉显微镜，薄膜台阶样品等。

［预习提示］

（1）了解干涉显微镜的结构，以及干涉显微镜的光路调节步骤。

（2）掌握用干涉显微镜测量薄膜厚度的原理和方法，掌握基本公式及式中各物理量的含义。

［实验原理］

1. 干涉显微镜测量薄膜厚度的原理

干涉显微镜是迈克尔逊干涉仪和显微镜相结合的产物，用来测量精密加工零件(平面、圆柱等外表面)的表面粗糙度，也可以用来测量零件表面刻线、镀层深度等。由于表面粗糙度是微观不平深度，所以用显微镜物镜进行高倍放大后再进行观察测量。其测量表面不平深度范围为 $0.1 \sim 0.03 \mu m$。

图 6.11-1 所示为 6JA 干涉显微镜的光学系统。光源 1 发出的光经聚光镜 2 投射到孔径光阑 4 平面上，视场光阑 5 在照明物镜 6 的前焦面上，光经分光板 7 被分成两部分：一部分反射，另一部分透射。被反射的光经物镜 8 射向标准反射镜 M_1，由 M_1 反射，再经物镜 8 并透过分光板 7，射向目镜 14；而从分光板 7 透射的光通过补偿板 9、物镜 10 射向被测物表面 M_2，由 M_2 反射后经原路返回到分光板 7，再在分光板 7 上反射，射向目镜 14。在目镜分划板 13 上两束光相遇，产生干涉，通过目镜 14 可以看到定位在被测物表面的干涉条纹。若样品表面平滑，则干涉条纹是平直的。在干涉仪中，只要两光路的光程差发生变化，就会引起干涉场中干涉条纹的移动。光程差改变一个入射光的波长，则干涉条纹移动一个间距。故若待测样品表面存在局部不平，就会导致干涉条纹发生弯曲，条纹弯曲的程度是样品表面微观凹凸不平程度的反映，只要测出条纹的弯曲量就可以求出样品表面的凹凸量。根据这一原理，可以用该仪器来测量薄膜的厚度。

在测量薄膜的厚度时，需先将待测厚度的薄膜制成台阶样品，如图 6.11-2 所示。当平行光垂直入射到台阶样品表面时，可以观察到干涉条纹。样品表面的台阶高度 h 与相应干涉条纹的弯曲量 a 满足如下定量关系(参考图 6.11-3)：

$$h = \frac{\lambda a}{2b} \tag{6.11-1}$$

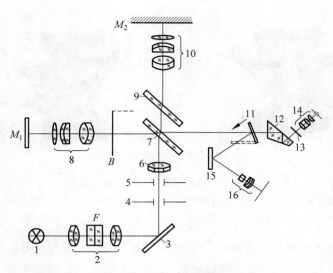

图 6.11-1　6JA 型干涉显微镜的光学系统

1—光源；2—聚光镜；3、11、15—反射镜；4—孔径光阑；5—视场光阑；6—照明物镜；7—分光板；8、10—物镜；9—补偿板；12—转向棱镜；13—分划板；14—目镜；16—摄影物镜；B—可动遮光板；M_1—标准反射镜；M_2—被测物表面；F—干涉滤色片

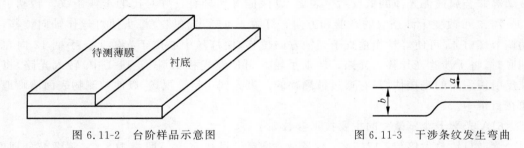

图 6.11-2　台阶样品示意图　　　　　　图 6.11-3　干涉条纹发生弯曲

式中，b 为相邻两干涉条纹间距，λ 为入射光的波长。由式(6.11-1)可知，当干涉条纹的弯曲量为一个干涉条纹间距(即 $a=b$ 时)，样品表面的台阶高度恰为 $\lambda/2$。

但是，6JA 型干涉显微镜中光束不是垂直于样品表面入射，而是以一定倾角入射，则上式应修正为

$$h = \frac{\lambda}{2}\,\frac{a}{b}\,\frac{2}{1+\sqrt{1-\mathrm{NA}^2}} \tag{6.11-2}$$

式中，NA 为物镜的数值孔径。

2. 6JA 光学干涉显微镜的结构及技术参数

图 6.11-4 所示为 6JA 光学干涉显微镜的外形结构，主要包括干涉显微镜主体(其内部结构如图 6.11-1 所示)、工作台、目镜、干涉条纹调节机构、灯源、照相机、底座等。

6JA 干涉显微镜的各个部件说明如下：目镜 1 为一个测微物镜，通过转动测微目镜鼓轮 1a 可以测量位移量。工作台面 2 下有 3 个滚花轮，用手推动滚花轮 2a 可使工作台面向任意方向移动，将被测物体需要观察的部分移到视场中；转动滚花轮 2b 可使工作台作 360° 旋转；转动滚花轮 2c 可使工作台作高低方向的移动，以对被测物体表面进行调焦，使被测

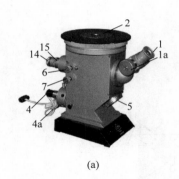
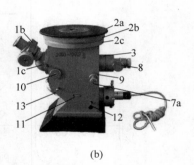

(a)　　　　　　　　　　　　(b)

图 6.11-4　6JA 光学干涉显微镜结构图

1—测微目镜；1a—测微目镜鼓轮；1b—测微目镜紧固螺钉；1c—目镜转头；2—工作台面；2a～2c—滚花轮；3—干涉条纹调节机构；4—灯源；4a—调节螺钉；5—照相机接口；6、7、7a、8～11、14、15—手轮；12—手柄；13—照相机旋手

物体的表面清晰地成像在目镜视场中。干涉条纹调节机构 3 中安置有物镜 8(图 6-11-1 中)和标准反射镜 M_1(图 6-11-1 中)。转动手轮 14 可使物镜 8 和标准反射镜 M_1 一起作轴向前后移动，从而改变反射光束的光程。手轮 8 可以调节物镜 8 和标准反射镜 M_1 之间的距离，以使标准反射镜 M_1 表面精确地成像在目镜视场中。手轮 15 可以改变标准反射镜 M_1 的反射率，6JA 干涉显微镜提供一个高反射率和一个低反射率选择，低反射率适合于被测物是玻璃等非金属或无光泽的低反射率表面，以保证得到具有良好对比的干涉条纹。转动手轮 7 或 7a、9 可改变干涉条纹的宽度和方向。灯源 4 可通过直接拉灯头使灯丝作轴向位移，转动调节螺钉 4a 可使灯丝作垂直于光轴方向位移，使灯丝中心位于光轴上。手柄 12 向左推到底时，将干涉滤光片移入光路。转动手轮 6 可使遮光板 B(图 6-11-1 中)转入光路，将标准反射镜一路的光挡住，只有通过被测物的一束光到达目镜视场，以使被测物表面清晰地成像在目镜中。

　　6JA 光学干涉显微镜的主要技术参数如下：

　　测微目镜放大倍数：12.5×；仪器放大倍数：目视 500×，照相 168×；测微鼓分划值：0.01mm；工作物镜的数值孔径：0.65；工作距离：0.5mm；仪器的视场：目视 $\varphi0.25$mm，照相 0.21mm×0.15mm；绿色干涉滤色片波长：$\lambda\approx530$nm；半宽度：$\Delta\lambda\approx10$nm；工作台升程：5mm；X、Y 方向移动范围：约等于 10mm；旋转运动范围：360°；仪器标准镜高反射率：约等于 60%，低反射率：约等于 4%；可调变压器输入电压 220V，输出电压 4～6V。

［实验内容与测量］

1. 调节干涉显微镜

　　(1) 将灯源电线与变压器相连，再将变压器与电源接好，打开变压器开关，调节变压器上的旋钮使灯有适当亮度。

　　(2) 调节标准镜 M_1 到物镜 8 的距离，使得在目镜视场中能清晰地看到标准镜 M_1 表面的像。具体做法是将图 6.11-4 中手轮 10 转到目视位置，在目镜管口上插入测微目镜进行观察，转动图 6.11-4 中手轮 8，使目镜视场中弓形直边清晰，如图 6.11-5 所示，这说明标准镜 M_1 已位于物镜 8 的焦平面上了。

　　(3) 取下测微目镜，直接从目镜管中观察，可以看到两个灯丝像。转动图 6.11-4 中手轮 11,使孔径光阑 4 开至最大,转动图 6.11-4 中手轮 7 和 9,使两个灯丝像完全重合,即灯丝像与孔径光阑像之间无明显视差,这时灯丝像与孔径光阑的像成在同一个平面上。同时调节图 6.11-4 中螺钉 4a,使灯丝像位于孔径光阑中央,如图 6.11-6 所示,然后装上测微目镜。

图 6.11-5　目镜视场中的弓形直边

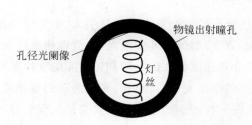

图 6.11-6　灯丝像

(4) 将台阶样品有薄膜一面对着光线放置在图 6.11-4 显微镜工作台面 2 上,转动图 6.11-4 手轮 6 将遮光板 B 移入光路中,用手转动图 6.11-4 滚花盘 2c 使物镜对薄膜表面进行调焦,使被测物表面像清晰地成像在目镜视场中。

(5) 将图 6.11-4 手柄 12 向左推到底,即将干涉滤色片 F 插入光路中。

(6) 转动图 6.11-4 手轮 6 将遮光板 B 移出光路,然后慢慢来回转动图 6.11-4 手轮 14,使物镜 8 和标准反射镜 M_1 一起作轴向前后移动,以改变反射光束的光程,直到视场中出现清晰的干涉条纹。若观察到的干涉条纹还不够理想,可再精确调节图 6.11-4 滚花轮 2c,手轮 8、14,就可以得到最佳的被测物表面和干涉条纹带,再转动图 6.11-4 手轮 7、9,可以得到最好的对比度和所需宽度及方向的干涉条纹。

2. 测量

测出连续 10 条条纹的数据。

[实验数据与分析]

对实验数据进行处理,获得待测薄膜的厚度。

[讨论]

对所观察到的现象进行讨论,你认为在本实验中用干涉法测量薄膜的厚度时可能存在什么问题? 如何改进?

[结论]

通过对实验现象和实验结果的分析,你能得到什么结论?

[研究性题目]

光学干涉显微镜有许多用途,查阅文献,尝试用光学干涉显微镜测量薄膜应力。

[参考文献]

上海光学仪器厂.6JA 干涉显微镜使用说明书[Z].1998.

实验 6.12　傅里叶光学实验

[引言]

现代光学的一个重大进展是引入"傅里叶变换"概念,由此逐渐发展形成光学领域中的一个崭新分支,即傅里叶变换光学,简称傅里叶光学。傅里叶光学的内容广义上包含两个部分,一部分是在成像系统中物和像之间的变换关系,另一部分是傅里叶光谱中存在的干涉图和光谱图的变换关系。傅里叶光学揭示的变换关系带来了它在现代科学技术中的许多重要应用,展现了物理学的基础内容具有的无限生命力。

人的视觉对于图像的边缘轮廓是比较敏感的,因此,对于一张比较模糊的图像,如果能够使其边缘轮廓更加突出,那么这种图像将变得易于辨认。光学图像微分不仅是一种主要的光学-数学运算,也是在光学图像处理中突出信息的一种方法,尤其对突出图像边缘轮廓和图像细节有明显的效果。复合光栅微分滤波法是实现图像边缘轮廓增强的方法之一。

1953 年,马雷夏尔等首次利用相干光空间滤波的方法改善照片质量获得成功,强有力地推动了光信息处理的研究。他们分析一张照片,其中很多细节都十分模糊,这表明照片的空间频谱分布中高频成分较弱,如果减弱低频成分,则高频成分相对增强,就可以突出照片的细节而改善像的质量。他们的工作在相干光学 $4f$ 系统上进行处理,系统中两个透镜的前焦面和后焦面之间具有准确的傅里叶变换关系。这一系统可在共焦面(傅氏面)插入一定形状的空间频谱滤波器,就能对图像进行信息处理。他们在傅氏面共轴放置一个圆形滤波板,其透过率沿半径方向递增,其作用是对空间频谱的低频成分有较大的吸收,使之受到抑制,相对来说,高频成分则得到增强,像的细节和棱角的衬比度提高,使原来较模糊的照片的细节突显出来,看起来更清晰。

本实验中,将学习利用光学图像微分系统,实现图像边缘增强的效果。

[实验目的]

(1) 了解光学图像微分的原理。

(2) 了解 $4f$ 系统的结构、原理及其应用。

(3) 通过傅里叶光学实验获得边缘增强效果的图像。

[实验仪器及样品]

导轨(长 1000mm),半导体激光器,微分图像,复合光栅,傅里叶透镜(2 套,焦距 150mm),毛玻璃,扩束镜,准直镜,导轨滑块等。

[预习提示]

(1) 复合光栅如何实现对图像的光学微分,达到图像边缘增强的目的?

(2) 如何获得傅里叶透镜的焦距?

［实验原理］

1. 阿贝成像原理

1）正弦光栅

正弦光栅是指复振幅透射系数具有正弦（余弦）函数形式的衍射屏。一维正弦光栅的复振幅透射函数为

$$t(x) = t_0 + t_1\cos(2\pi f_0 x + \varphi_0) \tag{6.12-1}$$

式中，$f_0 = 1/d$（d 为光栅常数），表示光栅的空间频率；t_0、t_1 和 φ_0 为常数。

用单位振幅的平面光波垂直照射一维正弦光栅，透射光波的复振幅表示为

$$U(x) = t(x) = t_0 + t_1\cos(2\pi f_0 x + \varphi_0)$$

$$= t_0 + \frac{t_1}{2}\left[\mathrm{e}^{\mathrm{i}(2\pi f_0 x + \varphi_0)} + \mathrm{e}^{-\mathrm{i}(2\pi f_0 x + \varphi_0)} \right] \tag{6.12-2}$$

上式表明，垂直入射的平面光波被一维正弦光栅衍射后，分解为三束方向不同（空间频率分别为 0 和 $\pm f_0$）的平面光波，经过透镜会聚后，将在透镜的像方焦平面上形成 0 级和 ± 1 级三条亮线。其中第一项代表 0 级衍射，衍射角 $\theta_0 = 0$；第二项代表 $+1$ 级衍射，衍射角 θ_{+1} 满足 $\sin\theta_{+1} = \lambda f_0 = \lambda/d$；第三项代表 -1 级衍射，衍射角 θ_{-1} 满足 $\sin\theta_{-1} = -\lambda f_0 = -\lambda/d$。

2）阿贝二次衍射成像理论

1873 年，阿贝在研究显微镜成像特性时提出了二次衍射成像理论。如图 6.12-1 所示，单色平面光波垂直照射某一光栅 G（如正弦光栅），透过光栅 G（如 Q_0、Q_1 和 Q_2 点）的光波被分解为一系列（正弦光栅为三束）具有不同传播方向（或空间频率）的基元平面波，每个基元平面波在透镜 L 的像方焦平面 F' 上以其几何会聚点（即无限远处点光源的共轭像点，如 P_0、$P_{+\theta}$ 和 $P_{-\theta}$ 点）为中心，形成一组夫琅禾费衍射图样。将像方焦平面 F' 上的每一点（如 P_0、$P_{+\theta}$ 或 $P_{-\theta}$ 点）看作一个子波源，其所发出的球面子波在位于远场的物的共轭像平面上相干叠加的结果，形成物的共轭像（如 Q_0'、Q_1' 和 Q_2' 点，分别与 Q_0、Q_1 和 Q_2 点相对应）。

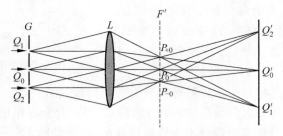

图 6.12-1　相干平面波照射下的二次成像原理示意图

我们可以将上述过程看作物光波的两次衍射过程。第一次衍射：从物平面 G 到透镜 L 的像方焦平面 F'；第二次衍射：从透镜 L 的像方焦平面 F' 到物的共轭像平面 Q'。两次衍射过程涉及两对共轭平面，其一是位于无限远处的光源平面与透镜 L 的像方焦平面 F'，其二是物平面 G 与其共轭像平面 Q'。光学系统成像的等光程条件保证了所有自 Q_0（Q_1 或 Q_2）点发出的具有不同方向的光线（即具有不同空间频率成分的平面波分量）均能够以相同的光程到达 Q_0'（Q_1' 或 Q_2'）点，从而出现干涉加强。

2. 空间滤波

1）傅里叶变换光学系统

光学透镜不仅能够成像和传递光能,还能够实现傅里叶变换。在光学信息处理系统中,傅里叶变换透镜可简单而迅速地完成二维图像的傅里叶变换运算。

由于透镜具有傅里叶变换特性,可以在变换后的频谱面上插入各种不同用途的空间滤波器来改变输入物体的频谱状态,从而达到处理光学图像的目的。通常使用的相干光学处理系统如图 6.12-2 所示,图中 L_1 和 L_2 为傅里叶变换物镜,输入面 $x_0 y_0$ 与 L_1 的前焦面重合,输出面 $x_2 y_2$ 与 L_2 的后焦面重合,频谱面位于 L_1 的后焦面和 L_2 的前焦面重合处,这就是典型相干光学系统中的 $4f$ 系统。

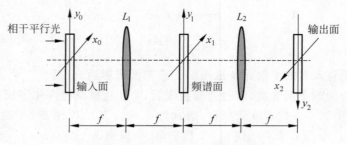

图 6.12-2　$4f$ 相干光学处理系统

当傅里叶变换物镜满足某些特定的成像要求时,利用上述 $4f$ 系统可获得严格的傅里叶变换关系。这是因为平行光垂直照射输入物面 $x_0 y_0$ 时,在输入面上会发生衍射,不同角度的衍射光经透镜 L_1 后,在后焦面(频谱面)上形成夫琅禾费衍射图像。为了获得清晰且位置正确的夫琅禾费衍射图像,也就是说为了获得严格的物面傅里叶频谱,傅里叶变换物镜应满足以下成像要求:具有相同衍射角的光线经透镜变换后,应聚焦在焦平面上的一点;而不同衍射角的光线经透镜变换后,应聚焦于焦面上的不同点处,形成各级频谱,如图 6.12-3 所示。

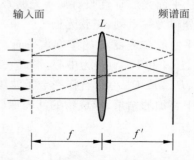

图 6.12-3　傅里叶变换物镜的成像特征
图中不同的光线代表不同的衍射角

2）空间滤波技术

阿贝成像的原理,是将相干成像的过程分为两个阶段,第一阶段是夫琅禾费衍射,将物函数(图像)展开为频谱,即起分频作用;第二阶段是干涉,起合成作用。它用频谱语言来描述光信息(图像),用频谱转换的观点来看待成像过程,因而启发人们用改变频谱的方法来改造光信息。光学信息处理中的空间滤波技术,正是阿贝成像原理的实际应用。

频谱面上的光阑起选频作用。凡是能够直接改变光信息空间频谱的器件,都称为空间滤波器。

3. 光学微分光路系统

光学微分光路采用 $4f$ 系统,如图 6.12-2 所示,将待微分的图像置于输入面的原点位置,微分滤波器置于频谱面上,当调整到合适的位置时,就可以在输出面上得到微分图像。

在物平面(即输入面)处放置复振幅透射率为 $f(x_0,y_0)$ 的透明图像,在单位振幅平面波垂直照明下,物光场分布为 $f(x_0,y_0)$。

在频谱面上得到的频谱为

$$F(f_x,f_y)=\mathcal{F}\{f(x_0,y_0)\} \tag{6.12-3}$$

式中,$f_x=\dfrac{x_0}{\lambda f}$,$f_y=\dfrac{y_0}{\lambda f}$,$f$ 为透镜的焦距。

如果在频谱面上放置复振幅透光率函数为

$$H(f_x)=\mathrm{i}2\pi f_x \tag{6.12-4}$$

的空间滤波器,则滤波后的频谱为

$$F(f_x,f_y)H(f_x)=\mathrm{i}2\pi f_x F(f_x,f_y) \tag{6.12-5}$$

由二维傅里叶变换的微分变换定理得

$$\mathcal{F}\left\{\frac{\partial f(x_0,y_0)}{\partial x_0}\right\}=\mathrm{i}2\pi f_x F(f_x,f_y) \tag{6.12-6}$$

可知式(6.12-5)正是 $f(x_0,y_0)$ 对 x_0 的一阶微商的傅里叶变换。

在像平面(即输出面)上输出光场分布为

$$g(x,y)=\mathcal{F}^{-1}\{\mathrm{i}2\pi F(f_x,f_y)\}=\mathcal{F}^{-1}\left\{\mathcal{F}\left(\frac{\partial f(x_0,y_0)}{\partial x_0}\right)\right\}$$

$$=\frac{\partial f(x_0,y_0)}{\partial x_0}=\frac{\partial f(x_2,y_2)}{\partial x_2} \tag{6.12-7}$$

式(6.12-7)表明,输出光场分布是输入图像分布对 x_0 的偏微商。由于一个函数在它的突变处(亦即函数的边缘)变化率有最大值,因此函数的微分运算可以使图像的边缘增强。

所谓复合光栅,是指在同一块全息干板上制作的两个栅线平行但空间频率有稍许不同的光栅。如果将其置于频谱上,其透射率函数为

$$H\left(\frac{x_1}{\lambda f},\frac{y_1}{\lambda f}\right)=t_0+t_1\cos(2\pi f_0 x_1)+t_2\cos(2\pi f_0' x_1) \tag{6.12-8}$$

式中,t_0、t_1、t_2 为系数。

式(6.12-8)满足式(6.12-4)的要求,因此复合光栅可以实现对图像的光学微分,达到图像边缘增强的目的。

[实验内容与测量]

本实验所用的复合光栅,其空间频率 $f_0=100$ 条/mm,$f_0'=102$ 条/mm,莫尔条纹 $\Delta f_0=f_0'-f_0=2$ 条/mm。本实验所采用的光路如图 6.12-4 所示,是一个典型的相干光处理系统——$4f$ 系统。

将待微分图像置于输入面的原点,微分滤波器(复合光栅)置于频谱面上,当微分滤波器(复合光栅)的位置调整适当时,可在输出面上得到微分图像。

当置于原点的物的频谱受到一个一维光栅调制后,在输出面上可以得到几个衍射像:零级像在原点,正、负级像对称分布在两侧,其正、负一级像的间距 s 由光栅的空间频率 f_0 确定:$s=\lambda f_0 f$,其中 λ 为光波波长,f 为傅里叶透镜的焦距。当用复合光栅调制后,除上述的像外,另一套空间频率为 f_0' 的光栅也调制出几个衍射像。除零级像和前面的零级像重合

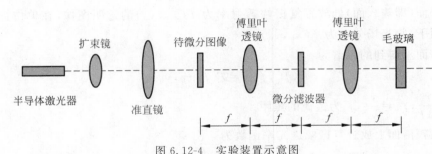

图 6.12-4　实验装置示意图

外,正、负级也对称地分布在两侧,其正、负一级的间距 s_1 由这一套光栅的空间频率 f'_0 确定: $s_1 = \lambda f'_0 f$。由于 Δf_0 很小,所以 s 和 s_1 相差也很小,使两个同级衍射像只错开很小的距离。当复合光栅位置调节适当时,可以使两个同级衍射像正好相差 π 位相,相干叠加时,重叠部分相干相消,只余下错开的部分,转换成强度时像呈亮线,就构成了微分图像。

实验步骤如下:

(1)将半导体激光器放在光学实验导轨的一端,打开电源开关,调节二维调整架的两个旋钮,使得从半导体激光器出射的激光光束平行于光学实验导轨。

(2)在半导体激光器的前面放上扩束镜,调整扩束镜的高度及其上面的二维调节旋钮,使得扩束镜与激光光束同轴等高。

(3)在扩束镜的前面放上准直镜,调整准直镜的高度,使得准直镜与激光光束同轴等高。再调整准直镜的位置,使得从准直镜出射的光束呈近似平行光。

(4)在准直镜前面依次放上凸透镜和接收屏,调节凸透镜的高度,使得它与其他光学元件同轴等高。改变接收屏的位置,利用平行光经过凸透镜将在焦平面处会聚的原理,当在接收屏上得到最小的光斑时,测量凸透镜与接收屏之间的距离,即可获得傅里叶透镜的焦距值。

(5)撤掉凸透镜与接收屏,在准直镜的前面搭建 $4f$ 系统。保持傅里叶透镜与激光光束同轴等高。

(6)在 $4f$ 系统的输入面上放上待微分图像,频谱面上放上微分滤波器(复合光栅)且微分滤波器(复合光栅)装在一维位移架上,输出面上放上观察屏(毛玻璃)。

(7)通过旋转一维位移架上的旋钮,使得微分滤波器(复合光栅)发生位移,观察毛玻璃上图像的变化,直到在毛玻璃上出现微分图像(像的边缘增强)为止。

记录观察到的现象,如图 6.12-5 所示。

图 6.12-5　获得具有边缘增强效果的光学微分图像

［实验数据处理］

（1）使用准直镜获得平行光,利用平行光经过凸透镜将在焦平面处会聚的原理,获得傅里叶透镜的焦距值。

（2）对所观察到的图像边缘增强的现象做出合理的解释。

［讨论］

（1）如何布置和调节 $4f$ 光路系统？调节 $4f$ 系统的关键步骤是什么？

（2）利用 $4f$ 系统和复合光栅实现图像的微分处理时,进行怎样的调节才能获得微分图像？

［结论］

通过对实验现象和实验结果的分析,你能得到哪些结论？

［研究性题目］

如何用实验方法鉴别所制作的光栅是否为正弦光栅？

［思考题］

为什么要调节半导体激光器出射的激光光束平行于光学实验导轨,如果不平行会有什么影响？

［附录］　莫尔条纹

根据几何光学原理以及光的直线传播法可知,光在经过叠合的两块光栅时,其中任一块光栅的不透光狭缝（刻线）都会对光起遮光作用。这样,两块光栅的不透光狭缝和不透光狭缝（或透光狭缝和透光狭缝）的交点的连线便组成一条透光的亮线,而不透光狭缝和透光狭缝交点的连线则组成一条不透光的暗线,这种明暗相间的条纹即为莫尔条纹。

［参考文献］

[1]　王仕璠,等. 现代光学实验教程[M]. 北京:北京邮电大学出版社,2004.

[2]　赵建林. 光学[M]. 北京:高等教育出版社,2006.

[3]　蔡履中. 光学[M]. 北京:科学出版社,2007.

[4]　叶玉堂,等. 光学教程[M]. 北京:清华大学出版社,2005.

[5]　王仕璠. 信息光学理论与应用[M]. 北京:北京邮电大学出版社,2004.

[6]　梁瑞生,等. 信息光学[M]. 2版. 北京:电子工业出版社,2008.

[7]　陈熙谋. 大学物理通用教程 光学[M]. 北京:北京大学出版社,2009.

实验 6.13　$LiNbO_3$ 晶体音频信号横向电光调制

［引言］

当晶体或液体加上电场后,其折射率发生变化,这种现象称为电光效应。通常我们将电

场 E 引起的折射率 n 的变化用下式表示：

$$n = n^0 + aE + bE^2 + \cdots \tag{6.13-1}$$

式中，a、b 为常数，n^0 为 $E=0$ 时的折射率。由一次项 aE 引起的折射率变化的效应称为一次电光效应，也称线性电光效应或普克尔(Pokells)效应，是普克尔于 1893 年发现的。由二次项 bE^2 引起的折射率变化的效应称为二次电光效应，也称为平方电光效应或克尔(Kerr)效应，是克尔于 1875 年发现的。一次电光效应只存在于没有对称中心的 20 种晶类中，而二次电光效应则可存在于所有的电介质中。在没有对称中心的晶体中，除了存在一次电光效应外，还存在二次电光效应，但后者与前者相比小很多，通常不必考虑。

电光效应在工程技术和科学研究中有许多重要应用。其响应时间很短，可以跟上频率为 10^{10} Hz 的电场的变化，可在高速摄影中作快门或在光速测量中作光束斩波器等。在激光出现以后，电光效应的研究和应用得到了迅速发展，电光器件被广泛应用于激光通信、激光测距、激光显示和光学数据处理等方面。

激光为光传递信息提供了一种理想的光源(激光具有极好的时间相干性和空间相干性，易于调制，光波频率高，传递信息的容量大，且发散角极小)。激光通信是激光技术应用的一个重要方面。通过电光调制的方法，可以使信息加载于激光辐射，再通过光电检测系统将信息解调出来，达到光通信的目的。本实验装置也是一个简单的模拟激光通信的装置。

[实验目的]

(1) 观察电光效应引起的铌酸锂(LiNbO₃)晶体光学性质的变化和会聚偏振光的干涉现象。

(2) 掌握晶体电光调制的原理和实验方法。

(3) 学习测量晶体半波电压和电光常数的实验技术。

[实验仪器]

激光器，电光调制电源，铌酸锂晶体调制器，偏振片，1/4 波片，PIN 光电接收探头和接收放大器，数字万用表，示波器等。

[预习提示]

(1) 了解电光效应。

(2) 了解晶体电光调制的原理。

(3) 了解仪器装置的组成及其调节方法。

(4) 掌握测量电光调制器的调制曲线的方法。

[实验原理]

1. 调制的基本概念

欲用激光作为传递信息的工具，首先要解决如何将信号加载到激光辐射上去的问题。我们把将欲传递的信息加载于激光辐射的过程称作激光调制，把完成这一过程的装置称为激光调制器，把从已调制的激光辐射还原出所加载的信息的过程称为解调。因为激光实际上只起到了"携带"低频信号的作用,所以称为载波,而起控制作用的低频信号是我们需要传递的信号,称为调制信号,被调制的载波称为已调波或调制光。

1)调制

就调制的性质而言,激光调制与无线电波调制相类似,可以采用连续的调幅、调频、调相以及脉冲调制等形式,但激光调制多采用强度调制。强度调制是根据光载波电场振幅的平方比例于调制信号,即 $A_c^2 \propto a(t)$,使输出的激光辐射强度按照调制信号的规律变化(图 6.13-1)。激光调制之所以常采用强度调制形式,主要是因为光接收器(探测器)一般都是直接响应其所接收的光强度的变化。

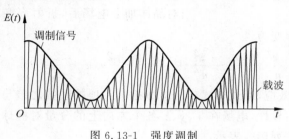

图 6.13-1 强度调制

2)电光调制器

它是利用某些晶体材料在外加电场的作用下产生电光效应而制成的器件。调制晶体是按照相对于光轴的一些特殊方向切割而成的,其形状一般为长方形或圆柱形,并且要使外加电场沿着晶体的主轴 x、y、z 中的某一方向加到晶体上。

2. 晶体的双折射

由于晶体的结构特点,不是所有方向上光的折射率都相同,从而表现为晶体折射率各向异性。当光线穿过某些晶体(如方解石、铌酸锂、钽酸锂等)时会折射成两束光,即发生双折射现象。其中一束光符合一般折射定律,称之为寻常光(o 光),其折射率以 n_o 表示;而另一束光的折射率随光的入射角度不同而不同,称之为非常光(e 光),其折射率以 n_e 表示。通常晶体总有一个或两个方向,当光在晶体中沿此方向传播时,不发生双折射现象,称此方向为光轴方向,只有一个光轴的晶体称为单轴晶体,铌酸锂晶体就是单轴晶体。由晶体光轴和光线所决定的平面称为晶体的主截面。实验表明,o 光和 e 光都是线偏振光,o 光所对应的振动方向与光线方向及光轴垂直,而 e 光所对应的振动方向总包含在光轴与光线方向的平面内。当光轴在入射面内时,o 光和 e 光的振动方向互相垂直。

3. 一次电光效应

光在各向异性晶体中传播时,因光的传播方向不同或电矢量的振动方向不同,其折射率也不同。通常用折射率椭球来描述折射率与光的传播方向、电矢量振动方向的关系。在主轴坐标系中,折射率椭球方程为

$$\frac{x^2}{n_1^2} + \frac{y^2}{n_2^2} + \frac{z^2}{n_3^2} = 1 \tag{6.13-2}$$

式中 n_1、n_2、n_3 为椭球的三个主轴方向上的折射率,称为主折射率。晶体的三个主折射率中有两个相同时称为单轴晶体;三个主折射率都不相同时称为双轴晶体;三个主折射率都相同的晶体,其光学特性为各向同性。如图 6.13-2 所示,从折射率椭球的坐标原点 O 出发,向

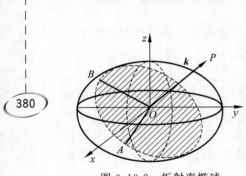

图 6.13-2　折射率椭球

任意方向作一直线 OP，令其代表光波的传播方向 k。然后，通过 O 垂直于 OP 作椭球的中心截面，该截面是一个椭圆，其长、短半轴的长度 OA 与 OB 分别等于波线沿 OP、电位移矢量振动方向分别与 OA 及 OB 平行的两个线偏振光的折射率 n' 和 n''。显然 k、OA、OB 三者互相垂直。如果光波的传播方向 k 平行于 x 轴，则两个线偏振光的折射率等于 n_2 和 n_3；同样，当光波的传播方向 k 平行于 y 轴和 z 轴时，相应的光波折射率亦可知晓。

当对晶体加上电场后，折射率椭球的形状、大小、方位都发生变化，椭球方程变为

$$\frac{x^2}{n_{11}^2} + \frac{y^2}{n_{22}^2} + \frac{z^2}{n_{33}^2} + \frac{2}{n_{23}^2}yz + \frac{2}{n_{13}^2}xz + \frac{2}{n_{12}^2}xy = 1 \tag{6.13-3}$$

只考虑一次电光效应，上式与式(6.13-2)相应各项的系数之差与电场强度的一次方成正比，由于晶体的各向异性，电场在 x、y、z 各个方向上的分量对椭球方程的各个系数的影响是不同的，我们用下列形式表示：

$$\begin{cases} \dfrac{1}{n_{11}^2} - \dfrac{1}{n_1^2} = r_{11}E_x + r_{12}E_y + r_{13}E_z \\[2mm] \dfrac{1}{n_{22}^2} - \dfrac{1}{n_2^2} = r_{21}E_x + r_{22}E_y + r_{23}E_z \\[2mm] \dfrac{1}{n_{33}^2} - \dfrac{1}{n_3^2} = r_{31}E_x + r_{32}E_y + r_{33}E_z \\[2mm] \dfrac{1}{n_{23}^2} = r_{41}E_x + r_{42}E_y + r_{43}E_z \\[2mm] \dfrac{1}{n_{13}^2} = r_{51}E_x + r_{52}E_y + r_{53}E_z \\[2mm] \dfrac{1}{n_{12}^2} = r_{61}E_x + r_{62}E_y + r_{63}E_z \end{cases} \tag{6.13-4}$$

上式是晶体一次电光效应的普遍表达式，式中 r_{ij} 叫作电光系数($i=1,2,\cdots,6$；$j=1,2,3$)，共有 18 个；E_x、E_y、E_z 为电场 E 在 x、y、z 方向上的分量。

晶体的一次电光效应分为纵向电光效应和横向电光效应两种。纵向电光效应是指加在晶体上的电场方向与光在晶体中传播的方向平行时产生的效应；横向电光效应是指加在晶体上的电场方向与光在晶体中传播的方向垂直时产生的效应。通常对于 $LiNbO_3$ 类型的晶体，采用的是它的横向电光效应。

铌酸锂晶体属于三角晶系，主轴 z 方向有一个三次旋转轴，光轴与 z 轴重合，为单轴晶体。通常将晶体切割成长方形，x、y、z 轴为晶体的主轴，且 z 轴为光轴，如图 6.13-3 所示。

下面讨论光束平行于晶体 z 方向传播、外加电场在晶体 x 轴方向(即 $E_x \neq 0$，$E_y = E_z = 0$)的横向电光效应。当光沿 z 轴方向传播时，在 x 方向(横向)加上电场 E_x 后，晶体将由单轴变成双轴，其主轴(x 和 y 轴)绕 z 轴转 $45°$，成为新的主轴 x'、y'(又称感应轴)，如图 6.13-3 所示。这时，在 $z=0$ 处垂直于 z 轴的折射率椭球的截面由圆变成了椭圆，对其解

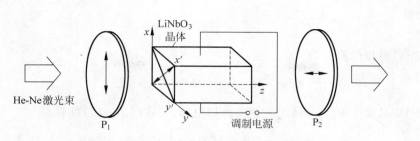

图 6.13-3　晶体横向电光调制器结构示意图

析表达式进行主轴变换后得到感应轴方向折射率的表达式为

$$
\begin{cases}
n_{x'} = n_{\circ} + \dfrac{1}{2} n_{\circ}^{3} r_{22} E_{x} \\[2mm]
n_{y'} = n_{\circ} - \dfrac{1}{2} n_{\circ}^{3} r_{22} E_{x} \\[2mm]
n_{z'} \approx n_{e}
\end{cases}
\tag{6.13-5}
$$

式中，r_{22} 为晶体的电光系数。

由于电光晶体的折射率的改变与外电场有关，当一束线偏振光从晶体中射出后，沿感应轴 x'、y' 的两个振动分量将产生一个确定的相位差，用这种晶体制成的由外电场调制相位差的晶片称为电光调制器。

图 6.13-3 所示为晶体横向电光调制器结构示意图。其中起偏器(P_1)的偏振方向平行于电光晶体的 x 轴，检偏器(P_2)的偏振方向平行于电光晶体的 y 轴。因此，入射光经过起偏器后变为振动方向平行于 x 轴的线偏振光。由于起偏器的偏振轴与电光晶体的 x'、y' 轴的夹角为 $45°$，该平行于 x 轴的线偏振光在晶体的感应轴 x' 和 y' 上投影的振幅和位相均相等，因此在电光晶体前端面($z=0$)处入射偏振光的场强为

$$
\begin{cases}
E_{x'}(z=0) = A\,\mathrm{e}^{\mathrm{i}\omega t} \\[2mm]
E_{y'}(z=0) = A\,\mathrm{e}^{\mathrm{i}\omega t}
\end{cases}
\tag{6.13-6}
$$

入射光强为

$$
I_{\text{入}} \propto E \cdot E^{*} = |\,E_{x'}(z=0)\,|^{2} + |\,E_{y'}(z=0)\,|^{2} = 2A^{2}
\tag{6.13-7}
$$

当光通过长为 L、x 轴方向高度为 d 的电光晶体后，x' 和 y' 两分量之间因折射率不同而产生相位差 δ，则

$$
\begin{cases}
E_{x'}(z=L) = A\,\mathrm{e}^{\mathrm{i}\omega t} \\[2mm]
E_{y'}(z=L) = A\,\mathrm{e}^{\mathrm{i}\omega t - \mathrm{i}\delta}
\end{cases}
\tag{6.13-8}
$$

通过检偏器后出射的总光场是 $E_{x'}(z=L)$ 和 $E_{y'}(z=L)$ 在检偏轴方向(y 轴)上的分量之和，即

$$
E_{\text{出}} = \frac{A}{\sqrt{2}}(\mathrm{e}^{-\mathrm{i}\delta} - 1)\mathrm{e}^{\mathrm{i}\omega t}
\tag{6.13-9}
$$

与之相应的出射光强为

$$
I_{\text{出}} \propto E_{\text{出}} \cdot E_{\text{出}}^{*} = \frac{A^{2}}{2}(\mathrm{e}^{-\mathrm{i}\delta} - 1)(\mathrm{e}^{\mathrm{i}\delta} - 1) = 2A^{2}\sin^{2}\frac{\delta}{2}
\tag{6.13-10}
$$

透过率 T 为入射光强与出射光强之比，由式(6.13-7)和式(6.13-10)得

$$T = \frac{I_{出}}{I_{入}} = \sin^2 \frac{\delta}{2} \tag{6.13-11}$$

由式(6.13-5)得相位差 δ 为

$$\delta = \frac{2\pi}{\lambda}(n_{x'} - n_{y'})L = \frac{2\pi}{\lambda}n_o^3 r_{22} E_x L \tag{6.13-12}$$

由于 $E_x = V/d$，其中 V 为晶体上的横向外加电压，则式(6.13-12)可写成

$$\delta = \frac{2\pi}{\lambda}n_o^3 r_{22} \frac{L}{d} V \tag{6.13-13}$$

当电压 V 增加到某一值时，x' 和 y' 方向的偏振光经过晶体后产生 $\lambda/2$ 的光程差，相位差 $\delta = \pi$，此时相对透过率 $T = \frac{I_{出}}{I_{入}} = \sin^2 \frac{\delta}{2} = 100\%$，这一电压叫作半波电压，记作 V_π。由式(6.13-13)得

$$V_\pi = \frac{\lambda}{2n_o^3 r_{22}} \frac{d}{L} \tag{6.13-14}$$

其中，d 和 L 分别为晶体的 x 方向的厚度和 z 方向的长度。V_π 是描述晶体电光效应的重要参数，在实验中，这个电压越小越好，如果 V_π 小，则需要的调制信号电压功率小。

1）直流电压调制

在电光晶体两极加上直流电压 V，则由式(6.13-13)和式(6.13-14)得

$$\delta = \pi \frac{V}{V_\pi} \tag{6.13-15}$$

由式(6.13-10)得

$$I_{出} = I_{入}\sin^2 \frac{\pi}{2V_\pi}V \tag{6.13-16}$$

由式(6.13-16)可知，透射光的光强由电压 V 决定，当 $V = \pm 2kV_\pi(k = 0,1,2,\cdots)$ 时，有 $I_{出} = 0$；当 $V = \pm(2k+1)V_\pi(k = 0,1,2,\cdots)$ 时，有 $I_{出} = I_{入}$；当 V 取其他值时，$I_{出}$ 介于 0 和 $I_{入}$ 之间，如图 6.13-4 所示。由调制曲线可以得出半波电压。

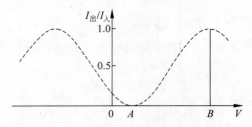

图 6.13-4　直流电压调制时电光调制器输出光强与所加直流电压 V 的关系曲线

2）正弦信号电压调制

在晶体上除了加直流电压外，也加上正弦信号电压。令 $V = V_0 + V_m\sin\omega t$，其中 V_0 为直流偏压，$V_m\sin\omega t$ 为正弦信号调制信号。由式(6.13-16)得

$$I_{出} = I_{入}\sin^2 \frac{\pi}{2V_\pi}(V_0 + V_m\sin\omega t) \tag{6.13-17}$$

改变 V_0 或 V_m，输出特性将相应地变化，如图 6.13-5 所示。

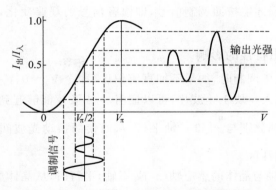

图 6.13-5 正弦信号电压调制时电光调制器输出光强与所加电压的关系曲线

由于输出光强与所加电压的关系是非线性的,若工作点选择不合适,会使输出信号发生畸变,但在 $V_\pi/2$ 附近有一段近似直线部分,这一直线部分称作线性工作区。由图 6.13-5 可以看出,当 $V=V_\pi/2$ 时,$\delta=\pi/2$,$T=50\%$。

当 $V_0=\dfrac{V_\pi}{2}$,$V_\mathrm{m}\ll V_\pi$ 时,由式(6.13-17)得

$$
\begin{aligned}
I_出 &= I_入 \sin^2\left(\frac{\pi}{4}+\frac{\pi}{2}\frac{V_\mathrm{m}}{V_\pi}\sin\omega t\right) \\
&= \frac{1}{2}I_入\left[1+\sin\left(\pi\frac{V_\mathrm{m}}{V_\pi}\sin\omega t\right)\right] \\
&\approx \frac{1}{2}I_入\left(1+\pi\frac{V_\mathrm{m}}{V_\pi}\sin\omega t\right)
\end{aligned}
\tag{6.13-18}
$$

输出光强 $I_出$ 与晶体上的外加调制电压 $V_\mathrm{m}\sin\omega t$ 之间近似呈线性关系,即线性调制。

当 $V_0=0$,$V_\mathrm{m}\ll V_\pi$ 时,式(6.13-17)得

$$
\begin{aligned}
I_出 &\approx I_入\left[1-\cos\left(\pi\frac{V_\mathrm{m}}{V_\pi}\sin\omega t\right)\right] \\
&\approx \frac{1}{4}I_入\left(\pi\frac{V_\mathrm{m}}{V_\pi}\right)^2\sin^2\omega t \\
&\approx \frac{1}{8}I_入\left(\pi\frac{V_\mathrm{m}}{V_\pi}\right)^2(1-\cos2\omega t)
\end{aligned}
\tag{6.13-19}
$$

输出光强的变化频率是调制信号频率的 2 倍,即产生了"倍频失真"。

当 $V_0=V_\pi$,$V_\mathrm{m}\ll V_\pi$ 时,由式(6.13-17)经过类似的推导可得

$$
I_出 \approx I_入\left[1-\frac{1}{8}\left(\pi\frac{V_\mathrm{m}}{V_\pi}\right)^2(1-\cos2\omega t)\right]
\tag{6.13-20}
$$

这时看到的仍然是"倍频失真"的波形,只是光强比 $V_0=0$ 时明显增强。

直流偏压为其他任意值时,输出光强中基频信号、倍频信号及较高次的奇次、偶次谐波成分都存在,因而输出光强的变化规律是不规则的。

3) 语音信号电压调制

语音信号调制实际上是多种频率的正弦波同时调制的情况,因此前面讨论的正弦波的调制规律在这里完全适用。根据上面的分析,只有当调制器工作在直流偏压 $V_0=\dfrac{V_\pi}{2}$ 的情况

（线性调制）下,输出光强才能按照调制信号,即语音信号的规律变化,因而可以实现模拟激光通信。

4. 1/4 波片对输出特性的影响

在进行正弦信号电压调制时,如果不加直流偏压（即令 $V_0 = 0, V = V_m \sin\omega t$）,而是在电光晶体与检偏器之间插入一块 1/4 波片,可以证明,1/4 波片能够起到与直流偏压一样的作用。使 1/4 波片快、慢轴分别与 x' 和 y' 轴平行,从而使两振动光波间的位相延迟变为 $\frac{\pi}{2} + \delta$,也可使晶体工作在线性区。

（1）当 1/4 波片主轴与晶体的感应轴（x' 或 y' 轴）平行时,从晶体射出的光垂直穿过 1/4 波片,产生了 $\pi/2$ 的位相差,则

$$I_{出} = \frac{1}{2} I_{入} \left[1 - \cos\left(\delta \pm \frac{\pi}{2}\right) \right]$$

$$= \frac{1}{2} I_{入} (1 \pm \sin\delta)$$

$$= \frac{1}{2} I_{入} \left[1 \pm \sin\left(\pi \frac{V_m}{V_\pi} \sin\omega t\right) \right] \tag{6.13-21}$$

当 $V_m \ll V_\pi$ 时,有

$$I_{出} \approx \frac{1}{2} I_{入} \left(1 \pm \pi \frac{V_m}{V_\pi} \sin\omega t \right) \tag{6.13-22}$$

可以看到,此时仍为线性调制。在此,1/4 波片使得调制器的工作点移到了线性区。

（2）当 1/4 波片主轴与晶体的主轴（x 或 y 轴）平行时,1/4 波片对相位没有影响,这时

$$I_{出} = \frac{1}{2} I_{入} (1 - \cos\delta)$$

$$= \frac{1}{2} I_{入} \left[1 - \cos\left(\pi \frac{V_m}{V_\pi} \sin\omega t\right) \right] \tag{6.13-23}$$

当 $V_m \ll V_\pi$ 时,有

$$I_{出} \approx \frac{1}{8} I_{入} \left(\pi \frac{V_m}{V_\pi} \right)^2 (1 - \cos 2\omega) \tag{6.13-24}$$

出现了倍频失真。

当波片的主轴与晶体的主轴（x 或 y 轴）及感应轴（x' 或 y' 轴）都不平行时,调制器工作在非线性区,输出波形失真,但不是倍频失真。

由以上讨论可知,改变 1/4 波片主轴与晶体间的角度（绕 z 轴旋转波片）时,在晶体感应轴的角度上获得线性调制,在晶体主轴的角度上出现倍频失真,其他角度时为非倍频失真。每转动 45°,各种情况会交替出现。

［仪器装置］

图 6.13-6 所示为仪器结构示意图。实验仪器由激光器及电源、晶体电光调制电源、光学系统和接收部分等组成。

1. 激光器及电源

He-Ne 激光器输出 $\geqslant 1\text{mW}$,点燃电压 DC8000V,工作电压 2000V,工作电流为 3～

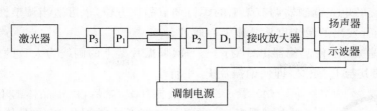

图 6.13-6　LiNbO₃ 晶体音频信号横向电光调制仪器结构示意图

P₃—调节光强的偏振片；P₁—起偏器；P₂—检偏器；D₁—接收光电二极管

6mA,在激光器电源面板上有电流粗调旋钮和细调旋钮,以及显示工作电流的毫安表。

2. 晶体电光调制电源

该电源提供直流偏压和调制输出信号。直流偏压由 $-360\sim350\mathrm{V}$ 的连续可调直流电源提供,电源面板上的偏压旋钮用来调节偏压的大小,电源面板上的三位数字表显示直流偏压值。调制信号可由机内正弦振荡发生器或音乐门铃片提供,也可由外部输入的任意信号提供。面板上的幅度旋钮用来调节正弦信号、音乐信号、外调信号的幅度,三个琴键开关自左至右分别为正弦、音乐、外调信号的选择开关,即左挡将一个正弦信号施加到晶体上,中挡将一个音乐信号施加到晶体上,右挡将输入的外部调制信号或 D/A 输出的反馈信号施加到晶体上。面板右上方插口是外部调制信号输入端,右下方插口是内部调制信号输出端。

3. 光学系统

光学系统由 He-Ne 激光器(632.8nm)、偏振片、LiNbO₃ 晶体、三维调节平台、1/4 波片、特制光具座组成。

4. 接收部分

接收部分由 PIN 光电二极管和接收放大器组成。PIN 光电二极管是一种光伏型光电器件,当光信号照射到二极管光敏面时,在其外电路中便有与光强成正比的光电流流过。接收放大器面板上的左旋钮用于调节放大器的增益,右旋钮用于调节光电二极管的工作电压。接收放大器面板下方还有两个插孔,一个为直流输出孔,可接数字万用表,用以观察电光调制器上施加直流电压时输出特性的变化;另一个插孔为交流输出孔,可与示波器连接,用以观察电光调制器上施加交变信号时输出特性的变化。

[实验测量与数据处理]

1. 仪器调节

1）连线

将激光器、晶体电光调制电源、接收放大器的电源插头插到交流电源上;将激光电源输出电极与电光调制器中的激光管的电极相连,注意正负极不要接反;将晶体电光调制电源后面板上的电压输出端与晶体电光调制器上的电压输入端相连;将光电二极管信号输出端与接收放大器后面板上信号输入端相连。

2）光路调节

(1) 关闭所有电源开关,将所有旋钮沿逆时针方向旋转到零位,只打开 He-Ne 激光器电源开关,使激光器点亮且稳定发光。

（2）通过旋转电光调制器调节架上的螺钉调节晶体方位，也可适当调节激光管的方位，使 He-Ne 激光管发出的激光束从晶体中心通过。

（3）调节偏振片：使起偏器 P_1 平行于 x 轴（偏振片架上的画线为大致的透振方向），旋转偏振片 P_2 使其与 P_1 正交，即使偏振片 P_2 平行于 y 轴。

图 6.13-7　锥光干涉图形

（4）置一白屏于偏振片 P_2 之后，由于晶体的不均匀性，在白屏上可观察到一弱光点。然后在偏振片 P_1 与晶体之间放一毛玻璃片，并尽可能地靠近晶体的前通光面，在白屏上即可看到晶体未加调制电压时的单轴会聚偏振光的锥光干涉图形。仔细调节晶体的方位并旋转起偏器 P_1 和检偏器 P_2，使暗十字线干涉图形清晰、对称，黑十字图样应为横平竖直的端正"十"字形状，中间的光点圆整且恰好处于锥光干涉图的中心，如图 6.13-7 所示。

2. 实验内容

1）观察并记录晶体的会聚偏振光干涉图

（1）晶体电光调制电源开关未打开时，晶体是单轴晶体，形成的干涉图是单轴晶体锥光干涉图，描出该干涉花样。

（2）打开晶体电光调制电源的开关，将偏压调至几十伏，直流偏压即被加到晶体上，此时晶体由单轴晶体变为双轴晶体，白屏上原来的单轴晶体锥光干涉图变成双轴晶体锥光干涉图。将两个偏振片的透光方向旋至平行时锥光干涉图与两个偏振片正交时的锥光干涉图互补。

2）测定电光调制器调制曲线

（1）撤去观察干涉图用的白屏，将锥光图的中心光点对准光电接收探头。注意光强不要调得太强，以免烧坏光电管。

（2）将数字万用表与接收放大器前面板上的直流输出端相连，打开接收放大器的电源开关，适当旋转偏振片 P_3 的方向，确保直流偏压从 $-360V$ 变化到 $350V$ 时，数字万用表示值最大不超过 $200mV$。由小到大按一定间隔逐渐改变晶体电光调制电源施加在晶体上的直流偏压，偏压值由晶体电光调制电源前面板的数字显示表读出，同时使用万用表读出接收放大器前面板上直流输出端电压值。

（3）以直流偏压值为横坐标，数字万用表读数为纵坐标，作出如图 6.13-4 所示的电光调制器调制曲线。

3）晶体的半波电压和电光系数的测定

从电光调制器调制曲线上可以确定最大和最小输出电压对应的直流偏压值，两者相减即为半波电压，将有关数据代入半波电压的表达式，即可求出电光系数 r_{22}。（本实验所用 $LiNbO_3$ 晶体的参数：长 $4.900cm$，厚 $0.200cm$，o 光折射率 $n_o = 2.2956$，e 光折射率 $n_e = 2.2044$。）

4）电光调制器输出特性的观察

（1）将晶体电光调制电源前面板上的调制信号输出端连接到双踪示波器 Y_1 端口上，按下晶体电光调制电源前面板上的正弦信号选择开关，则正弦信号输入到双踪示波器 Y_1 端。将接收放大器交流输出端接到示波器的 Y_2 端，即可从双踪示波器上观察到电光调制器的输出特性。

（2）改变加在晶体上的直流偏压，分别使 $V_0 = 0, \dfrac{V_\pi}{2}$，同时适当调节由晶体电光调制电源输出的正弦信号的幅度，在示波器上观察输出波形，比较输出信号的频率、幅度与原始调制信号频率、幅度之间的关系，描出波形图并予以说明。

5）激光通信的演示

（1）将调制方式按键由内正弦（左挡）切换至音乐（中间挡），将光电接收探测器移至距电光调制器较远处，将接收放大器前面板上的交流输出端连线插头拔下来，断开与示波器 Y_2 端间的连接。

（2）工作点仍用 1/4 波片做光偏置，晶体电光调制电源上输出的音乐信号通过电光晶体的调制加载于激光，再由 PIN 光电接收器接收、解调并通过扬声器播放，通过遮光与通光即可进行激光通信演示。

［讨论］

从自己感兴趣的角度，对实验现象和实验数据加以分析和讨论。

［结论］

通过对实验现象和实验结果的分析，你能得到什么结论？

［研究性题目］

通过实验研究 1/4 波片的偏置作用。

［参考文献］

[1] 张国林,孙为,唐军杰,等.对晶体电光调制实验中两种选择工作点方法的理论解释[J].物理实验,2002,22(10)：6-8.

[2] 吴思诚,王祖铨.近代物理实验[M].2版.北京：北京大学出版社,1995.

[3] 赵凯华,钟锡华.光学[M].北京：北京大学出版社,1984.

[4] 吉林大学物华应用技术开发公司.电光调制器说明书[Z].2000.

[5] 张国林,邵长金,孙为.晶体电光调制实验中半波电压的测定[J].实验技术与管理,2003,20(2)：102-105.

[6] 巫建坤.电光调制技术在激光通信中的应用[J].北京机械工业学院学报,2003,18(1)：10-15.

[7] 李叶芳,潘洁,梁秀萍.电光调制通信实验的改进[J].物理实验,2001,21(1)：39-42.

[8] 吴平.大学物理实验教程[M].2版.北京：机械工业出版社,2015.

附　　录

附录 A　常用物理学常数表

名　称	符　号	数　值	单　位
真空中的光速	c	299792458	m/s
真空磁导率	μ_0	$4\pi\times10^{-7}$	N/A^2
真空电容率	ε_0	$8.8541878128\times10^{-12}$	F/m
基本电荷	e	$1.60217733(49)\times10^{-19}$	C
电子质量	m_e	$9.1093897(54)\times10^{-31}$	kg
质子质量	m_p	$1.6726231(10)\times10^{-27}$	kg
电子荷质比	$-e/m_e$	$-1.75881962(53)\times10^{11}$	C/kg
玻尔磁子	μ_B	$9.2740154(31)\times10^{-24}$	J/T
引力常数	G	$6.67259(85)\times10^{-11}$	m^3/(kg·s)
普朗克常量	h	$6.6260755(40)\times10^{-34}$	J·s
阿伏伽德罗常数	N_A	$6.0221367(36)\times10^{23}$	mol^{-1}
玻尔兹曼常量	k	$1.380658(12)\times10^{-23}$	J/K
摩尔气体常量	R	$8.314510(70)$	J/(mol·K)

附录 B　物理量的单位（SI 基本单位）

物理量名称	单位名称	单位符号
长度	米	m
质量	千克	kg
时间	秒	s
电流	安[培]	A
热力学温度	开[尔文]	K
物质的量	摩[尔]	mol
发光强度	坎[德拉]	cd

附录 C　物理量的单位（SI 导出单位）

物理量名称	单位名称	单位符号	用 SI 基本单位和 SI 导出单位表示
平面角	弧度	rad	
立体角	球面度	sr	
频率	赫[兹]	Hz	$1Hz=1s^{-1}$
力	牛[顿]	N	$1N=1kg \cdot m/s^2$
压力,压强,应力	帕[斯卡]	Pa	$1Pa=1N/m^2$
能量,功,热量	焦[耳]	J	$1J=1N \cdot m$
功率,辐射通量	瓦[特]	W	$1W=1J/s$
电荷量	库[仑]	C	$1C=1A \cdot s$
电位,电压,电动势	伏[特]	V	$1V=1W/A$
电容	法[拉]	F	$1F=1C/V$
电阻	欧[姆]	Ω	$1\Omega=1V/A$
电导	西[门子]	S	$1S=1A/V$
磁通量	韦[伯]	Wb	$1Wb=1V \cdot s$
磁通量密度,磁感应强度	特[斯拉]	T	$1T=1Wb/m^2$
电感	亨[利]	H	$1H=1Wb/A$
摄氏温度	摄氏度	℃	$1℃=1K$
光通量	流[明]	lm	$1lm=1cd \cdot sr$
光照度	勒[克斯]	lx	$1lx=1lm/m^2$
放射性活度	贝克[勒尔]	Bq	$1Bq=1s^{-1}$
吸收剂量	戈[瑞]	Gy	$1Gy=1J/kg$
剂量当量	希[沃特]	Sv	$1Sv=1J/kg$

注：后面两个表中，[　]内的字，是在不致混淆的情况下可以省略的字。（　）内的字为前者的同义语。